Universum 7|8

Physik

Berlin/Brandenburg

Cornelsen

Universum Physik

Band 7/8 Gymnasium Berlin/Brandenburg

Autoren:
Dr. Hans-Otto Carmesin; Werner Hasler; Jens Kahle; Prof. Dr. Lutz Kasper; Dr. Reiner Kienle; Ulf Konrad; Dr. Josef Küblbeck; Thorsten Mitschke; Carl-Julian Pardall; Prof. Bruno Rager; Torsten Trumme

Mit Beiträgen von:
Dr. Ana Alboteanu-Schirner; Immo Kadner

Grafik:
Franz Josef Domke, Hannover; Karin Mall, Berlin;
Atelier tigercolor Tom Menzel, Scharbeutz/Klingberg;
newVISION! GmbH Bernhard A. Peter, Pattensen

Layoutkonzept, Umschlaggestaltung:
SOFAROBOTNIK GbR, Augsburg & München

Layout und technische Umsetzung:
Jesse Konzept & Text GmbH, Hannover

Begleitmaterial zum Lehrwerk

E-Book	ISBN 978-3-06-420219-1
Lösungen zum Schülerbuch	ISBN 978-3-06-420221-4
Arbeitsheft 7/8	ISBN 978-3-06-420220-7
Kopiervorlagen, Teil 1	ISBN 978-3-06-420084-5
Editierbar zum Download	ISBN 978-3-06-012071-0
Kopiervorlagen, Teil 2	ISBN 978-3-06-420085-2
Editierbar zum Download	ISBN 978-3-06-012072-7
Kopiervorlagen, Teil 3	ISBN 978-3-06-420086-9
Editierbar zum Download	ISBN 978-3-06-012073-4
Begleitmaterial auf USB-Stick mit Unterrichtsmanager und E-Book auf scook	ISBN 978-3-06-011386-6

www.cornelsen.de

1. Auflage, 3. Druck 2020

Alle Drucke dieser Auflage sind inhaltlich unverändert und können im Unterricht nebeneinander verwendet werden.

Druck und Bindung:
Livonia Print, Riga

ISBN 978-3-06-420218-4

PEFC
PEFC/12-31-006

PEFC zertifiziert
Dieses Produkt stammt aus nachhaltig bewirtschafteten Wäldern und kontrollierten Quellen.
www.pefc.de

Thermisches Verhalten von Körpern 10

Wechselwirkung und Kraft 42

Mechanische Energie und Arbeit 68

Thermische Energie und Wärme 106

Elektrischer Strom und elektrische Ladung 138

Stromstärke, Spannung, Widerstand und Leistung 170

Anhang

Mit deinem Buch arbeiten

1

So etwas hast du schon einmal gesehen und vielleicht Fragen dazu.

WECHSELWIRKUNG UND KRAFT

58

01 Ein Sprung

Gewichtskraft

2

Versuche helfen dir, Antworten zu finden.

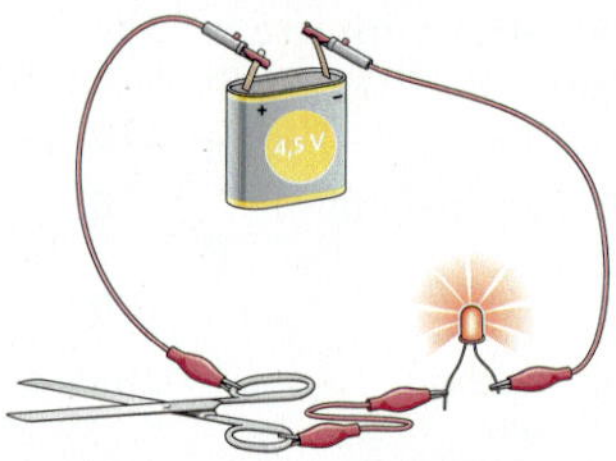

05 Welche Stoffe leiten den elektrischen Strom?

06 Leitet Wasser elektrischen Strom?

LEITER UND NICHTLEITER · Mit einer Schaltung wie in ▸ Bild 05 testen wir, welche Stoffe den elektrischen Strom leiten. Die Lücke im Stromkreis überbrücken wir mit verschiedenen Gegenständen. Eine LED zeigt uns an, ob Strom fließt: Bei der Schere leuchtet die LED, sie leitet den elektrischen Strom. Allgemein sind Metalle gute elektrische Leiter. Beim Radiergummi leuchtet die LED nicht. Kunststoffe sind in der Regel Nichtleiter (Isolatoren). In der Technik benötigt man sowohl Leiter als auch Isolatoren. Ein Kabel z.B. besteht aus einem metallischen Draht (meistens Kupfer), der durch eine Kunst-

Unser Körper enthält viel Wasser und Salz. Folglich leitet er den elektrischen Strom sehr gut. Fließt ein genügend starker Strom durch unseren Körper, dann kann das zu schweren Verletzungen oder gar zum Tod führen. Besonders groß ist die Gefahr im Badezimmer, etwa wenn der Föhn nass wird oder sogar in die Badewanne fällt.

Gewöhnliches Wasser ist ein Leiter. Hochreines Wasser leitet den elektrischen Strom nicht.

GEFAHRENHINWEIS

Benutze keine an die Steckdose angeschlossenen Geräte, wenn du in der Badewanne oder in der Dusche bist oder auf nassem Boden stehst!

3

Die Versuchsergebnisse führen dich zu allgemeinen Erkenntnissen. Diagramme stellen die Versuchsergebnisse übersichtlich dar.

... Bei einem ... aus Konstantan ist der Quotient $\frac{U}{I}$ kons-

... die Stromstärke der beiden Konstantandrähte aus ▸ Bild 03 bei einer Spannung von 2,5 V,

a) mithilfe des Diagramms,

b) rechnerisch.

Konstantandraht (0,2 mm dick, 25 cm lang)						
U in V	0	1	2	3	4	5
I in A	0	0,24	0,49	0,77	0,99	1,28
$\frac{U}{I}$ in $\frac{V}{A}$	–	4,2	4,1	3,9	4,0	3,9
Konstantandraht (0,1 mm dick, 25 cm lang)						
U in V	0	1	2	3	4	5
I in A	0	0,06	0,13	0,19	0,26	0,31
$\frac{U}{I}$ in $\frac{V}{A}$	–	16,7	15,4	15,8	15,4	16,1

02 Stromstärke in Abhängigkeit von der Spannung für zwei unterschiedlich dicke Konstantandrähte

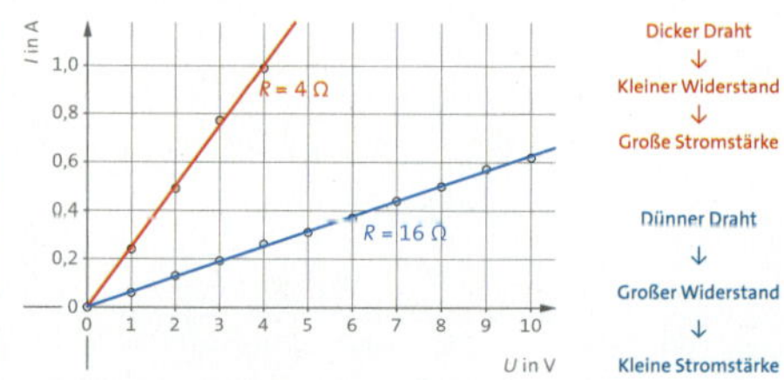

03 Stromstärke und Spannung sind bei Konstantandrähten proportional zueinander.

6

Hier kannst du selbst Versuche durchführen und mit Aufgaben deine Kenntnisse erweitern.

MATERIAL

VERSUCHE ▸ Wie hängen Dichte und Schwimmen zusammen?

Material:
Wasser, Zucker, ein frisches Ei, eine Glaskanne

Durchführung:
V1 **a)** Fülle die Kanne zur Hälfte mit Wasser und löse darin Zucker auf (etwa 50 g Zucker auf 100 mℓ Wasser). Fülle die Kanne so vorsichtig mit Wasser auf (im Foto rot), dass es sich nicht mit dem Zuckerwasser vermischt. Gib das Ei langsam in die gefüllte Kanne. Stelle eine begründete Vermutung über die Dichten von Eiern, Leitungs- und Zuckerwasser auf.
b) Untersuche, wie viel Zucker man in Wasser auflösen muss, sodass das Ei nicht mehr untergeht. Bestimme so die Dichte des Eis.

Material A ▸ Rechnen mit der Dichte

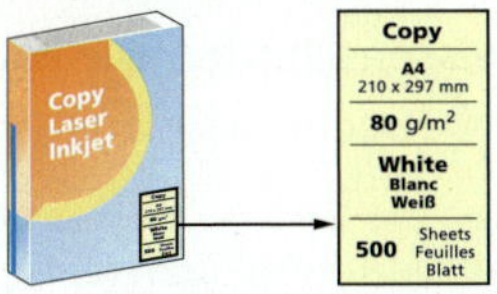

A2 Berechne die Masse einer 3 mm dicken, 85 cm breiten und 1,1 m hohen Glasscheibe.

A3 Schätze die Masse der Luft des Physikraumes ab.

A4 Finde heraus, aus welchem Stoff eine 84 cm³ große und 210 g

A5 **a)** Zwei Körper haben das gleic Volumen. Einer der Körper h fünfmal größere Masse a andere. Bestimme das V der Dichten beider Kör
b) Zwei massen haben

METHODE

Modelle in der Physik

01 **A** Modellathletin – Vorbild für Sportler, **B** Automodell – Muster für viele Autos, **C** Modelleisenbahn – verkleinerte Nachbildung eines echten Zuges

Modelle wie das Teilchenmodell sind in der Physik sehr wichtig. Wir erklären im Folgenden, warum das so ist.
Im Alltag hast du das Wort „Modell" bestimmt schon gehört. ▸ Bild 01 zeigt einige dir vielleicht bekannte Situationen. Die „Alltagsmodelle" sind Gegenstände. Man kann sie sogar anfassen.

So

alle Eigenschaften der Wirklichkeit erfassen. Warum z. B. Wasser durchsichtig, aber Schnee weiß ist, können wir mit dem Teilchenmodell nicht erklären. Aber obwohl es sehr einfach ist, lassen sich damit schon viele Stoffeigenschaften von Körpern erklären.

5

Im Methodenkasten lernst du die Arbeitsweisen der Physik kennen.

BLICKPUNKT

Wasserdampf ist unsichtbar

01 Im Winter kann man den Atem häufig sehen.

Wasserdampf ist ein unsichtbares Gas, genauso wie Luft. Auch unser Atem enthält Wasserdampf. Wenn wir im Winter ausatmen, dann kondensiert der Wasserdampf in der kalten Luft sofort zu kleinen Wassertröpfchen. Was wir sehen, sind also die kleinen Wassertröpfchen und nicht der Wasserdampf! Im Sommer ist die Luft viel wärmer, der Wasserdampf kondensiert nicht. Deswegen sehen wir unseren Atem im Sommer nicht.

Schwitzen regelt die Temperatur

02 Beim Sport muss man meistens schwitzen.

Ist das Schwitzen nur lästig oder hat es auch einen Sinn? Wir brauchen eine konstante Körpertemperatur von etwa 37 °C, um leben zu können. An kühlen Tagen reicht die normale thermische Energieabgabe an die Umgebung aus, um die Körpertemperatur konstant zu halten.

4

Im Blickpunkt erfährst du, was das Thema mit dir und deiner Umwelt zu tun hat.

Die Natur aus der Sicht der Wissenschaften

Bis ins 16. Jahrhundert konnte ein Gelehrter das Wissen über die gesamte Natur überblicken. Doch je mehr Menschen die Natur untersuchten, desto umfangreicher wurde das Wissen. So bildeten sich nach und nach Wissenschaftszweige, die im Laufe der Zeit zu eigenständigen Wissenschaften wurden: Physik, Chemie, Biologie, Philosophie ... Jede Wissenschaft hat einen anderen Blick auf die Natur.
Die Natur, die du im Physik-, Chemie- oder Biologieunterricht betrachtest, ist stets dieselbe. Du setzt jedoch für jedes Fach gewissermaßen eine andere Brille auf, durch die du die gleichen Naturerscheinungen von einem anderen Standpunkt aus betrachtest. Auch Geisteswissenschaften wie Kunst oder Literatur sowie Sozialwissenschaften wie Politik oder Wirtschaft beschäftigen sich manchmal mit der Natur und betrachten sie aus ihren eigenen Blickwinkeln.

Betrachten wir am Beispiel des Wassers die verschiedenen Sichtweisen der Wissenschaften:

Die **Physik** untersucht, wie sich Wasser unter verschiedenen Bedingungen verhält, z. B. beim Erwärmen und Abkühlen.
Physikerinnen und Physiker prüfen auch, unter welchen Bedingungen Wasser elektrischen Strom leitet oder wie Körper beschaffen sein müssen, um auf Wasser schwimmen zu können.

Die **Chemie** untersucht die Eigenschaften des Wassers als Stoff. Sie beschreibt, wie sich Wasser gegenüber anderen Stoffen verhält.
So ist Wasser in der Chemie das häufigste Lösungsmittel. Die Chemie untersucht auch, wie Wasser aus anderen Stoffen gebildet wird.

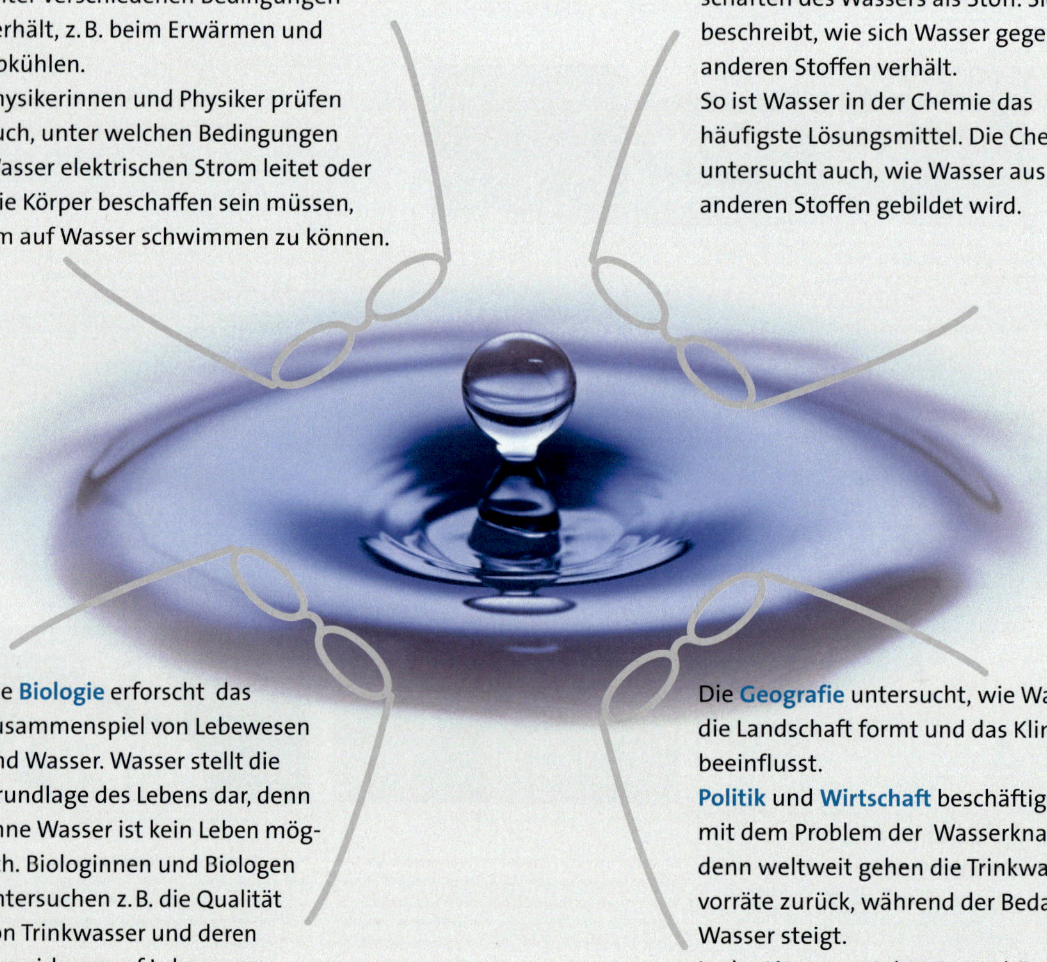

Die **Biologie** erforscht das Zusammenspiel von Lebewesen und Wasser. Wasser stellt die Grundlage des Lebens dar, denn ohne Wasser ist kein Leben möglich. Biologinnen und Biologen untersuchen z. B. die Qualität von Trinkwasser und deren Auswirkung auf Lebewesen.

Die **Geografie** untersucht, wie Wasser die Landschaft formt und das Klima beeinflusst.
Politik und **Wirtschaft** beschäftigen sich mit dem Problem der Wasserknappheit, denn weltweit gehen die Trinkwasservorräte zurück, während der Bedarf an Wasser steigt.
In der **Literatur** steht Wasser häufig für Leben, Neubeginn oder Gefühle.

Physik und ihre Bedeutung

Physik beobachtet und erklärt Naturerscheinungen · Menschen haben sich schon seit Urzeiten Fragen zu Naturerscheinungen gestellt, die ihren Alltag begleitet haben. Sie wollten verstehen, wieso Wasser zu Eis wird, wie Mondphasen entstehen oder was Blitze sind. Aus dem Bedürfnis heraus, die Welt zu verstehen, entwickelte sich die Physik als ein Teil der Naturwissenschaften. Ihre Aufgabe ist, Naturerscheinungen zu beobachten und zu erklären. Die Erklärungen müssen in Experimenten überprüft werden.

Physik macht die Natur nutzbar · Die Menschen haben aber nicht nur Naturphänomene beobachtet und Erklärungen gesucht. Sie haben ihr so gewonnenes Wissen über die Natur auch verwendet, um diese nutzbar zu machen.
So führte zum Beispiel die Frage nach der Natur von Blitzen zur Untersuchung der Elektrizität. Infolgedessen kannst du heute überall elektrischen Strom benutzen.

Was bedeutet die Physik für dich? · Hast du dich auch schon über Erscheinungen aus deinem Alltag gewundert und dir Fragen wie im Bild unten gestellt? Solche Fragen kannst du mithilfe der Physik beantworten.
Die Erklärungen zu Erscheinungen wie diesen findest du in diesem Buch.

Thermisches Verhalten von Körpern

In diesem Kapitel beschäftigst du dich mit

- Körpern, die bei Erwärmung oder Abkühlung ihr Volumen ändern. Dazu gehören auch flüssige und gasförmige Körper.
- dem Aufbau von Stoffen aus kleinsten Teilchen. Die Stoffe, aus denen die Körper bestehen, verändern sich beim Erwärmen oder Abkühlen. Du erfährst, wie man in der Physik diese Änderungen mithilfe der Teilchenvorstellung erklärt.
- der physikalischen Größe Druck und erfährst, wie man das „Gepresstsein“ von Gasen mit dieser Größe beschreibt.
- der Temperatur auf unterschiedlichen Thermometer-Skalen. Ist es möglich einen Körper immer weiter abzukühlen, sodass seine Temperatur beliebig sinkt, also z. B. auf –1000 °C oder sogar noch tiefer?

01 Akashi-Kaikyo-Brücke in Kobe, Japan

Ausdehnung von Festkörpern und Gasen

Die Akashi-Kaikyo-Brücke ist fast vier Kilometer lang. Mit einem Abstand der Pfeiler von 1991 m hält sie den Weltrekord. Im Verlauf der jahreszeitlichen Temperaturschwankungen kann die Brücke aus Stahl und Beton um ganze 2 m „wachsen" und sie bleibt dennoch stabil! Wie kann man das verstehen?

AUSDEHNUNG VON FESTKÖRPERN · Nicht nur die Brücke, sondern alle Körper aus festen Stoffen wie Stahl ändern ihr Volumen, wenn sich ihre Temperatur ändert. Diesen Vorgang zeigt der Versuch in ▸ Bild 02: Eine Stahlkugel hat einen solchen Durchmesser, dass sie gerade durch ein kreisförmiges Loch in einem Blech hindurchpasst. Dabei haben Kugel und Blech Zimmertemperatur. Wenn die Kugel nun stark erhitzt wird, dann bleibt sie anschließend im Loch stecken. Offensichtlich ist sie größer geworden. Nach einiger Zeit, wenn sie sich abgekühlt hat, passt die Kugel wieder durch das Loch.

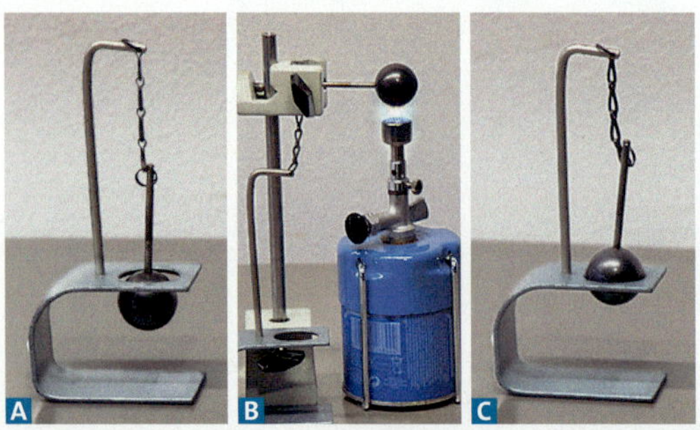

02 „Kugel-und-Ring-Versuch"

Ähnlich wie die Stahlkugel verhalten sich fast alle Festkörper bei Temperaturänderungen.

Wenn Festkörper ihre Temperatur ändern, dann ändert sich ihr Volumen. Die meisten Festkörper dehnen sich bei Temperaturerhöhung aus. Die Volumenänderung erfolgt durch Ausdehnung in alle Richtungen.

BESTIMMUNG DER AUSDEHNUNG · Das Brückenbeispiel zeigt, wie wichtig es ist, die Ausdehnung bei Bauwerken zu berücksichtigen. Aber wie lässt sich herausfinden, um wie viel eine Brücke ihre Länge ändern kann?

Eine Antwort auf diese Frage findet man durch Versuche. Durch ein Experiment wie in ▸ Bild 03 kann man z.B. die Ausdehnung eines dünnen Rohres bei Temperaturerhöhung bestimmen. Dabei wird nur die Ausdehnung in einer Richtung, nämlich die Längenänderung des Rohres, gemessen. Die gleichmäßige Erwärmung erreicht man, indem man heißes Wasser oder Wasserdampf durch das Rohr leitet. Die Längenänderung ist kaum sichtbar. Mithilfe eines Zeigers kann man aber die Änderung an einer Skala ablesen. Nach Erwärmen auf 60 °C ist das Rohr einen halben Millimeter länger. Wenn man Wasserdampf durch das Rohr leitet und die Temperatur so auf 100 °C erhöht, dann dehnt sich das Rohr um einen ganzen Millimeter aus. Bei höheren Temperaturen wäre die Ausdehnung noch größer.
So wie das Rohr verhalten sich die meisten Festkörper. Für sie gilt:

Je größer die Temperaturerhöhung eines Festkörpers ist, desto größer ist seine Ausdehnung.

EINFLUSS DER KÖRPERGRÖSSE · Für Brücken kann der Temperaturunterschied zwischen Sommer und Winter leicht 40 °C betragen. Denke dir die 4 km lange Akashi-Kaikyo-Brücke in ihrer gesamten Länge aus 4000 1 m-Stahlstäben aufgebaut. Wenn die Temperatur um 40 °C zunimmt, dann nimmt die Länge jedes einzelnen Stabes um einen halben Millimeter zu. Insgesamt beträgt die Längenzunahme dann 4000-mal 0,5 mm, also 2 m.

Welche Maßnahmen schützen nun die Brücke vor Zerstörung? Wenn du dir den Versuchsaufbau im ▸ Bild 03 genau anschaust, dann kannst du den „Trick" erkennen. Ähnlich wie das Rohr im Experiment liegen Brücken auf Rollenlagern (▸ Bild 04 A). Gleichzeitig lässt man den Brücken mithilfe von mehreren Dehnungsfugen ausreichend Raum zum zerstörungsfreien „Wachsen" im Sommer (▸ Bild 04 B).

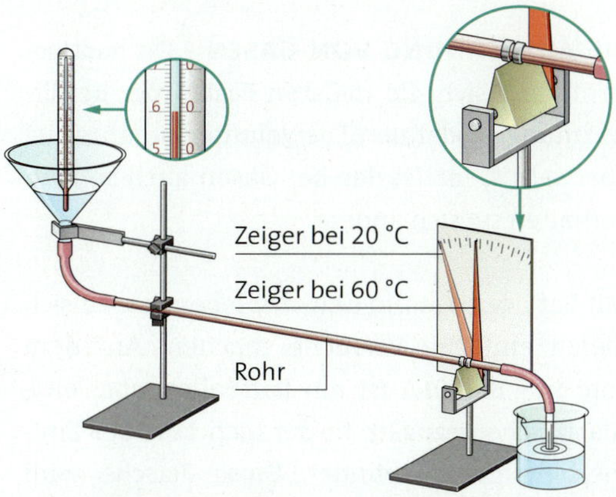

03 Ausdehnung eines Rohres bei Erwärmung

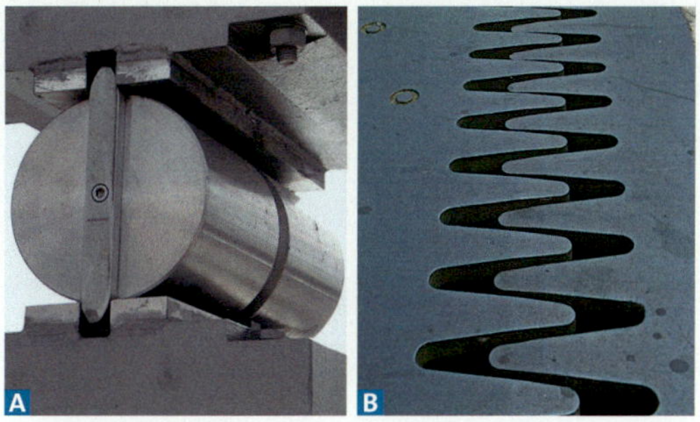

04 **A** Rollenlager und **B** Dehnungsfuge

WELCHEN EINFLUSS HAT DER STOFF? · Mit dem gleichen Versuchsaufbau wie in ▸ Bild 03 kann die Längenänderung von Rohren aus verschiedenen Stoffen untersucht werden. Dabei zeigen sich große Unterschiede. ▸ Tabelle 05 gibt Beispiele für die Ausdehnung einiger Stoffe. Es gibt auch Festkörper aus Stoffen, die sich bei Erwärmung zusammenziehen: z.B. spezielle Glaskeramiken oder Kunststoffe.

Die Ausdehnung eines Festkörpers bei Erwärmung hängt von dem Stoff ab, aus dem dieser Festkörper besteht.

Längenzunahme eines 1 m langen Stabes bei Erwärmung um 100 °C	
Zink	2,6 mm
Aluminium	2,3 mm
Beton	1,2 mm
Stahl	1,2 mm
Fensterglas	1,0 mm
Porzellan	0,4 mm

05

1 In Gebäuden werden oft Stahl und Beton zu „Stahlbeton" kombiniert. Erkläre, warum diese Stoffe gut zusammenpassen.

2 Im „Kugel-Ring-Versuch" wird anstelle der Kugel nur das Blech mit dem Loch erwärmt. Dehnt sich das Loch aus oder wird es kleiner? Begründe deine Antwort.

DIE AUSDEHNUNG VON GASEN · Du hast gelernt, dass sich die meisten Festkörper bei Erwärmung ausdehnen. Die Volumenzunahme ist aber sehr klein. Ist das bei Gasen auch so oder verhalten sie sich anders?

Mit Luft, dem Gas, in dem wir leben, lassen sich hierzu einfache Versuche machen. Auf dem Foto in ▸ Bild 01 A ist ein Luftballon über eine Glasflasche gezogen, in der sich Luft bei Zimmertemperatur befindet. Diese Flasche wird nun durch ein heißes Wasserbad erwärmt (▸ Bild 01 B). Schnell beginnt sich der Luftballon aufzurichten.

01 Eingeschlossene Luft wird im Wasserbad erwärmt.

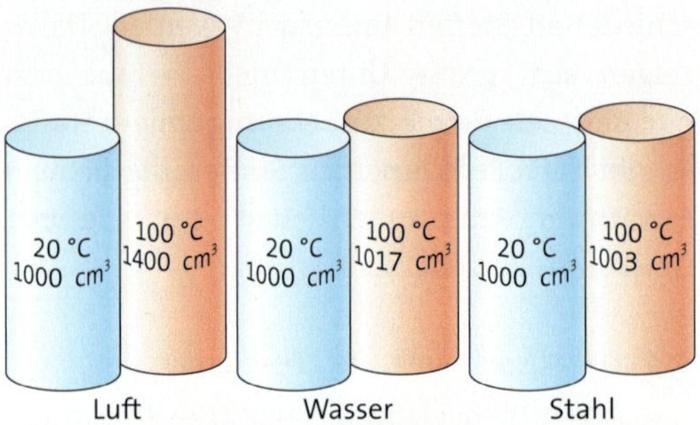

02 Ausdehnung von Luft, Wasser und Stahl bei Erwärmung

03 Schlauchboot-vergnügen – Vorsicht bei großer Hitze!

In einem anschließenden Versuch kannst du untersuchen, wie sich Luft beim Abkühlen verhält: Bringe die Flasche mit dem aufgerichteten Luftballon für einige Minuten in den Kühlschrank. Wenn du die Flasche wieder herausnimmst, dann kannst du beobachten, dass der Luftballon wieder schlaff herabhängt. Die in Luftballon und Flasche eingeschlossene Luft hat sich wieder „zusammengezogen". Ihr Volumen ist kleiner geworden.

GASE MACHEN KEINE AUSNAHME · So wie Luft verhalten sich auch alle anderen Gase. Anders als bei den Flüssigkeiten und Festkörpern gibt es für Gase jedoch keine Ausnahme! Sie dehnen sich bei Erwärmung nahezu gleich stark aus. Außerdem dehnen sich Gase viel stärker aus als Flüssigkeiten und Festkörper. ▸ Bild 02 zeigt einen Vergleich der Zunahme jeweils gleicher Volumina von Luft, Wasser und Stahl bei einer Erwärmung von 20 °C auf 100 °C.

Alle Gase dehnen sich bei Erwärmung nahezu gleich aus.
Die Volumenzunahme von Gasen bei Erwärmung ist größer als die Zunahme des gleichen Volumens einer Flüssigkeit oder eines Festkörpers.

Die Ausdehnung von Gasen musst du in manchen Alltagssituationen beachten. Hersteller von aufblasbaren Kanus (▸ Bild 03) warnen z. B.: „Die Kanus können bei Sonneneinstrahlung durch die Ausdehnung der Luft platzen und werden dadurch irreparabel zerstört!"

1 Verbeulte Tischtennisbälle lassen sich „reparieren", indem sie in heißes Wasser gelegt werden. Erkläre, wie das funktioniert.

2 Erkläre, warum es nützlich ist, ein Ei vor dem Kochen anzustechen.

VERSUCHE ▸ Ausdehnung von Festkörpern und Gasen

V1 Modell eines Bimetallstreifens

Material:

Papier, Alufolie, Schere, Alleskleber

Durchführung:

a) Schneide aus Papier und aus Alufolie zwei gleich große Streifen. Klebe die beiden Streifen mit Alleskleber zusammen und lasse sie gut trocknen.

b) Bringe den Streifen in die Nähe einer Kerzenflamme.

Vorsicht mit offenem Feuer!

Gehe mit dem Streifen nicht zu nahe an die Flamme, denn sonst kann er entzündet werden.
Beschreibe deine Beobachtung.

c) Lege den Streifen für eine Weile in den Kühlschrank, am Besten in das Eisfach. Welche Veränderung stellst du nach dem Herausnehmen fest?

d) Formuliere Folgerungen aus deinen Beobachtungen b) und c).

V2 Solarballon

Material:

„Ballonfolie" (schwarze dünne Folie, z. B. aus dem Gärtnereibedarf oder große Mülltüten), Paketklebeband, Schere, Schnur

Durchführung:

Schneide aus der Folie Stücke für eine einfache Form – z. B. einen großen Würfel. Klebe mit dem Paketklebeband die Nahtstellen gut ab. Lass eine Öffnung zum Füllen des Ballons mit Luft. Befestige die Schnur am besten an Stellen, die mit Klebeband verstärkt sind.
Fülle den Ballon gut, aber nicht vollständig mit Luft und bringe ihn dann an eine sonnige Stelle (▸ Bild 04). Achte darauf, dass der Ballon nicht davonfliegt.

a) Beschreibe, was mit dem Ballon geschieht.

b) Sonnenschein ist wichtig für diesen Versuch. Erkläre.
Gib Beispiele aus der Technik an, die nach einem ähnlichen Prinzip funktionieren.

04 Der Ballon steigt.

Material A ▸ Warme Luft steigt auf

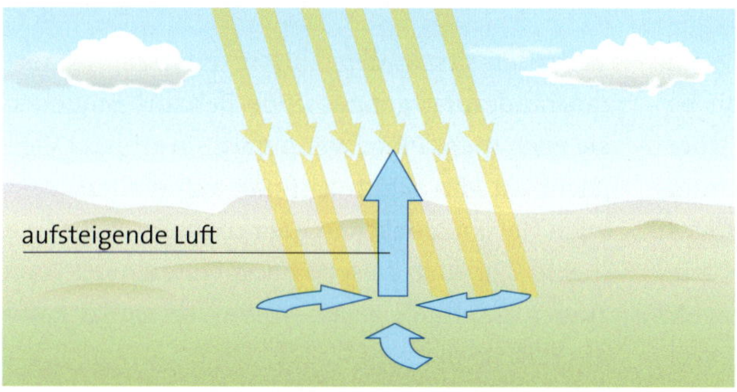

A1 In dieser Grafik ist eine typische Wettersituation dargestellt. Beschreibe die Wettersituation und ihre Folgen.

A2 Segelflugzeuge und manche Vögel nutzen solche Situationen aus. Erkläre.

A3 Plane einen Versuch, mit dem du das Aufsteigen erwärmter Luft in einem Zimmer zeigen kannst.

Material B ▸ Berechnung von Ausdehnungen

B1 Betrachte ▸ Bild 02 auf der vorangehenden Seite. Berechne jeweils die Volumina der Körper für die Temperatur 60 °C. Welche Annahme musst du dabei treffen?

B2 Bei 10 °C haben eine Glasscheibe und ein Aluminiumrahmen exakt die gleichen Maße: $B = 80$ cm, $H = 200$ cm. Berechne anhand der Tabelle die Maße bei −20 °C und +40 °C. Schildere Konsequenzen aus dem Ergebnis.

Längenzunahme eines 1 m langen Stabes bei Erwärmung um 100 °C			
Zink	2,6 mm	Stahl	1,2 mm
Aluminium	2,3 mm	Fensterglas	1,0 mm
Beton	1,2 mm	Porzellan	0,4 mm

01 Tanklastzug – volltanken oder nicht?

Ausdehnung von Flüssigkeiten

Das Tanklastfahrzeug ist voll beladen und beginnt an einem warmen Tag seine Tour. Seine Fracht ist Benzin – eine Flüssigkeit, die zur Gefahr und Belastung wird, wenn sie in die Umwelt gelangt. Aber ist der Tank wirklich randvoll gefüllt?

BENZINTANKS UND SAFTFLASCHEN · Wenn der Fahrer sein Tanklastfahrzeug randvoll betanken ließe, könnte es bald eine böse Überraschung geben. Das Benzin wird oft in unterirdischen Tanks gelagert. Dort hat der Kraftstoff eine Temperatur von etwa 10 °C. Wenn es zum Transport in den großen Tank des Lastwagens gepumpt wird, dann kommt es oft zur Erwärmung des Benzins. An besonders warmen Sommertagen können leicht Temperaturen von 40 °C oder mehr im Tank erreicht werden! Das Benzin benötigt dann mehr Platz – es dehnt sich aus. Wenn es im Tank keinen Platz zum Ausdehnen hätte, dann würde das zur Zerstörung des Tankbehälters führen – mit vielleicht katastrophalen Folgen!

02 Füllhöhe in Saftflaschen

Das gilt übrigens auch für Autos und Motorräder. Auch diese sollten im Sommer nicht randvoll getankt werden. Zwar gibt es in Fahrzeugtanks Ventile, die eine Zerstörung verhindern, aber es würde dennoch Kraftstoff durch das Ventil in die Umwelt gelangen.

Verhalten sich andere Flüssigkeiten bei Temperaturänderung genauso wie Benzin? Brauchen sie auch mehr Platz, wenn man sie erhitzt? Vielleicht ist dir schon einmal aufgefallen, dass auch Getränkeflaschen nie randvoll gefüllt sind (▸ Bild 02). Auch diesen Flüssigkeiten muss Platz zum Ausdehnen gelassen werden, sonst kann die Flasche platzen.

Wovon hängt es ab, wie sich Flüssigkeiten bei Erwärmung verhalten? Diese Frage werden wir im Folgenden durch Versuche schrittweise klären.
In einem ersten Schritt vergleichen wir die Ausdehnung verschiedener Flüssigkeiten miteinander.

DIE ART DER FLÜSSIGKEIT · Im ersten Versuch werden jeweils gleiche Mengen Wasser, Öl und Benzin in drei gleiche Gefäße gefüllt. Alle drei Flüssigkeiten haben die gleiche Temperatur. Der Füllstand lässt sich mithilfe dünner Röhrchen bestimmen, deren Innendurchmesser gleich sind. Anschließend werden die Gefäße in ein heißes Wasserbad gestellt. Alle drei Flüssigkeiten dehnen sich aus. Allerdings dehnt sich Benzin mehr aus als Öl und Wasser (▸ Bild 03).

Wenn man die Temperatur von einem Liter Benzin um 1 °C erhöht, dann nimmt das Volumen um einen Milliliter zu, bei Wasser sogar nur um 0,2 mℓ.

Wenn die drei Flüssigkeiten wieder auf Zimmertemperatur abgekühlt sind, dann nehmen sie wieder ihr Ausgangsvolumen ein.

Wenn Flüssigkeiten ihre Temperatur ändern, dann ändert sich ihr Volumen. Die meisten Flüssigkeiten dehnen sich bei Temperaturerhöhung aus.
Wie stark das Volumen zunimmt, hängt davon ab, um welche Flüssigkeit es sich handelt.

DER TEMPERATURANSTIEG · Auch die Abhängigkeit der Volumenzunahme vom Temperaturanstieg kannst du in einem Versuch untersuchen: Wenn du die Temperatur einer Wassermenge von 20 °C nacheinander auf 40 °C, 60 °C und 80 °C erhöhst, dann kannst du beobachten, dass die Ausdehnung umso größer ist, je mehr die Temperatur ansteigt.
Das trifft auch auf Benzin zu: Wenn die Temperatur z. B. um 30 °C ansteigt, dann nimmt das Volumen von einem Liter Benzin um etwa 30 mal einen Milliliter, also 30 mℓ zu.
Für die meisten Flüssigkeiten gilt also:

Je größer die Temperaturerhöhung ist, desto größer ist die Volumenzunahme der Flüssigkeit.

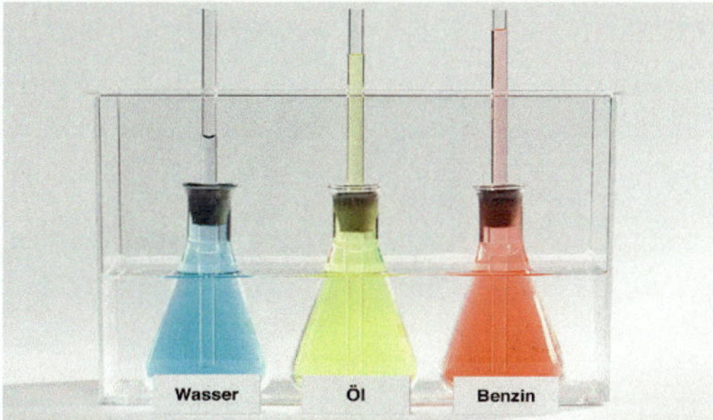

03 Benzin dehnt sich stärker aus als Öl und Wasser.

DAS AUSGANGSVOLUMEN · Auch diesen Einfluss kannst du in einem Versuch untersuchen: Setze wieder Röhrchen mit gleichem Innendurchmesser auf verschieden große Behälter mit der gleichen Flüssigkeit. Beide Behälter haben die gleiche Anfangstemperatur. Wenn du nun beide Behälter in eine Schale mit heißem Wasser stellst, dann kannst du eine unterschiedlich große Ausdehnung der Flüssigkeit beobachten. Beim großen Behälter hat sich die Flüssigkeit mehr ausgedehnt als beim kleinen Behälter. Die Volumenzunahme hängt also vom Anfangsvolumen ab.
Bei einem Tankfahrzeug macht das einiges aus: Wenn es 24 000 Liter geladen hat und die Temperatur um 30 °C steigt, dann nimmt das Volumen um 24 000 · 30 mℓ, also um 720 Liter zu. Bei einem Motorrad mit einem 10-ℓ-Tank nimmt das Volumen nur um 300 mℓ zu.

Je größer das Anfangsvolumen einer Flüssigkeit ist, desto größer ist die Volumenzunahme bei Temperaturerhöhung.

1 Saft wird nach dem Abkochen heiß abgefüllt. Dabei werden die Flaschen fast vollständig gefüllt und gleich fest verschlossen. Beschreibe, wie sich der Füllstand in den Flaschen mit der Zeit ändert.

2 ▸ Bild 04 zeigt das Ausdehnungsgefäß einer Zentralheizung in einem Einfamilienhaus. Begründe, dass diese Vorsichtsmaßnahme unbedingt notwendig ist.

04 Ausdehnungsgefäß einer Zentralheizung

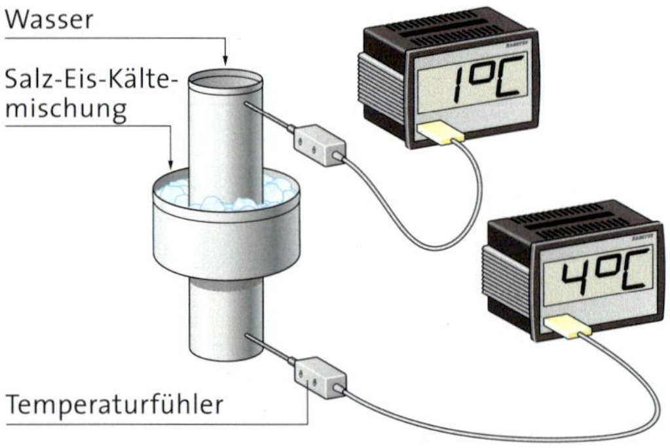

01 Temperaturschichten in einem Wasserzylinder

AUSNAHME WASSER · Bei den Versuchen haben wir bisher vorsichtig formuliert, dass sich die meisten Flüssigkeiten bei Erwärmung ausdehnen. Tatsächlich zeigt Wasser eine ganz merkwürdige Eigenschaft. Diese wird durch den folgenden Versuch deutlich (▸ Bild 01):
Ein Metallzylinder ist mit Wasser von Zimmertemperatur gefüllt. Durch zwei Öffnungen oben und unten können Thermometer hineingeführt werden. Sie zeigen zunächst jeweils etwa 20 °C an. Jetzt wird in einen äußeren Behälter eine Salz-Eis-Kältemischung gefüllt. Damit lassen sich Temperaturen von etwa −20 °C erreichen. Das Wasser in der Nähe der Berührungsstelle zur Kältemischung kühlt sich stark ab. Was zeigen die Thermometer an?
Zuerst nimmt die Temperatur im unteren Bereich des Zylinders ab. Das abgekühlte Wasser sinkt offensichtlich nach unten.

Das obere Thermometer zeigt zunächst noch Zimmertemperatur an. Wenn man noch länger wartet, während sich das Wasser im Zylinder weiter abkühlt, dann kann man eine erstaunliche Beobachtung machen: Die Wassertemperatur im unteren Bereich beträgt jetzt 4 °C, das Wasser oben ist jedoch kälter!
Das Wasser der Temperatur 4 °C ist also am schwersten. Anders ausgedrückt: Bei dieser Temperatur hat eine bestimmte Wassermenge ihr geringstes Volumen.

Wasser hat bei einer Temperatur von 4 °C sein geringstes Volumen. Bei Erwärmung von 4 °C auf höhere Temperaturen dehnt es sich aus. Auch bei Abkühlung von 4 °C bis auf 0 °C dehnt Wasser sich aus.

ÜBERLEBEN IM WINTER · Für die Natur hat diese Eigenschaft des Wassers enorme Bedeutung. Wie können Tiere und Pflanzen in einem See selbst bei strengem Frostwetter überleben? Die Rettung ist eine Wasserschicht mit einer Temperatur von 4 °C am Grunde des Sees. Das Wasser an der Oberfläche hat eine Temperatur von 0 °C. Dort beginnt das Wasser sich in Eis umzuwandeln. Ein See friert also immer von oben zu. So ist es möglich, dass du im Winter auf dem See Schlittschuhlaufen kannst, während gleichzeitig die untere Schicht des Sees frostfrei bleibt (▸ Bild 02).

02 Ein See im Sommer und im Winter

VERSUCHE ▸ Ausdehnung von festem und flüssigem Wachs

Achtung! Bei den folgenden Versuchen besteht die Gefahr von Verbrennungen. Führe sie vorsichtig und nur im Beisein von Erwachsenen durch!

V1 Wasser und Wachs 1

In Wasser schwimmen Eiswürfel immer oben (▸ Bild 03). Ist das bei allen Stoffen so? Untersuche, wie sich Wachs verhält.

Material:

Wachskerze, kleines Glas, Topf, Kochplatte, Messer

Durchführung:

Zerkleinere eine Wachskerze vorsichtig mit einem Messer. Sortiere von den größeren Stücken ein paar aus, den Rest gibst du in das kleine Glas. Erhitze im Topf gerade so viel Wasser, dass das Glas darin noch gut steht. Wenn das Kerzenwachs vollständig geschmolzen ist, gibst du die aussortierten festen Wachsstücke in das Glas. Beobachte und vergleiche mit dem Wasser.

03

V2 Wasser und Wachs 2

Auch in diesem Versuch kannst du das Verhalten von Wasser und Wachs vergleichen. Hier geht es nun darum, dass das flüssige Wachs wieder fest wird.

Material:

2 kleine Gläser, Kerzenwachs, Messer, Topf, Kochplatte, Eisfach

Durchführung:

Nutze das Glas mit Wachs aus Versuch V1. Stelle es in das warme Wasserglas. Gib weiteres Wachs in das Glas, bis es randvoll mit flüssigem Wachs ist. Lass das Wachs abkühlen. Fülle das zweite Glas randvoll mit Wasser und stelle es vorsichtig in das Eisfach eines Kühlschranks. Lass das Wasser dort erstarren (das dauert einige Zeit). Vergleiche die Oberflächen der erstarrten Stoffe. Fertige eine Skizze an.
Beschreibe, wie sich in beiden Versuchen jeweils das Volumen von Wachs und Wasser verändert.

Material A ▸ Ausdehnung erwünscht und unerwünscht

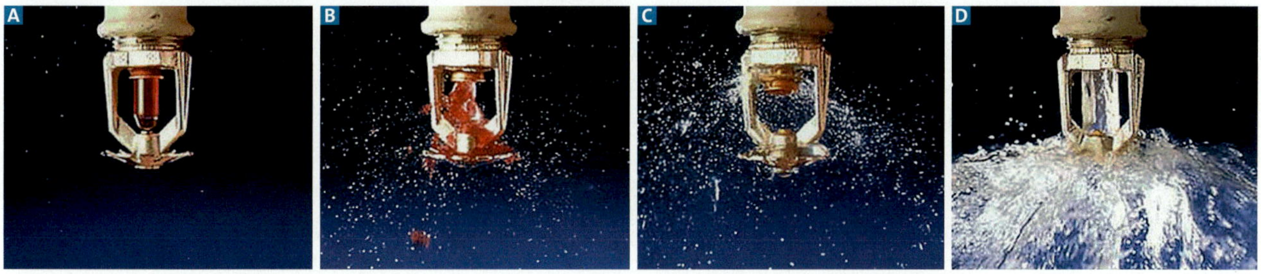

A1 Die Fotos zeigen eine Sprinkleranlage, aufgenommen mit einer Hochgeschwindigkeitskamera. Der Löschvorgang wird ausgelöst, wenn eine bestimmte Temperatur in der Umgebung der Anlage überschritten wird. Beschreibe Aufbau und Funktionsweise einer solchen Sprinkleranlage.

A2 Nach kalten Wintermonaten zeigen sich oft neue Straßenschäden, wo vor dem Winter noch keine waren. Erkläre, warum gerade zu diesem Zeitpunkt gehäuft Schlaglöcher auftreten können.

01 **A** Caber Tossing, **B** Gewichtheben

Dichte

Du kennst den Begriff der Masse bereits aus dem Grundschulunterricht. Genaueres findest du auf S. 54 f.

Es ist schwer zu sagen, welcher der beiden Athleten in ▸ Bild 01 die größere Masse stemmt. Der hölzerne Baumstamm ist groß, die Hantelscheiben sind vergleichsweise klein, aber aus Eisen. Die Masse eines Körpers hängt zum einen von seiner Größe, also seinem Volumen ab. Zum andern spielt eine Eigenschaft des Stoffes, aus dem der Körper besteht, eine Rolle. Welche Stoffeigenschaft das ist und welcher Zusammenhang mit der Körpermasse besteht, wird im Folgenden beschrieben.

Wir bleiben bei den Stoffen Holz und Eisen, verwenden aber anstelle von Baumstamm und Hantelscheiben handlichere Probekörper. In ▸ Tabelle 02 sind für verschiedene Volumina (V) die zugehörigen Massen (m) eingetragen.

Stoff	V in cm^3	m in g	$\frac{m}{V}$ in $\frac{g}{cm^3}$
Buchenholz	43	30	$\frac{30}{43} = 0{,}7$
	244	171	$\frac{171}{244} = 0{,}7$
	489	342	$\frac{342}{489} = 0{,}7$
Eisen	32	253	$\frac{253}{32} = 7{,}9$
	50	395	$\frac{395}{50} = 7{,}9$
	81	640	$\frac{640}{81} = 7{,}9$

02 Volumen und Masse von verschiedenen Körpern

Wenn wir die beiden Stoffe jeweils für sich betrachten, dann erkennen wir, dass die Körper mit dem größeren Volumen auch die größere Masse besitzen.

VERGLEICH VERSCHIEDENER STOFFE · Wir vergleichen nun die Massen bei verschiedenen Stoffen. Das größte Eisenstück hat „nur" ein Volumen von 81 cm^3, besitzt aber mit 640 g eine größere Masse als das 489 cm^3 große Holzstück (m = 342 g). Um den Zusammenhang von Stoffeigenschaft und Körpermasse zu verstehen, ist es sinnvoll, den Einfluss des Volumens auf die Masse aus unseren Betrachtungen herauszuhalten. Dies gelingt, wenn wir Körper aus verschiedenen Stoffen, aber mit dem gleichen Volumen von z.B. 1 cm^3 wiegen. Hierzu könnte aus jedem unserer Probekörper ein 1 cm^3 großes Stück herausgeschnitten und gewogen werden. Es ist aber viel praktischer zu rechnen.
Wenn man die Masse z.B. eines Holzkörpers (m = 30 g) durch sein Volumen (V = 42,9 cm^3) teilt, dann erhält man den Quotienten $\frac{m}{V}$, die Masse pro 1 cm^3 Volumen:

$$\frac{m}{V} = \frac{30\ g}{42{,}9\ cm^3} = 0{,}7\ \frac{g}{cm^3}.$$

Für jeden Körper in ▸ Tabelle 02 steht der Quotient $\frac{m}{V}$ in der rechten Spalte. Sowohl für Buchenholz als auch für Eisen hat er jeweils den gleichen Wert: $0{,}7\,\frac{g}{cm^3}$ bzw. $7{,}9\,\frac{g}{cm^3}$. Der Quotient $\frac{m}{V}$ ist für jeden Stoff immer gleich. Er ist die gesuchte Stoffeigenschaft. Man bezeichnet ihn als die **Dichte ρ** (rho) des Stoffes.

Den Quotienten aus Masse und Volumen bezeichnet man als Dichte ρ:

$$\rho = \frac{m}{V}.$$

Die Dichte ist eine Stoffeigenschaft.
Die Einheit der Dichte ist $1\,\frac{kg}{m^3}$.

Meistens ist es praktischer, die Dichte in der Einheit $1\,\frac{g}{cm^3}$ anzugeben.

DICHTE UND SCHWIMMEN · Wenn wir die Probekörper in ein Wasserbecken tauchen, dann schwimmen die Holzquader und die Eisenquader gehen unter (▸ Bild 04). Aus Erfahrung wissen wir, dass z.B. auch Styroporteile oder Speiseöl auf Wasser schwimmen, während Körper aus Metall oder Glas untergehen. Woran liegt das? Wenn wir einmal die Werte für die Dichte verschiedener Stoffe betrachten (▸ Tabelle 03), dann fällt auf, dass die schwimmenden Körper aus Stoffen bestehen, die eine geringere Dichte als Wasser haben. Wir halten fest:

Es schwimmen die Körper auf Wasser, deren Stoffe eine geringere Dichte als Wasser haben.

Stahl hat eine höhere Dichte als Wasser. Trotzdem sinkt ein Schiff aus Stahl aber nicht (▸ Bild 06)! Ein Widerspruch?

Wir experimentieren mit einem schwimmenden Trinkglas als Modellschiff (▸ Bild 05): Wenn du das Trinkglas ganz untertauchst, dann sinkt es. Dabei entweicht die Luft aus dem Hohlraum. Wir vergleichen das Volumen des Trinkglases mit Luft gefüllt mit dem Volumen ohne Luft (▸ Bild 05): Das Gesamtvolumen V_{ges} von Glas und Luft ist größer als das Volumen des Glases allein. Da der schwimmende Körper Luft enthält, müssen wir das Volumen der Luft berücksichtigen. Die Masse des Trinkglases ist mit und ohne Luft praktisch gleich. Der Quotient $\frac{m}{V_{ges}}$ ergibt nun eine Größe, die wir als die mittlere Dichte ρ_{mittel} des Körpers – Glas mit Luft – bezeichnen.
In unserem Beispiel erhalten wir: Das Glas der Masse 200 g hat zusammen mit der Luft ein Gesamtvolumen von 260 cm³. Also gilt:

$$\rho_{mittel} = \frac{200\,g}{260\,cm^3} = 0{,}77\,\frac{g}{cm^3}.$$

Dieser Wert ist kleiner als die Dichte von Wasser. Daher schwimmt das Glas. Genauso umschließt das Stahlschiff viel Luft und schwimmt auch.

1 Begründe, dass ein Eisennagel auf Quecksilber schwimmt und ein Eiswürfel in Speiseöl untergeht.

2 Gib an, unter welcher Bedingung ein Körper in Flüssigkeit schwebt.

Stoff	Dichte in $\frac{g}{cm^3}$
Luft	0,0013
Styropor	0,017
Holz	0,3–1,1
Benzin	0,7
Alkohol	0,79
Speiseöl	0,8–0,9
Eis	0,92
Wasser	**1,00**
Glas	2,5
Aluminium	2,7
Eisen	7,9
Quecksilber	13,5
Gold	19,3

03 Dichten

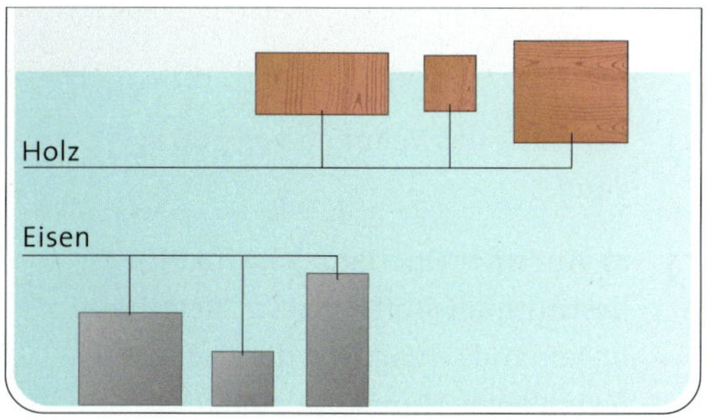

04 Holz- und Eisenkörper in Wasser

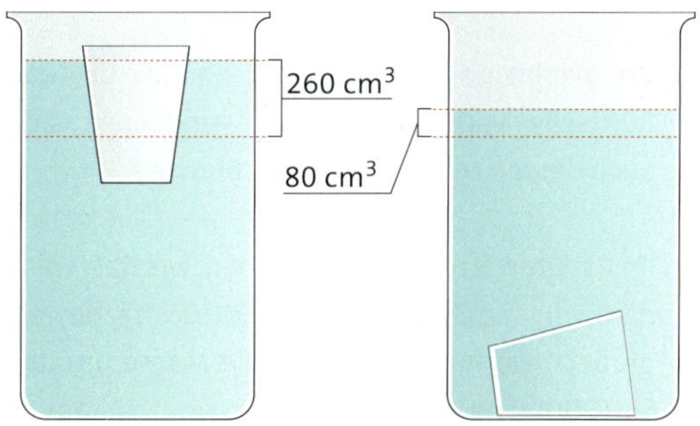

05 Modellschiff: links mit Luft, rechts ohne Luft

06 Schiff aus Stahl

METHODE

Dreisatz, Proportionalität und Quotientengleichheit

Zum Bau einer Terrasse werden 0,5 m^3 Sand benötigt. Darf ein Auto, für das zusätzlich zu dem Fahrer maximal 400 kg Zuladung erlaubt sind, alles auf einmal laden?

Um diese Frage zu beantworten, müssen wir die Masse des gesamten Sandhaufens kennen. Das direkte Messen mit einer Waage scheidet allerdings aus: Der gesamte Sandhaufen ist dafür zu groß und zu schwer.
Wir können aber mit dem Messbecher ein kleines Sandvolumen von z. B. 800 cm^3 abmessen. Dessen Masse beträgt 1360 g. Wie groß ist dann die Masse von 0,5 m^3 (= 500 000 cm^3) Sand? Wir rechnen mit dem Dreisatz:

	m	V	
	1360 g	800 cm^3	
: 800	1,7 g	1 cm^3	: 800
· 500 000	850 000 g = 850 kg	500 000 cm^3 = 0,5 m^3	· 500 000

Der Sandhaufen hat die Masse 850 kg. Es müssen also mindestens drei Fahrten gemacht werden.

Unserer Dreisatzrechnung liegt folgende Überlegung zugrunde:

Wenn 800 cm^3 Sand die Masse 1360 g besitzen, dann hat 1 cm^3 Sand die Masse $\frac{1360\,\text{g}}{800} = 1{,}7$ g.

Wir haben das Volumen des Sandes um das 800fache verkleinert, dabei verkleinert sich auch dessen Masse um das 800fache.

Im zweiten Rechenschritt haben wir das Volumen von 1 cm^3 Sand um das 500 000fache vergrößert, wodurch sich auch die Masse um das 500 000fache vergrößert.

In beiden Fällen verändert sich der Quotient $\frac{m}{V}$ dabei nicht, obwohl sich Masse und Volumen ändern:

$$\frac{m}{V} = \frac{1360\,\text{g}}{800\,\text{cm}^3} = \frac{850\,000\,\text{g}}{500\,000\,\text{cm}^3} = 1{,}7\,\frac{\text{g}}{\text{cm}^3}.$$

Der Quotient entspricht der Dichte $\rho = 1{,}7\,\frac{\text{g}}{\text{cm}^3}$ des Sandes.

Wenn man den Dreisatz wie oben anwenden kann, dann sagt man, die zwei Größen sind **zueinander proportional.** So sind z. B. beim Sand Masse und Volumen zueinander proportional.

In der Physik untersucht man häufig, wie zwei physikalische Größen zusammenhängen. Oft ist es so, dass zwei Größen proportional zueinander sind, aber manchmal auch nicht. Wenn man nachweisen möchte, dass zwei Größen zueinander proportional sind, dann ist das mit dem Dreisatz aufwändig. Einfacher ist es, auszunutzen, dass der Quotient aus zwei Größen immer konstant bleibt, wenn sie zueinander proportional sind. Das hast du oben bei Masse und Volumen gesehen. Die **Quotientengleichheit** ist ein Kennzeichen für zwei zueinander proportionale Größen.

Meistens ist es so, dass dieser Quotient selbst eine physikalische Bedeutung hat. Bei Masse und Volumen ist es die Dichte des Stoffes.

1 Berechne das Volumen von 600 kg Sand.

2 **a)** Auch der Quotient $\frac{V}{m}$ ist für einen bestimmten Stoff konstant. Begründe.
b) Jemand schlägt vor, die Dichte als $\frac{V}{m}$ festzulegen. Nimm dazu Stellung.

VERSUCH ▸ Wie hängen Dichte und Schwimmen zusammen?

Material:

Wasser, Zucker, ein frisches Ei, eine Glaskanne

Durchführung:

V1 **a)** Fülle die Kanne zur Hälfte mit Wasser und löse darin Zucker auf (etwa 50 g Zucker auf 100 mℓ Wasser). Fülle die Kanne so vorsichtig mit Wasser auf (im Foto rot), dass es sich nicht mit dem Zuckerwasser vermischt. Gib das Ei langsam in die gefüllte Kanne. Stelle eine begründete Vermutung über die Dichten von Eiern, Leitungs- und Zuckerwasser auf.

b) Untersuche, wie viel Zucker man in Wasser auflösen muss, sodass das Ei nicht mehr untergeht. Bestimme so die Dichte des Eies.

Material A ▸ Rechnen mit der Dichte

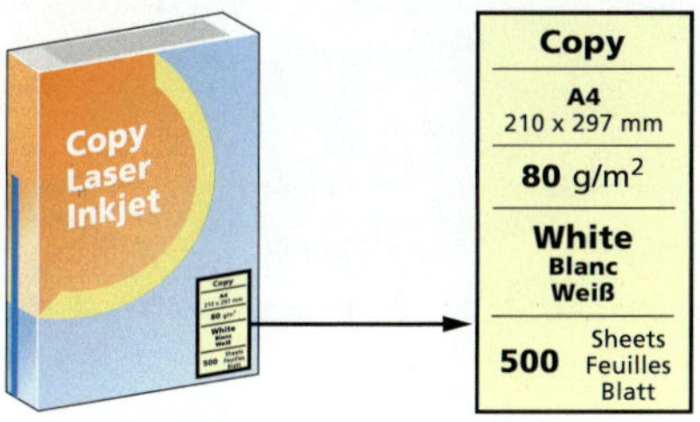

A1 Das Paket hat eine Dicke von 38 mm. Berechne die Dichte des Papiers.

A2 Berechne die Masse einer 3 mm dicken, 85 cm breiten und 1,1 m hohen Glasscheibe.

A3 Schätze die Masse der Luft des Physikraumes ab.

A4 Finde heraus, aus welchem Stoff eine 84 cm^3 große und 210 g schwere Skulptur ohne Hohlräume bestehen könnte.

A5 **a)** Zwei Körper haben das gleiche Volumen. Einer der Körper hat eine fünfmal größere Masse als der andere. Bestimme das Verhältnis der Dichten beider Körper.

b) Zwei massengleiche Körper haben ein Volumenverhältnis von 1 : 3. Bestimme das Verhältnis der Dichten der beiden Körper.

Material B ▸ Dichte von Erbsen

B1 Tina sagt: „Die Erbsen sinken in Wasser, also ist deren Dichte größer als 1,0 $\frac{g}{cm^3}$!“

Cem hingegen meint: „Der leere Messbecher hat die Masse 234 g. Die Erbsendichte ist daher $\rho = 0{,}79\,\frac{g}{cm^3}$, denn es gilt:

$$\rho = \frac{m}{V} = \frac{550\,g - 234\,g}{400\,cm^3} = 0{,}79\,\frac{g}{cm^3}.“$$

Nimm zu den beiden Aussagen Stellung.

01 Island im Winter

Teilchenmodell und Aggregatzustände

Wasserdampf, flüssiges Wasser, Schnee, Eis – Wasser kann sehr unterschiedlich aussehen und ist trotzdem immer der gleiche Stoff. Wie lässt sich das erklären? Dazu müssten wir wissen, woraus Wasser besteht.

WIE SIND KÖRPER AUFGEBAUT? · Schon seit der Antike machen sich die Menschen Gedanken darüber, woraus die Körper aufgebaut sind und wie man damit ihre Stoffeigenschaften erklären kann. Im Laufe der Zeit hat man immer mehr darüber herausgefunden. Die Vorstellung über den Aufbau der Körper ist inzwischen relativ kompliziert. Noch heute wird auf diesem Gebiet viel geforscht und es ergeben sich neue Erkenntnisse.

Obwohl die Frage nach dem Aufbau der Körper noch nicht endgültig beantwortet ist, kann man etwas über den Aufbau der Körper aussagen. Dazu muss man sich eine vereinfachte Vorstellung machen. In der Physik nennt man so etwas ein **Modell.** Seit über 200 Jahren hat sich in der Naturwissenschaft für den Aufbau der Stoffe das **Teilchenmodell** bewährt.

Alle Körper bestehen aus kleinen Teilchen.

DIE DARSTELLUNG DER TEILCHEN · Auf den kommenden Seiten betrachten wir einige Erscheinungen in der Natur. Du wirst sehen, dass diese mit dem Teilchenmodell erklärt werden können.
Hierbei ist es oft hilfreich, die Teilchenvorstellung mit Bildern zu veranschaulichen. Für die Phänomene, die wir erklären wollen, spielt die Form der Teilchen überhaupt keine Rolle. Deshalb stellen wir die Teilchen einfach als Kreise dar.

DIE AGGREGATZUSTÄNDE · Körper können fest, flüssig und gasförmig sein. Man bezeichnet diese Zustände als Aggregatzustände. Mithilfe des Teilchenmodells können wir diese Zustände erklären.

Wenn du z.B. mit der Faust auf einen Tisch schlägst, dann behält der Tisch seine Form (▸ Bild 02 A). Der Tisch ist ein **Festkörper**. Im Teilchenmodell stellen wir uns vor, dass bei Festkörpern die Teilchen eng beieinander liegen (▸ Bild 02 B). Zwischen den Teilchen ist ein starker Zusammenhalt. Die Tischplatte ist daher fest und deine Faust kann nicht in sie eindringen.

Im Gegensatz dazu fällt es dir leicht, deine Hand in Wasser einzutauchen (▸ Bild 03 A). Wasser ist bei Zimmertemperatur eine **Flüssigkeit.** Bei Flüssigkeiten liegen die Teilchen ebenfalls eng beieinander. Allerdings sind sie gegeneinander verschiebbar (▸ Bild 03 B). Daher weicht das Wasser deiner Hand aus.

Noch leichter als durch das flüssige Wasser kannst du deine Hand durch die Luft bewegen (▸ Bild 04 A). Luft ist ein **Gas.** In Gasen befinden sich die Teilchen ohne jeden Zusammenhalt in sehr großem Abstand zueinander (▸ Bild 04 B). So nimmt 1 g Wasserdampf etwa 1700-mal mehr Volumen ein als 1 g flüssiges Wasser. Zwischen den Teilchen eines Gases befindet sich leerer Raum, sonst nichts.
Wir können also festhalten:

In **Festkörpern** liegen die Teilchen eng beieinander und haben einen starken Zusammenhalt.
In **Flüssigkeiten** liegen die Teilchen eng beieinander und sind gegeneinander verschiebbar.
Bei **Gasen** befinden sich die Teilchen in großem Abstand voneinander ohne jeden Zusammenhalt. Zwischen den Teilchen ist leerer Raum.

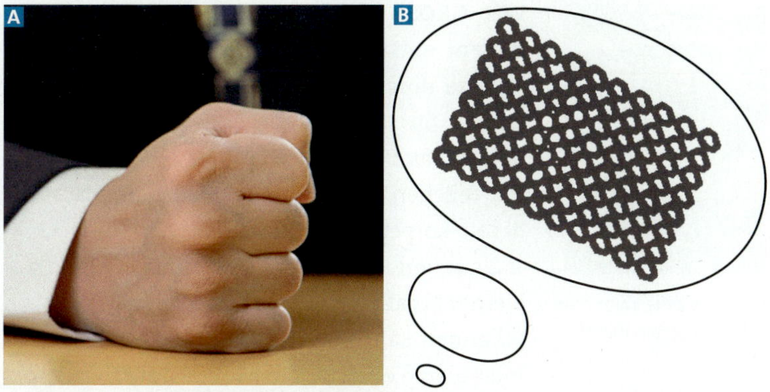

02 **A** Die Faust durchdringt den Tisch nicht. **B** Ein Festkörper im Teilchenmodell

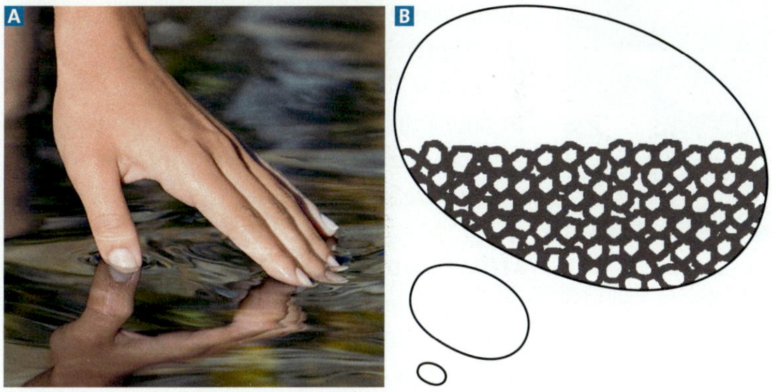

03 **A** Die Hand taucht ins Wasser. **B** Eine Flüssigkeit im Teilchenmodell

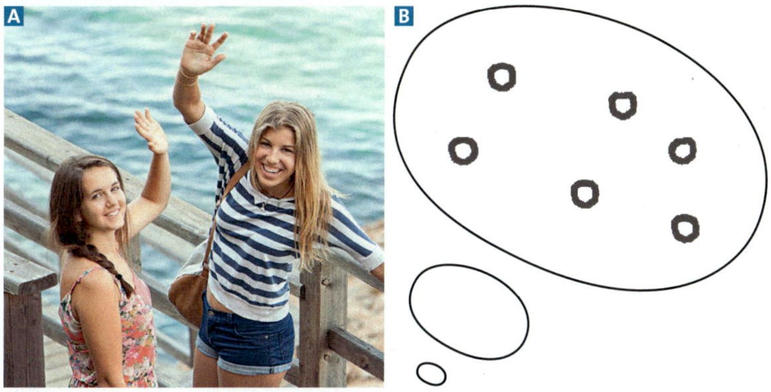

04 **A** Die Hand bewegt sich leicht in Luft. **B** Ein Gas im Teilchenmodell

1 Vergleiche und erkläre die unterschiedlichen Dichten von Festkörpern, Flüssigkeiten und Gasen.

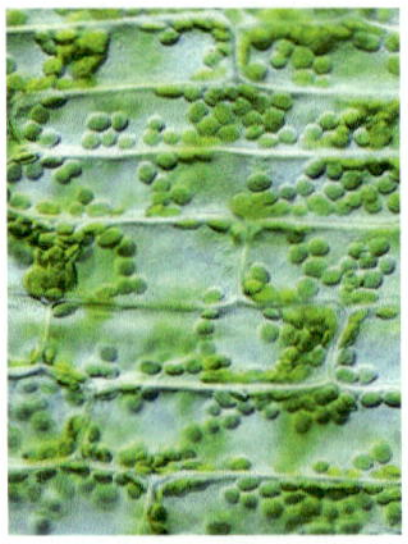

01 Eine Zelle kann man sehen, Teilchen nicht!

02 Mehr als 1000 000 000 000 000 000 000 Wasserteilchen!

WIE GROSS SIND DIE TEILCHEN? · Wenn du dir ein entsprechend präpariertes Blatt einer Pflanze durch ein Mikroskop anschaust, dann kannst du sehr gut die Zellen erkennen, aus denen das Blatt aufgebaut ist (▸ Bild 01). Aber die Teilchen, aus denen die Zellen wie alle anderen Körper aufgebaut sind, wirst du so niemals sehen können. Sie sind noch tausendmal kleiner als alles, was man mit einem Mikroskop erkennen kann! Ein Teilchen hat einen Durchmesser von etwa einem Millionstel Millimeter.

Die Teilchen sind so klein, dass jeder Körper aus unvorstellbar vielen Teilchen besteht. Schon ein Tropfen Wasser (▸ Bild 02) enthält mehr als tausend Milliarden Milliarden von ihnen – das ist eine Zahl mit 22 Stellen! Wenn ein Teilchen so groß wäre wie du, dann wäre der Wassertropfen größer als die Erde!

ATOME UND MOLEKÜLE · Du weißt, dass Stoffe unterschiedliche Eigenschaften haben können. Ein Teil dieser Eigenschaften ergibt sich daraus, dass ihre Körper aus verschiedenen Teilchen bestehen. In der Chemie beschäftigt man sich damit, welche Folgen das hat. Dort spricht man häufig von Atomen und Molekülen statt von Teilchen. Für das Teilchenmodell, wie wir es verwenden, ist der Unterschied zwischen den einzelnen Teilchensorten nicht wichtig.

/// Ein Teilchen hat einen Durchmesser von etwa einem Millionstel Millimeter.

BROWNSCHE BEWEGUNG · Mit dem folgenden Versuch wollen wir eine weitere Eigenschaft der Teilchen deutlich machen: Sie sind andauernd regellos und ungeordnet in Bewegung. Wir geben einen Tropfen Milch in etwas Wasser und betrachten einen Tropfen dieser Mischung unter dem Mikroskop. Was wir sehen, können wir in ▸ Bild 03 gar nicht richtig darstellen: Viele Flecken bewegen sich langsam durch unser Blickfeld. Sie ändern dabei ständig ihre Bewegungsrichtung, ohne dass etwas Sichtbares gegen sie stößt. In ▸ Bild 04 ist die Bahn eines Flecks vergrößert dargestellt.

Was sehen wir durch das Mikroskop überhaupt? Die Teilchen selbst können es nicht sein, da sie viel zu klein sind. Die Flecken sind Fetttröpfchen aus der Milch, die sich durch das Wasser bewegen. Man hat solche Zick-Zack-Bewegungen auch bei winzigen Metallsplittern beobachtet. Damit ist ausgeschlossen, dass Lebewesen für diese Bewegung verantwortlich sind.

Wenn wir annehmen, dass sich die Teilchen heftig und ungeordnet bewegen, dann können wir die Bewegung des Fetttröpfchens in ▸ Bild 04 erklären: Für uns unsichtbar treffen ständig Wasserteilchen auf das Tröpfchen. Wenn z.B. an der rot markierten Stelle etwas mehr Wasserteilchen von rechts gegen das Tröpfchen stoßen, dann wird es nach links abgelenkt. Kurze Zeit später ändert sich die Richtung durch solche Stöße wieder.

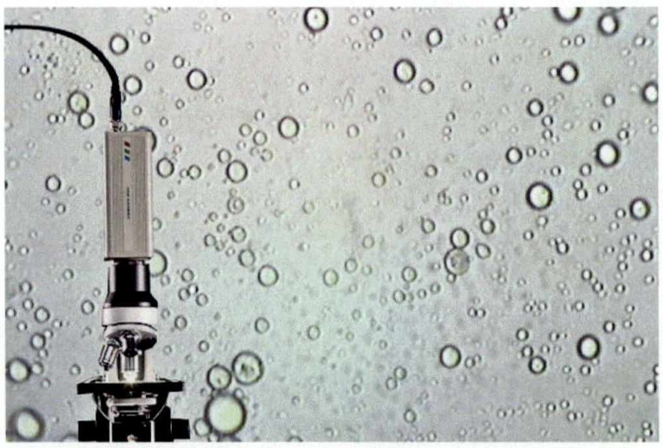

03 Ein Tropfen Milch unter dem Mikroskop

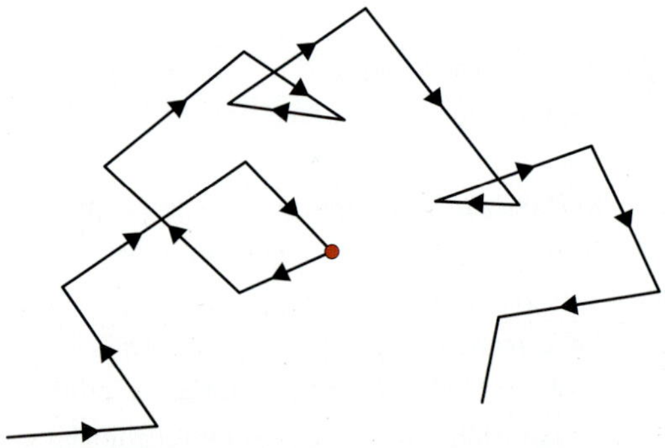

04 Brownsche Bewegung eines Fetttröpfchens

DIE BEWEGUNG HÖRT NIE AUF · Im Alltag bist du gewohnt, dass alle Bewegungen langsamer werden, wenn kein Antrieb vorhanden ist. Wie sieht es bei den Fetttröpfchen aus? Wenn man die verdünnte Milch Stunden oder Tage später untersucht, beobachtet man immer noch die gleiche Zitterbewegung der Fetttröpfchen. Daran sieht man, dass die Bewegung der Teilchen nicht nachgelassen hat, sondern bei gleichen Bedingungen immer gleich heftig andauert.

Eine ähnliche Bewegung wie die der Fetttröpfchen in der verdünnten Milch kann man bei Staubkörnern in der Luft beobachten. Wir schließen daraus, dass sich die Teilchen in einem Gas auch ungeordnet bewegen.
Selbst die Teilchen in einem Festkörper bewegen sich. Da sie ihren Platz aber nicht verlassen können, schwingen sie auf diesem hin und her.

DIE DIFFUSION · Wenn jemand in einer Ecke des Physikraums etwas Parfüm versprüht, dann riechst du den Duftstoff bald überall (▸ Bild 07). Wie kommt es dazu? Luftströmungen sind nicht allein dafür verantwortlich. Das können wir mit dem folgenden Versuch nachweisen: Wir verschließen ein Glasrohr auf der rechten Seite mit einem Stopfen und legen an das linke Ende ein Stück Filterpapier, das mit etwas Parfüm getränkt ist (▸ Bild 05 A). Anschließend verschließen wir das Rohr auch dort. Wenn wir den Stopfen am anderen Ende nach einigen Minuten vorsichtig öffnen, dann riechen wir den Duftstoff auch dort (▸ Bild 05 B).
Mit dem Teilchenmodell können wir diese Beobachtung erklären: Die Teilchen des Duftstoffs und die Luftteilchen vermischen sich durch ihre ständige Bewegung. Die heftige Bewegung der Duftstoffteilchen sorgt dafür, dass sie sich nach und nach im ganzen Raum verteilen. Dieses Vermischen durch die Teilchenbewegung nennt man **Diffusion.**

BEWEGUNG UND TEMPERATUR · Wenn wir einen Tropfen Tinte in ein Becherglas mit Wasser geben, dann vermischt er sich durch Diffusion mit dem Wasser (▸ Bild 06 A). Wenn wir den Versuch mit heißem Wasser wiederholen, dann geht dies schneller (▸ Bild 06 B).
Wenn die Diffusion von der Temperatur abhängt, dann muss das im Teilchenmodell auch für die Bewegung der Teilchen gelten. Offensichtlich bewegen sie sich heftiger, wenn die Temperatur höher ist.

Alle Teilchen bewegen sich andauernd.
Je höher die Temperatur eines Körpers ist, desto heftiger bewegen sich die Teilchen, aus denen er besteht.

1 Wenn man Käse neben einem Stück Sahnetorte im Kühlschrank stehen lässt, dann schmeckt die Torte bald nach Käse. Erkläre mit dem Teilchenmodell.

07 Der Duftstoff eines Parfüms verteilt sich im Raum.

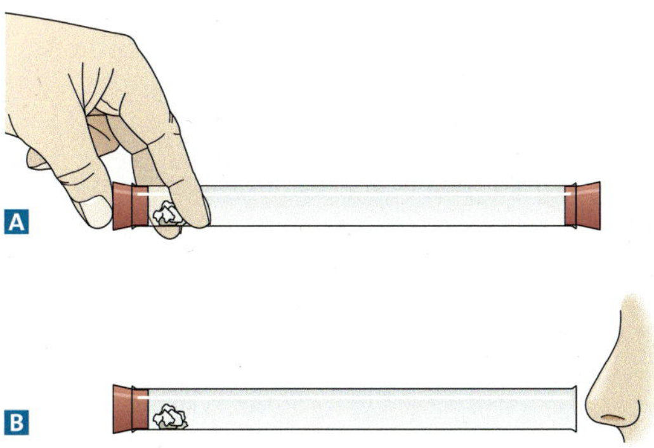

05 Durch Diffusion verteilt sich das Parfüm.

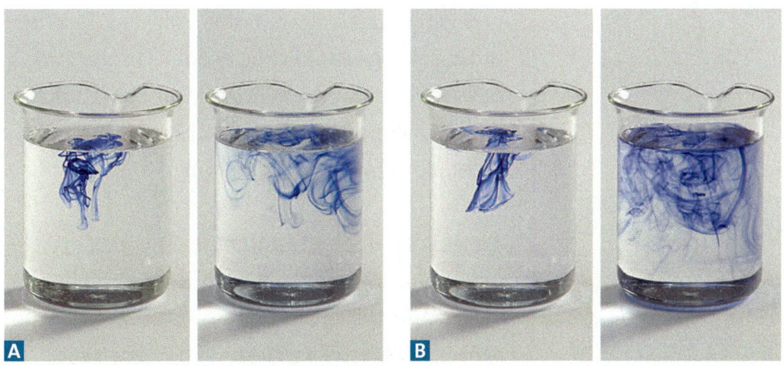

06 Tinte in Wasser: **A** kaltes, **B** warmes Wasser

METHODE

Modelle in der Physik

01 **A** Modellathletin – Vorbild für Sportler, **B** Automodell – Muster für viele Autos, **C** Modelleisenbahn – verkleinerte Nachbildung eines echten Zuges

Modelle wie das Teilchenmodell sind in der Physik sehr wichtig. Wir erklären im Folgenden, warum das so ist.
Im Alltag hast du das Wort „Modell" bestimmt schon gehört. ▸ Bild 01 zeigt einige dir vielleicht bekannte Situationen. Die „Alltagsmodelle" sind Gegenstände. Man kann sie sogar anfassen.

So einfach ist das beim Teilchenmodell nicht: Du stellst dir die Teilchen vielleicht so ähnlich wie Alltagsgegenstände vor. Aber sie verhalten sich ganz anders: Die Teilchen bewegen sich andauernd, während du sonst gewohnt bist, dass alles nach einer gewissen Zeit zur Ruhe kommt. Du kannst die Eigenschaften, die du von den Alltagsgegenständen kennst, also nicht ohne Weiteres auf die Teilchen übertragen.
Die Teilchen sind eigentlich nur ein Bild, das man sich im Kopf von der Wirklichkeit macht (▸ Bild 02). Deswegen nennt man das Teilchenmodell ein **gedankliches Modell.** In der Physik beschreibt man die Natur immer mit solchen gedanklichen Modellen, auch wenn man das nicht jedes Mal direkt erwähnt.

Am Teilchenmodell kannst du eine wesentliche Eigenschaft gedanklicher Modelle erkennen: Sie sind einfacher als die Wirklichkeit, die sie beschreiben. Deswegen kann ein Modell niemals alle Eigenschaften der Wirklichkeit erfassen. Warum z. B. Wasser durchsichtig, aber Schnee weiß ist, können wir mit dem Teilchenmodell nicht erklären. Aber obwohl es sehr einfach ist, lassen sich damit schon viele Stoffeigenschaften von Körpern erklären.

Warum benötigen wir überhaupt gedankliche Modelle, wenn wir mit ihnen ohnehin nicht alles erklären können? Nun, ohne Modelle können wir die Welt um uns herum nicht so gut verstehen. Wenn wir z. B. wissen wollen, wie groß die Masse des Sands im Sandkasten ist, dann können wir sie aus dem Volumen und der mittleren Dichte des Sands berechnen (▸ Bild 03). Die Farbe des Sands oder die Größe der Sandkörner ist für uns dann nicht wichtig. Wir haben den Sand auf ein zweckmäßiges Modell reduziert.

1 Eine Modelleisenbahn hat immer einen echten Zug als Vorbild. Stelle die Gemeinsamkeiten und die Unterschiede von Modell und Original zusammen.

2 Lisa sagt: „Die Teilchen haben genau die gleichen Eigenschaften wie Billardkugeln. Sie sind einfach nur viel kleiner." Hat Lisa Recht? Begründe deine Antwort.

02 Teilchenmodell

03 Sand im Modell

VERSUCHE ▸ Wie groß sind die Teilchen? – Eine Abschätzung

Mit der Größe von Spülmittelflecken auf der Wasseroberfläche kannst du berechnen, wie groß Spülmittelteilchen etwa sind. Der Versuch selbst ist einfach, der Schritt zur Teilchengröße ist etwas komplizierter. Wie man von den Messungen zur Teilchengröße kommt, kannst du anhand von V1 nachvollziehen.

V1 Wie groß sind Gummibärchen?

Du bestimmst die Größe von Gummibärchen auf die gleiche Weise wie in V2 die Größe der Teilchen.

Material:

eine Packung Gummibärchen, Messbecher, Lineal

Durchführung:

a) Miss mit dem Messbecher 200 cm^3 Gummibärchen ab. Verteile sie dann auf einem Blatt Papier, sodass die Bärchen eine Fläche bedecken, ohne dass es eine größere Lücke gibt oder Bärchen übereinander liegen.

b) Bestimme die Fläche, die die Bärchen bedecken, möglichst genau. Schätze dazu die Fläche durch ein entsprechendes Rechteck, Dreieck oder einen Kreis ab.

c) Wenn ein Körper die Grundfläche G und die Höhe h hat, dann gilt für sein Volumen $V = G \cdot h$. Für den Quader kennst du diese Gleichung. Berechne entsprechend die Höhe der „Gummibärchenschicht".

d) Diese Höhe soll angeben, wie groß ein Gummibärchen ist. Miss bei einem Gummibärchen direkt nach und vergleiche.

A

B

04 Versuch mit **A** Gummibärchen, **B** Spülmittel

V2 Spülmittelflecken

Material:

etwas Spülmittelkonzentrat, ein dünnes, sauberes Drahtstück (ca. 0,1 mm Durchmesser, z. B. frisch abisolierte Kupferlitze), gemahlener Pfeffer, Zimt o. Ä., flache Schale oder Suppenteller, Wasser, Lineal

Durchführung:

a) Fülle Wasser in die Schale und bestäube die Wasseroberfläche dünn mit dem gemahlenen Pfeffer. Tauche das Ende des Drahts in das Spülmittel, sodass ein Tropfen dort hängen bleibt. Berühre damit die Wasseroberfläche. Bestimme die Fläche des Spülmittelflecks.

b) Wiederhole den Versuch mehrfach. Der Fleck sollte jeweils etwa gleich groß sein, sonst ist wahrscheinlich der Draht nicht sauber.

c) Um die Höhe des Flecks zu berechnen, musst du das Volumen eines Spülmitteltropfens kennen: Er ist etwa so groß wie ein Würfel mit dem Drahtdurchmesser als Kantenlänge.

d) Berechne die Höhe des Flecks. Was kannst du nun über die Teilchengröße aussagen?

Material A ▸ Aggregatzustände und Teilchenmodell

A1 a) Wenn du einen Luftballon aufpustest, dann verteilt sich die Luft überall im Ballon. Jedes Gas füllt den ihm zur Verfügung stehenden Raum ganz aus. Erkläre mit dem Teilchenmodell.

b) Flüssigkeiten und Festkörper verhalten sich hier anders als Gase: Wenn man Wasser oder Eiswürfel in ein Trinkglas gibt, sieht man dies deutlich. Erkläre mit dem Teilchenmodell.

A2 a) Früher hatten Fahrräder Reifen, die vollständig aus Gummi waren. Heutzutage sind die Reifen mit Luft gefüllt. Für den Federungskomfort sind Luftreifen besser. Erkläre mit dem Teilchenmodell.

b) Erkläre, warum es nicht sinnvoll ist, die Reifen mit einer Flüssigkeit zu füllen.

01 Ein Fahrradreifen wird aufgepumpt, bis er hart ist.

Druck in Gasen

Den Unterschied zwischen schlecht und gut aufgepumpten Fahrradreifen kannst du kaum sehen. Aber du kannst ihn spüren! Wenn der Reifen voll aufgepumpt ist, dann lässt er sich mit den Händen nicht mehr eindrücken. Was macht den Reifen so hart? – Schließlich ist doch „nur" Luft drin.

WAS IST DRUCK? · Wenn du deinen Fahrradreifen aufpumpst, dann ändert sich das Volumen des Reifens praktisch nicht, obwohl immer mehr Luft in den Reifen gepresst wird. Je mehr Luft du in den Reifen presst, desto größer wird der Druck im Reifen. Deshalb wird der Reifen so hart. Das Ventil hindert die Luft übrigens daran, wieder aus dem Fahrradreifen zu entweichen.

Luft ist für uns lebensnotwendig. Auch für Taucher muss sie immer in ausreichender Menge zur Verfügung stehen. Für lange Tauchgänge muss möglichst viel Luft in einen relativ kleinen Behälter gepresst werden. Man spricht deshalb auch von der Pressluftflasche (▸ Bild 02).

02 Pressluftflaschen für den Tauchsport

Je mehr Luft in einen Behälter gepresst worden ist, desto größer ist der Druck der Luft in diesem Behälter. Für Luft und alle anderen Gase gilt:

Gase können zusammengepresst werden. Die physikalische Größe Druck beschreibt, wie sehr ein Gas zusammengepresst ist.

Sicher kennst du auch solche Redewendungen wie „unter Zeitdruck stehen" oder „jemanden unter Druck setzen". Manches Obst hat „Druckstellen" und schließlich ist dieses Physikbuch „gedruckt" worden. Daran erkennst du, dass der Begriff „Druck" in der Alltagssprache eine andere Bedeutung haben kann als in der Physik. Er gehört damit wie „Kraft" und „Energie" zu den vielen Begriffen, die in der Fachsprache anders verwendet werden als in der Alltagssprache.

MESSUNG UND EINHEITEN DES DRUCKS · Vielleicht besitzt du selbst eine Fahrradpumpe mit Druckanzeige. Sie gibt dir Auskunft über den Druck im Reifen. Druckmessgeräte heißen im Allgemeinen **Manometer.**

Eine oft genutzte Messmethode wird im Dosenmanometer angewendet (▸ Bild 03). Der Name kommt von einer Dose im Innern des Messgeräts. Diese Dose ist vollkommen geschlossen. Wenn sich der Druck der Luft außerhalb der Dose ändert, dann ändert sich die Form der Dose: Je höher der äußere Druck ist, desto mehr wird die Dose eingedrückt. Die Verformung der Dose wird über Hebel auf einen Zeiger zur Druckanzeige übertragen.

An deiner Fahrradpumpe und an der Tankstelle findest du oft die Einheit ein Bar (1 bar). In der Physik wird der Druck meist in der Einheit ein **Pascal** (1 Pa) angegeben. Weil ein Pascal ein sehr kleiner Druck ist, wird die Einheit ein Hektopascal (1 hPa) genutzt. Dabei gilt:
1 hPa = 100 Pa,
1 mbar = 1 hPa
(mbar bedeutet abgekürzt Millibar),
1 bar = 1 000 hPa = 100 000 Pa.

Der Druck von Gasen wird mit Manometern gemessen. Er wird in der Einheit ein Pascal (1 Pa) angegeben.
Das Formelzeichen für den Druck ist p.

LUFTDRUCK · Es ist schon erstaunlich: Wir sind dauernd von Luft umgeben, wir atmen sie und obwohl wir nichts davon spüren, zeigt die Wetterstation einen Luftdruck an. Messgeräte für den Luftdruck heißen **Barometer** (▸ Bild 04).

Woher der Luftdruck kommt, kannst du mit einem Gedankenexperiment verstehen: Stelle dir einen Luftwürfel vor, auf den du einen zweiten gleich großen Luftwürfel stapelst. Weil die Luft aufgrund ihrer Masse schwer ist, presst der obere Luftwürfel den darunter liegenden Würfel zu einem Quader zusammen. Jetzt packst du einen dritten Würfel darüber, einen vierten, usw. (▸ Bild 06). Die Luft im Quader ganz unten wird am meisten zusammengepresst. In diesem Quader ist der Druck am größten. Den gedachten Turm aus Luftquadern kannst du dir so hoch denken, wie unsere Erdatmosphäre dick ist. Das entspricht einer Höhe von über 100 km! An der Erdoberfläche ist der Luftdruck somit am größten und beträgt im Durchschnitt 1013 hPa auf Meereshöhe.

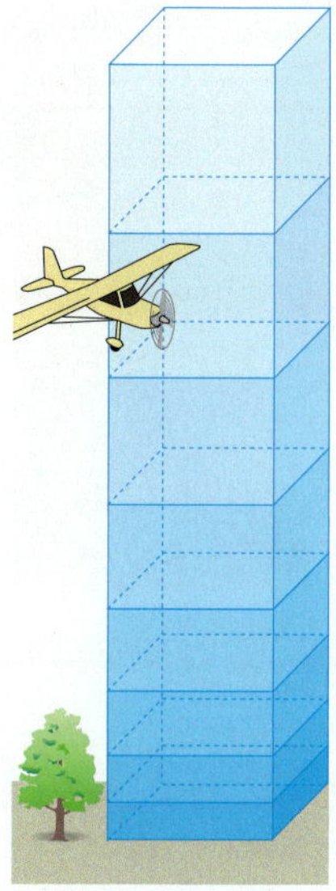

06 Modellvorstellung zum Luftdruck

ÜBERDRUCK UND UNTERDRUCK · Der Druck macht sich meistens nur dann bemerkbar, wenn er vom äußeren Luftdruck abweicht. In einem aufgepumpten Reifen z. B. ist der Druck der gepressten Luft größer als der äußere Luftdruck. Man spricht deshalb von **Überdruck.** **Unterdruck** kennst du z. B. von den Saugnäpfen (▸ Bild 05). Der Druck unter dem Saugnapf ist geringer als der äußere Luftdruck. Deshalb wird er an die Wand gepresst – und nicht angesaugt!

Optimaler Reifen-(über)-druck:
Mountainbike: 2 bis 4 bar
Tourenrad: 2,5 bis 6 bar
Rennrad: 5 bis 9 bar

1 Kondensmilch wird auch in Dosen verkauft. Erkläre, warum es für das Ausgießen gut ist, zwei Löcher in die Dose zu stechen.

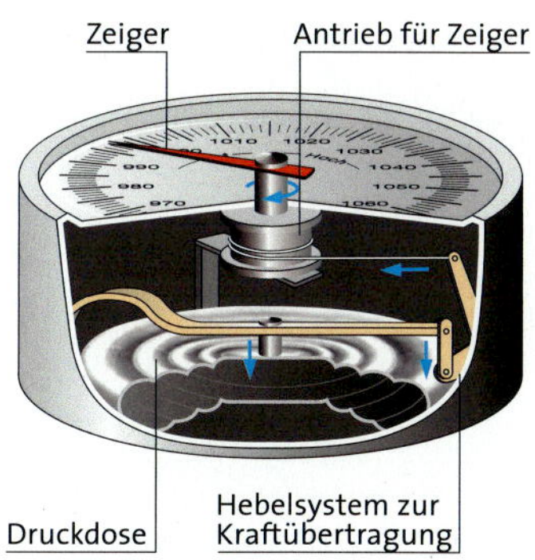

03 Aufbau eines Dosenmanometers

04 Barometer zur Messung des Luftdrucks

05 Halten ohne Leim – Saugnäpfe

01 Vakuumverpackte Lebensmittel

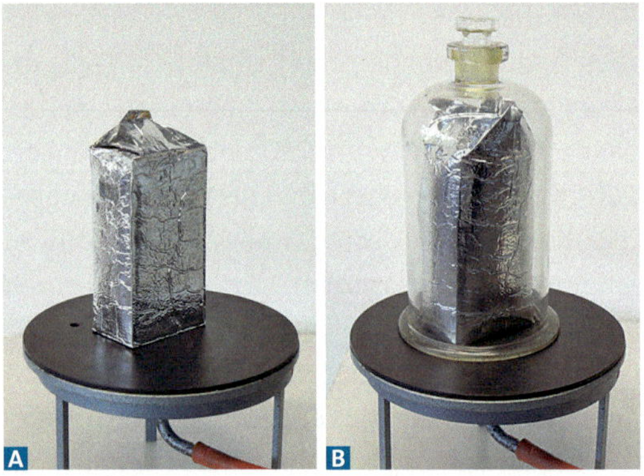

02 Vakuumverpackter Kaffee **A** bei normalem äußeren Luftdruck, **B** bei sehr geringem äußeren Luftdruck

VAKUUM – ABWESENHEIT VON LUFT? · Viele Lebensmittel werden in Vakuumverpackungen verkauft (▸ Bild 01). Sicher kennst du solche Verpackungen. Sie fühlen sich hart an. Aus allen Zwischenräumen in der Verpackung ist die Luft entfernt worden. Das macht das Packvolumen kleiner. Der entscheidende Vorteil ist aber, dass kein Sauerstoff mehr an die Lebensmittel kommt und sie verderben kann. So bleiben die Lebensmittel lange haltbar. Aber ist wirklich keine Luft mehr in der Verpackung? Zum Test wird vakuumverpackter Kaffee unter eine Glasglocke gelegt, aus der die Luft langsam herausgepumpt wird. Das Ergebnis kannst du in ▸ Bild 02 sehen. Die Verpackung bläht sich auf! Das bedeutet, dass in der Verpackung noch ein Rest von Luft sein muss. In dieser Luft herrscht jedoch ein so geringer Druck, dass die Packung vom normalen Luftdruck zusammengedrückt wird und sich hart anfühlt. Wenn der äußere Druck unter der Glasglocke kleiner als der Druck in der Verpackung ist, dann bläht sich die Verpackung auf.

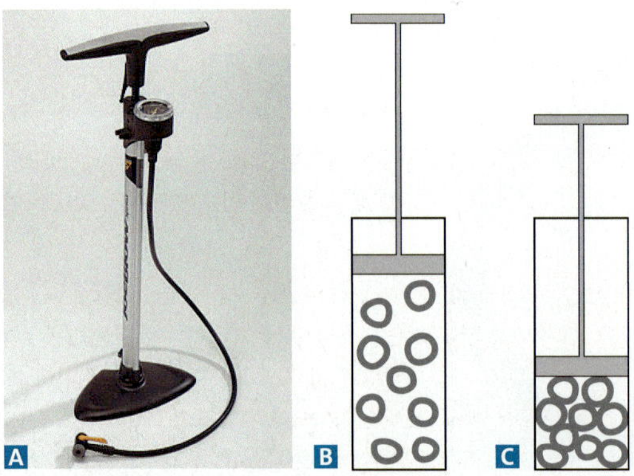

03 **A** Luftpumpe, Gasdruck im Teilchenmodell bei **B** niedrigem Druck, **C** hohem Druck

DRUCK VON GASEN IM TEILCHENMODELL · Das Teilchenmodell für Körper hast du bereits kennengelernt. Auch Luft und alle anderen Gase bestehen aus Teilchen. Diese Teilchen sind in ständiger sehr schneller Bewegung. ▸ Bild 03 B zeigt, wie wir uns die Verhältnisse in einem Zylinder, ähnlich einer Luftpumpe, im Teilchenmodell vorstellen können: Bei ihren schnellen Bewegungen stoßen die Teilchen immer wieder miteinander und mit der Wand zusammen und prallen voneinander und von der Wand ab. Stelle dir diese Zusammenstöße so ähnlich vor, wie bei Billardkugeln, die auf einem Billardtisch alle in Bewegung geraten sind. Alle Stöße der Teilchen miteinander und mit der Wand erzeugen zusammen den Druck des Gases in diesem Behälter.
Mit dieser Modellvorstellung lässt sich auch erklären, warum der Druck in der Luftpumpe steigt, wenn der Kolben nach unten bewegt wird. Im Teilchenmodell bedeutet das, dass für die gleiche Anzahl an Teilchen der zur Verfügung stehende Raum kleiner ist. Deshalb werden die Zusammenstöße der Teilchen miteinander und mit der Wand häufiger. Damit steigt der Druck.

1 Auf einer Bergwanderung wird nach der Gipfelrast eine leere Plastikflasche fest verschlossen. Beschreibe, was mit dieser Flasche beim Abstieg geschieht.

2 **a)** Erkläre mithilfe des Teilchenmodells, warum sich ein voll aufgepumpter Reifen hart anfühlt.
b) Erläutere, weshalb sich auch eine Vakuumverpackung hart anfühlt, obwohl fast keine Luft mehr darin ist.

VERSUCHE ▸ Zum Luftdruck

V1 Verkehrte Welt?

Mit dem folgenden Versuch kannst du schon fast in einer Show auftreten. Ein randvoll gefülltes Wasserglas, verkehrt herum gehalten, hält allein mit einer Postkarte dicht!

Material:

Trinkglas, Postkarte oder ein Stück Karton, Wasser

Durchführung:

Führe den Versuch vorsichtshalber über einem Waschbecken aus. Fülle das Glas vollständig bis zum Rand mit Wasser. Bedecke es mit der Postkarte oder mit dem Stück Karton. Halte den Karton fest und drehe das Glas mit seiner Öffnung nach unten. Jetzt kannst du den Karton loslassen.

Wenn du alles richtig gemacht hast, dann sollte kein Wasser auslaufen. Gib eine Erklärung dafür.

V2 Ein einfaches Luftdruckmessgerät

Mit einem einfachen Modell eines Luftdruckmessgeräts überprüfst du Änderungen des Luftdrucks im Verlauf einiger Tage.

Material:

leeres Marmeladenglas, Luftballon, langer Strohhalm, Klebeband, Bindfaden

Durchführung:

Schneide den Luftballon so zurecht, dass du ein großes Stück Gummihaut hast. Spanne diese Gummihaut über die Öffnung des Marmeladenglases. Binde den Faden so um den Glasrand, dass die Gummihaut das Glas dicht schließt. Befestige den Strohhalm mit etwas Klebeband auf dem Gummi (▸ Bild 04). Stelle das Glas in einen Raum mit möglichst gleich bleibender Temperatur.

Um Luftdruckunterschiede feststellen zu können, brauchst du noch eine Art Skala. Auf dieser Skala markierst du für jeden Tag die Position des Strohhalms.

Überlege zuerst, in welche Richtung sich der Zeiger bewegt, wenn der Luftdruck größer bzw. kleiner wird.

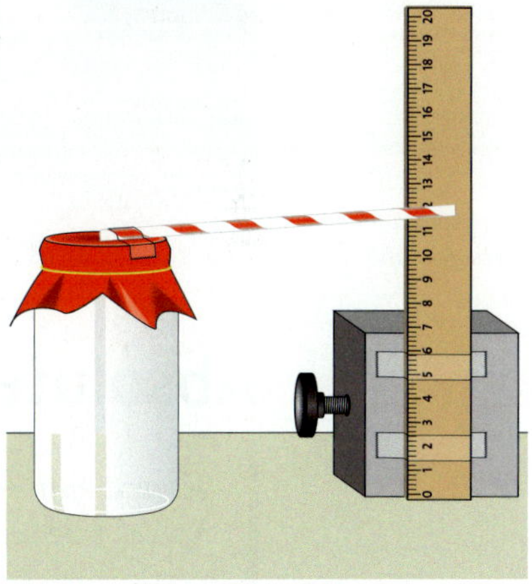

04 Modell eines Luftdruckmessgeräts

Material A ▸ Überraschung beim Abwasch

Sarah und Jasin machen eine Entdeckung beim Abwasch:

A1 Gib eine physikalische Erklärung dafür, warum das Wasser nicht aus dem Glas „will“.

A2 Formuliere eine Vermutung, was geschieht, wenn Sarah und Jasin versuchen, das Wasser aus dem Glas zu saugen.

A3 Überprüfe deine Vermutung selbst in einem Versuch.

Material B ▸ Magdeburger Halbkugeln

Die enorme Wirkung des Luftdrucks zeigte OTTO VON GUERICKE 1654 in einem spektakulären Versuch (▸ Bild unten). 16 Pferde konnten zwei fast luftleer gepumpte Halbkugeln nicht auseinander ziehen!

B1 Erkläre diesen erstaunlichen Versuch.

B2 Du hast eine Modellvorstellung zur Erklärung des Luftdrucks kennengelernt. Eine Aussage ist dabei, dass Luft schwer ist. Beschreibe, wie man in einem Versuch zeigen könnte, dass Luft etwas wiegt.

01 Ein Experiment mit flüssiger Luft

Absolute Temperatur

Der niedrigste Wert für eine Außentemperatur auf der Erde wurde 1983 in der Antarktis gemessen: −89,2 °C. Luft wird bei etwa −190 °C flüssig. Im Weltall ist es sogar −270 °C kalt. Wie tief kann die Temperatur noch sinken?

A

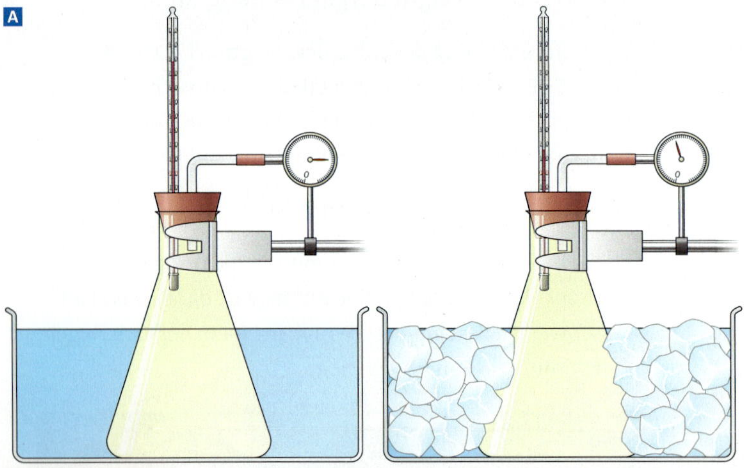

B

ϑ in °C	90	70	50	30	20	10	0
p in kPa	100	94,2	89,0	83,5	80,6	77,9	75,2

02 **A** Druckmessung an einem Gas bei Abkühlung, **B** Temperatur- und Druckwerte bei der Abkühlung; 100 kPa = 1 bar

TEMPERATUR UND DRUCK · Wenn man ein Gas abkühlt, dann ändert sich nicht nur seine Temperatur, sondern – je nach Versuchsbedingungen – auch sein Druck und sein Volumen.

Wir untersuchen in einem Experiment, wie sich der Druck eines Gases verändert, wenn man das Gas bei konstantem Volumen abkühlt. Dazu schließen wir eine Luftmenge in einen Erlenmeyerkolben ein und kühlen sie ab (▸ Bild 02 A). Wir beobachten, dass der Druck gleichmäßig mit der Temperatur abnimmt (▸ Tabelle 02 B). Je 20 °C Temperaturunterschied nimmt der Druck stets um knapp 6 kPa ab. Wenn man die Messwerte in ein $p(\vartheta)$-Diagramm einträgt, dann erhält man als Graphen näherungsweise eine Gerade (▸ Bild 03).

DER ABSOLUTE NULLPUNKT · Wie verläuft das $p(\vartheta)$-Diagramm für noch niedrigere Temperaturen? Wir nehmen an, dass der Druck auch bei tieferen Temperaturen gleichmäßig mit der Temperatur abnimmt. Dann erreicht man bei einer bestimmten Temperatur den Druck 0 Pa.

Um diese Temperatur zeichnerisch zu bestimmen, erweitern wir unseren Graphen weit in den negativen Temperaturbereich hinein (▸ Bild 04). Wir lesen für einen Druck von 0 Pa einen Wert zwischen −270 °C und −280 °C ab. Da der Druck nicht kleiner als 0 Pa werden kann, kann man das Gas offenbar nicht weiter abkühlen.

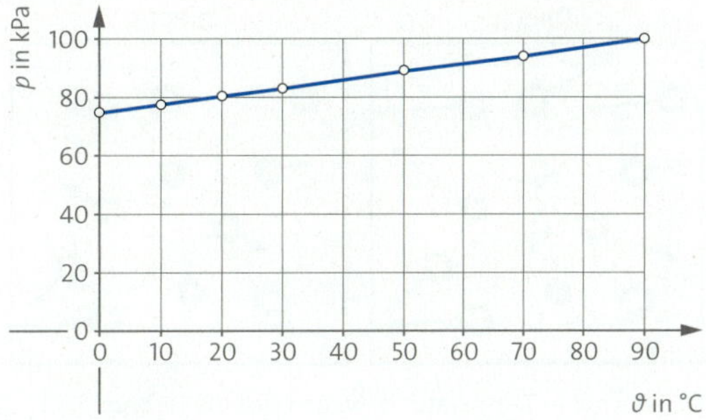

03 *p*(ϑ)-Diagram

Das Größensymbol für die Temperatur in °C ist ϑ (Theta).

Wenn man das Experiment mit einer anderen Gasmenge oder einer anderen Gassorte wiederholt, dann ergibt sich stets die gleiche Temperatur. Der genaue Wert ist −273,15 °C. Es liegt also nahe, anzunehmen, dass es keine niedrigeren Temperaturen als −273,15 °C gibt. Man nennt diesen Wert den **absoluten Nullpunkt** der Temperatur.

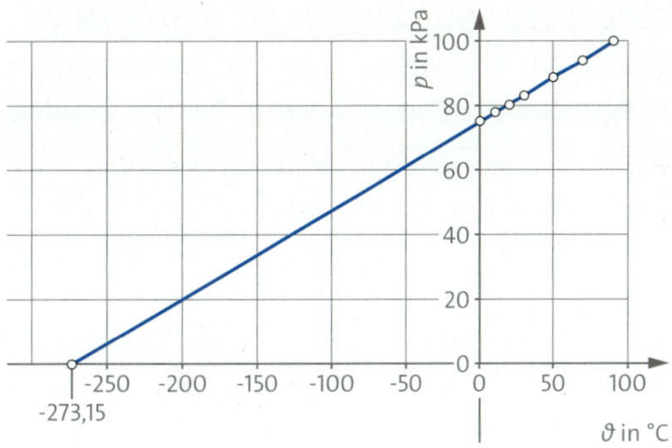

04 Der Graph wird nach links erweitert.

KELVINSKALA · Es liegt nahe, eine neue Temperaturskala festzulegen (▸ Bild 05). Dazu legt man den Nullpunkt der Temperaturskala auf den absoluten Nullpunkt. Die Skalenabstände lässt man so wie bei der Celsiusskala. Auf diese Weise erhält man die absolute Temperatur *T*. Man misst sie in Kelvin, kurz K. Auch **Temperaturdifferenzen** werden zumeist in der Einheit Kelvin angegeben.

Die Einheit Kelvin wurde nach dem Physiker WILLIAM THOMSON LORD KELVIN (1824–1907) benannt.

> Der absolute Nullpunkt liegt bei −273,15 °C. Die absolute Temperatur *T* wird in Kelvin (K) gemessen. Es gilt:
> $T \text{ (in K)} = \vartheta \text{ (in °C)} + 273{,}15$.

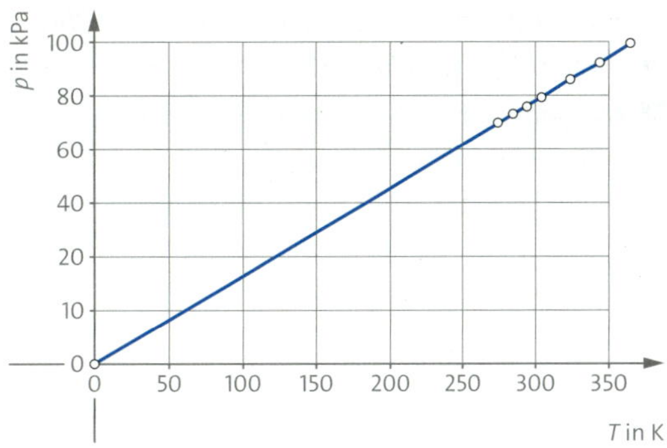

05 Abhängigkeit des Drucks von der absoluten Temperatur

Die Zimmertemperatur beträgt auf der neuen Skala also ungefähr 293 K.

Wenn man den Druck über der absoluten Temperatur aufträgt, dann erhält man eine Ursprungsgerade.

> Bei konstantem Volumen sind für eine Gasmenge die absolute Temperatur und der Druck proportional zueinander:
> $p \sim T$ für konstantes *V*.

Die im Labor gemessenen Werte bestätigen: Die tiefste jemals erzeugte und folglich auch gemessene Temperatur liegt 0,000 000 0001 K über dem absoluten Nullpunkt.

1 Gib den Siedepunkt des Wassers und die normale Körpertemperatur des Menschen auf der Kelvinskala an.

2 Ein halber Liter Luft wird bei 20 °C in einen Kolben eingeschlossen. Der Druck soll von 100 kPa auf 200 kPa erhöht werden.
Gib die Temperatur in K und in °C an, auf die das Gas dazu erhitzt werden muss.

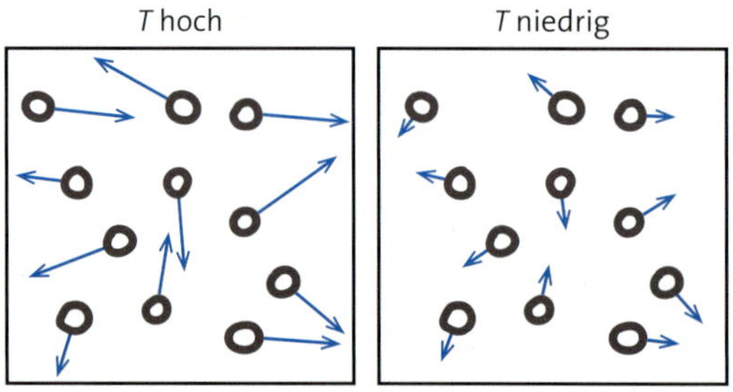

01 Bei hoher Temperatur bewegen sich die Teilchen schneller als bei niedriger Temperatur.

ABSOLUTER NULLPUNKT IM TEILCHENMODELL · Wir können die Existenz des absoluten Nullpunkts der Temperatur im Teilchenmodell erklären. Die Temperatur eines Körpers wird durch die Bewegung der Teilchen beschrieben.

Je höher die Temperatur des Körpers ist, desto schneller bewegen sich seine Teilchen (▸ Bild 01). Bei Raumtemperatur bewegen sich die Teilchen eines Gases mit etwa 250 $\frac{m}{s}$, das ist die Geschwindigkeit eines Linienflugzeugs. Bei den tiefsten bisher erreichten Temperaturen brauchen die Teilchen für 1 cm etwa 12 s. Entsprechend häufen sich die Stöße der Teilchen gegen die Gefäßwände bei hohen Temperaturen. Deshalb nimmt der Gasdruck mit steigender Temperatur zu.

Umgekehrt wird mit dem Teilchenmodell auch der absolute Nullpunkt beschrieben. Bei dieser Temperatur bewegen sich die Teilchen nicht mehr und der Gasdruck beträgt 0 Pa.

BLICKPUNKT

Kälterekorde

Die tiefsten Temperaturen auf der Erde betragen etwa −90 °C = 180 K. Auf der dunklen Seite des Mondes liegen die Temperaturen bei −160 °C, also bei etwa 110 K.

Auf dem Zwergplaneten Pluto herrscht eine Temperatur von −230 °C, das ist nur 43 K über dem absoluten Nullpunkt. Im Universum fernab der Sterne betragen die Temperaturen etwa −270 °C, also ungefähr 3 K.

Bereits 1877 gelang es mit einer Kältemaschine, einem verbesserten Kühlschrank, Luft zu verflüssigen, d. h. eine Temperatur von etwa −190 °C bzw. 83 K zu erreichen. Um 1910 erreichte man bereits 4 K und konnte auf diese Weise das Edelgas Helium verflüssigen. Helium ist das Gas mit dem niedrigsten Kondensationspunkt.

Im Jahr 2000 wurde in einem Labor in Helsinki ein Stück Metall auf die tiefste bisher erreichte Temperatur von 0,000 000 0001 K abgekühlt. Die Kältelabore der Menschen sind damit die kältesten Orte des bekannten Universums.

Im Kondensationspunkt werden gasförmige Körper flüssig.

Supraleitung

1911 wurde bei Temperaturen von etwa 4 K die Supraleitung entdeckt. Nahe dem absoluten Nullpunkt leiten Metalle den elektrischen Strom ohne Widerstand. Einmal fließende elektrische Ladung fließt durch einen Supraleiter immer weiter, ohne elektrische Energie zu benötigen. Ein supraleitender Elektromagnet kann also ohne angelegte Spannung über einem Magneten schweben, solange die Temperatur nur niedrig genug gehalten wird (▸ Bild 02).

02 Schwebender supraleitender Elektromagnet mit flüssiger Luft gekühlt

Material A ▸ Druck im Autoreifen

03 Messen des Drucks im Autoreifen

A1 Der Druck in einem Autoreifen (▸ Bild 03) beträgt nach Vorschrift 220 kPa über Luftdruck, also insgesamt 320 kPa. Nehmen wir an, der Reifen wurde in der Garage bei 20 °C ordnungsgemäß aufgepumpt. Das Auto steht nun bei –10 °C im Freien.Berechne, welcher Reifendruck nun im Reifen herrscht, wenn sich das Volumen in guter Näherung nicht verändert.

A2 Während der Fahrt wird der Reifen durchgewalkt (durchgeknetet). Dadurch erhöht sich die Temperatur des Reifens und der Luft darin. Der Reifendruck wächst von 220 kPa bei 20 °C auf 250 kPa.

a) Berechne die Temperatur der Luft im Reifen.

b) Gib an, auf welchen Wert die Temperatur steigen müsste, damit sich der Druck verdoppelt.

Material B ▸ Heißluftballon

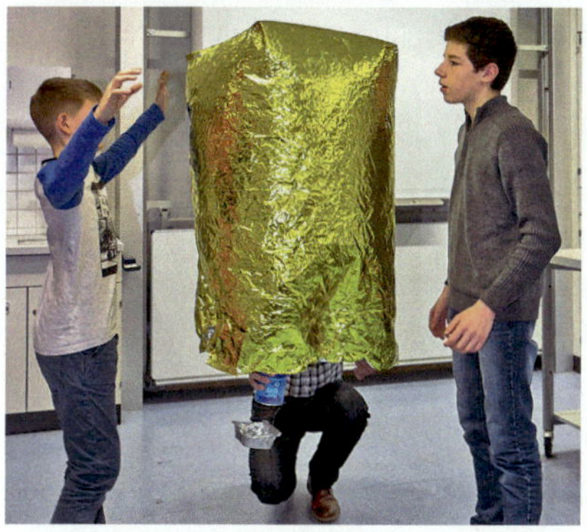

04 Heißluftballon aus Rettungsfolie

B1 Entwerft und baut einen Heißluftballon aus Rettungsfolie. Der Ballon soll die Form eines Quaders mit der Grundfläche 50 cm × 50 cm und der Höhe 100 cm haben. Stellt den fertigen Ballon eurer Klasse vor. Welche Schwierigkeiten sind beim Zuschnitt und Kleben aufgetreten? Lasst den Ballon mit Propangas starten. Messt die Fahrtzeit und die Steighöhe.

B2 Mithilfe der folgenden Merkregel lässt sich näherungsweise die Tragfähigkeit eines Heißluftballons bestimmen:

> **Merkregel**
> Ein Kubikmeter Warmluft mit einer Temperatur von 60 °C trägt bei Zimmertemperatur etwa 150 g.

Wie groß wäre demnach die Tragfähigkeit einer 20-Liter-Hülle bei einer Innentemperatur von durchschnittlich 60 °C?

Material C ▸ Luft unter hohem und niedrigem Druck

05 Aufsteigende Luftblasen eines Tauchers

C1 Je weiter ein Taucher hinabtaucht, umso mehr wächst der ihn umgebende Wasserdruck. Das ausgeatmete Luftvolumen beträgt etwa einen Liter. Diese Luft steigt in Form von Blasen auf (▸ Bild 05).

a) Die Tauchtiefe soll 20 m betragen. Zeichne ein Diagramm, das den Zusammenhang zwischen Volumen der Luftblasen und Wassertiefe zeigt.

b) Erkläre, wieso es für den Taucher sehr gefährlich ist, wenn er in 20 m Tiefe einatmet und mit angehaltener Luft auftaucht.

C2 Doppelglasfenster enthalten ein Gas zwischen den Scheiben. Erkläre, warum die Scheiben bei den meisten Temperaturen nicht genau parallel zueinander verlaufen. Mache für verschiedene Temperaturen eine Skizze.

C3 Verkehrsflugzeuge fliegen in einer Höhe von ca. 10 000 m.

a) Begründe, dass in dieser Höhe der Luftdruck kleiner ist als am Boden.

b) Erkläre, weshalb in der Flugzeugkabine der Druck höher sein muss als der äußere Luftdruck.

BLICKPUNKT

Heißluftballon

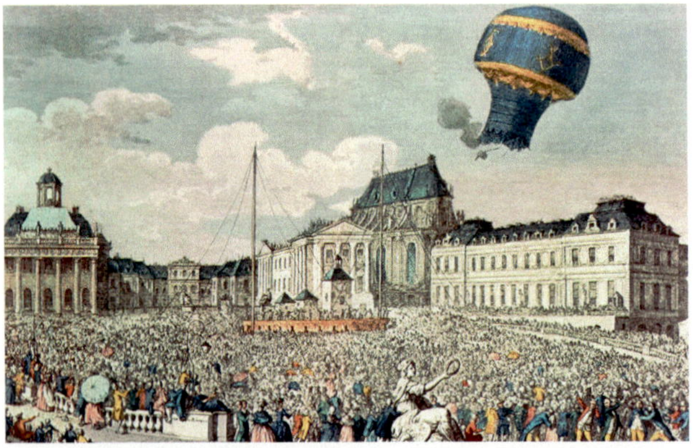

01 Zweiter Aufstieg eines Heißluftballons im Schlossgarten von Versailles am 19. September 1783. Der Ballon war 17 m hoch.

Die Idee · Es war das Jahr 1783, als die Brüder JOSEPH MICHEL und JACQUES ETIENNE MONTGOLFIER aus Annonay in Südfrankreich mit ihren Ballonversuchen weltberühmt wurden. Den Anlass für ihre Experimente bot eine zufällige Beobachtung, wie wir sie selbst aus dem Alltag kennen: Joseph bemerkte eines Abends am Kamin, dass sich die zum Trocknen aufgehängte Wäsche aufblähte. Zudem führte der aufsteigende Rauch des offenen Feuers Glut und Asche mit sich. Das brachte ihn auf die Idee, den Rauch in einer Papiertüte einzufangen. Ohne es zu bemerken, füllte er damit auch warme Luft in die Hülle und entdeckte ihre Tragfähigkeit. Von seiner Neugier gepackt, schneiderte der Erfinder aus Taft und Seide eine würfelförmige Hülle von etwas mehr als 1 m^3 Größe. Sofort wurde sie über dem offenen Feuer des Kamins getestet. Es klappte wunderbar und der provisorische Ballon stieg mehrere Meter bis zur Decke.

Test mit Feuer und Rauch · Die erste öffentliche Vorführung der Erfindung fand am 4. Juni 1783 auf dem Marktplatz von Annonay statt. Der Ballon mit einem Durchmesser von über 10 m und einem Volumen von 900 m^3 war noch unbemannt. Seine Hülle bestand aus verknüpften Leinwänden und war innen mit Papier gefüttert. Als Wärmequelle diente ein Feuer aus 10 Ballen feuchtem Stroh und kleingeschnittener Wolle, mit dem die Brüder den Ballon am Boden vorheizten. Weil sie irrtümlich glaubten, es sei der Rauch, der die Hülle trage, erzeugten sie zusätzlich mit Fett und Öl reichlich Qualm. Nach wenigen Minuten war der Ballon gefüllt und hob ab. Der Start wurde eine Sensation. Zahlreiche Bürger Annonays wohnten dem denkwürdigen Schauspiel bei.
Der über 200 kg schwere Ballon soll auf eine Höhe von immerhin 2000 m gestiegen sein. Nach 10 Minuten landete er 2 km vom Startplatz entfernt – ein großer Erfolg.

Vorführung am königlichen Hof · Die Nachricht über den sensationellen Aufstieg erreichte auch den französischen König LUDWIG XVI in Paris. Er lud die Brüder zu einer Vorführung ihrer Erfindung ein. Daraufhin fand am 19. September 1783 im Schlossgarten von Versailles in Anwesenheit des Königs der zweite spektakuläre Aufstieg statt (▸ Bild 01). Diesmal sorgten die Montgolfiers für eine besondere Überraschung: In einem Korb unter dem fast 500 kg schweren und etwa 37500 Kubikschuh (etwa 1300 m^3) großen Ballon fuhren ein Hahn, ein Schaf und eine Ente mit. Nach etwa 8 Minuten ging das Trio wohlbehalten etwas mehr als 3 km vom Startplatz entfernt *„so sanft nieder, daß die Thiere dadurch nicht im geringsten beschädiget wurden"*.

Erste bemannte Fahrt · Nun war der Weg frei für den ersten bemannten Aufstieg. Der König wollte zunächst zum Tode verurteilte Sträflinge für dieses gefährliche Abenteuer einsetzen. Doch dagegen protestierte der Adel. So erheben sich am 21. November 1783 der Adlige MARQUIS D'ARLANDES und der Naturwissenschaftler PILÂTRE DE ROZIER im Garten des Schlosses La Muette am Stadtrand von Paris. Ihr Ballon ist imposant: Mit ungefähr 20 m Höhe, einem Volumen von etwa 2000 m^3 und einer Masse von rund 800 kg kommt er den heutigen Heißluftballonen schon sehr nahe. Seine farbenprächtige Baumwollhülle ist mit Alaun getränkt, einer schwefelhaltigen Flüssigkeit, die damals in der Gerberei und zur Papierherstellung genutzt wurde. Die Hülle ist dadurch gasdicht und schwerer entflammbar. In der Mitte befindet sich eine Glutpfanne zum Heizen. Kurz vor zwei Uhr hebt der Ballon ab. Majestätisch steigt er in die Luft und gewinnt langsam an Höhe bis auf 1000 m. Bald überqueren die Ballonfahrer die Seine. Kurze Zeit später – 25 Minuten nach dem Start – endet die Fahrt nach etwa 10 km mit einer weichen Landung.

Gasballon

02 Landung des ersten Gasballons am 27. August 1783 in Gonesse bei Paris. Die Bauern stürmten aus Angst mit Mistgabeln auf ihn los.

03 Fahrt des ersten bemannten Wasserstoffballons am 1. Dezember 1783 in Paris mit dem Wissenschaftler Prof. CHARLES an Bord.

Ein anderes Verfahren · Schon nach den ersten Erfolgen der Brüder Montgolfier beauftragte die französische Akademie der Wissenschaften in Paris den jungen Physiker JACQUES CHARLES (1746–1823), die Experimente der beiden zu wiederholen, denn CHARLES beschäftigte sich seit geraumer Zeit mit den physikalischen Eigenschaften von Gasen. Der Wissenschaftler nahm irrtümlich an, die Brüder hätten Wasserstoff verwendet. Dieser war erst 1766 entdeckt worden und galt als das einzige Gas, das leichter ist als Luft. Basierend auf diesem Wissen ließ CHARLES einen Ballon mit 4 m Durchmesser bauen, dessen Hülle aus gummibeschichteter Seide gefertigt wurde.

Unerwartete Reaktionen · Nach dem Befüllen mit Wasserstoff konnte der unbemannte Ballon am 27. August 1783 aufsteigen. Als Startplatz diente das Marsfeld in Paris, jener Ort, an dem später der Eiffelturm errichtet werden sollte. Am Nachmittag gab ein Kanonenschuss das Signal zum Abheben. Der Aufstieg glückte und wurde eine Sensation. Nach einer Fahrtzeit von fast einer Stunde landete der Ballon etwas mehr als 20 km vom Startplatz entfernt in dem Dorf Gonesse nördlich von Paris. Doch seine Ankunft verbreitete Angst und Schrecken. Die Bauern stürmten mit Mistgabeln auf ihn los und zerstachen seine Hülle (▸ Bild 02). Sie hielten das Gefährt für ein Werk des Teufels.

Weitere Aufstiege · Für CHARLES ist diese Fahrt dennoch ein großer Triumph. Deshalb wagt der Physiker noch im gleichen Jahr den ersten bemannten Aufstieg. Mit seinem Begleiter NICOLAS ROBERT, einem bekannten Instrumentenbauer, startet er am 1. Dezember im königlichen Garten in Paris. Mit fast 600 m^3 ist ihr Ballon sehr viel kleiner als der erste bemannte Heißluftballon der Brüder Montgolfier (▸ Bild 3).
Wie bei den Montgolfiers ist dieser Start eine enorme Attraktion. Mit 400 000 Zuschauern nimmt immerhin die Hälfte der Pariser Bevölkerung an diesem denkwürdigen Schauspiel teil. Nach 2 Stunden Fahrt in einer Höhe von bis zu 600 m landen die Abenteurer wohlbehalten ungefähr 40 km vom Startplatz entfernt. Nachdem CHARLES seinen Gefährten abgesetzt hat, begibt er sich nach Sonnenuntergang allein auf die gefährliche Reise und steigt auf die damals unglaubliche Höhe von etwa 3 000 m. Eine halbe Stunde später landet er sanft bei Nesles. Die erste bemannte Luftfahrt mit einem Gasballon ist geglückt, ein Menschheitstraum erfüllt.

1 Fertige ein Plakat zu den Anfängen der Ballonfahrt im Jahre 1783 an.

2 Finde heraus, weshalb die Montgolfiers bei ihren Ballonstarts Fett und Öl in das Feuer gegossen haben.

3 Erläutere den Unterschied zwischen Heißluft- und Gasballon. Nenne jeweils Vor- und Nachteile.

Körpereigenschaften und Temperatur

Temperaturen werden mit Thermometern gemessen. Dabei nutzt man aus, dass ein Körper einige seiner Eigenschaften ändert, wenn sich seine Temperatur ändert.
Die Einheit der Temperatur ist ein Grad Celsius (1 °C). Das Größensymbol ist ϑ.

Verhalten bei Temperaturerhöhung: Alle Gase, die meisten Flüssigkeiten und die meisten Festkörper dehnen sich bei einer Erhöhung der Temperatur aus.

Das Ausmaß der Ausdehnung hängt von der Art des Stoffs und vom Aggregatzustand ab. Bei gleicher Temperaturerhöhung und unter konstantem Druck ist die Volumenzunahme von Gasen viel größer als die von Flüssigkeiten und Festkörpern. Alle Gase dehnen sich bei Temperaturerhöhung nahezu gleich aus.

Je größer die Temperaturerhöhung ist, desto größer ist die Volumenzunahme.
Je größer das Anfangsvolumen ist, desto größer ist die Volumenzunahme.

Bei Temperaturerniedrigung verringert sich entsprechend das Volumen.

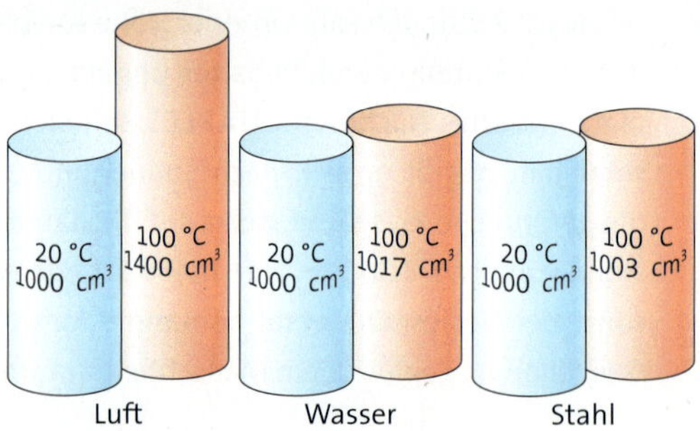

Absolute Temperatur: Der absolute Temperaturnullpunkt liegt bei −273,15 °C. Die absolute Temperatur T wird in Kelvin (K) gemessen. Es gilt:
T (in K) = ϑ (in °C) + 273,15.

Temperaturdifferenzen werden meistens in Kelvin angegeben.

Dichte

Jeder Körper hat eine **Masse *m***. Sie gibt an, wie schwer der Körper ist. Die Einheit der Masse ist ein Kilogramm (1 kg).

Jeder Körper nimmt einen bestimmten Raum ein. Diesen bezeichnet man als das **Volumen *V*** des Körpers. Die Einheit des Volumens ist ein Kubikmeter (1 m³).
Weitere gebräuchliche Einheiten sind ein Kubikdezimeter (1 dm³) und ein Kubikzentimeter (1 cm³). Bei Flüssigkeiten verwendet man die Einheiten ein Liter (1 ℓ) und ein Milliliter (mℓ). Es gilt:
$1\ \text{m}^3 = 1000\ \text{dm}^3 = 1\,000\,000\ \text{cm}^3$,
$1\ \ell = 1\ \text{dm}^3$,
$1\ \text{m}\ell = 1\ \text{cm}^3$.

Der Quotient aus Masse und Volumen eines Körpers kennzeichnet den Stoff, aus dem der Körper besteht. Dieser Quotient heißt **Dichte *ρ*** des Stoffs. Es gilt:

$\rho = \frac{m}{V}$.

Die Einheit der Dichte ist $1\,\frac{\text{kg}}{\text{m}^3}$.

Meistens wird die Einheit $1\,\frac{\text{g}}{\text{cm}^3}$ verwendet.

Schwimmen: Wenn ein Körper aus einem Stoff besteht, dessen Dichte ...
... kleiner als die von Wasser ist, dann schwimmt der Körper auf dem Wasser,
... gleich der von Wasser ist, dann schwebt der Körper im Wasser,
... größer als die von Wasser ist, dann sinkt der Körper im Wasser.

Teilchenmodell

Alle Körper bestehen aus kleinen Teilchen. Die Teilchen haben einen Durchmesser von etwa einem Millionstel Millimeter.

Alle Teilchen bewegen sich andauernd.
Je höher die Temperatur eines Körpers ist, desto heftiger bewegen sich die Teilchen, aus denen er besteht.

Körper können in verschiedenen **Aggregatzuständen** vorkommen: fest, flüssig oder gasförmig.

In **Festkörpern** liegen die Teilchen eng beieinander und haben einen starken Zusammenhalt.

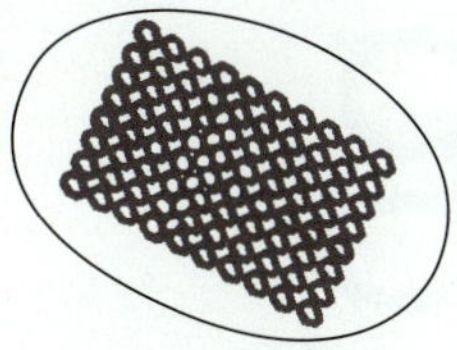

In **Flüssigkeiten** liegen die Teilchen eng beieinander und sind gegeneinander verschiebbar.

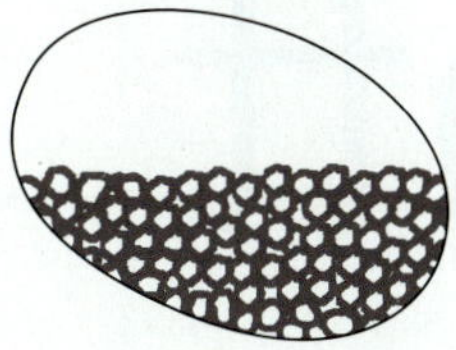

In **Gasen** befinden sich die Teilchen in großem Abstand voneinander ohne jeden Zusammenhalt. Zwischen den Teilchen ist leerer Raum.

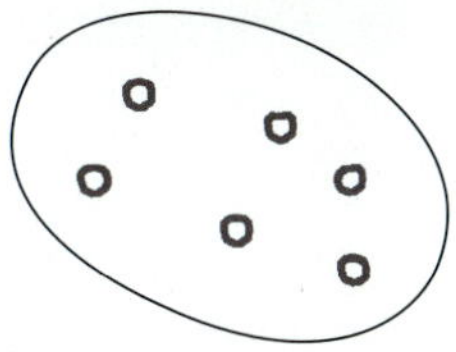

Druck in Gasen

Gase können zusammengepresst werden. Der **Druck** gibt an, wie sehr das Gas zusammengepresst ist.

Der Druck wird mit Manometern gemessen. Er wird in der Einheit ein Pascal (1 Pa) angegeben. Das Größensymbol ist p.

Im Alltag werden häufiger die Einheiten ein Hektopascal (1 hPa), ein Bar (1 bar) oder ein Millibar (1 mbar) benutzt. Es gilt:
1 hPa = 100 Pa,
1 mbar = 1 hPa,
1 bar = 1000 hPa = 100 000 Pa.

In Vergleichen mit dem äußeren Luftdruck verwendet man häufig die Begriffe **Überdruck** (Druck größer als Luftdruck) und **Unterdruck** (Druck kleiner als Luftdruck).

Der Luftdruck beträgt normalerweise etwa 1000 hPa.

Überprüfe dich selbst:

Kann ich ...

... das Verhalten von Körpern bei Temperaturänderungen beschreiben und einfache Versuche hierzu durchführen? (S. 12 ff., 16 ff.)

... den Begriff der Dichte erläutern? (S. 20 f.)

... mit den Größen Masse, Volumen und Dichte rechnen? (S. 20 ff.)

... angeben, wann ein Körper auf einer Flüssigkeit schwimmt? (S. 21, 23)...

erkennen, ob zwei Größen proportional zueinander sind? (S. 22)

... das Teilchenmodell der Körper beschreiben? (S. 24 f.)

... mithilfe des Teilchenmodells die Aggregatzustände erklären? (S. 25)

... den Begriff Brownsche Bewegung erläutern? (S. 26 f.)

... Alltagserscheinungen wie die Diffusion mit dem Teilchenmodell erklären? (S. 27)

... erläutern, welche Bedeutung Modelle im Alltag und in der Physik haben? (S. 28)

... den Begriff des Drucks erläutern und Verfahren zur Druckmessung beschreiben? (S. 30 ff)

... Temperaturdiagramme lesen und auswerten? (S. 34 f.)

... Temperaturen sowohl auf der Celsius- als auch auf der Kelvinskala angeben? (S. 35)

... den absoluten Nullpunkt der Temperatur im Teilchenmodell veranschaulichen? (S. 36)

Wechsel-wirkung und Kraft

In diesem Kapitel beschäftigst du dich mit

- der Wechselwirkung zwischen Körpern: Wenn Körper aufeinander einwirken, kann sich ihre Form und ihre Bewegung ändern.
- der physikalischen Größe Masse. Sie beschreibt zwei unterschiedliche Eigenschaften eines Körpers: Die Masse gibt einerseits an, wie schwer ein Körper ist, und andererseits, wie träge er ist, wie viel Mühe es also kostet, seinen Bewegungszustand zu ändern.
- der Reibung, die auftritt, wenn zwei Körper aneinander entlang bewegt werden. Mal ist die Reibung lästig, mal ist sie unbedingt nötig, damit wir uns sicher bewegen können.

01 Sarah dehnt den Expander.

Kraft und Kraftmessung

Sarah dehnt den Expander. Sie spürt ihre Muskelanspannung und sieht, dass sie den Expander verlängert. Man sagt, Sarah übt eine Kraft auf die Gummis aus. Man erkennt dies an der Verlängerung der Gummis. Eine größere Verlängerung bedeutet offenbar eine größere Kraft. Aber können wir sagen, wie groß eine Kraft genau ist?

02 Schraubenfeder mit 100-g-Tafel Schokolade

EIN MODELLVERSUCH · Um die Kraft auch unabhängig von der Muskelanspannung untersuchen zu können, machen wir folgenden Modellversuch: Eine Schraubenfeder ersetzt den Expander. Sie ist an einem Ende an einem Haken befestigt. Anstatt zu ziehen, hängen wir eine 100-g-Tafel Schokolade an die Schraubenfeder (▸ Bild 02). Die Schraubenfeder verlängert sich. Also wird eine Kraft auf sie Feder ausgeübt. Wir erkennen die Kraft an der Verformung der Feder.

Wenn ein Körper verformt wird, dann wird eine Kraft auf den Körper ausgeübt.

KRAFT ALS PHYSIKALISCHE GRÖSSE · Wenn zwei Kräfte eine Feder gleich verformen, dann sind sie gleich groß. Um eine unbekannte Kraft zu messen, vergleichen wir die Verformung, die diese Kraft bei der Feder verursacht mit der Verformung, die eine bekannte Kraft bewirkt (▸ Bild 02).

Die Kraft ist eine physikalische Größe. Sie gibt an, wie stark die Einwirkung auf einen Körper ist.

DIE EINHEIT DER KRAFT · Die Einheit der Kraft ist nach dem britischen Physiker ISAAC NEWTON (1643–1727) benannt. Sie heißt **ein Newton** und hat die Abkürzung **1 N.** Das Größensymbol für die Kraft ist ***F***. Eine Kraft vom Betrag ein Newton ist ziemlich genau die Kraft, die die 100-g-Tafel Schokolade im ▸ Bild 02 auf die Schraubenfeder ausübt.

Die Einheit der Kraft ist ein Newton. Sie wird mit 1 N abgekürzt.

KALIBRIERUNG EINER SCHRAUBENFEDER · Um mit einer Schraubenfeder eine Kraft messen zu können, müssen wir feststellen, welche Kraft zu welcher Verlängerung führt. Man sagt, wir müssen die Schraubenfeder kalibrieren. Zu diesem Zweck bringt man an die Schraubenfeder eine Skala an, die die zu einer Verlängerung gehörende Kraft direkt angibt (▸ Bild 03). Wenn wir zwei 100-g-Tafeln Schokolade an die Schraubenfeder hängen, dann übt jede Tafel eine nach unten gerichtete Kraft von einem Newton auf die Schraubenfeder aus. Man sagt kurz, diese beiden Kräfte addieren sich zu einer nach unten gerichteten Kraft von zwei Newton.

An einem Punkt eines Körpers parallel angreifende Kräfte addieren sich.

Wir kalibrieren die Schraubenfeder nun folgendermaßen: Wir hängen nacheinander eine, zwei, drei usw. 100-g-Tafeln Schokolade an die Schraubenfeder und markieren die Verformungen für 1 N, 2 N, 3 N usw. (▸ Bild 03). So erhalten wir einen **Federkraftmesser.**

In einem Physiklabor sind fertige Federkraftmesser vorhanden (▸ Bild 04). Diese sind bereits kalibriert und haben schon eine Skala. Sie bieten meistens eine weitere Vorrichtung, um die Kraft noch genauer messen zu können: Da die Länge der Schraubenfeder durch häufigen Gebrauch etwas variieren kann, führt man vor der Messung stets eine Nullpunkteinstellung durch. Bei dem Federkraftmesser im ▸ Bild 04 kann man dazu die dunkelblaue Hülse verschieben, bis sie genau bei der Anzeige von null Newton steht.

Mit einem solchen Federkraftmesser können wir nun die von Sarah auf den Expander ausgeübte Kraft genau messen. Dazu stellen wir den Nullpunkt ein und führen folgenden Modellversuch durch (▸ Bild 04): Sarahs linke Hand ersetzen wir durch einen Haken in der Wand, an den wir den Expander einhängen. Ihre rechte Hand ersetzen wir durch einen Federkraftmesser, der den Expander dehnt. Dazu ziehen wir am Federkraftmesser nach links, bis der Expander genauso weit gedehnt ist, wie ihn Sarah im ▸ Bild 01 dehnte. Dann lesen wir die Kraft am Federkraftmesser ab: Sarah übte eine Kraft von 90 N auf den Expander aus (▸ Bild 04).

Größensymbol *F* für force (engl.: Kraft)

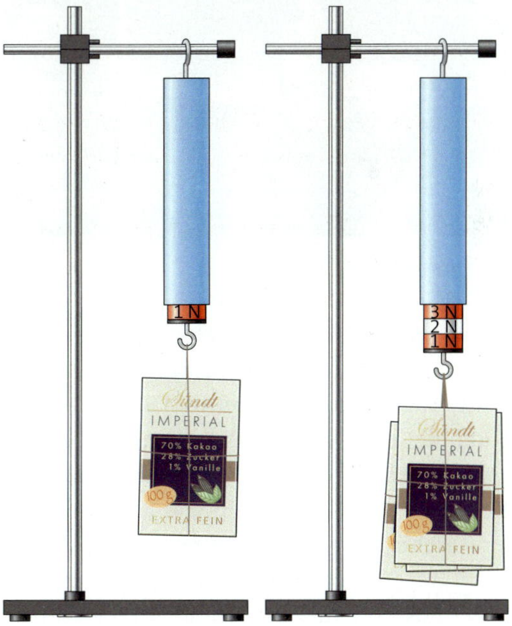

03 Kalibrieren eines Federkraftmessers

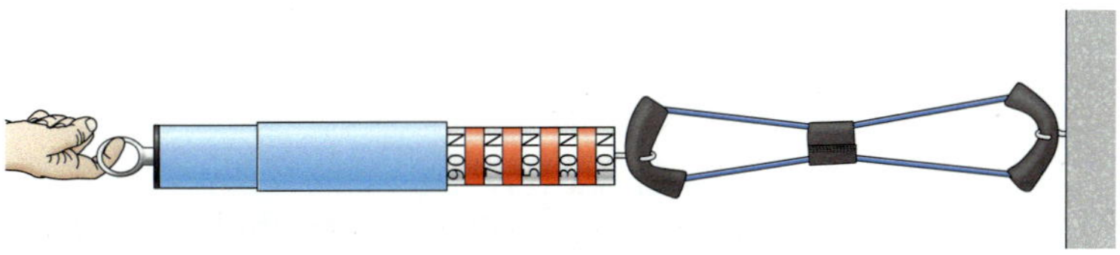

04 Bestimmung der von Sarahs rechtem Arm auf den Expander ausgeübten Kraft

01 Darstellung einer Kraft mit einem Pfeil

02 Bogenschützin

DIE RICHTUNG EINER KRAFT · Die Schokolade im ▸ Bild 01 übt auf die Schraubenfeder eine nach unten gerichtete Kraft vom Betrag 1 N aus. Sarah übt mit ihrem rechten Arm eine waagerecht zum Körper hin gerichtete Kraft vom Betrag 90 N aus. Allgemein gilt: Jede Kraft hat eine **Richtung** und einen **Betrag.**

Die Schokolade im ▸ Bild 01 übt auf die Schraubenfeder eine Kraft aus, die an dem Haken angreift. Sarah übt mit ihrem rechten Arm eine Kraft auf die Gummis aus, die am Griff angreift. In der Regel hat eine Kraft einen **Angriffspunkt.**

MODELL KRAFTPFEIL · Eine Kraft kann man modellhaft durch einen Pfeil veranschaulichen. Ein Pfeil hat nämlich eine Länge und eine Richtung. Im ▸ Bild 01 entspricht die Pfeillänge von 1 cm einer Kraft vom Betrag 1 N. Der Kraftpfeil beginnt am Angriffspunkt der Kraft und zeigt in die Richtung der Kraft.

BESCHLEUNIGENDE WIRKUNG · Wenn eine Kraft auf einen Körper ausgeübt wird, dann kann der Körper verformt werden (▸ Bild 01). Der Körper kann aber auch beschleunigt werden. Beispielsweise hält die Bogenschützin in ▸ Bild 02 den Bogen mit ihrem linken Arm fest und übt mit ihrem rechten Arm eine Kraft auf die Sehne aus. Dadurch wird der Bogen verformt. Wenn die Bogenschützin die Sehne loslässt, dann übt die Sehne eine Kraft auf den Pfeil aus. Der Pfeil wird beschleunigt. Wir erkennen also auch an der Beschleunigung eines Körpers, dass eine Kraft ausgeübt wird.

Wenn ein Körper beschleunigt wird, dann wird eine Kraft auf den Körper ausgeübt.

Ob ein Körper durch eine Einwirkung von außen verformt oder beschleunigt wird, hängt davon ab, ob er sich frei fortbewegen kann oder nicht. Im ▸ Bild 02 wird der Bogen von der linken Hand gehalten und verformt sich daher, wogegen sich der Pfeil frei bewegen kann und deshalb beschleunigt wird.

1 Die Bogenschützin im ▸ Bild 02 übt mit den Händen jeweils eine Kraft aus. Gib für beide Kräfte den Angriffspunkt und die Richtung an.

2 Schildere drei Situationen, in denen ein Körper beschleunigt wird, weil eine Kraft auf ihn ausgeübt wird.

3 Bestimme den Betrag der Kraft, die du ausüben musst, um eine Kiste mit 5 kg Schokolade zu heben.

4 Stelle physikalische Größen zusammen, die du schon kennst. Gib jeweils ihre Bedeutung und ihre Einheit an.

VERSUCHE ▸ Verformung

Mit den folgenden Experimenten untersuchst du den Zusammenhang zwischen Kraft und Verformung.

V1 Schraubenfeder

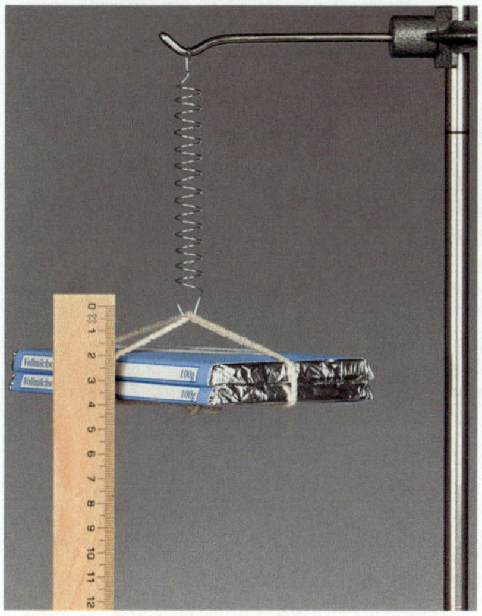

Material:

Bindedraht, Bleistift, Zange, fünf 100-g-Tafeln Schokolade, Lineal, Stativmaterial

Durchführung:

a) Wickle den Bindedraht um den Bleistift. Biege an den Enden je einen Haken in den Draht.

b) Hänge nacheinander unterschiedlich viele Tafeln Schokolade an die Schraubenfeder (▸ Bild oben). Miss jeweils die Verlängerung *s* der Feder.

c) Trage die Ergebnisse in ein *F*(*s*)-Diagramm ein.

d) Bestimme die Quotienten aus Kraft und Verlängerung. Formuliere einen Zusammenhang zwischen *F* und *s*.

V2 Katapult

Material:

Büroklammern, Zange

Durchführung:

a) Biege die Büroklammer zu einem Katapult (▸ Bild oben).

b) Katapultiere eine zweite Büroklammer möglichst weit. Führe den Versuch mit Freunden durch. Wer die größte Weite schafft, hat gewonnen.

c) Schätze die Kraft, mit der du das Katapult spannst, und beschreibe den Zusammenhang zwischen dieser Kraft und der Flugweite.

V3 Dehnung beim Gummiband

Material:

Gummiband, fünf 100-g-Tafeln Schokolade, Lineal

Durchführung:

a) Hänge nacheinander unterschiedlich viele 100-g-Tafeln Schokolade an das Gummiband. Bestimme die Verlängerung des Gummibands.

b) Trage die Ergebnisse in ein *F*(*s*)-Diagramm ein. Formuliere einen Zusammenhang zwischen *F* und *s*.

V4 Biegung eines Modellbalkens

Material:

Zwei Stühle, fünf 100-g-Tafeln Schokolade, zwei Lineale

Durchführung:

a) Überbrücke zwei nebeneinander stehende Stühle durch Auflegen eines Lineals als Modellbalken. Hänge nacheinander unterschiedlich viele Tafeln Schokolade an das Lineal.

b) Bestimme jeweils, wie stark sich das Lineal durchbiegt.

b) Trage die Ergebnisse in ein *F*(*s*)-Diagramm ein und untersuche den Zusammenhang zwischen *F* und *s*.

Material A ▸ Kleine Verformungen sichtbar gemacht

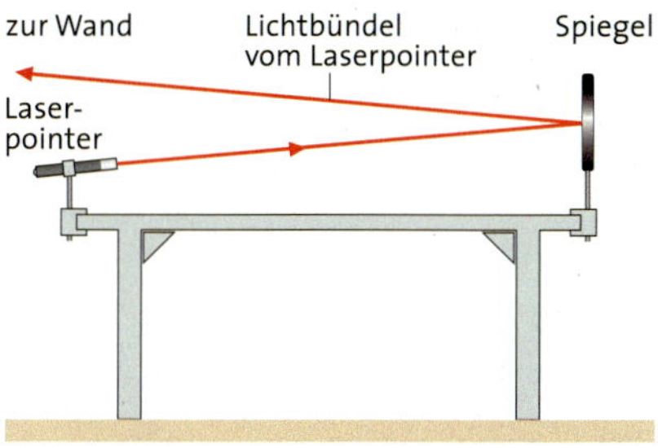

A1 Eine Tischplatte scheint so fest zu sein, dass sie sich im Alltag nicht verformen lässt. Mit dem Versuchsaufbau im ▸ Bild links lassen sich auch kleine Verformungen der Tischplatte nachweisen.

a) Jemand drückt auf die Mitte der Tischplatte. Beschreibe, wie die Verformung der Tischplatte nachgewiesen werden kann.

b) Der Aufbau soll so verbessert werden, dass möglichst kleine Verformungen nachgewiesen werden. Finde Verbesserungsmöglichkeiten. Erkläre, warum dadurch die Empfindlichkeit gesteigert wird.

Wenn eine Verformung nach einer Kraftausübung zurückgeht, dann nennt man die Verformung **elastisch**. Andernfalls nennt man sie **plastisch**.

METHODE

Proportionale Zusammenhänge: Das HOOKEsche Gesetz

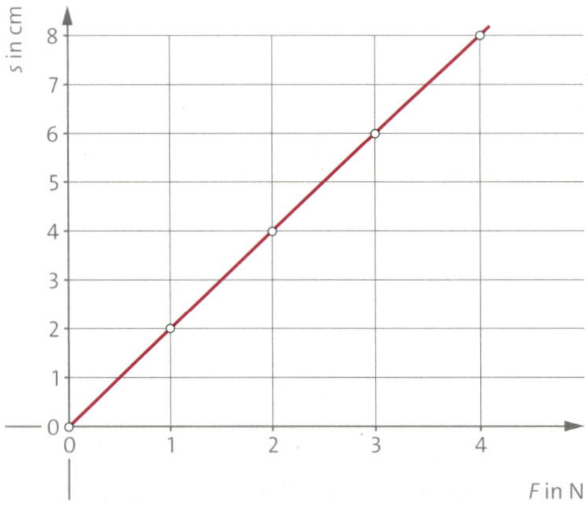

01 Ursprungsgerade

02 Fahrrad mit Schraubenfeder

Untersuchung einer Schraubenfeder · Wir dehnen eine Schraubenfeder mit verschiedenen Kräften und messen die resultierenden Längenänderungen. Das Ergebnis zeigt die folgende Tabelle:

Kraft F in N	1	2	3	4
Verlängerung s in cm	2	4	6	8
Quotient $\frac{F}{s}$ in $\frac{N}{cm}$	0,5	0,5	0,5	0,5

Die Darstellung im $F(s)$-Diagramm zeigt eine Ursprungsgerade (▸ Bild 01). Die Längenänderung ist also proportional zur Kraft. Entsprechend sind die Quotienten aus den Kräften F und den Längenänderungen s gleich und betragen $\frac{F}{s} = 0{,}5\,\frac{N}{cm}$. Diese Proportionalität von Kraft und Längenänderung wird nach dem britischen Physiker ROBERT HOOKE (1635–1703) als **HOOKEsches Gesetz** bezeichnet.

Grenzen des HOOKEschen Gesetzes · Wenn man eine Kraft von 25 N auf die Schraubenfeder ausübt, dann sollte sich die Feder nach dem HOOKEschen Gesetz um 50 cm verlängern. In einem Versuch verlängerte sie sich aber um 65 cm und anschließend ging die Feder nicht mehr in die ursprüngliche Form zurück. Daran erkennt man, dass das HOOKEsche Gesetz nur gilt, wenn eine so kleine Kraft ausgeübt wird, dass die Feder nicht dauerhaft verformt wird. Allgemein haben in der Physik die meisten proportionalen Zusammenhänge einen begrenzten Gültigkeitsbereich.

Bedeutung des Quotienten · Bei der Feder zu ▸ Bild 01 ist der Quotient $\frac{F}{s}$ konstant und beträgt $0{,}5\,\frac{N}{cm}$. Die Fahrradfeder im ▸ Bild 02 hat den Quotienten $\frac{F}{s} = 100\,\frac{N}{cm}$. Anscheinend beschreibt der Quotient eine Eigenschaft der Feder. Dieser Quotient heißt **Federkonstante *D***. Das HOOKEsche Gesetz lautet damit:

$F = D \cdot s$.

Die Federkonstante D ist umso größer, je härter die Feder ist. Die Federkonstante gibt an, welche Längenänderung s eine Kraft F bei der Feder bewirkt. Generell hat in der Physik bei einem proportionalen Zusammenhang der konstante Quotient eine physikalische Bedeutung.

1 Auf die Fahrradfeder im ▸ Bild 02 wird eine Kraft von 200 N ausgeübt. Bestimme die Längenänderung.

BLICKPUNKT

Herstellung von Federn

Du kannst eine Schraubenfeder selbst aus Eisen- oder Stahldraht herstellen und dabei erleben, wie plastische und elastische Verformungen entstehen.

Welches Material? · Zunächst plant man die Eigenschaften der Schraubenfeder. Wenn man eine besonders harte Feder wünscht, dann verwendet man einen sehr dicken Stahldraht. Wenn man eine besonders lange Feder wünscht, dann stellt man sehr viele Wicklungen her. Wenn man eine besonders weiche Feder wünscht, dann lässt man die Wicklungen sehr flach ansteigen.

Herstellung · Zur Herstellung nimmt man einen Stahldraht von 1 m Länge. Man befestigt eine Stativstange aufrecht am Tisch und befestigt den Stahldraht mit einer Muffe oben an der Stativstange (▸ Bild 03). Man ergreift das lose Ende des Stahldrahts mit der Zange und wickelt es gleichmäßig um die Stativstange zu einer Schraubenfeder. Man verwendet die Zange, weil man beim Wickeln eine relativ große Kraft auf das lose Ende des Stahldrahts ausüben muss. Man muss dabei eine Schutzbrille aufsetzen, damit nicht versehentlich etwas ins Auge gerät!

Plastische und elastische Verformung · Wenn der Draht fertig gewickelt ist, dann lässt man das lose Ende los. Die Verformung geht nicht mehr zurück, sie ist plastisch. Die Enden formt man mithilfe einer Zange zu einem Haken (▸ Bild 04). Wenn man auf diese Schraubenfeder eine Kraft ausübt und sie so einige Zentimeter verlängert, dann geht die Verformung zurück, wenn man die Kraft nicht mehr ausübt. Die Feder wird elastisch verformt.
Aber warum kann man den gleichen Draht erst plastisch und später elastisch verformen?

Zum Wickeln der Schraubenfeder wurde eine sehr große Kraft ausgeübt. Das führte zu einer plastischen Verformung. Bei der Benutzung einer Schraubenfeder wird der Draht nur wenig verformt. Dadurch ist die Verformung elastisch und es gilt das HOOKEsche Gesetz.

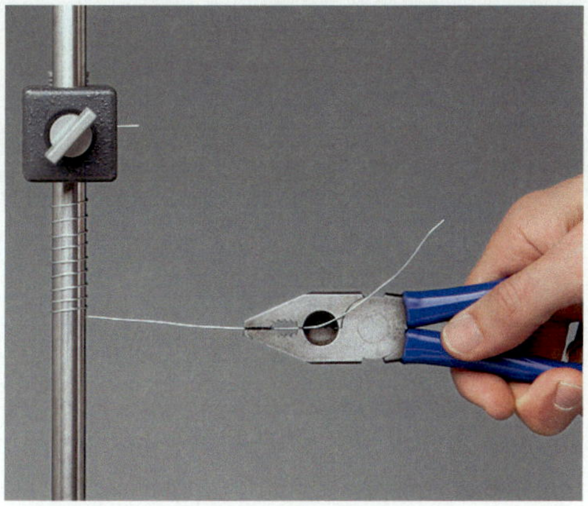

03 Eine Schraubenfeder wird gewickelt.

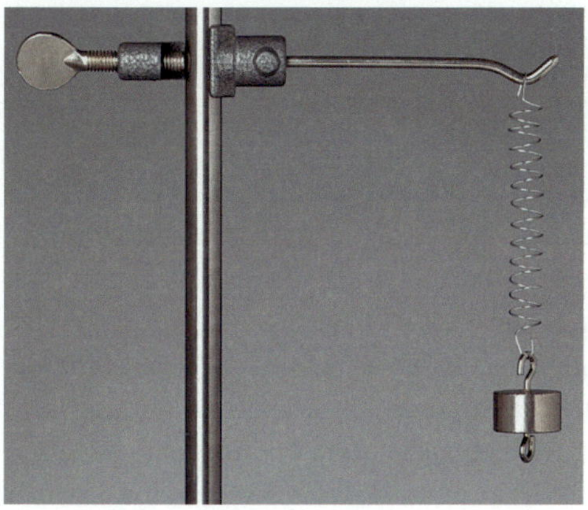

04 Selbst gewickelte Schraubenfeder

2 Erkläre, warum die Fahrradfeder in ▸ Bild 02 so dick ist.

3 Erläutere, wozu in vielen Sofas und Matratzen Schraubenfedern eingebaut sind.

Es gibt verschiedene Eisendrähte.
Bei Blumendraht sind schon relativ kleine Verformungen plastisch.
Besonders günstig für eine Schraubenfeder ist Federstahldraht.

01 Elfmeter … gehalten!

Kraft und Bewegung

Wenn der Elfmeterschütze ein Tor schießen möchte, dann muss er eine Kraft auf den Ball ausüben, um ihn zu beschleunigen. Wenn der Torwart den Ball halten will, dann muss er eine Kraft auf diesen ausüben, um ihn abzubremsen. Welche Kraft müssen Spieler auf den Ball ausüben, um den Bewegungszustand des Balls wie gewünscht zu ändern?

WECHSELWIRKUNG ZWEIER KÖRPER · Wir betrachten den Moment, in dem der Elfmeterschütze den Ball trifft. Der Ball verformt sich durch den Tritt und wird in Bewegung gesetzt. Zugleich spürt aber auch der Schütze den Ball: Sein Schuh verformt sich ebenfalls, und sein Fuß wird etwas gebremst. Eine solche Situation bezeichnet man als Wechselwirkung zweier Körper. Ein Körper wirkt auf einen zweiten Körper ein – gleichzeitig wirkt der zweite Körper auf den ersten ein.

Auch in ▸ Bild 02 auf Seite 44 ist eine Wechselwirkung dargestellt: Die Tafel Schokolade, die an der Schraubenfeder hängt, zieht an der Schraubenfeder nach unten. Im gleichen Maße zieht die Schraubenfeder an der Schokolade nach oben – die Schokolade fällt nicht hinunter, sondern bleibt in Ruhe. Die Kräfte, die die beiden Körper dabei aufeinander ausüben sind gleich groß und entgegengesetzt gerichtet.

Treten zwei Körper miteinander in Wechselwirkung, üben sie gleichgroße Kräfte aufeinander aus.

ÄNDERUNG DER GESCHWINDIGKEIT · Der Fuß des Elfmeterschützen ändert die Geschwindigkeit des Balls: Der Ball ist zunächst in Ruhe, seine Geschwindigkeit ist null. Nachdem der Fuß auf ihn eingewirkt hat, besitzt er beispielsweise eine Geschwindigkeit von 30 $\frac{m}{s}$.

▸ Bild 02 zeigt die Geschwindigkeit mit ihrem Größensymbol v. Ähnlich wie die Kraft kann auch sie mit einem Pfeil dargestellt werden, der ihre Richtung anzeigt.

Wenn sich die Geschwindigkeit eines Körpers ändert, dann übt ein anderer Körper eine Kraft auf ihn aus.

▸ Bild 03 zeigt das Abbremsen des Balls durch die Hände des Torwarts: Der Ball kommt mit einer Geschwindigkeit von 30 $\frac{m}{s}$ an. Dann üben die Hände eine Kraft auf ihn aus und er kommt zur Ruhe.

Was geschieht, wenn beispielsweise bei einem Kopfball eine Kraft von der Seite auf den Ball ausgeübt wird wie im ▸ Bild 04 A? Der Kopf übt eine Kraft auf den Ball aus und lenkt diesen ab. Der Kopf übt dabei die Kraft in eine andere Richtung aus als die, in die der Ball nachher weiterfliegt.

Im ▸ Bild 04 B siehst du die Situation von oben. Die Geschwindigkeit ist auch hier mit einem blauen Pfeil eingezeichnet. Der Pfeil zeigt vor dem Kopfball schräg nach links oben, nach dem Kopfball zeigt er schräg nach rechts oben. Die Geschwindigkeit des Balls ist nach dem Stoß ungefähr so groß wie vorher: Die Pfeile haben dieselbe Länge. Aber die Bewegungsrichtung des Balls hat sich nach dem Ausüben der Kraft geändert.

a) Wenn die auf einen Körper ausgeübte Kraft in Bewegungungsrichtung zeigt, dann wird der Körper schneller.
b) Wenn die auf einen Körper ausgeübte Kraft gegen die Bewegungsrichtung zeigt, dann wird der Körper langsamer.
c) Wenn die auf einen Körper ausgeübte Kraft quer zur Bewegungsrichtung zeigt, dann ändert sich die Bewegungsrichtung des Körpers.

WOHER KOMMT DIE KRAFT? · Die Geschwindigkeit des Balles kann sich auch ändern, wenn niemand gegen den Ball tritt. Wer oder was übt dann die Kraft aus?

Wenn der Ball vom Torpfosten wegspringt, dann ändert sich seine Geschwindigkeit ähnlich wie beim Kopfball. Also übt der Pfosten eine ähnliche Kraft quer zur Bewegungsrichtung aus. Wenn der Ball auf dem Gras rollt, dann wird er langsamer. Die Grashalme üben eine Kraft auf den Ball entgegengesetzt zur Bewegungsrichtung aus. Das verringert die Geschwindigkeit.

Wenn du den Ball schräg hochschießt, dann fliegt er nicht geradeaus weiter, sondern er macht eine Kurve und landet wieder auf der Erde. Die Geschwindigkeit des Balles ändert sich, weil die Erde den Ball nach unten zieht, d.h. die Erde übt eine Kraft auf ihn aus. Diese Kraft wird auch als Erdanziehungskraft oder Gewichtskraft bezeichnet.

1 Ein Volleyball wird geschlagen, bleibt aber im Netz hängen. Beschreibe die Kräfte, die auf den Ball ausgeübt wurden.

2 Erstelle jeweils eine Zeichnung mit Kraft und Geschwindigkeitspfeilen wie im ▸ Bild 04B für die Beispiele aus dem Abschnitt „Woher kommt die Kraft“?

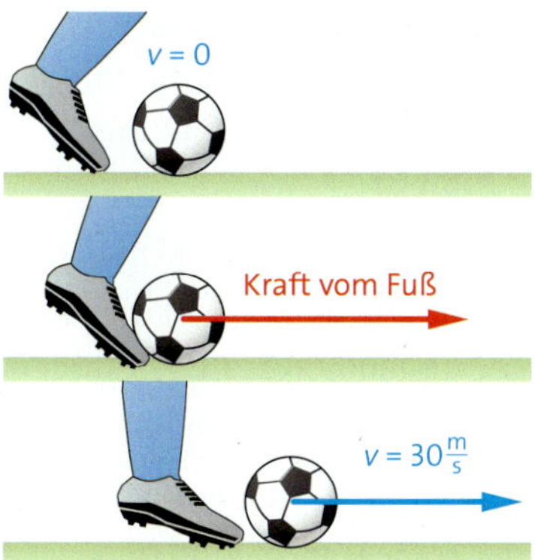

02 Schuss ...

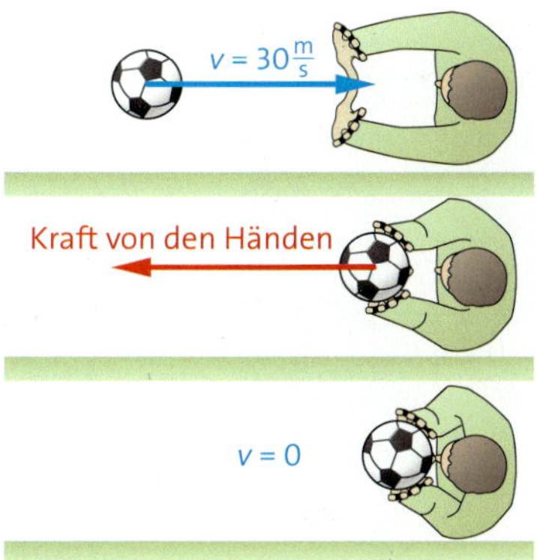

03 ... Parade

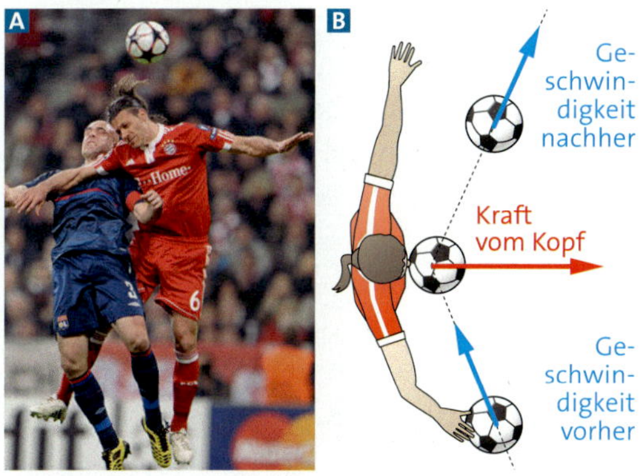

04 Kopfball: **A** Foto, **B** Kraft- und Geschwindigkeitspfeile

EINWIRKEN AUS DER FERNE · Wenn ein hoch geschossener Ball durch die Gewichtskraft nach unten beschleunigt wird, dann berührt die Erde den Ball nicht. Die Erde übt die Gewichtskraft aus der Ferne auf den Ball aus.

Ähnlich ist es beim Magnetismus: Die Kugel im ▸ Bild 01 rollt an einem Magneten vorbei. Dieser übt eine anziehende Kraft auf die Kugel aus. Die Richtung der Geschwindigkeit ändert sich zum Magneten hin. Dadurch entsteht eine gekrümmte Bahn. Der Magnet berührt die Kugel nicht, sondern übt eine Kraft aus der Ferne aus.

01 Der Magnet übt eine Kraft auf die Kugel aus.

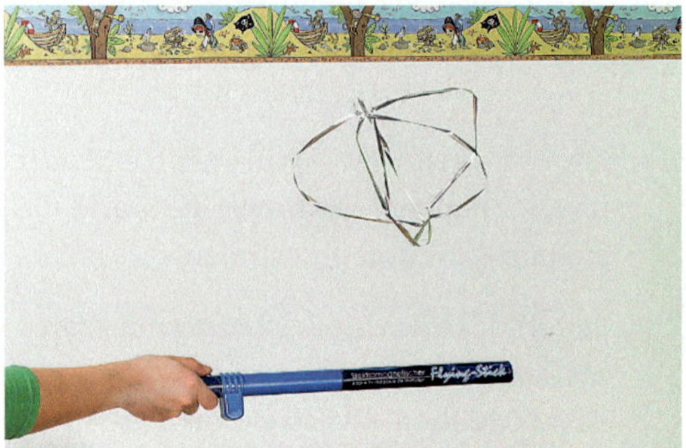

02 Der Stab übt eine Kraft auf die Folienkugel aus.

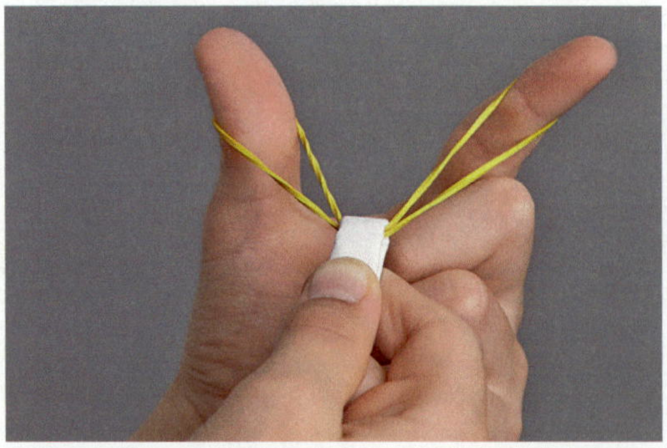

03 Das Gummi übt eine Kraft auf das Papier aus.

Auch hierbei handelt es sich um eine Wechselwirkung zwischen zwei Körpern: So wie der Magnet die Kugel anzieht, zieht diese auch den Magneten an. Läge der Magnet in ▸ Bild 01 z.B. auf Rollen, würde er sich etwas auf die Kugel zu bewegen.

Eine elektrische Wechselwirkung zeigt ▸ Bild 02, wo eine Folienkugel in der Luft gehalten wird. Die Person hat einen „Fun Fly Stick" in der Hand. Dieser übt eine nach oben gerichtete Kraft auf die Folienkugel aus. Der Stab wirkt ohne Berührung aus der Ferne in abstoßender Richtung.

EINWIRKEN AUS DER NÄHE · Wenn du wie im ▸ Bild 03 ein Stück Papier mit einem Gummiband abschießt, dann übt das Gummiband eine Kraft auf das Papier aus. Diese Kraft setzt das Papier in Bewegung. Das Gummiband berührt dabei das Papier.

Ähnlich ist es beim Elfmeterschützen und beim Torwart. Beide berühren den Ball, um auf ihn eine Kraft auszuüben.

1 Beschreibe, wie man das Papierröllchen im ▸ Bild 03 mit dem Gummi in eine gewünschte Richtung fliegen lässt. Erläutere an dem Beispiel, dass die von einer Kraft bewirkte Beschleunigung parallel zur Kraft ist.

2 Beschreibe für die Kugel im ▸ Bild 01 die Richtungen der Geschwindigkeit und der auf die Kugel ausgeübten Kraft. Wie ändert sich die Richtung der Geschwindigkeit?

3 Nenne drei Beispiele, bei denen ein Gegenstand aus der Ferne bewegt wird und nenne die dabei ursächlichen Kräfte.

VERSUCHE ▸ Geschwindigkeitsänderung durch einen Luftstrom

Material:

Flummi oder Tischtennisball, Haartrockner, glatte Fläche (Boden oder Tisch)

Wenn der Ball in den Luftstrom des Haartrockners gerät, dann ändert sich seine Geschwindigkeit. Mit den Versuchen untersuchst du, welche Größen hierbei eine Rolle spielen.
Achte darauf, dass in der Nähe des Haartrockners keine brennbaren Materialien sind und sich der Haartrockner nicht überhitzt!

V1 Beschleunigen und Bremsen

Durchführung:

a) Lege den Haartrockner auf die Fläche und schalte ihn an. Lege den Ball davor. In ▸ Bild A siehst du, wie sich die Geschwindigkeit des Balls ändert. Der rote Pfeil zeigt die Richtung des Luftstroms an.

b) Lasse den Ball auf den Haartrockner zurollen (▸ Bild B). Erstelle hierzu eine Zeichnung ähnlich wie ▸ Bild A: Zeichne dabei die Richtung des Luftstroms und die Geschwindigkeitspfeile vorher und nachher ein.

V2 Ablenken

Durchführung:

a) Lass den Ball von der Seite am Haartrockner vorbei rollen (▸ Bild C). Erstelle eine Zeichnung (V1 b).

b) Der Ball soll durch den Luftstrom in eine bestimmte Richtung abgelenkt werden (▸ Bild D). Die Position des Haartrockners ist durch das Kreuz festgelegt. Finde heraus, welche Richtung der Luftstrom haben muss, damit der Ball richtig abgelenkt wird. Erstelle eine Zeichnung wie bei V1 b.

V3 Eigene Versuche

Durchführung:

Wie sich die Geschwindigkeit des Balls durch den Luftstrom des Haartrockners ändert, hängt von vielen Einflüssen ab, wie z. B. der Masse des Balls. Was vermutest du, könnte noch eine Rolle spielen? Formuliere deine Vermutungen schriftlich. Überprüfe sie durch Versuche.

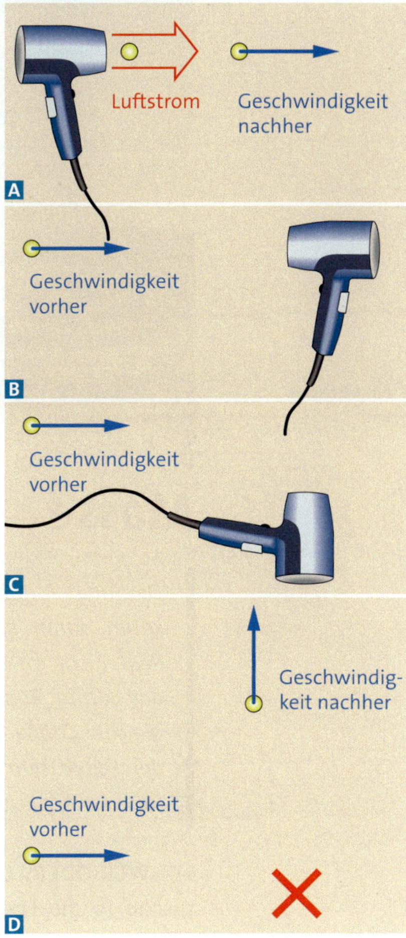

Material A ▸ Beim Kugelstoßen

Luca: Durch ihren Arm übt die Kugelstoßerin eine Kraft auf die Kugel aus.

Marie: Ja und dafür braucht sie viel von ihrer Kraft.

Lisa: Aber sie spürt die Kugel auch in ihrer Hand. Also übt die Kugel auch eine Kraft auf die Kugelstoßerin aus.

Alex: Auf jeden Fall hat die Kugel danach viel Kraft und kann deswegen weit fliegen.

A1 Luca, Marie, Lisa und Alex verwenden jeweils das Wort „Kraft“. Im Alltag kann man alle Sätze so sagen, aber nur bei zweien wird „Kraft“ so verwendet, wie es in der Physik sinnvoll ist.

a) Überlege, wer das Wort „Kraft“ physikalisch korrekt verwendet. Begründe.

b) Auch die anderen beiden haben sich dabei etwas gedacht, als sie das Wort „Kraft“ verwendet haben. Wie kann man die Sätze abändern, ohne darin das Wort „Kraft“ zu verwenden?

01 Ein schwerer Brocken

Masse

Der junge Mann könnte den Felsbrocken wohl kaum daran hindern, hinunterzurollen. Das liegt nicht an der Größe des Brockens, denn der Mann könnte wohl eine Styroporkugel gleicher Größe aufhalten. Es liegt daran, dass der Felsen sehr schwer ist. Wovon hängt die Schwere des Felsens ab?

SCHWER ODER LEICHT · Wenn du deine Schultasche in die Hand nimmst, dann spürst du, ob sie schwer oder leicht ist. Aber wie schwer genau, kannst du nicht sagen. Wenn du deine Tasche und die deines Sitznachbarn mit beiden Händen gleichzeitig hochhebst, dann kannst du spüren, welche schwerer ist. Die „Schwere" ist eine Eigenschaft, die alle Körper besitzen. Die physikalische Größe, die die Schwere eines Körpers beschreibt, heißt **Masse,** sie trägt das Größensymbol m. Schwere Körper haben eine große Masse, leichte Körper haben eine kleine Masse. Der Felsbrocken hat also eine sehr große Masse. Im Alltag sagt man statt Masse oft Gewicht. Dieser Begriff wird aber in verschiedenen Bedeutungen verwendet. Deshalb ist es sinnvoll, in der Physik den richtigen Fachbegriff zu verwenden.

Unsere „Armwaage" kann Massen vergleichen. Aber wie groß ist die Masse deiner Schultasche nun wirklich? Du könntest ihre Masse z. B. mit einer Anzahl Äpfel vergleichen. Wenn du deine Schultasche in die eine Hand nimmst und einen Beutel mit Äpfeln in die andere, dann kannst du mit etwas Probieren herausfinden, wie groß die Masse deiner Tasche in der Einheit „Äpfel" ist (▸ Bild 02).

Diese Methode ist sicher ziemlich ungenau. Das liegt auch daran, dass Äpfel unterschiedliche Masse haben. Das genauere Verfahren funktioniert aber ganz ähnlich.

02 Die Tasche wiegt 19 „Äpfel".

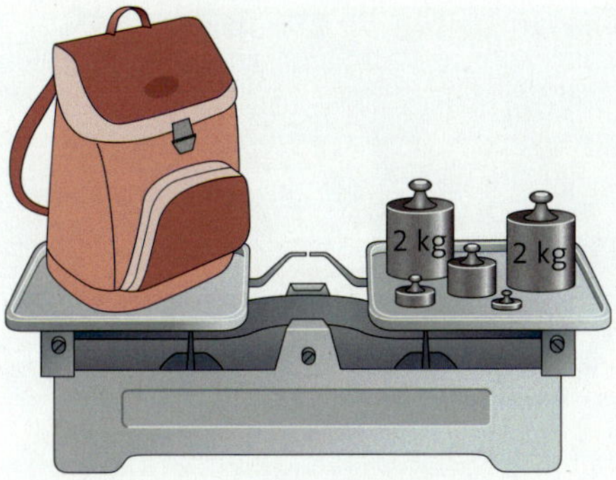

03 Die Masse der Tasche beträgt 4,75 kg.

04 Die Tasche auf der Personenwaage

05 Urkilogramm

BESTIMMUNG DER MASSE · Die Äpfel ersetzen wir durch Vergleichsmassen, die eindeutig bestimmt sind. 1889 einigte man sich international auf das **Kilogramm** als allgemeingültige Vergleichsmasse. Ein Kilogramm ist die Masse des „Urkilogramms", eines speziellen Metallkörpers (▸ Bild 05), der in Paris aufbewahrt wird. Von diesem Urkilogramm existieren in allen Ländern exakte Kopien. Für praktische Messungen werden oft auch andere Vergleichsmassen benötigt. Solche Vergleichsmassen nennen wir Massestücke.

Um die Masse deiner Schultasche zu bestimmen, benutzen wir statt unserer Arme eine **Tafelwaage**. Damit kann man Massen viel genauer vergleichen. Auf die eine Seite der Tafelwaage stellst du deine Tasche und auf die andere Seite so viele Massestücke, bis die Waage im Gleichgewicht ist. Die Gesamtmasse der Massestücke ist dann gleich der Masse deiner Tasche (▸ Bild 03). Fassen wir zusammen:

Jeder Körper hat eine Masse *m*. Sie gibt an, wie schwer der Körper ist.
Die Einheit der Masse ist ein Kilogramm (1 kg).

Weitere gebräuchliche Einheiten sind eine Tonne (1 t), ein Gramm (1 g), ein Milligramm (1 mg):
1 t = 1000 kg,
1 kg = 1000 g,
1 g = 1000 mg.

DIE PERSONENWAAGE · Vielleicht gibt es bei dir zu Hause eine Personenwaage. Damit kannst du deine Tasche viel bequemer wiegen als mit der Tafelwaage. Du stellst einfach die Tasche auf die Waage und liest die Masse auf der Skala ab (▸ Bild 04). Im Innern der Waage verformen sich elastische Körper umso stärker, je schwerer die Tasche ist. Diese Verformung überträgt ein Mechanismus auf die drehbare Skala.

Man könnte meinen, so eine Waage kommt ohne Vergleichsmassen aus. Das stimmt aber nicht. Allerdings hat uns der Hersteller diesen Vergleich schon abgenommen. Vereinfacht kannst du dir das so vorstellen: Die Waage wird soweit zusammengebaut, dass sie im Prinzip funktioniert. Nur die Striche und Zahlenangaben auf der Skala fehlen noch. Auf die Waage wird nun z. B. ein Massestück von 10 kg gelegt. Die unbeschriftete Skala dreht sich dadurch etwas. Diese Stellung wird durch einen Strich beim Zeiger markiert und mit „10" beschriftet. Entsprechend verfährt man bei den anderen Massen. So entsteht Schritt für Schritt eine Skala, mit der man Massen in Kilogramm messen kann.

1 Die Masse der Schultasche wurde auf verschiedene Weisen bestimmt. Vergleiche. Nenne dabei Vor- und Nachteile der drei Methoden.

2 Rechne 323,5 g in mg, kg und t um.

01 **A** Um ein Auto anzuschieben, muss man eine große Kraft ausüben. **B** Das Abbremsen eines Autos erfordert ebenfalls eine große Kraft.

MASSE UND TRÄGHEIT · Solange auf einen Körper keine Kraft ausgeübt wird, ändert sich auch seine Geschwindigkeit nicht. Aber wie groß ist die Änderung der Geschwindigkeit, wenn eine Kraft auf den Körper ausgeübt wird? Das erkennen wir an einem Beispiel: Zum Anschieben eines Autos benötigt man eine große Kraft. Die beiden Jungen in ▸ Bild 01 A müssen sich sehr anstrengen, damit das Auto schneller wird. Aber um ein Fahrrad anzuschieben, muss man nur eine relativ kleine Kraft ausüben. Wenn die beiden Jungen das Auto lange schieben, dann erreichen sie vielleicht auch eine hohe Geschwindigkeit. Aber die Geschwindigkeit ändert sich dabei nur sehr langsam. Beim Abbremsen ist es entsprechend (▸ Bild 01 B). Unsere Beobachtungen fassen wir im **Aktionsprinzip** zusammen:

> Je größer die Masse eines Körpers ist, desto größer ist die Kraft, die man ausüben muss, um in einer bestimmten Zeit eine gewünschte Geschwindigkeitsänderung zu erreichen.

Das **Aktionsprinzip** besagt: Um eine bestimmte Geschwindigkeitsänderung zu erreichen, muss man auf einen Körper mit großer Masse eine große Kraft ausüben, bei einem Körper mit geringer Masse genügt eine kleine Kraft. Man sagt, der Körper ist **träge.** Diese **Trägheit** ist eine grundlegende Eigenschaft aller Körper.

02 Ramme

Die andere Eigenschaft eines jeden Körpers ist die **Schwere.** Sie zeigt sich aber nur, wenn ein anderer Körper, beispielsweise die Erde, in der Nähe ist. Wir fassen damit zusammen:

> Jeder Körper hat zwei grundlegende Eigenschaften, die Trägheit und die Schwere. Beide Eigenschaften werden durch die physikalische Größe Masse m beschrieben.

1 **a)** Beim Kugelstoßen musst du eine größere Kraft ausüben als beim Ballweitwurf. Erkläre.
b) Obwohl du beim Ballweitwurf eine kleinere Kraft ausübst als beim Kugelstoßen, erreicht der Ball eine höhere Geschwindigkeit als die Kugel. Erkläre.

2 Wenn du mit einem Hammer einen Nagel waagerecht in eine Wand schlägst, dann nutzt du eine Körpereigenschaft. Gib diese Eigenschaft begründet an.

3 Für Fahrzeuge mit einer Masse über 7,5 t liegt die erlaubte Höchstgeschwindigkeit auf Autobahnen bei 80 $\frac{km}{h}$. Erkläre.

4 Die Ramme im ▸ Bild 02 nutzt abwechselnd die zwei grundlegenden Körpereigenschaften. Erkläre.

5 Wenn du mit dem Fahrrad aus dem Stand bergab rollst, dann wirst du allmählich immer schneller. Erkläre.

VERSUCHE ▸ Messungen mit einer Selbstbauwaage

Material:

Dünnes Gummiband, ein Plastikbecher, Klebeband, möglichst viele verschiedene Euro-Münzen, eine senkrechte Fläche (z. B. Brett oder Tür), auf die du Klebeband kleben darfst

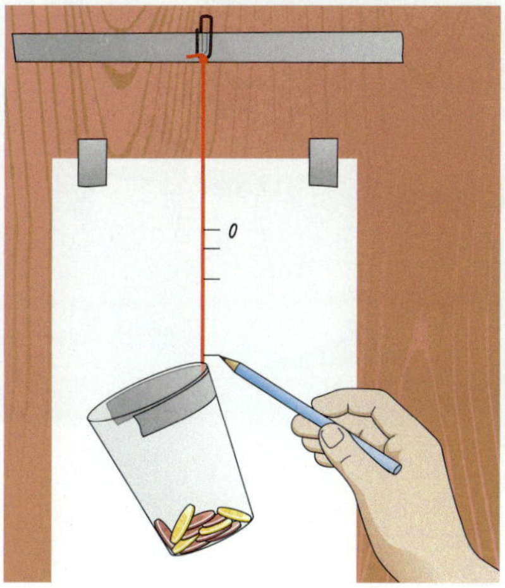

V1 Bau der Waage

Durchführung:

Informiere dich über die Massen der Euro-Münzen. Baue die Waage wie im Bild links auf. Markiere die Position des leeren Bechers. Lege nun nacheinander die Münzen in den Becher und markiere jeweils die neue Position. Beschrifte die Skala, indem du die Massen in Gramm angibst.

V2 Wiegen und vergleichen

Durchführung:

Bestimme die Massen verschiedener Gegenstände mit deiner Gummiband-Waage. Bei welchen Gegenständen gelingt das gut, bei welchen weniger gut? Bestimme den Messbereich deiner Waage.
Vergleiche Gummiband-Waage und Personenwaage. Sammle Gemeinsamkeiten und Unterschiede.

Material A ▸ Crash-Test

Die Bilder wurden bei einem Crash-Test im Abstand von je 0,02 s aufgenommen.

A1 Clara sagt: „Der Hund wurde nach vorne geschleudert und dabei schneller." Nimm Stellung.

A2 Finde möglichst viel über die Bewegungen von Stoffhund und Crash-Test-Dummy heraus.

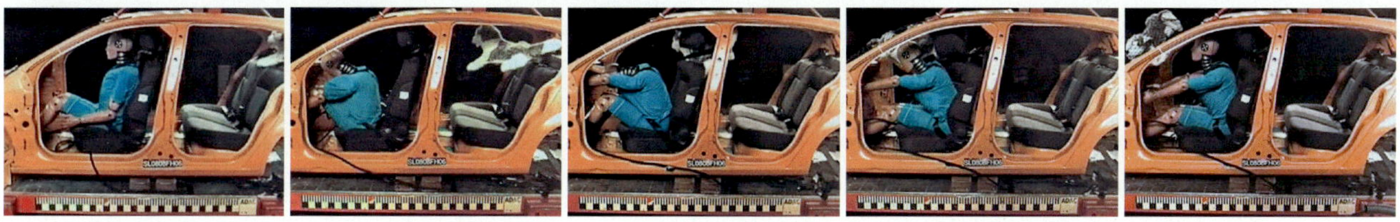

Material B ▸ Rechnen mit Einheiten

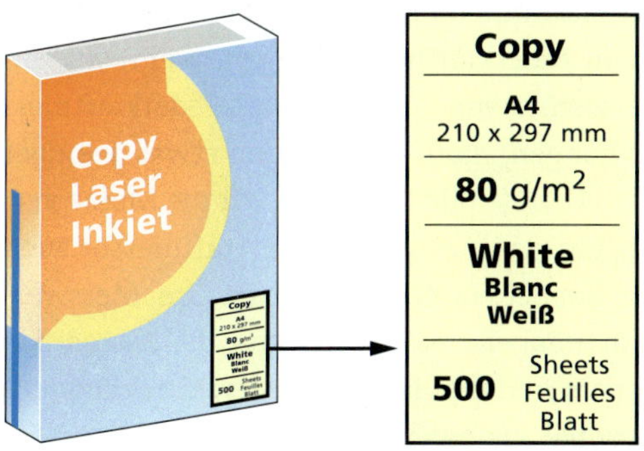

B1 Berechne die Fläche, die man mit 1 g des Papiers im ▸ Bild links auslegen könnte. Berechne die Masse des gesamten Pakets.

B2 Tanjas Augentropfen sind vier Wochen haltbar. Sie braucht jeden Tag sechs Tropfen. Mit einem Messlöffel stellt sie fest, dass 25 Tropfen ein Volumen von 1,25 cm^3 haben. Die Flasche enthält insgesamt 10 mℓ. Stelle fest, ob die Tropfen vor Ablauf der Haltbarkeitsdauer verbraucht sind.

01 Ein Sprung

Gewichtskraft

Wenn du hochspringst, dann kannst du dir sicher sein, dass du wieder herunter kommst. Dafür ist die Gewichtskraft verantwortlich. Sie ist eine der wichtigsten Kräfte für uns. Ohne sie wüssten wir nicht einmal, wo oben und unten ist!

Statt „Gewichtskraft" hast du vielleicht schon die Begriffe Gravitationskraft, Schwerkraft oder Erdanziehungskraft gehört.

OBEN UND UNTEN · Du weißt, wo oben und unten ist. Auch die Menschen in Australien und an anderen Orten der Welt wissen das: Wenn sie nach „unten" zeigen, dann deutet ihr Zeigefinger in Richtung des Erdmittelpunkts, genau wie bei dir. Der Astronaut auf dem Mond deutet bestimmt nicht zum Erdmittelpunkt (▸ Bild 01). Sein „Unten" ist die Richtung zum Mondmittelpunkt.

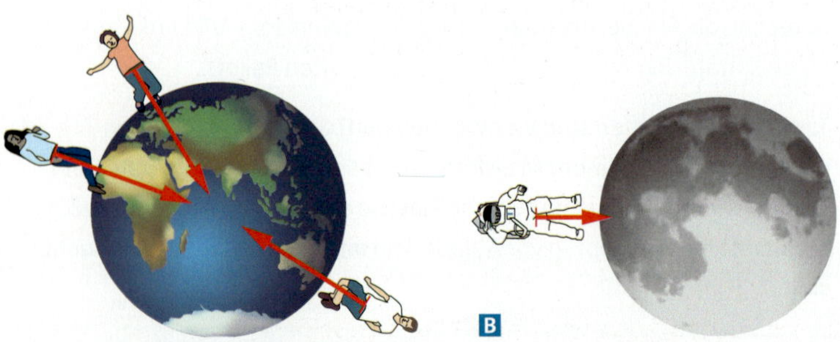

02 **A** Gewichtskraft auf der Erde, **B** Gewichtskraft auf dem Mond

„Unten" ist durch die Richtung der Gewichtskraft festgelegt. Die Erde zieht dich und alle anderen Menschen auf der Erdoberfläche in Richtung Erdmittelpunkt (▸ Bild 02 A). Der Kraftpfeil für den Astronauten zeigt hingegen zum Mondmittelpunkt (▸ Bild 02 B). Wenn du die Gewichtskraft nicht spüren würdest, dann wüsstest du auch nicht, wo oben und unten ist.

GEWICHTSKRAFT UND MASSE · Wenn du einen Körper mit großer Masse hochhebst, dann fühlst du, wie schwer er ist. Je größer die Masse des Körpers ist, desto größer ist die Gewichtskraft, mit der die Erde an ihm zieht.

Wie hängen Masse und Gewichtskraft nun genau zusammen? Das können wir einfach mit einem Federkraftmesser zeigen. Wenn wir ein Massestück von 1,0 kg an einen Federkraftmesser hängen, dann zeigt dieser etwas weniger als 10 N an (▸ Bild 05). Wenn wir die Masse verdoppeln, dann zeigt der Federkraftmesser auch den doppelten Kraftbetrag an. Die Messwerte in ▸ Tabelle 03 zeigen, dass die Masse des Körpers und der Betrag der Gewichtskraft proportional zueinander sind.

UND AUF DEM MOND? · Der Raumanzug des Astronauten im ▸ Bild 01 hat eine Masse von 82 kg. Damit könnte er auf der Erde kaum hochspringen! Auf dem Mond gelingt ihm das mühelos. Die Masse des Anzugs hat sich dort aber nicht geändert, denn wir würden mit einer Balkenwaage auch auf dem Mond das 82fache der Masse des Urkilogramms feststellen, ebenso wie auf der Erde.

Wenn wir auf der Mondoberfläche ein Massestück von 1,0 kg an einen Federkraftmesser hängen würden, dann würde dieser nur 1,6 N anzeigen. Die Astronauten haben auf dem Mond tatsächlich Experimente durchgeführt, die zeigen, dass der Betrag der Gewichtskraft dort kleiner ist als auf der Erde.
Aber auch dort sind Masse und Gewichtskraft wieder proportional zueinander: Wenn man den Quotienten aus Gewichtskraft und Masse bildet, dann ergibt sich für jeden Körper auf der Mondoberfläche immer 1,6 $\frac{\text{N}}{\text{kg}}$. Auf der Erdoberfläche sind es 9,8 $\frac{\text{N}}{\text{kg}}$ (▸ Bild 05).

Der Quotient aus der Gewichtskraft, die auf einen Körper ausgeübt wird, und der Masse des Körpers hängt vom Ort ab, an dem sich der Körper befindet. Deswegen nennt man diesen Quotienten **Ortsfaktor *g*.** Einen solchen Ortsfaktor gibt es für jeden Ort im Universum. Die ▸ Tabelle 04 zeigt einige Beispiele.

Der Betrag der Gewichtskraft auf einen Körper ist proportional zu seiner Masse. Es gilt: $F = m \cdot g$.
Dabei ist der Ortsfaktor g vom Ort abhängig, an dem sich der Körper befindet. Auf der Erdoberfläche beträgt er etwa 9,8 $\frac{\text{N}}{\text{kg}}$.

WOHER KOMMT DIE GEWICHTSKRAFT? · Du weißt schon: Je größer die Masse z.B. von dir selbst ist, desto größer ist die Gewichtskraft, mit der die Erde an dir zieht. Auf dem Mond wäre die Gewichtskraft auf dich nur etwa ein Sechstel so groß. Warum ist sie dort kleiner?

m in kg	F in N	$g = \frac{F}{m}$ in $\frac{\text{N}}{\text{kg}}$
0,5	4,9	9,8
1,0	9,8	9,8
1,5	14,7	9,8
2,0	19,6	9,8

03 Masse und Gewichtskraft

Ort	g in $\frac{\text{N}}{\text{kg}}$
Erdoberfläche	9,8
Mondoberfläche	1,6
Sonnenoberfläche	274
Marsoberfläche	3,8
Raumstation ISS	8,8

04 Einige Ortsfaktoren

ISAAC NEWTON (1643–1726) erkannte im 17. Jahrhundert, dass die Gewichtskraft auch von der Masse des Körpers abhängt, der sie ausübt: Je größer seine Masse ist, desto größer ist der Betrag der Gewichtskraft.
Die Masse der Erde ist viel größer als die Masse des Mondes. Auf der Erde ist deswegen der Betrag der Gewichtskraft auf dich größer als er es auf dem Mond wäre.

NEWTON sagte voraus, dass jeder Körper aufgrund seiner Masse eine Kraft ausübt, auch wenn seine Masse sehr klein ist. Du spürst davon im Alltag nichts, weil die Kraftbeträge dafür viel zu klein sind. So „zieht" z.B. deine Sitznachbarin bzw. dein Sitznachbar an dir mit einer Kraft von nicht mal einem Millionstel Newton! Mit empfindlichen Geräten kann man diese Kräfte aber tatsächlich nachweisen.

Je größer die Masse eines Körpers ist, desto größer ist die Kraft, die er auf einen anderen Körper ausübt.

1 Berechne die Gewichtskraft auf dich selbst auf der Erd- und auf der Mondoberfläche.

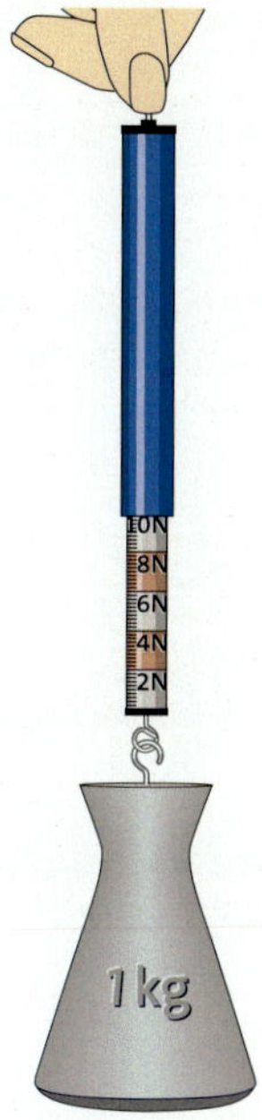

05 Masse 1 kg, Betrag der Gewichtskraft 9,8 N

Merkhilfe:
Auf der Erde ist der Betrag der Gewichtskraft auf eine Tafel Schokolade etwa 1 N.

WO HÖRT DIE GEWICHTSKRAFT AUF? · Dass die Erde Körper in ihrer Nähe anzieht, weißt du aus eigener Erfahrung. Aber auch weiter entfernte Körper werden von ihr angezogen: Zum Beispiel umkreist der Mond die Erde in einer Entfernung von etwa 380 000 km. Wenn die Erde keine Kraft auf ihn ausüben würde, dann müsste er mit konstanter Geschwindigkeit geradeaus durch den Weltraum fliegen. Dann könntest du den Mond aber nicht so regelmäßig wiedersehen.

Die Gewichtskraft wird noch auf Körper ausgeübt, die viel weiter entfernt sind: Es gibt für die Gewichtskraft keine Grenze. Allerdings wird ihr Betrag mit zunehmender Entfernung immer kleiner.

Ein Körper übt eine Gewichtskraft auf alle anderen Körper aus, gleichgültig wie weit entfernt sie sind.
Je weiter sie entfernt sind, desto kleiner wird der Betrag der Gewichtskraft.

BLICKPUNKT

Schwerelosigkeit

In ▸ Bild 02 schwebt ein Astronaut schwerelos an der Außenseite der internationalen Raumstation ISS. Der Astronaut und die ISS umkreisen die Erde in etwa 350 km Höhe. Die Erde übt also auf beide eine Gewichtskraft aus, denn sonst würden sie geradeaus ins Weltall fliegen. Das klingt nach einem Widerspruch: Der Astronaut ist schwerelos und gleichzeitig wird eine Gewichtskraft auf ihn ausgeübt. Der Astronaut ist offensichtlich schwerelos, weil er die Gewichtskraft nicht spürt. Im Gegensatz zu ihm spürst du die Gewichtskraft deutlich, wenn du auf einem Stuhl sitzt. Die Ortsfaktoren auf der Erdoberfläche und bei der ISS sind ähnlich. Worin besteht dann der Unterschied zwischen dir auf dem Stuhl und dem Astronauten?

02 Außeneinsatz an der ISS

Wir klären dies an einem Beispiel: Wenn du auf dem Stuhl sitzt, dann werden deine Oberschenkel verformt. Daran spürst du die Gewichtskraft. Was passiert nun, wenn die Sitzfläche nicht mehr gegen deine Oberschenkel drückt? Bei einem „Free-Fall-Tower" (▸ Bild 01) ist genau das der Fall: Die Sitzfläche ist immer direkt unter dir, aber sie wird so schnell weggezogen, dass sie nicht mehr gegen deine Oberschenkel drückt. Sie werden dann nicht mehr verformt. Die Gewichtskraft ist aber immer noch vorhanden, sonst würdest du nicht nach unten fallen. Wenn die Sitzfläche keine Kraft mehr auf dich ausübt, dann spürst du auch die Gewichtskraft nicht mehr. Du bist also schwerelos, wenn die Gewichtskraft die einzige Kraft ist, die auf dich wirkt! Du siehst, der Begriff „schwerelos" ist eigentlich nicht gut gewählt.

Der Astronaut in ▸ Bild 02 fliegt um die Erde, ohne dass eine weitere Kraft auf ihn ausgeübt wird. Auch er spürt die Gewichtskraft nicht und ist schwerelos.

01 Schwerelos!

VERSUCHE ► ... zur Schwerelosigkeit mit dem Smartphone

V1 Beschleunigungssensor

Material:

Smartphone, App (z. B. Physics Toolbox Accelerometer für Android oder iSeismo für iOS)

Durchführung:

a) Halte ein Smartphone mit der kurzen Kante nach oben fest an deine Brust und öffne die Anzeige des Beschleunigungssensors (► Bild 03, links). Erläutere, dass die Anzeige vom Betrag 1 der Wirkung der Gewichtskraft auf den Sensor entspricht und dass die y-Achse parallel zur langen Gerätekante ist.

b) Erkläre, warum die Anzeigen für die x- und die z-Richtung null sind.

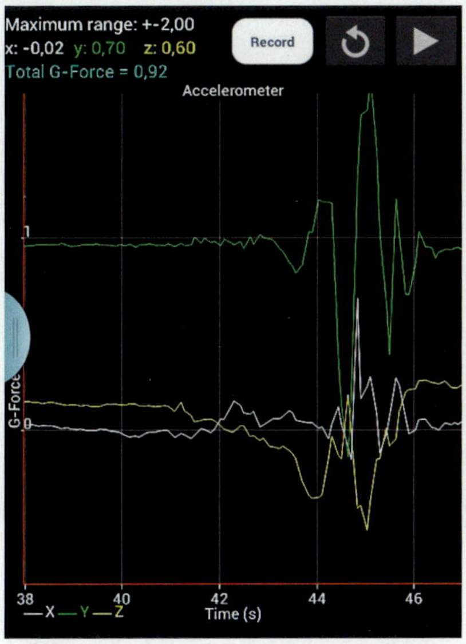

03 Beschleunigungssensor; rechts: während des Sprungs

V2 Sprung vom Tisch

Material:

Tisch, Smartphone, App (wie V1)

Durchführung:

a) Halte ein Smartphone mit der langen Kante nach oben fest an deine Brust und zeichne die Beschleunigung auf. Springe vom Tisch.

b) Beschreibe, was du während des Fallens spürst.

c) Erkläre, was der Beschleunigungssensor während des Fallens, vor dem Absprung und nach der Landung anzeigt (► Bild 03, rechts).

d) Deute die Beobachtungen mit dem Zustand der Schwerelosigkeit.

Material A ► Schwerelos ist nicht masselos!

A1 Nina meint: „Auf der ISS ist ja alles schwerelos. Deswegen kann man dort auch mit einem Medizinball Kopfbälle machen." Erkläre ihr, warum das keine gute Idee ist.

A2 a) In der ISS kann man weder eine normale Personenwaage noch eine Balkenwaage benutzen, um die Masse eines Körpers zu bestimmen. Erläutere.

b) Auf dem Mond zeigt eine Balkenwaage die Masse richtig an, eine Personenwaage nicht. Erkläre.

c) Informiere dich: Wie wiegen sich Astronauten tatsächlich?

Material B ► Ortsfaktoren

B1 Auf der Erde ist der Ortsfaktor nicht überall gleich (► Tabelle 04). Eine Personenwaage zeigt deshalb nicht an jedem Ort die gleiche Masse an.

a) Wo auf der Erde wiegst du am wenigsten, wo am meisten?

b) Wie genau muss eine Personenwaage messen, um diesen Unterschied festzustellen?

B2 ► Bild 04 zeigt, wie sich der Ortsfaktor mit der Entfernung zum Erdmittelpunkt ändert. Als Einheit für die Entfernung dient der Radius der Erde ($R = 6370$ km).

a) Auf welchen Anteil nimmt der Ortsfaktor ab, wenn diese Entfernung verdoppelt wird? Belege an mehreren Beispielen aus dem Diagramm.

b) Boris sagt: „Die ISS schwebt so weit über dem Erdboden, dass der Ortsfaktor praktisch $0\,\frac{N}{kg}$ ist. Deswegen ist man dort schwerelos." Nimm Stellung.

Ort	g in $\frac{N}{kg}$
Äquator	9,78
Mitteleuropa	9,81
Nord- und Südpol	9,83

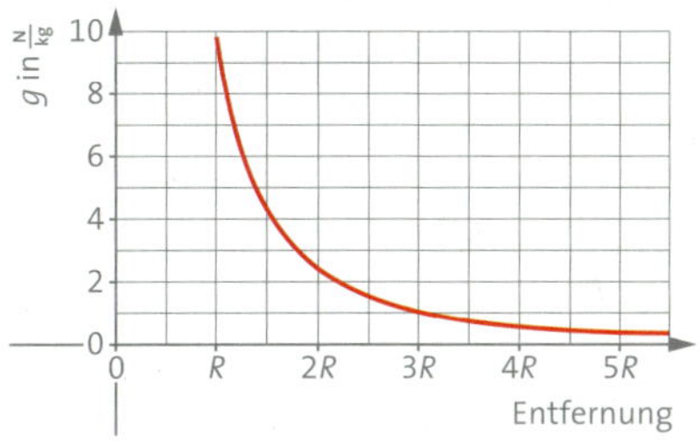

04 Ortsfaktor

01 Ein Fallschirmspringer, links kurz nach dem Absprung, rechts unterwegs

Reibung und Kräftegleichgewicht

Wenn der Fallschirmspringer aus dem Flugzeug springt, dann wird er immer schneller, weil ihn die Erde anzieht. Wenn er den Fallschirm geöffnet hat, schwebt er mit konstanter Geschwindigkeit nach unten. Aber wegen der Gewichtskraft müsste die Geschwindigkeit doch weiter zunehmen!

02 Fallschirmspringer
A kurz nach dem Absprung,
B beim Fall mit konstanter Geschwindigkeit

ZWEI KRÄFTE · Du weißt sicher, warum die Geschwindigkeit nicht weiter zunimmt: Der Fallschirmspringer wird durch die Luft gebremst. Der Luftwiderstand, den er spürt, ist eine Form der Reibung. Auf den Fallschirmspringer werden also zwei Kräfte ausgeübt: die Gewichtskraft von der Erde und die **Luftwiderstandskraft** von der Luft. Zusammen sorgen sie dafür, dass die Geschwindigkeit des Springers nicht weiter zunimmt und er sanft landen kann. Wie das genau passiert, untersuchen wir nun näher.

Je schneller du mit dem Rad fährst, desto stärker spürst du den Luftwiderstand als Fahrtwind. Der Pfeil der Luftwiderstandskraft zeigt entgegengesetzt zur Bewegungsrichtung. Wie sieht es mit der Luftwiderstandskraft aus? Die Gewichtskraft zeigt nach unten (▸ Bild 02). Die Luftwiderstandskraft ist beim Springer nach oben gerichtet, entgegen der Fallrichtung.

Und wie verhalten sich die Beträge der beiden Kräfte zueinander? Wenn der Betrag der Gewichtskraft größer ist als der Betrag der Luftwiderstandskraft, dann wird der Springer schneller. Das geschieht direkt nach dem Absprung (▸ Bild 02 A). Wenn umgekehrt der Betrag der Luftwiderstandskraft größer ist, dann wird der Springer langsamer. Das passiert, wenn er den Fallschirm öffnet. Wenn der Springer später mit konstanter Geschwindigkeit zur Erde schwebt, dann müssen die beiden Kräfte den gleichen Betrag haben (▸ Bild 02 B).

Wenn die Beträge der beiden Kräfte gleich groß sind, nennt man das **Kräftegleichgewicht.** Es kommt nicht nur beim Fallschirmspringen, sondern auch in vielen anderen Situationen vor.

Wenn zwei Kräfte auf einen Körper ausgeübt werden, die entgegengesetzt gerichtet sind und den gleichen Betrag haben, dann bleibt die Geschwindigkeit des Körpers gleich.

REIBUNG UND BREMSEN · Wenn du beim Fahrrad am Bremshebel ziehst, dann werden die Bremsbeläge aus Gummi gegen die Felge gedrückt. Die Felge bewegt sich reibend an den Bremsbelägen entlang (▸ Bild 03). Die Kraft, die das Rad abbremst, heißt **Gleitreibungskraft.** Sie tritt immer auf, wenn sich ein Festkörper entlang eines anderen Festkörpers bewegt.

GLEITREIBUNGSKRAFT · Je fester die Bremsbeläge gegen die Felge gedrückt werden, desto stärker wird das Rad abgebremst. Die Gleitreibungskraft ist dann größer. In einem Modellversuch ziehen wir einen Quader mit einer Unterseite aus Gummi mit konstanter Geschwindigkeit über eine Metallplatte (▸ Bild 04). Da sich seine Geschwindigkeit nicht ändert, ist der Quader im Kräftegleichgewicht. Mit dem Federkraftmesser können wir daher den Betrag der Gleitreibungskraft messen.

Wenn sich die Gleitreibungskraft wie die Luftwiderstandskraft verhält, dann müsste sie mit wachsender Geschwindigkeit größer werden. Im Versuch stellen wir aber fest, dass die Gleitreibungskraft immer gleich bleibt.

In vielen weiteren Versuchen hat man festgestellt, dass die Gleitreibungskraft praktisch unabhängig von der Geschwindigkeit ist, mit der sich die beiden beteiligten Körper gegeneinander bewegen.

03 Eine Felgenbremse beim Fahrrad

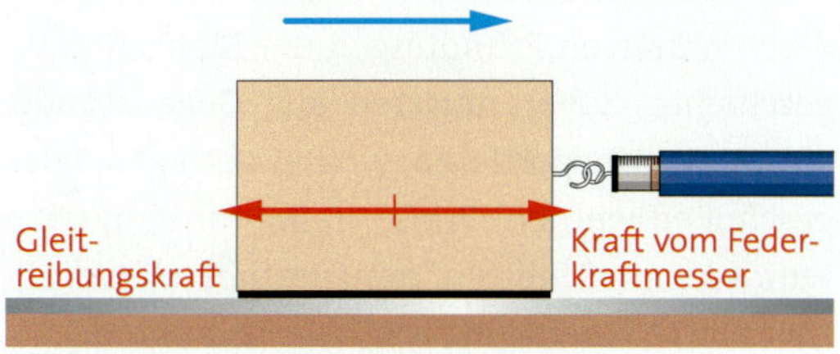

04 Gleitreibung im Versuch

Dagegen hängt die Gleitreibungskraft stark von der Beschaffenheit der Oberflächen der beteiligten Körper ab:

Wenn die Unterseite des Quaders im Versuch aus Metall statt aus Gummi ist, dann ist die Gleitreibungskraft wesentlich kleiner. Das ist einer der Gründe, warum die Bremsbeläge beim Fahrrad aus Gummi sind.

Wenn ein Körper auf einem anderen gleitet, dann wird auf ihn eine Kraft ausgeübt. Sie heißt Gleitreibungskraft.
Sie hängt nicht von der Geschwindigkeit des Körpers ab, aber stark von der Beschaffenheit der Oberflächen der beiden Körper.

DIE REIBUNG WIRD VERRINGERT · Du weißt, dass bei Regen die Felgenbremsen nicht mehr gut wirken. Die dünne Wasserschicht zwischen Bremsbelag und Felge reicht aus, um die Gleitreibungskraft wesentlich zu verringern.

Im Gegensatz zum Bremsen gibt es viele Fälle, bei denen die Gleitreibung möglichst gering sein soll. So sollen sich z.B. die Kettenglieder einer Fahrradkette leicht bewegen können. Deshalb ölt man die Kette (▸ Bild 05). Die dünne Ölschicht verringert die Reibung zwischen den Kettengliedern.
Der Rennfahrer in ▸ Bild 06 vermindert die Luftreibung durch seine Körperhaltung

1 Sammle weitere Beispiele, in denen Luftwiderstand oder Gleitreibung eine Rolle spielen. Erkläre jeweils.

05 Läuft wieder wie geschmiert

06 Dem Wind möglichst wenig Angriffsfläche bieten

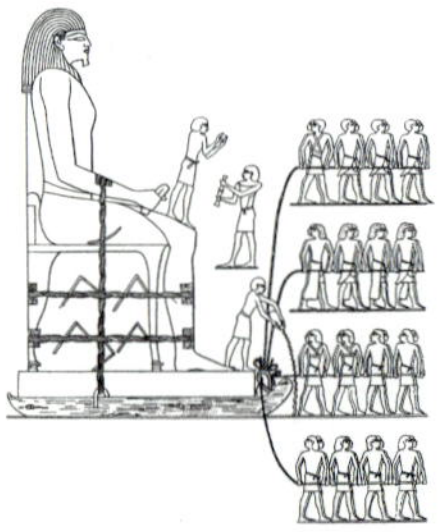

01 Vor der Erfindung des Rades

DIE ROLLREIBUNGSKRAFT · Das Rad ist eine der wichtigsten Erfindungen der Menschheitsgeschichte. Zuvor mussten alle Gegenstände, die man transportieren wollte, getragen oder geschoben werden. Große Steine für Bauwerke wurden mit Schlitten transportiert (▸ Bild 01). Die Gleitreibungskraft war dabei sehr groß.

Wenn man Räder oder Rollen benutzt, dann ist die Kraft, mit der man ziehen muss, viel kleiner als bei einem Schlitten. Trotzdem gibt es noch eine bremsende Kraft. Das siehst du daran, dass Räder, Rollen und Kugeln ihren Bewegungszustand nicht beibehalten, sondern ausrollen und langsamer werden. Diese Kraft nennt man **Rollreibungskraft.**

/// Wenn ein Körper rollt, dann wird auf ihn eine Kraft ausgeübt. Sie heißt Rollreibungskraft.
Sie ist kleiner als die Gleitreibungskraft.

KÖRPER HAFTEN ANEINANDER · Wenn du aus dem Stand losläufst, dann geht das auf der Straße problemlos – aber nicht bei Glatteis! Offensichtlich funktioniert die Bewegung nur, wenn deine Sohlen im Moment des Loslaufens an der Oberfläche des Bodens haften können. Nur dann gibt es eine Kraft vom Boden auf deinen Fuß, die dafür sorgt, dass deine Geschwindigkeit größer wird (▸ Bild 03). Wir nennen diese Kraft **Haftkraft.**

Du hast vielleicht schon einmal den Begriff „Grip" beim Autoreifen gehört. Das ist nichts anderes als die Haftkraft.

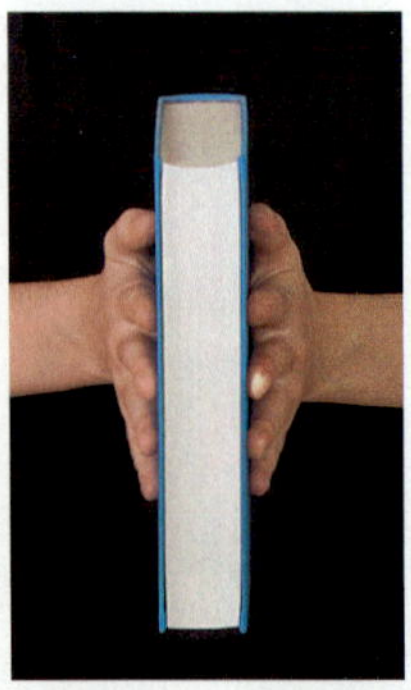

02

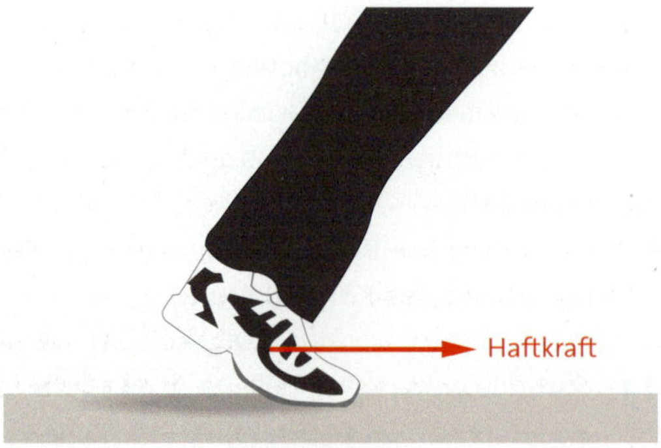

03 Laufen gelingt nur mit Haftkraft.

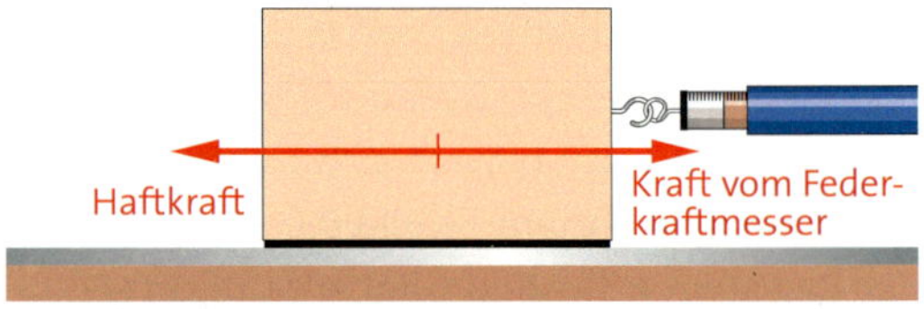

04 Haften im Versuch

DIE HAFTKRAFT · Wir untersuchen das Haften in einem Versuch, ähnlich wie bei der Gleitreibung (▸ Bild 04):

Wenn wir am Quader mit einer kleinen Kraft nach rechts ziehen, dann bewegt sich der Quader nicht. Er ist im Kräftegleichgewicht. Die Haftkraft ist also nach links gerichtet. Wenn der Quader in andere Richtungen gezogen oder geschoben werden soll, zeigt der Kraftpfeil der Haftkraft immer in die entgegengesetzte Richtung.

Wenn wir nun die Kraft, mit der wir am Quader ziehen, allmählich vergrößern, dann bewegt sich der Quader zunächst immer noch nicht. Die Haftkraft wird also im gleichen Maße größer, sodass der Quader im Kräftegleichgewicht bleibt. Wenn wir aber beim Ziehen einen bestimmten Kraftbetrag überschreiten, dann fängt der Quader an, sich zu bewegen. Es gibt also eine maximale Haftkraft. Sie ist abhängig davon, wie die Oberfläche der beteiligten Körper beschaffen ist und wie stark sie aufeinander drücken.

/// Wenn ein Körper an einem anderen haftet, dann ist hierfür die Haftkraft verantwortlich. Sie tritt immer auf, wenn eine Kraft auf den Körper ausgeübt wird, um ihn zu verschieben.

1 a) Erkläre, warum das Buch in ▸ Bild 02 nicht nach unten fällt.
b) Ohne Haftkraft hält kein Knoten. Erkläre an einem Beispiel.

VERSUCHE ▸ Wovon hängt die Gleitreibungskraft ab?

Material:

Holz- oder Plastikquader mit Haken, Massestücke, Federkraftmesser

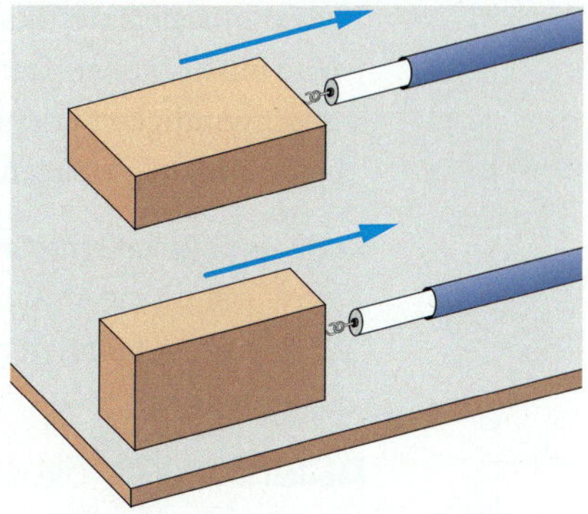

Durchführung:

Der Quader wird jeweils mit dem Federkraftmesser über die Tischfläche gezogen und die Kraft gemessen.

V1 Von der Gewichtskraft?

a) Bestimme die Masse des Quaders und die Gewichtskraft, die auf ihn ausgeübt wird.
Miss die Gleitreibungskraft.
Lege ein oder mehrere Massestücke auf den Quader und wiederhole die Messung für mindestens vier verschiedene Gesamtmassen. Halte die Messwerte in einer Tabelle fest.

b) Berechne zu jeder Gesamtmasse die zugehörige Gewichtskraft. Zeige, dass Gewichtskraft und Gleitreibungskraft proportional zueinander sind.

c) Wie würde sich das Versuchsergebnis ändern, wenn der Versuch auf dem Mond durchgeführt würde? Begründe.

V2 Von der Berührungsfläche?

a) Bestimme die Gleitreibungskraft für die verschiedenen Seiten des Quaders (▸ Bild rechts).

b) Welche der beiden folgenden Aussagen ist richtig? Begründe mithilfe deiner Messwerte.
I) Die Gleitreibungskraft bleibt gleich, egal wie groß die Berührungsfläche ist.
II) Je größer die Berührungsfläche ist, desto größer ist die Gleitreibungskraft.

V3 Von der Oberflächenbeschaffenheit?

Wie wirkt sich die Oberflächenbeschaffenheit und die Schmierung auf die Gleitreibungskraft aus? Plane hierzu selbst Versuche.

V4 Wovon hängt die Haftkraft ab?

Untersuche experimentell, ob entsprechende Zusammenhänge auch für die Haftkraft gelten.

Material A ▸ Im Windkanal

A1 Um den Kraftstoffverbrauch eines Autos klein zu halten, wird es in einem Windkanal getestet. Dort steht das Auto und die Luft wird auf das Auto geblasen (▸ Bild rechts). Im Straßenverkehr ist es umgekehrt: Das Auto bewegt sich, die Luft nur wenig.

a) Begründe, dass man trotzdem sinnvolle Messwerte erhält.

b) Informiere dich: Wie wird die Luftwiderstandskraft bei Autos verkleinert? Welche Rolle spielt dabei der „Luftwiderstandsbeiwert"?

Material B ▸ Wie funktioniert der Trick?

B1 Im ▸ Bild rechts steht ein Glas auf einer kleinen Tischdecke. Wenn man die Decke rasch wegzieht, dann bleibt das Glas stehen. Wenn man zu langsam zieht, dann wandert es mit der Decke mit und fällt herunter.

a) Erkläre. Stell dabei auch dar, von welchen weiteren Größen das Gelingen des Tricks abhängt.

b) Führe den Trick selbst vor. Vorsicht: Übe erst mit Plastikbechern!

c) Gina sagt: „Je größer die Masse des Glases ist, desto leichter gelingt der Versuch." Überprüfe die Aussage experimentell.

Kraft und Kraftmessung

Einwirkung auf einen Körper: Durch eine mechanische Einwirkung von außen wird ein Körper verformt oder seine Geschwindigkeit ändert sich. Oft treten beide Effekte gleichzeitig auf.

Kraft als physikalische Größe: Die Kraft gibt an, wie stark die Einwirkung auf einen Körper ist. Die Einheit der Kraft ist ein Newton (1 N).

Modell Kraftpfeil: Die Kraft ist eine gerichtete Größe. Sie ist gekennzeichnet durch einen **Betrag,** eine **Richtung** und einen **Angriffspunkt.** Zur Darstellung wird daher oft ein Kraftpfeil benutzt.

HOOKEsches Gesetz: Wenn eine Schraubenfeder verlängert wird, dann ist die Verlängerung s proportional zur ausgeübten Kraft: $F = D \cdot s$.
Dabei ist D die **Federkonstante** der verwendeten Feder. Die Einheit der Federkonstante ist ein Newton/Meter ($1\,\frac{\text{N}}{\text{m}}$).
In kalibrierten **Federkraftmessern** wird das HOOKEsche Gesetz ausgenutzt.
Das HOOKEsche Gesetz gilt nur, solange die Verlängerung der Feder nicht zu groß wird.

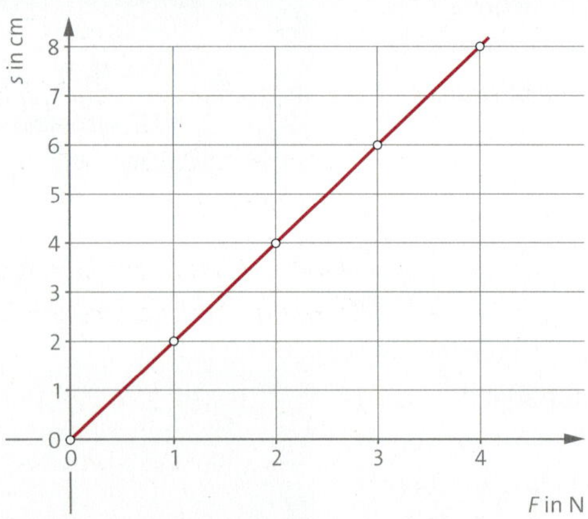

01 Proportionalität zwischen Verlängerung einer Feder und ausgeübter Kraft

Geschwindigkeitsänderung: Wenn auf einen beweglichen Körper eine Kraft ausgeübt wird, dann wird der Körper in Richtung der Kraft beschleunigt.

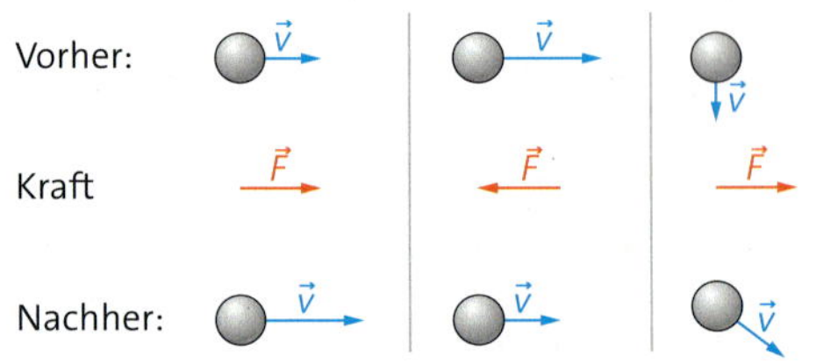

02 Einfluss einer Wirkung mit der Kraft $\vec{F}$ auf die Geschwindigkeit $\vec{v}$ eines Körpers.

Weist die Kraft in Bewegungsrichtung, wird der Körper schneller.
Weist die Kraft entgegen der Bewegungsrichtung, wird der Körper langsamer.
Weist die Kraft quer zur Bewegungsrichtung, so ändert sich die Bewegungsrichtung.

Wechselwirkung zweier Körper: Immer wenn ein Körper A auf einen Körper B einwirkt, dann wirkt auch der Körper B auf den Körper A zurück. Dieses Phänomen heißt Wechselwirkung.

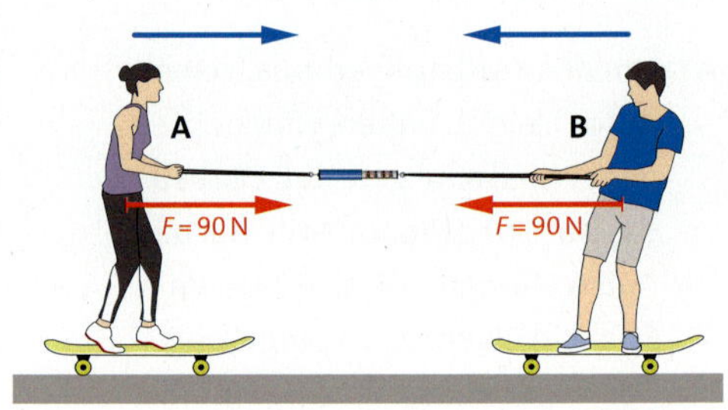

03 Zwei Skateboardfahrer, die mit einer bestimmten Kraft aufeinander einwirken

Kräftegleichgewicht: Wenn gleichzeitig zwei Kräfte auf einen Körper ausgeübt werden, die entgegengesetzt gerichtet sind und den gleichen Betrag haben, dann befindet sich der Körper im Kräftegleichgewicht. Seine Geschwindigkeit ändert sich in diesem Zustand nicht.

Reibung: Wenn sich ein Körper bewegt und dabei an einem anderen entlanggleitet, tritt Reibung auf. Die Reibung bremst den Körper.
Die **Gleitreibungskraft** zwischen zwei festen Körpern hängt nicht von der Geschwindigkeit ab, aber stark von der Beschaffenheit der Oberflächen.
Beim Rollen eines Rades tritt die **Rollreibungskraft** auf. Sie ist stets kleiner als die Gleitreibungskraft.

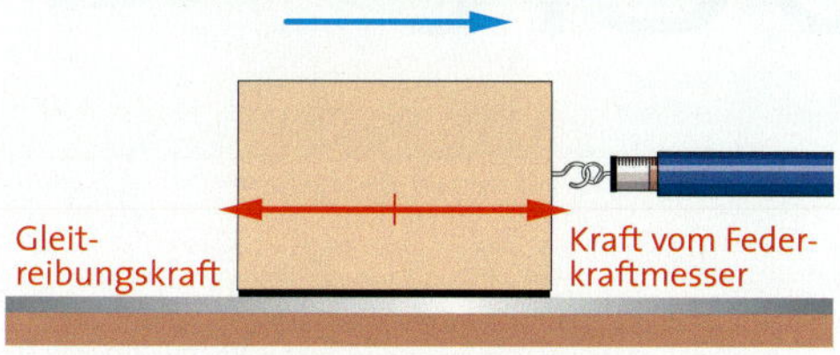

04 Gleitreibungskraft und Antriebskraft sind hier gleich groß. Die Geschwindigkeit ändert sich nicht.

Masse und Gewichtskraft

Masse als physikalische Größe: Schwere und Trägheit sind Körpereigenschaften. Die physikalische Größe Masse gibt an, wie schwer und wie träge ein Körper ist. Die Einheit der Masse ist ein Kilogramm (1 kg).

Trägheit: Je größer die Masse eines Körpers ist, umso größer ist die Kraft, die man ausüben muss, um in einer bestimmten Zeit eine bestimmte Geschwindigkeitsänderung zu bewirken.

Gewichtskraft: Je größer die Masse eines Körpers ist, desto stärker wird er von der Erde angezogen. Der Betrag der Gewichtskraft ist proportional zur Masse: $F = m \cdot g$.
Dabei ist g der Ortsfaktor. Er ist abhängig von dem Ort, an dem sich der Körper befindet. Auf der Erdoberfläche beträgt der Ortsfaktor ungefähr $9{,}8\ \frac{\text{N}}{\text{kg}}$.

Überprüfe dich selbst:

Kann ich ...

... angeben was eine Kraft ist? (S. 44)

... erläutern, wie man Kräfte misst? (S. 45)

... eine Kraft durch einen Kraftpfeil darstellen? (S. 46)

... das HOOKEsche Gesetz angeben und die Grenzen seiner Gültigkeit nennen? (S. 48)

... ein Experiment zur Bestimmung einer Federkonstante planen und durchführen? (S. 48)

... mit Federkonstanten rechnen? (S. 48)

... erläutern, welchen Einfluss die Wechselwirkung mit einem anderen Körper auf die Geschwindigkeit eines Körpers haben kann? (S. 50 ff.)

... ein Experiment zur Massenbestimmung planen und durchführen? (S. 54 f.)

... die Körpereigenschaften Schwere und Trägheit erläutern? (S. 56)

... den Unterschied zwischen Masse und Gewichtskraft erklären? (S. 58)

... die auf einen Körper ausgeübte Gewichtskraft berechnen? (S. 59)

... den Begriff Ortsfaktor erläutern? (S. 59)

... Beispiele für die Schwerelosigkeit von Körpern nennen? (S. 60)

... Situationen schildern, in denen sich Körper im Kräftegleichgewicht befinden? (S. 62)

... den Einfluss der Reibung auf die Bewegung eines Körpers angeben? (S. 62 f.)

... unterschiedliche Arten der Reibung erläutern? (S. 63 f.)

Mechanische Energie und Arbeit

In diesem Kapitel beschäftigst du dich mit

- der Energie, die für unser Leben wichtig ist. Die Energie, die wir nutzen, stammt zum größten Teil von der Sonne. Nur wenn wir verantwortungsvoll mit diesem Gut umgehen, können wir langfristig unsere Lebensbedingungen bewahren.
- der Möglichkeit, unterschiedliche Formen der Energie zu speichern oder ineinander umzuwandeln.
- der mechanischen Energie eines Körpers. Wenn man einen Körper anhebt, ihn auf eine höhere Geschwindigkeit bringt oder elastisch verformt, führt man ihm Energie zu, die er später wieder abgeben kann.
- dem grundlegenden Prinzip der Energieerhaltung: Energie kann weder erzeugt noch vernichtet werden.

01 Überall spielt Energie eine wichtige Rolle.

Jeder braucht Energie

Alles scheint selbstverständlich: Jeden Tag gibt es etwas zu essen, elektrischer Strom ist jederzeit verfügbar, jeden Morgen fährt der Bus zur Schule, bei Kälte wird geheizt. Das alles gäbe es nicht ohne Energie. Wozu ist Energie nötig und woher bekommen wir sie?

WOZU BRAUCHEN WIR ENERGIE? · Immer wenn wir etwas bewegen, heben, biegen, spannen, erleuchten, erwärmen, schmelzen oder verdampfen, dann brauchen wir Energie. Pflanzen und Tiere brauchen ständig Energie zum Leben und Wachsen. Für alle technischen Produkte benötigt man Energie zur Herstellung und oft auch zum Betrieb. Was aber Energie ist, kann auch ein Physiker nicht in wenigen Sätzen sagen. Du wirst an einigen wichtigen Beispielen lernen, welche Eigenschaften Energie hat und wie man sie sinnvoll nutzt.

Vor Millionen von Jahren sanken Pflanzen- und Tierreste zum Boden und wurden durch andere Ablagerungen eingeschlossen. Daraus entstanden Kohle, Erdöl und Erdgas. Solche Energiespeicher heißen **fossile Brennstoffe.**

/// Lebewesen brauchen Energie zum Leben. Zum Betrieb von Maschinen und Geräten benötigt man ebenfalls Energie.

WOHER BEKOMMEN WIR ENERGIE? · Ein Auto benötigt Treibstoff. In der Vergangenheit war das immer Benzin oder Diesel (▸ Bild 02). Inzwischen gibt es aber schon Autos, die Wasserstoff tanken. Wasserstoff wird bereits zu einem wesentlichen Teil mithilfe von Wind produziert (▸ Bild 03). Manche Autos nutzen Energie aus Solarzellen als erneuerbare Energie anstelle von Wasserstoff. Benzin und Diesel dagegen stammen hauptsächlich aus Erdöllagerstätten.

Die Menschheit geht gerade vom Sammeln begrenzter Energievorräte zum Nutzen dauerhaft verfügbarer Energie über. Begrenzte Vorräte stammen meist aus Erdgas-, Erdöl- oder Kohlefunden. Dauerhaft verfügbare Energie entnehmen wir meist der Sonnenstrahlung oder dem Wind. Sie heißt **erneuerbare Energie.** Die Umstellung auf erneuerbare Energie ist ein großer Fortschritt und wird deshalb manchmal „energetische Revolution“ genannt. Im Folgenden erfährst du, wie spannend es ist, diesen Umbruch mitzuerleben und mitzugestalten.

Bei der Nahrung fand eine ähnliche Umstellung bereits vor 11 000 Jahren statt und wird neolithische Revolution genannt (▸ Bild 04 und ▸ Tabelle 05). Seit dieser Zeit züchten die Menschen Nutzpflanzen und Haustiere. Vorher ernährte man sich von wilden Pflanzen und Tieren.

SPEICHER FÜR ENERGIE · In Treibstoffen wie Benzin, Diesel, Kohle, Methangas und Wasserstoffgas ist Energie gespeichert. Man spricht deshalb von **Energiespeichern.** Die gespeicherte Energie kann man nutzen, wenn man die Treibstoffe in einem Motor oder in einem Kessel verbrennt. Damit kann man dann z. B. ein Auto betreiben oder ein Haus heizen.

Erdöl, Erdgas und Kohle entstammen meist aus unterirdischen Lagerstätten. Wasserstoff und Methan kann man ohne großen Aufwand herstellen. Solche Energiespeicher kann man also erneuern. Nahrungsmittel sind ebenfalls Energiespeicher. Sie enthalten Kohlenhydrate, Fette und Proteine. Mit diesen Nährstoffen nehmen wir Menschen Energie auf.

Batterien und Akkus sind Energiespeicher zum Betrieb von kleinen elektrischen Geräten wie z. B. Fernbedienungen und Smartphones, aber auch von großen Geräten wie Elektroautos.

Für alle Energiespeicher gilt: Die Energie, die sie enthalten, steht „auf Abruf" bereit.

/// Es gibt Speicher für Energie.

1 **a)** Nenne fünf Elektrogeräte und beschreibe, wozu sie Energie benötigen.
b) Nenne fünf Verkehrsmittel und beschreibe, wie sie ihre Energie erhalten.
c) Informiere dich, wie die Heizungsanlage eurer Wohnung Energie bekommt.

2 Nenne je drei Vorteile erneuerbarer Energie gegenüber fossiler Energie und gezüchteter gegenüber wilder Nahrung.

02 Mit dem Benzin gelangt Energie in den Tank.

03 Windräder liefern Energie für elektrischen Strom.

04 Steinzeitliche Getreideernte vor 11 000 Jahren

	Nahrung	Energie
Vorher: Sammeln	z. B.: Pilze, Beeren	z. B.: Kohle, Erdöl
Nachher: Dauerhafte Gewinnung	z. B.: Vieh, Getreide	z. B.: Windenergie, Solarenergie
Wechsel	Neolithische Revolution: 9000 v. Chr.	Energetische Revolution: aktuell

05 Vom Sammeln zum Produzieren

ÜBERTRAGUNG VON ENERGIE · Beim Tanken fließt Benzin, Diesel oder Wasserstoff in den Tank. Dabei wird auch die darin enthaltene Energie in den Tank befördert. In diesem Fall wird die Energie zusammen mit dem Treibstoff transportiert. Beim Windrad transportiert die Luft die Energie zu den Rotorblättern. Wie ist es aber mit der Energie, die von der Sonne durch die Leere des Weltalls zu uns kommt? Hier gibt es keine Luft, die die Energie zu uns transportieren könnte. Das Licht selbst überträgt die Energie (▸ Bild 01).

01 Licht überträgt Energie von der Sonne zur Erde.

02 Die Fahrradkette überträgt Energie.

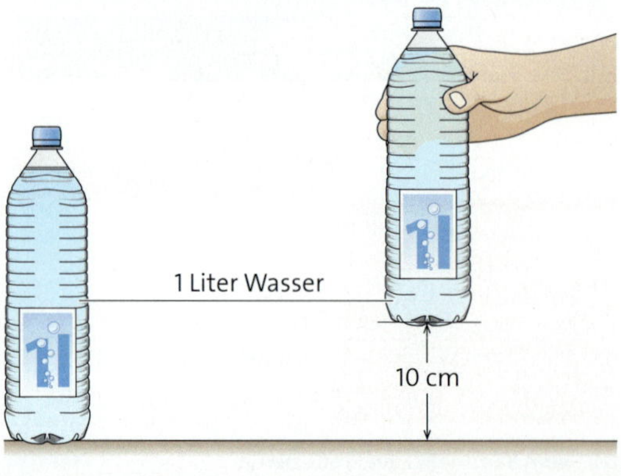

03 Um einen Liter Wasser 10 cm anzuheben, benötigt man eine Energie von einem Joule.

Es gibt noch viele weitere Möglichkeiten, die Energie zu übertragen. Beim Fahrradfahren musst du kräftig in die Pedale treten. Über die Fahrradkette wird das Hinterrad angetrieben. Hier wird die Energie durch die umlaufende Fahrradkette übertragen, ohne dass dabei die Kette insgesamt dem Hinterrad näher kommt (▸ Bild 02). Beim elektrischen Strom wird die Energie über Kabel übertragen.

Energie kann durch Stoffe, aber auch durch den leeren Raum übertragen werden.

ANGABE VON ENERGIEBETRÄGEN · Um angeben zu können, wie viel Energie 1 kg Wasserstoff und 1 kg Benzin gespeichert haben, benötigen wir eine Einheit für die Energie. Diese Einheit heißt ein **Joule (1 J).** Wenn man z. B. 1 kg Wasser um 10 cm anhebt, dann benötigt man die Energie 1 J (▸ Bild 03). Das Formelzeichen für Energie ist ***E***. Weiter gebräuchlich sind:

1000 J = 1 kJ (Kilojoule),
1000 kJ = 1 MJ (Megajoule).
3,6 MJ = 1 kW/h (Kilowattstunde)

In 1 kg Benzin sind 35 MJ und in 1kg Wasserstoff 142 MJ an Energie gespeichert.

Die Energie bezeichnen wir mit *E*. Die Einheit ist ein Joule (1 J).

SOLARTHERMISCHE ANLAGE · Unser wichtigster Energielieferant ist die Sonne. Auf eine Fläche von einem Quadratmeter trifft bei Sonnenschein in jeder Sekunde eine Energie von 900 Joule. Diese Energie des Lichts kann im Freibad genutzt werden:
Das Bad ist bereits im April geöffnet (▸ Bild 05). Das ist durch eine solarthermische Anlage möglich (▸ Bild 06). Und wie funktioniert die An-

lage? Dunkle Solarkollektoren nehmen das Sonnenlicht auf und erwärmen sich dabei. Wasser aus dem Schwimmbecken wird durch die Kollektoren gepumpt, erwärmt sich und transportiert die Energie so ins Schwimmbecken.
Der Bademeister möchte wissen, in wie vielen Stunden Sonnenschein die Anlage mit 30 m² Kollektorfläche das Becken mit 200 000 Litern Wasser von 15 °C auf 20 °C erwärmt. Er berechnet als erstes die erforderliche Energie. Er weiß, dass vier Kilojoule nötig sind, um einen Liter Wasser um ein Grad zu erwärmen. Also benötigt man 20 Kilojoule, um einen Liter Wasser um fünf Grad zu erwärmen. Er berechnet die insgesamt benötigte Energie:

$$E = 200\,000\ \ell \cdot 20\ \frac{\text{kJ}}{\ell} = 4\,000\,000\ \text{kJ} = 4000\ \text{MJ}.$$

Als zweites berechnet er die aufgenommene Energie. Die 30-m²-Kollektorfläche nimmt in einer Sekunde folgende Energie auf:

$$E = 30\ \text{m}^2 \cdot 900\ \frac{\text{J}}{\text{m}^2} = 27\,000\ \text{J} = 27\ \text{kJ}.$$

Daraus bestimmt er die Energie, die in einer Stunde, also 3600 Sekunden, aufgenommen wird:

$$E = 27\ \frac{\text{kJ}}{\text{s}} \cdot 3600\ \text{s} = 97\,200\ \text{kJ} = 97{,}2\ \text{MJ}.$$

Als drittes berechnet er die Anzahl N der benötigten Stunden Sonnenschein:

$$N = \frac{4000\ \text{MJ}}{97{,}2\ \text{MJ}} = 41.$$

Insgesamt sind also 41 Stunden nötig.

1 Eine typische Batterie (1,5 V Mono) speichert eine Energie von 0,0072 kWh. Rechne diese Energie in Joule um.

2 Das Wasser im Schwimmbecken wird durch Heizöl, das 45 MJ je Kilogramm speichert, um ein Grad erwärmt. Bestimme die benötigte Menge an Heizöl.

3 Bestimme die Zeit, in der eine solarthermische Anlage mit einer Fläche von 10 m² die Energie 45 MJ aufnehmen kann.

So viel Energie steckt in ...		
einer Batterie (Typ AA): ca. 5 kJ	einem Stück Würfelzucker: ca. 50 kJ	einem Liter Benzin: ca. 35 MJ
Mit der Energie 1 Joule kann man ...		
einen Gegenstand mit einer Masse einer Tafel Schokolade (100 g) einen Meter anheben.		
1 g Luft um 1 Grad erwärmen.		
Mit der Energie 1 Kilojoule kann man ...		
einen Menschen von 50 kg Masse zwei Meter anheben.		
$\frac{1}{4}$ ℓ Wasser um 1 Grad erwärmen.		
Mit der Energie 1 Megajoule kann man ...		
acht Minuten Haare trocknen.		
16 Stunden eine Energiesparlampe betreiben.		
3 ℓ Leitungswasser zum Sieden bringen.		

04 Beispiele für Energien

05 Das Freibad wird mit einer Solaranlage geheizt.

Wenn man einen Liter Wasser um ein Grad erwärmt, dann benötigt man eine Energie von ungefähr 4 kJ.
Dies entspricht der ehemaligen Energieeinheit eine Kilokalorie (1 kcal ≈ 4 kJ).

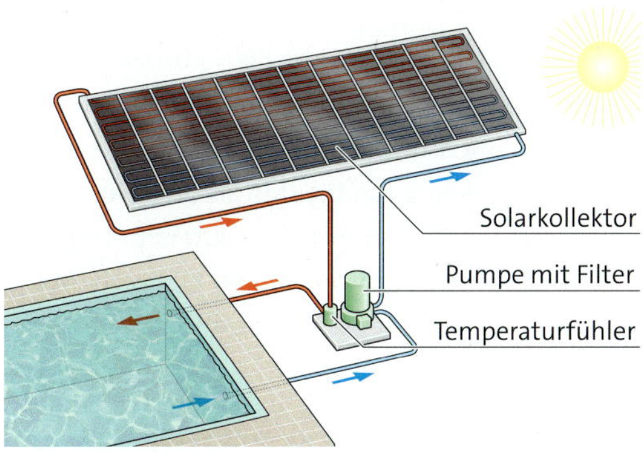

06 Funktionsweise einer Solaranlage

BLICKPUNKT

Energie und Ernährung

01 Tim steigt mit einer Gruppe 1000 m hoch.

Wie ernährst du dich gesund? · Mit einer gesunden Ernährung fühlst du dich fit und kannst Übergewicht, Mangelerscheinungen und Verdauungsproblemen vorbeugen. Eine ausgewogene Kost enthält folgende Bestandteile:
- Kohlenhydrate und Fette liefern Energie.
- Proteine liefern Material zum Aufbau.
- Mineralstoffe und Vitamine benötigt der Körper in geringen Mengen.

Der Darm entzieht der Nahrung die benötigten Stoffe. Du kannst die Verdauung dabei durch einfache Maßnahmen unterstützen:
- Iss nicht zu viel auf einmal.
- Iss auch Ballaststoffe und trinke dazu.
- Iss unterschiedliche Nahrung getrennt, damit diese jeweils passend verdaut wird. Beispielsweise ist es günstig, Salate vor der Hauptmahlzeit zu essen.

Wie viel Energie braucht dein Körper? · Deine Atmung, dein Kreislauf, dein Gehirn und deine Verdauung arbeiten immer. Daher hast du einen täglichen Grundbedarf an Energie. Dieser beträgt bei Jungen ungefähr 100 kJ pro kg Körpermasse und bei Mädchen 90 kJ pro kg. Marie wiegt 40 kg. Ihr täglicher Grundbedarf berechnet sich folgendermaßen:

$E = 40\ \text{kg} \cdot \frac{90\ \text{kJ}}{\text{kg}} = 3600\ \text{kJ}.$

Die Energie, die du für körperliche Aktivitäten zusätzlich brauchst, heißt **Leistungsbedarf.** Tim wiegt 60 kg und steigt auf einen 1000 m hohen Berg. Wir berechnen die nötige Energie, indem wir von der Einheit Joule ausgehen:

Körper	Höhe	Energie
1 kg	0,1 m	1 J
	↓ · 10	↓ · 10
1 kg	1 m	10 J
	↓ · 1000	↓ · 1000
1 kg	1000 m	10 000 J = 10 kJ
↓ · 60		↓ · 60
60 kg	1000 m	600 kJ

Tim benötigt für den Aufstieg offenbar 600 kJ an Energie. Aber ein Muskel nutzt nur etwa $\frac{1}{4}$ der mit der Nahrung aufgenommenen Energie. Denn beispielsweise die Verdauung oder das Schwitzen benötigen einen großen Anteil an Energie. Wir berechnen damit die benötigte Energiezufuhr durch Nahrung:

$E = 600\ \text{kJ} \cdot 4 = 2400\ \text{kJ}.$

Tim muss aber nicht ständig beim Aufstieg essen. Sein Körper hat nämlich drei wichtige Energiespeicher:
- Kurzfristig speichert Tims Körper 20 kJ in den Stoffen „ATP“ und „Kreatinphosphat“.
- Mittelfristig speichert er 5 MJ in Zucker.
- Langfristig speichert er 200 MJ in Fett.

Wie viel Energie erhält dein Körper? · Auf Lebensmittelpackungen ist der Energiegehalt aufgedruckt. Beispielsweise enthalten 100 g Brot 800 kJ Energie.

1 1 kg Zucker enthält 17 MJ an Energie. Vergleiche mit Benzin und Wasserstoff. Berechne die Menge Zucker, die Tims Körper enthält.

Material A ▸ Energie im Alltag

A1 Nenne fünf möglichst unterschiedliche Gegenstände deiner Wohnung, in denen Energie gespeichert ist. Erkläre, woran du merkst, dass diese Gegenstände Energie enthalten.

A2 Beschreibe drei Vorgänge aus deinem Alltag, bei denen Energie übertragen wird. Erkläre, wodurch die Energie jeweils übertragen wird.

A3 Im Alltag wird das Wort Energie in ganz unterschiedlichen Zusammenhängen verwendet. Erläutere, was die folgenden Personen vermutlich meinen. Überlege dir, ob sie das Wort Energie im physikalischen Sinn verwenden.

Mutter:
„Verschwende nicht so viel Energie und schalte den Computer aus, wenn du gehst."

Schwester:
„Ich habe heute keine Energie, um mit dir die Englischvokabeln zu lernen."

Vater:
„Die steigenden Energiepreise machen meine Gehaltserhöhung zunichte."

Oma:
„Du sprühst ja vor Energie."

A4 In der Alltagssprache geht es oft um Energie, auch wenn das Wort „Energie" gar nicht verwendet wird.
- „Trink die Milch aus, die gibt Kraft."
- „Die Sahne lasse ich weg, die hat zu viele Kalorien."
- „Der alte Kühlschrank braucht zu viel Strom."

Suche weitere solcher Beispiele.

Material B ▸ Energie überall

Beispiel	So erkenne ich die Energie	Daher kommt die Energie
Akkumulator		
Gesang		
Holz		
		Rohöl
		Wind
	verdampfen	
	erhitzen	

02 Beispiele für Energie

B1 Übertrage die Tabelle in dein Heft und fülle die leeren Felder aus.

B2 Überlege dir drei weitere Beispiele.

Material C ▸ Energie und Ernährung

C1 a) Ein wesentlicher Gesichtspunkt für eine gesunde Ernährung ist der Energiegehalt der Lebensmittel. Er muss zu deinem Energiebedarf passen. Welche Folgen hat eine Ernährung mit zu hoher bzw. zu geringer täglicher Energiezufuhr? Begründe.
b) Wichtig ist außerdem eine ausgewogene Ernährung mit reichlich pflanzlichen, mäßig vielen tierischen Lebensmitteln und wenig Süßigkeiten. Notiere für einen Tag deine verzehrten Lebensmittel und vergleiche mit der Empfehlung (▸ Tabelle 03).
c) Süße Getränke enthalten bis zu 12 g Zucker pro 100 mℓ. Der Energiegehalt von Zucker beträgt 17 kJ pro g. Berechne den Energiegehalt von 0,5 ℓ eines solchen Getränks.

	Mädchen	Jungen
Energie	9000 kJ	11 000 kJ
Obst, Gemüse	500 g	600 g
Brot, Getreideflocken, ...	250 g	300 g
Kartoffeln, Nudeln, Reis ...	200 g	250 g
Milch, Joghurt	200 mℓ	200 mℓ
Käse	35 g	40 g
Fleisch, Wurst, Fisch, Ei, ...	120 g	130 g
Öl, Margarine, Butter	35 g	40 g
Süßigkeiten	≤ 90 g	≤ 95 g

03 Empfohlene Lebensmittel pro Tag für Jugendliche (13–14 J.)

01 Bäume brauchen Sonnenlicht.

02 Nutzung der Sonnenenergie bei einer Bergsteigerunterkunft

Energie in Natur und Technik

Die Sonne ist der wichtigste Energielieferant für das Leben auf der Erde. Ohne die Energie der Sonne können Pflanzen nicht leben. Auch der Mensch nutzt die Sonnenenergie, zum Beispiel für die Bergsteigerunterkunft ohne Stromanschluss hoch oben in den Bergen.

PFLANZEN NUTZEN SONNENENERGIE · Die Blätter der Pflanzen enthalten kleine „chemische Fabriken". Damit können sie die Energie des Sonnenlichts nutzen, um aus Kohlenstoffdioxid und Wasser energiereiche Stoffe wie Stärke herzustellen. Die Energie steckt dann in diesen Stoffen. Die Pflanzen speichern die energiereichen Stoffe und können daraus später die Energie wieder entnehmen.

Statt Kohlenstoffdioxid (CO_2) sagt man auch kurz „Kohlendioxid".

SONNE UND ELEKTRIZITÄT · Das Haus ohne Stromanschluss in ▸ Bild 02 hat Solarzellen zur Nutzung der Sonnenenergie. Die Solarzellen bekommen die Energie ebenfalls durch das Sonnenlicht. Sie stellen daraus aber keine Stoffe her, sondern geben die Energie durch den elektrischen Strom ab. Die Energie, die nicht gleich gebraucht wird, wird in einem Akku gespeichert. Aus dem Akku kann die Energie jederzeit wieder entnommen werden, auch nachts, wenn die Sonne nicht scheint.

ENERGIEWANDLER · Die kleinen „chemischen Fabriken" in den Blättern und die Solarzellen geben beide die Energie, die sie bekommen, gleich wieder ab. In beiden Beispielen erfolgt die Energieabgabe allerdings auf eine andere Art als die Energieaufnahme. Deshalb spricht man hier von Energiewandlern.

Ein Energiewandler bekommt die Energie auf eine bestimmte Art und gibt sie gleichzeitig auf eine andere Art wieder ab.

ENERGIEFLUSSDIAGRAMME · Energieübertragungsvorgänge lassen sich übersichtlich in einem Energieflussdiagramm darstellen. Dabei stellen wir Energiespeicher durch grüne und Energiewandler durch rote Kästchen dar. Für die Energieübertragungsvorgänge zeichnen wir Pfeile und notieren, wie die Energie übertragen wird. ▸ Bild 03 zeigt dies am Beispiel des Solarhauses: Tagsüber wird Energie durch Licht von der Sonne auf die Solarzelle übertragen. Von dort gelangt sie durch den elektrischen Strom in den Akku. Nachts wird die Energie aus dem Akku wieder entnommen, z.B. zum Betrieb einer Lampe. Die von der Lampe abgegebene Energie gelangt in die Umgebung. – Ein solches Energieflussdiagramm ist selbstverständlich nur ein Modell.

ENERGIEWANDLER FÜR VIELE ZWECKE · Es gibt viele unterschiedliche Energiewandler. Dazu zwei Beispiele: Der Elektromotor bekommt die Energie durch den elektrischen Strom und gibt sie durch die Drehbewegung seiner Achse ab. Den umgekehrten Energiewandler gibt es auch, er heißt Generator. Elektromotor und Generator sind im Prinzip gleich aufgebaut. Deshalb kann man einen Elektromotor meistens auch als Generator verwenden und umgekehrt. In ▸ Bild 04 haben wir einen Generator und einen Motor hintereinander gehängt. Eine solche Anordnung von Energiewandlern nennt man **Energieübertragungskette**. Übrigens wurde beim Energieflussdiagramm in ▸ Bild 04 der Einfachheit halber nur ein Teil der Übertragungskette gezeichnet.

Bei den meisten Energiewandlern funktioniert die Umkehrung jedoch nicht. Ein Wasserkocher bekommt die Energie durch den elektrischen Strom (▸ Bild 05). Er gibt die Energie ab, indem er Wasser erwärmt. Die Energie steckt dann im heißen Wasser. Wenn man umgekehrt den Wasserkocher mit heißem Wasser füllt, dann gibt er niemals Energie durch elektrischen Strom ab.

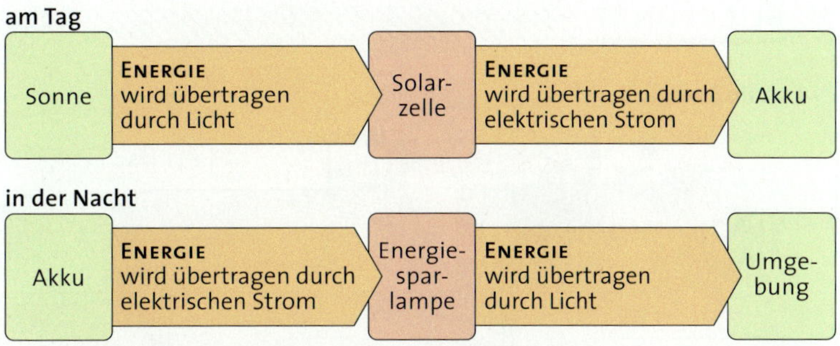

03 Energieflussdiagramm im Solarhaus

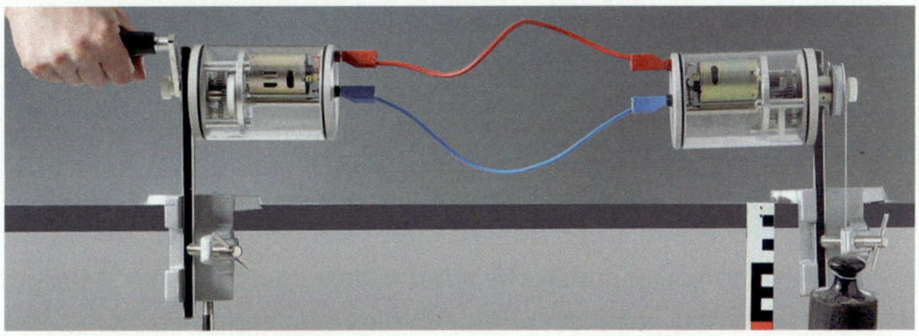

04 Energieübertragungskette aus Generator und Elektromotor

05 Energieflussdiagramm eines Wasserkochers

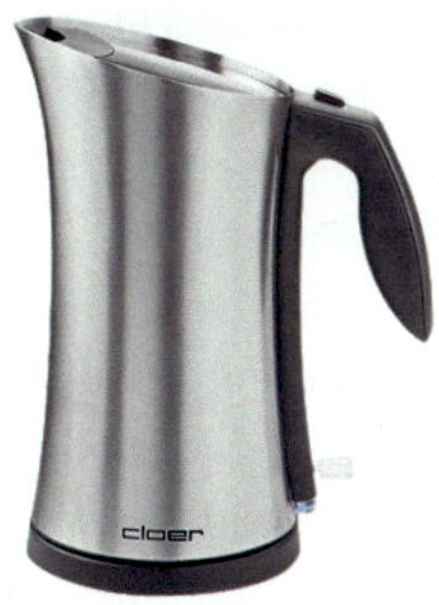

1 Erkläre, auf welche Art folgende Energiewandler Energie bekommen und abgeben: Haartrockner, Lautsprecher, Automotor.

2 Mit einem Solarkollektor kann man die Sonnenenergie zum Heizen und zum Erwärmen von Wasser nutzen. Er besteht im Wesentlichen aus einer schwarzen Platte mit einer langen Rohrleitung. Das Sonnenlicht erwärmt die Platte und dadurch das Wasser, das durch die Rohrleitung fließt. Zeichne ein Energieflussdiagramm für den Kollektor. Erläutere Vor- und Nachteile einer solchen Anlage.

06 Solarkollektor

BLICKPUNKT

Fossile Energiespeicher

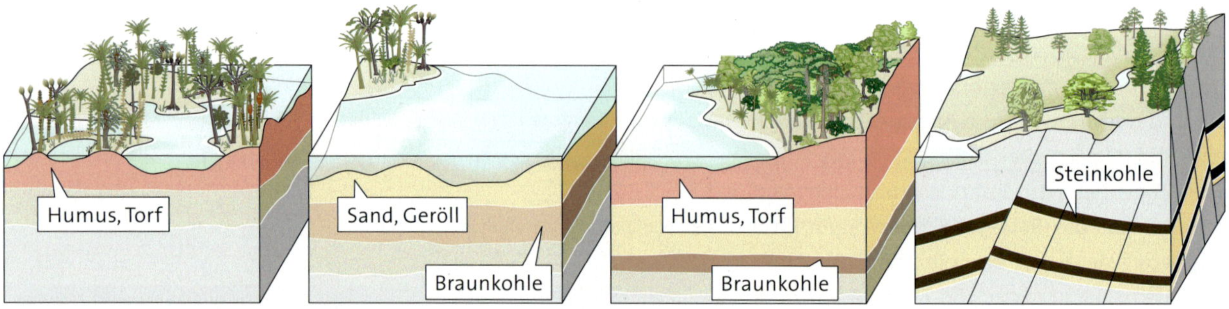

01 Tote Pflanzen wandeln sich zunächst in Torf um, dann in Braunkohle und schließlich in Steinkohle.

Beim Heizen, beim Autofahren, in den Kraftwerken – unser Energiebedarf ist enorm. Die Energie stammt zum größten Teil aus Kohle, Erdöl und Erdgas. Diese Brennstoffe sind vor vielen Millionen Jahren aus toten Pflanzen und Tieren entstanden. Man bezeichnet sie als fossile Energiespeicher.

Entstehung der Kohle · Die großen Kohlevorkommen sind vor etwa 300 Millionen Jahren aus Urwäldern entstanden. Diese Wälder wuchsen in Tiefebenen, die nur wenig über dem Meeresspiegel lagen. Unzählige Pflanzen wuchsen und starben. Die toten Pflanzen bildeten eine viele Meter dicke Schicht aus Humus und Torf. Die Ebenen senkten und hoben sich im Laufe der Zeit mehrmals. Wenn sich die Gegend senkte, dann wurden die Wälder überflutet und mit Sand und Geröll bedeckt. Irgendwann hob sich die Gegend wieder und die Wälder wuchsen von Neuem, bis sie wieder überflutet wurden. Während sich das Spiel noch einige Male wiederholte, sanken die untersten Schichten immer tiefer. In diesen Schichten nahmen der Druck und die Temperatur immer mehr zu, sodass der Torf immer stärker verdichtet wurde und dabei in Braunkohle und schließlich in Steinkohle umgewandelt wurde.

Erdöl und Erdgas · Diese Brennstoffe sind auf ähnliche Art entstanden, allerdings aus abgestorbenen Kleinlebewesen im Meer. Auch hier bildeten sich Schichten von toten Lebewesen, die durch Sand und Geröll bedeckt und in die Tiefe gedrückt wurden. Unter hohem Druck, hoher Temperatur und unter Ausschluss von Sauerstoff wandelte sich das tote Material in Erdöl und Erdgas um.

Begrenzte Vorräte · Die fossilen Brennstoffe sind im Laufe von Millionen Jahren entstanden, aber wir verbrennen sie in wenigen Hundert Jahren. Das hat zur Folge, dass die Vorräte bald zu Ende gehen. Besonders knapp ist Erdöl.

Verstärkung des Treibhauseffekts · Bei der Verbrennung von Kohle, Erdöl und Erdgas entsteht Kohlenstoffdioxid (CO_2), also genau das Gas, das die Pflanzen zu ihren Lebzeiten aufgenommen und mithilfe der Energie des Sonnenlichts in energiereiche Stoffe umgewandelt haben. CO_2 ist natürlicherweise in der Luft enthalten. Durch die Verbrennung fossiler Brennstoffe hat sich aber der CO_2-Gehalt der Luft stark erhöht. Dadurch wurde der sogenannte Treibhauseffekt verstärkt. Es ist ein ähnlicher Effekt wie bei einem Gewächshaus (Treibhaus). Unter dem Glasdach eines Gewächshauses ist es angenehm warm. CO_2 und einige andere Gase wirken ähnlich wie das Glasdach eines Gewächshauses. Ohne den natürlichen Treibhauseffekt wäre es auf der Erde eisig kalt. Aber die Erhöhung des CO_2-Gehalts führt zu einer Verstärkung des Treibhauseffekts und damit zu einer unerwünschten Erwärmung der Erde. Klimaforscher warnen vor den Folgen dieser Erwärmung: Verschiebung der Klimazonen, Ausdehnung der Wüsten, Abschmelzen der Gletscher, Zunahme von Wetterextremen und Anstieg des Meeresspiegels.

1 Erkläre, woher die Energie der fossilen Brennstoffe ursprünglich kommt.

2 Erläutere, warum die Verbrennung von fossilen Brennstoffen problematisch ist.

VERSUCHE ▸ Energie kann übertragen werden

Mit den folgenden Versuchen untersuchst du die Energieübertragung beim Elektromotor und Generator.

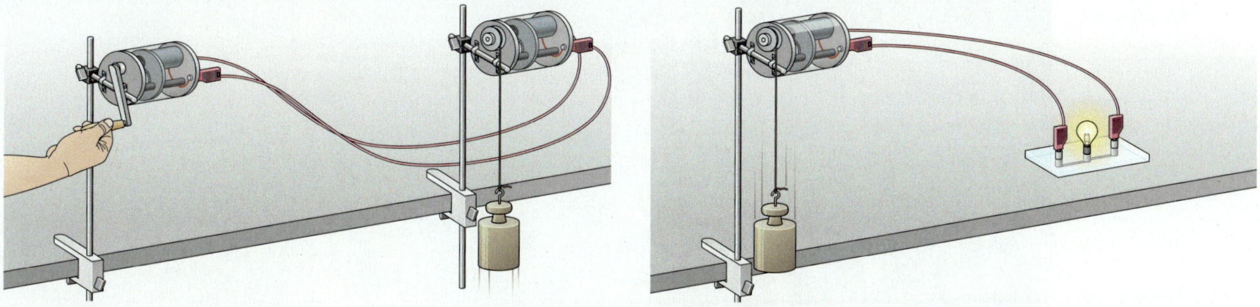

V1 Motor und Generator

Material:

Generator und Motor (z. B. Dynamot), Massestücke (1 kg, 2 kg), stabile Unterlage, Schnur, Kabel, Glühlampe

Durchführung:

a) Schließe den Motor an den Generator an. Hänge das 1-kg-Massestück an die Schnur. Kurbele am Generator, sodass das Massestück angehoben wird. Beschreibe, was passiert, wenn du schneller kurbelst. Wiederhole den Versuch jeweils mit einer Masse von 2 kg und 3 kg. Notiere deine Beobachtungen.
Überlege dir, welche Energiespeicher und Energiewandler hier wesentlich sind. Zeichne ein Energieflussdiagramm.

b) Bestätige, dass am Ende von Teil a) Energie zur Verfügung steht. Baue dazu den Versuch um und schließe die Glühlampe an. Hänge nacheinander verschiedene Massestücke (1 kg, 2 kg, 3 kg) an die Schnur und treibe damit den Generator an. Notiere deine Beobachtungen. Zeichne ein Energieflussdiagramm.

Material A ▸ Energieübertragungsketten

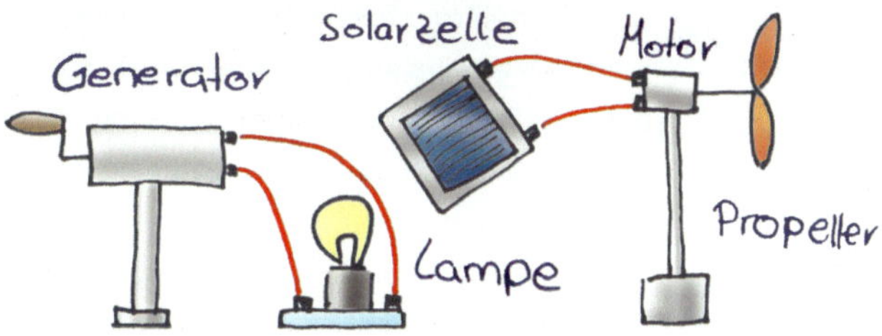

A1 Lea hat eine Energieübertagungskette aufgebaut und eine Zeichnung dazu gemacht.
a) Übersetze diese Zeichnung in ein Energieflussdiagramm.
b) Erläutere die Vor- und Nachteile eines Energieflussdiagramms gegenüber einer Versuchszeichnung.

A2 Bilde aus den unten genannten Geräten mindestens drei unterschiedliche Energieübertragungsketten. Zeichne jeweils ein Energieflussdiagramm.
Geräte: Motor, Akku, Lampe, Generator, Solarzelle

A3 Das ▸ Bild unten zeigt ein geothermisches Kraftwerk. Erkläre anhand des Bildes, wie das Kraftwerk funktioniert. Zeichne ein Energieflussdiagramm.

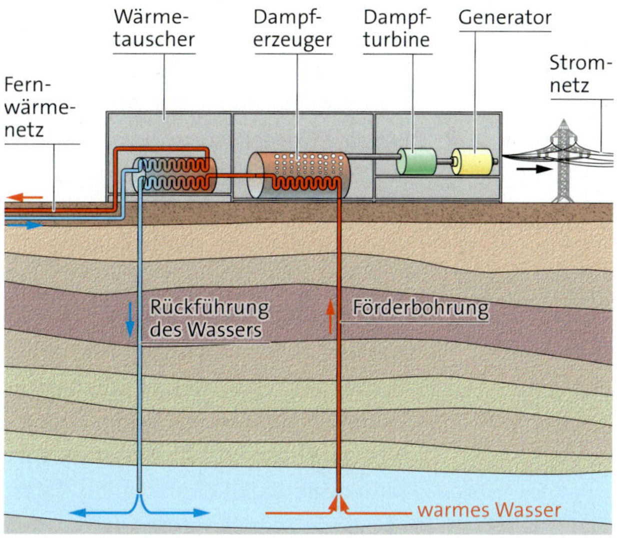

01 Nervenkitzel in der Achterbahn

Energieformen

Anfangs werden die Wagen der Achterbahn Colossos auf eine Höhe von 52 m hochgezogen. Von hier aus rasen sie in die Tiefe und erreichen dabei eine Geschwindigkeit von 120 $\frac{km}{h}$. Anschließend rasen die Wagen ohne weiteren Antrieb die Hügel hinauf.

HÖHE UND ENERGIE · Bei der Achterbahn werden die Wagen zunächst mit einem Kettenlift nach oben gezogen. Sie haben selbst keinen Motor. Trotzdem können sie durch die gesamte Achterbahn rollen, auch bergauf. Das ist möglich, weil sie durch die Anfangshöhe Energie haben. Dazu mussten Motoren die Wagen einmal hochziehen. Die Energie steckt in der Höhe, in der sich die Wagen befinden. Man sagt: Die Wagen haben **potenzielle Energie.**

Eine Achterbahn im Kleinen zeigt ▸ Bild 02. Das Spielzeugauto braucht keinen eigenen Antrieb. Damit es die Bahn durchlaufen kann, musst du es die Schräge hinunterrollen lassen. Wenn der Startpunkt genügend hoch ist, dann kommt das Auto sogar durch den Looping. Tatsächlich benötigst du Energie, um das Auto zum Startpunkt hochzuheben. Diese Energie ist die potenzielle Energie des Autos. Je höher das Auto startet, desto höhere Hügel kann es wieder hinaufrollen. Folglich ist die potenzielle Energie des Autos größer, wenn der Startpunkt höher ist.

Um einen Körper hochzuheben, braucht man Energie. Ein angehobener Körper hat potenzielle Energie. Je höher er sich befindet, desto größer ist seine potenzielle Energie.

BEWEGUNG UND ENERGIE · Wenn die Wagen im tiefsten Punkt der Achterbahn ankommen, dann haben sie keine potenzielle Energie mehr (▸ Bild 01). Aber wie kommen sie dann den folgenden Berg hinauf? Im Tiefpunkt haben die Wagen eine sehr hohe Geschwindigkeit. Durch ihre schnelle Bewegung haben sie eine große Energie. Man sagt: Die Wagen haben **kinetische Energie.** Durch diese kinetische Energie können die Wagen auch ohne eigenen Antrieb den nächsten Hügel hinauffahren. Mit dem Spielzeugauto kannst du selbst feststellen, dass du einen Wagen besonders schnell anschieben musst, wenn er anschließend einen besonders hohen Hügel hinaufrollen soll. Folglich ist die kinetische Energie der Wagen größer, wenn sie sich schneller bewegen.

Um die Geschwindigkeit eines Körpers zu erhöhen, braucht man Energie. Ein sich bewegender Körper hat kinetische Energie. Je schneller er sich bewegt, desto größer ist seine kinetische Energie.

VERFORMUNG UND ENERGIE · Das Spielzeugauto in ▸ Bild 03 hat eine spiralförmige Stahlfeder als Antrieb. Um die Feder zu spannen, musst du das Auto rückwärts ziehen. Anschließend kannst du das Auto loslassen, es wird durch die Feder beschleunigt.

Es ist dir vermutlich klar, dass die Energie zum Beschleunigen des Autos in der gespannten Feder steckt. Man sagt, die gespannte Feder hat **Spannenergie.** Die Energie hast du beim Spannen der Feder aufgebracht.
Dabei ist es wichtig, dass die Feder elastisch ist. Man braucht zwar auch Energie, um eine Blechdose zusammenzupressen. Die Dose ist aber nicht **elastisch**. Die Energie, die in der verformten Dose steckt, kann man nicht mehr nutzen.

Um einen Körper zu verformen, braucht man Energie. Ein elastisch verformter Körper hat Spannenergie. Je stärker er verformt ist, desto größer ist die Spannenergie.

ENERGIEUMWANDLUNG · Die Beispiele zeigen, dass die Energie „verschiedene Gesichter" hat. Manchmal steckt die Energie eines Körpers in seiner Bewegung, manchmal in seiner Höhe gegenüber dem Boden, manchmal in seiner Verformung. Obwohl es sich jedes Mal um dieselbe physikalische Größe handelt, nämlich die Energie, spricht man von verschiedenen Energieformen. Ein Beispiel, in dem die drei Formen kinetische Energie, potenzielle Energie und Spannenergie gemeinsam auftreten, ist das Trampolinspringen (▸ Bild 04). Hier steckt die Energie nacheinander in den gespannten Federn, in der Bewegung des Sportlers und in der Höhe des Sportlers usw. Man sagt, dass sich die Energieformen ineinander **umwandeln.**

Energie kann auch übertragen werden. Wenn du beispielsweise deine Haare trocknest, dann wird zunächst **elektrische Energie** durch den Strom in den Haartrockner übertragen. Die Energie wird dort umgewandelt und über die bewegte Luft an deine Haare übertragen.

1 Erkläre, was passiert, wenn der Zug der Achterbahn beim Start zu langsam ist.

2 Welche Energieformen treten beim Bungee-Springen auf? Beschreibe die Energieumwandlung (▸ Bild 05).

3 Welche Energieformen und Energieübertragungen treten auf, wenn du mit dem Fahrrad auf einen Berg fährst.

05 Bungee-Sprung

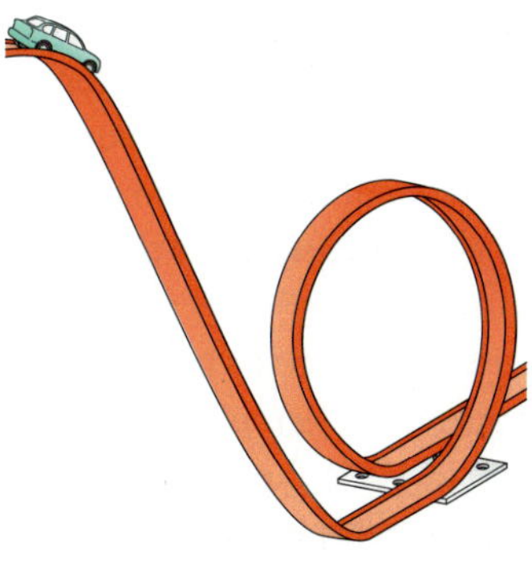
02 Achterbahn im Kleinen

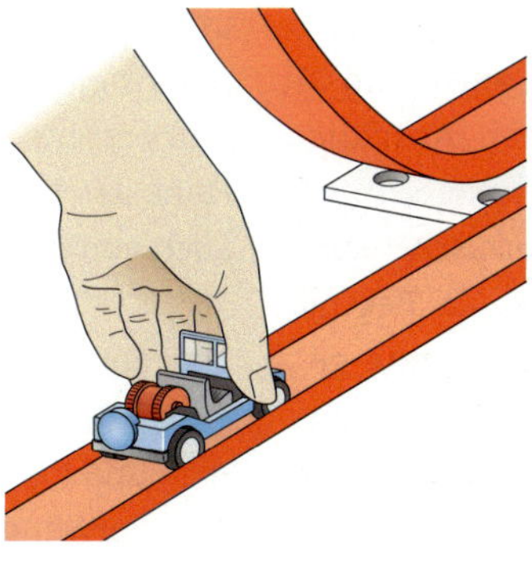
03 Auto mit Federantrieb

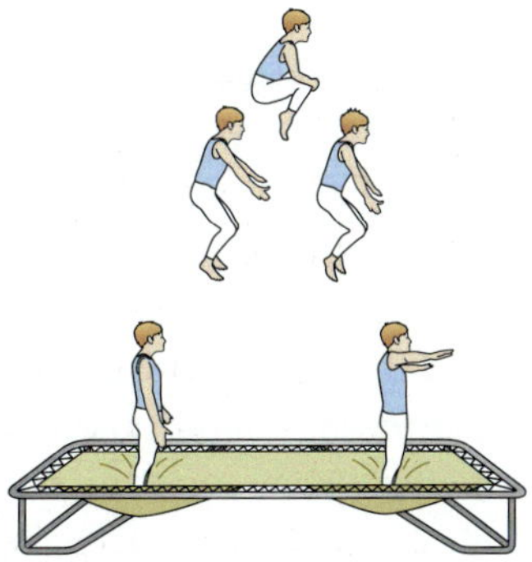
04 Trampolinspringen

01 Weihnachtspyramide

02 Die Höhenenergie hängt vom Himmelskörper ab.

TEMPERATUR UND ENERGIE · Die Weihnachtspyramide in ▸ Bild 01 hat sechs Kerzen. Wenn diese brennen, dann steigt die heiße Luft über den Flammen nach oben, trifft auf ein Windrad und treibt dieses an. Das Windrad erhält offensichtlich Energie. Anscheinend kommt diese aus der durch die Flammen erhitzten Luft. Denn wenn man die Flammen auspustet, wird das Windrad nicht mehr angetrieben. Man sagt: Heiße Luft hat **thermische Energie.**
Wenn man eine weitere brennende Kerze in die Weihnachtspyramide stellt, dann dreht sich das Windrad schneller. Denn die Luft über den Kerzenflammen wird dann insgesamt heißer und das Windrad erhält mehr Energie. Daraus erkennt man: Je höher die Temperatur eines Körpers ist, desto mehr thermische Energie hat er.

Um einen Körper zu erwärmen, braucht man Energie. Je höher die Temperatur eines Körpers ist, desto größer ist seine thermische Energie.

CHEMISCHE ENERGIE · Die Kerzen in ▸ Bild 01 brennen nach und nach herunter. Anschließend können sie keine Energie mehr liefern. Bei der Verbrennung findet eine chemische Umwandlung von Kerzenwachs statt. Zu Beginn haben die Kerzen viel **chemische Energie** gespeichert, die dann in thermische Energie umgewandelt wird. Auch die in Brennstoffen und Nahrungsmitteln gespeicherte Energie ist chemische Energie.

POTENZIELLE ENERGIE AUF DEM MOND · Ein Astronaut kann auf dem Mond viel höher springen als auf der Erde. Wie ist das möglich? Wie du weißt, ist die Gewichtskraft auf dem Mond viel geringer als auf der Erde. Deswegen kann der Astronaut auf dem Mond höher springen. Stell dir vor, der Astronaut würde auf dem Mond von einem zehn Meter hohen Turm springen. Wegen der geringeren Gewichtskraft würde er nicht so schnell werden, wie wenn er auf der Erde aus der gleichen Höhe springen würde. Folglich hat der Astronaut 10 m über dem Mondboden weniger potenzielle Energie als 10 m über dem Erdboden.

Die potenzielle Energie eines Körpers hängt also davon ab, wie stark er von dem Himmelskörper, auf dem er sich befindet, angezogen wird. Bei der potenziellen Energie eines Körpers muss man sich also immer den Himmelskörper dazu denken, auf dem sich der Körper befindet. Ohne den Himmelskörper gäbe es keine Anziehung und damit auch keine potenzielle Energie. Die potenzielle Energie gehört vielmehr zu Körper und Himmelskörper. Sie hängt sowohl von der Höhe des Körpers über dem Himmelskörper als auch von der Art des Himmelskörpers ab.

1 Die europäische Raumsonde Philae ist 2014 auf einem kleinen Kometen gelandet und hat dabei eine Harpune als Anker verwendet. Erkläre, warum die Harpune nötig war.

VERSUCHE ▸ Energieformen wandeln sich ineinander um

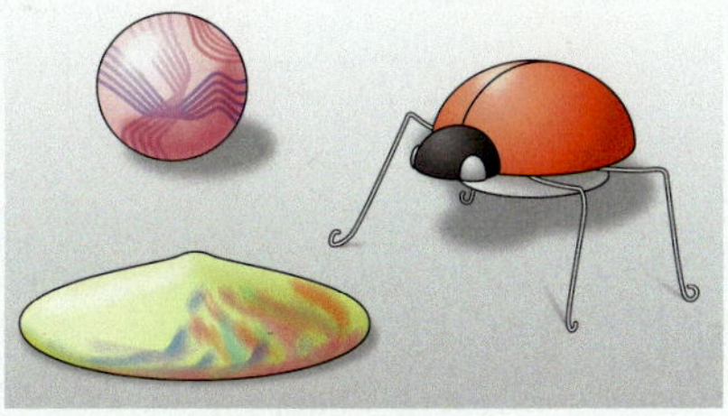

V1 Spielzeug und Energie

Mit diesem Versuch erkundest du einige Energieumwandlungen.

Material:

Hüpfkäfer, Flummi, Sprungscheibe

Durchführung:

a) Spanne den Hüpfkäfer und lasse ihn los. Beschreibe die Energieumwandlungen nach dem Loslassen.

b) Lasse den Flummi auf eine harte Unterlage fallen. Beschreibe die Bewegung des Flummis. Beschreibe die Energieumwandlungen während des Fallens, beim Aufprall und während des Aufsteigens.

c) Stülpe die Sprungscheibe um und lasse sie aus etwa einem halben Meter Höhe fallen. Erkläre mithilfe der Energie, warum die Sprungscheibe höher als die Ausgangshöhe springt.

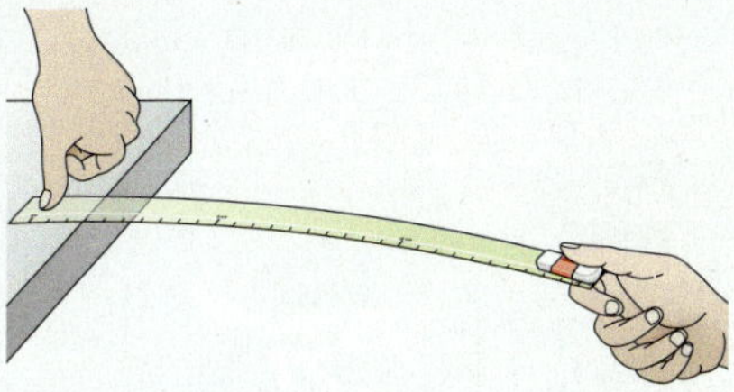

V2 Ein Lineal als Schleuder

Du untersuchst, wie sich die Verformung des Lineals und die Anzahl der Radiergummis auswirkt.

Material:

Biegsames Lineal, Radiergummis

Durchführung:

a) Lege einen Radiergummi auf das Lineal und spanne es. Lasse das Lineal los. Beschreibe die Energieumwandlungen nach dem Loslassen.

b) Spanne das Lineal unterschiedlich stark. Welche Änderung erwartest du? Begründe mithilfe der Energie.

c) Führe den Versuch mit ein, zwei und drei gleichen Radiergummis durch. Umwickle dazu zwei bzw. drei Radiergummis mit Klebeband. Achte darauf, dass das Lineal immer gleich gespannt ist. Was ändert sich? Erkläre mithilfe der Energie.

V3 Ein Auto rollt bergab

Du untersuchst, wie sich die Starthöhe auf die Geschwindigkeit und die kinetische Energie auswirkt.

Material:

Spielzeugauto, passende Bahn oder glatter Karton, Meterstab, Stoppuhr

Durchführung:

a) Baue eine Bahn wie im ▸ Bild oben gezeigt auf. Lasse das Auto aus einer bestimmten Höhe hinunter fahren. Beschreibe die Energieumwandlungen während des Hinunterfahrens.

b) Miss die Zeit, die das Auto auf dem waagerechten Teil für eine Strecke von 1 m braucht. Wiederhole den Versuch für die doppelte und dreifache Höhe. Was folgt daraus für die kinetische Energie und für die Geschwindigkeit des Autos? Formuliere ein Ergebnis.

Material A ▸ Energieumwandlung beim Kängurusprung

A1 Kängurus bewegen sich mit großen Sprüngen fort. Dabei nutzen sie die Energieumwandlung. Die Sehnen und Muskeln ihrer Hinterbeine wirken beim Springen wie Stahlfedern.

a) Beschreibe die Energieumwandlungen beim Kängurusprung.

b) Erkläre, warum diese Art der Fortbewegung energiesparend ist.

01 Im Wasserkraftwerk Geesthacht wird das Wasser aus dem Fluss in den Stausee gepumpt – eine geniale Idee?

Energieerhaltung

Das Wasser strömt aus dem See durch die Wasserkraftanlage in die Elbe. Dabei wird elektrische Energie gewonnen. Doch der See hat keinen Zufluss. Deshalb pumpt die Anlage mit elektrischer Energie Wasser aus der Elbe in den See. Wozu macht man das?

Manchmal wird mehr Energie umgewandelt, als gerade benötigt wird, beispielsweise durch Windräder bei starkem Wind. Mit der überschüssigen elektrischen Energie pumpt man dann Wasser aus der Elbe in den See. Die Energie ist dort in Form von potenzieller Energie gespeichert. Bei Bedarf, beispielsweise bei Windstille, lässt man Wasser aus dem See durch die Turbinen strömen. Dabei wird potenzielle Energie in elektrische Energie umgewandelt. Eine solche Anlage heißt **Pumpspeicherkraftwerk**. Wie gut speichert es Energie?

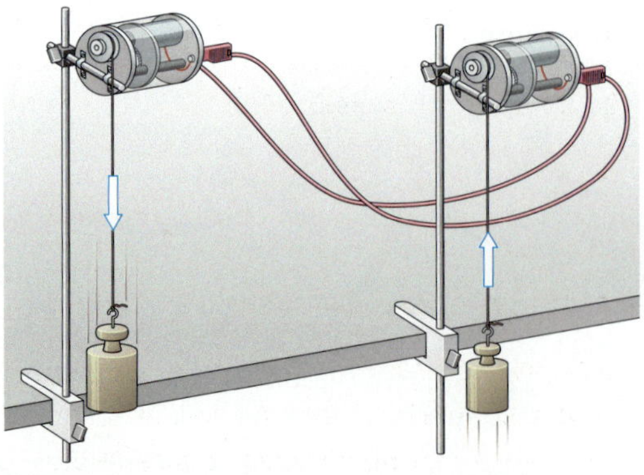

02 Modellversuch mit Generator und Elektromotor

EIN MODELLVERSUCH · Wir bilden die Wasserkraftanlage in Geesthacht bei Hamburg im Modell nach: Wir ersetzen das herabfließende Wasser durch einen Metallklotz von 500 g, der einen Meter nach unten sinkt. Als Generator und Elektromotor werden Dynamots verwendet. Anstelle von Wasser wird ein zweiter Metallklotz gehoben (▸ Bild 02). Wir untersuchen nun, welche Masse der zweite Metallklotz haben darf, sodass er noch angehoben wird. Als Versuchsergebnis finden wir, dass ein Klotz mit höchstens 100 g auf die ursprüngliche Höhe angehoben wird. Der erste Metallklotz gibt die Energie 5 J an die Dynamots ab. Diese geben aber nur 1 J an den zweiten Metallklotz ab. Offenbar wird die Energie nicht vollständig auf den zweiten Metallklotz übertragen. Warum ist das so?

ENERGIE BEIM BREMSEN · Eine Bremse soll ein Fahrzeug verlangsamen, dazu muss sie die kinetische Energie vermindern. Wo bleibt die Energie dann? ▸ Bild 03 zeigt, dass die Bremsen glühen. Offensichtlich wird kinetische Energie in thermische Energie umgewandelt. Das geschieht durch Reibung. Das kannst du selbst feststellen, wenn du deine Hände aneinander reibst. Du spürst dann, dass sie warm werden. Auch beim Modellversuch mit den Dynamots tritt an vielen Stellen Reibung auf. Dabei wird ein Teil der Energie in thermische Energie umgewandelt und geht so in die Umgebung. Die Energie wird aber nicht vermindert. Vielmehr gilt der **Energieerhaltungssatz:**

Energie kann weder vermehrt noch vermindert werden: Energie bleibt erhalten.

ABGESCHLOSSENES SYSTEM · Bei der Energieumwandlung in ▸ Bild 02 geht ein großer Teil der Energie „verloren". Die Ursache hierfür liegt zum einen in der Reibung und zum anderen darin, dass die Dynamots elektrische und mechanische Energie nicht perfekt umwandeln. Die „verlorengegangene" Energie findet sich letztlich als thermische Energie in den Geräten bzw. in der Umgebung wieder.
Wäre es möglich, um die Apparatur eine Hülle zu bauen, die keine thermische Energie hindurchlässt, dann wäre das Innere dieser Hülle ein abgeschlossenes System.

Ein abgeschlossenes System ist dadurch gekennzeichnet, dass Energie weder hinein- noch hinausströmen kann.

Damit lässt sich der Energieerhaltungssatz auch folgendermaßen formulieren:

In einem abgeschlossenen System bleibt die Gesamtenergie stets konstant.

In der Realität gibt es allerdings keine perfekt abgeschlossenen Systeme. So lässt sich beispielsweise heißer Tee in einer Thermosflasche aufbewahren, jedoch dringt auch aus einem noch so hochwertigen Gefäß langsam Energie nach außen, der Tee kühlt nach und nach ab.

03 Glühende Bremsen

1 TJ = 1000 GJ (Gigajoule)
1 GJ = 1000 MJ (Megajoule)
1 MJ = 1000 kJ (Kilojoule)
1 kJ = 1000 J

ENERGIEBILANZ · Geht beim Pumpspeicherkraftwerk auch Energie in die Umgebung (▸ Bild 01)? Jedes Jahr gibt die Anlage laut Betreiber 36 Terajoule (TJ) an elektrischer Energie ab. Zum Hochpumpen des Wassers nimmt die Anlage jährlich 45 TJ an elektrischer Energie auf. Anscheinend geht auch beim Pumpspeicherkraftwerk Energie in die Umgebung. Ist das immer so?

JEDE MASCHINE BENÖTIGT ENERGIE · Die Erfahrung zeigt, dass bei jeder Maschine die eingesetzte Energie teilweise in eine nutzlose Form umgewandelt wird. So wird es niemals gelingen, eine Maschine zu bauen, die ohne Energiezufuhr ewig läuft – ohne oder trotz solcher Energieverluste. Eine solche Maschine wäre ein **Perpetuum Mobile.** Auch wenn sich immer wieder Tüftler daran versuchen – das Deutsche Patentamt lehnt Anmeldungen zum Perpetuum Mobile grundsätzlich ab. Eine solche Maschine kann man nicht bauen.

1 Formuliere eine Begründung dafür, dass ein Perpetuum mobile aus Elektromotor und Generator nicht funktionieren kann.

2 Alltägliche Vorgänge scheinen dem Prinzip der Energieerhaltung zu widersprechen. Erläutere an einem Beispiel, dass die Energie weder vermehrt noch vermindert wird.

METHODE

Von der Hypothese zum Naturgesetz

Wie kommt man in der Physik eigentlich auf Aussagen wie den Energieerhaltungssatz? Zu Beginn steht oft eine Beobachtung aus dem Alltag (▸ Bild 01): Ein Fadenpendel schwingt hin und her. Beim Herabschwingen wird die Kugel immer schneller, beim Hinaufschwingen auf der anderen Seite wird sie wieder langsamer. In den Umkehrpunkten ist die Kugel in Ruhe. Am tiefsten Punkt ist sie am schnellsten. Dort hat sie die größte kinetische Energie. In den Umkehrpunkten hat sie keine kinetische Energie, dafür aber ist die potenzielle Energie dort am größten.

In der Physik deuten wir das so: Wenn die Kugel herabschwingt, dann wandelt sich die potenzielle Energie nach und nach in kinetische Energie um. Beim Hinaufschwingen wandelt sich die kinetische Energie wieder in potenzielle um. Daraus ergibt sich die Vermutung: Die Summe aus kinetischer und potenzieller Energie der Kugel bleibt gleich.

Bei einem Gummiball ist es ähnlich (▸ Bild 02). Neben kinetischer und potenzieller Energie tritt hier auch noch Spannenergie des elastisch verformten Balls auf. Wir vermuten: Die Summe aus potenzieller, kinetischer und Spannenergie des Gummiballs bleibt gleich.

Eine Vermutung, die durch viele unterschiedliche Experimente unterstützt wird, nennt man in der Physik eine Hypothese. Nach und nach gewinnt man aus vielen Experimenten die Hypothese, dass die gesamte Energie, also die Summe aller beteiligten Energieformen, erhalten bleibt.

Allerdings stellt man fest, dass die Höhe der Umkehrpunkte beim Fadenpendel ganz allmählich abnimmt. Auch der Gummiball erreicht beim Aufsteigen nicht mehr die Ausgangshöhe. Geht also doch Energie verloren? Hier hilft die Beobachtung weiter, dass bei vielen Vorgängen eine Erwärmung auftritt, z. B. beim Herabrutschen von einer Kletterstange. Mit der Hypothese, dass die Energie erhalten bleibt, können wir die Abnahme der Energie beim Fadenpendel und beim Gummiball erklären: Die Energie verschwindet nicht, sondern wandelt sich allmählich in thermische Energie um. Das Prinzip der Energieerhaltung ist „gerettet".

Die Vermutung, dass sich Bewegungsenergie in thermische Energie umwandeln kann, wurde von R. MAYER und J. P. JOULE experimentell bestätigt (vgl. S. 110). Die Idee ihrer Versuche zeigt ▸ Bild 03: Zwei herabsinkende Eisenklötze treiben eine Art Wasserrad an. Dadurch wird dem Wasser Energie zugeführt. MAYER und JOULE konnten tatsächlich eine Erwärmung des Wassers beobachten. In vielen weiteren Experimenten hat man festgestellt, dass die Energie insgesamt erhalten bleibt. Nach und nach wurde die Hypothese zur Energieerhaltung so zu einem Naturgesetz.

1 Beschreibe die Energieumwandlungen bei einem Jo-Jo. Wenn man das Jo-Jo einfach loslässt, dann erreicht es seine Ausgangshöhe nicht mehr. Erkläre. Durch geschicktes Ziehen an der Schnur kann man erreichen, dass das Jo-Jo wieder an Höhe gewinnt. Widerspricht das dem Energieerhaltungsprinzip? Erkläre.

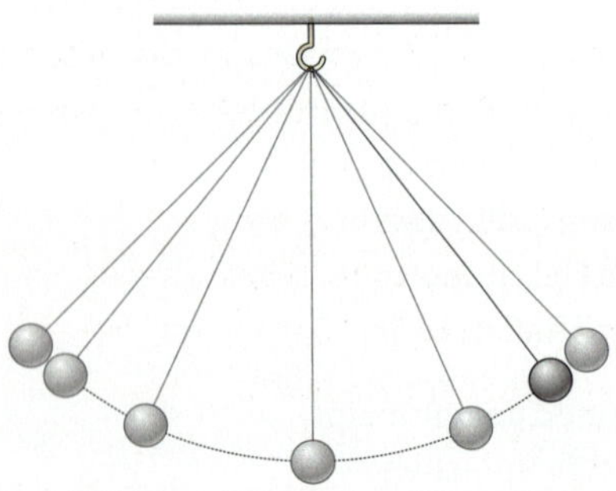

01 Schwingendes Fadenpendel

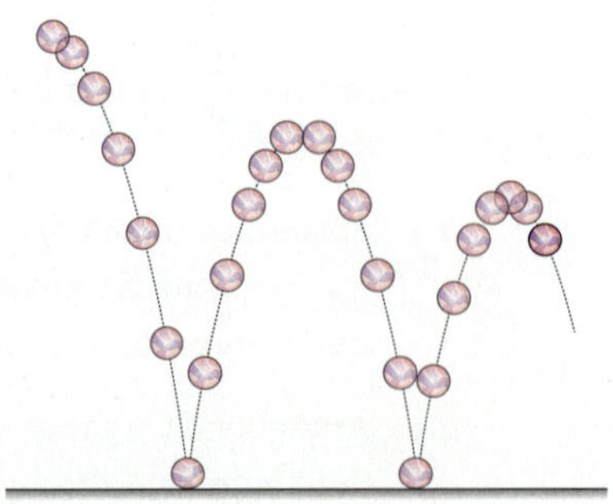

02 Hüpfender Gummiball

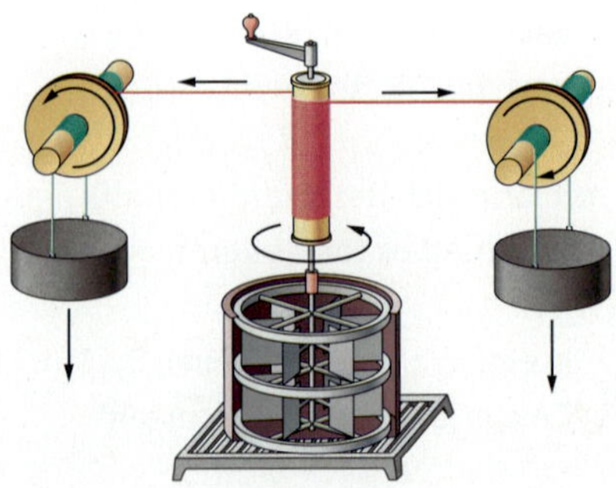

03 Erwärmung von Wasser

VERSUCHE ▸ Energieerhaltung ...

V1 ... beim Fadenpendel

Material:

Kleiner, nicht zu leichter Gegenstand (z. B. Flummi), Faden, Klebeband, Stift

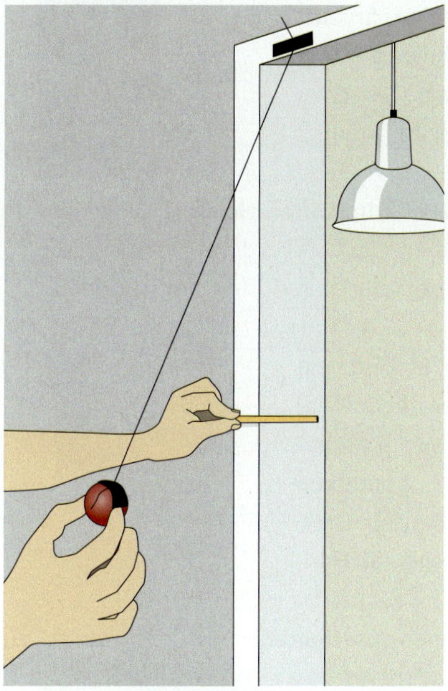

04 Fadenpendel

Durchführung:

a) Baue das Pendel auf. Achte auf eine stabile Aufhängung.

b) Starte das Pendel aus einer bestimmten Höhe. Erreicht es auf der anderen Seite die gleiche Höhe?

c) Halte den Stift so, dass der Faden teilweise von ihm aufgehalten wird und nur der untere Teil weiter schwingt. Starte das Pendel. Welche Höhe erreicht es auf der anderen Seite? Bestätigt die Beobachtung das Prinzip von der Energieerhaltung? Erkläre.

d) Versuche, das Pendel zum Überschlag um den Stift zu bringen. Die Energieerhaltung hilft dir bei der Planung.

V2 ... bei hüpfenden Bällen

Material:

Verschiedene Bälle (z. B. Flummi, Glasmurmel, Tischtennisball), verschiedene Böden (z. B. Teppich, Fliesen, PVC), Meterstab

Durchführung:

a) Lass einen Ball aus 1,0 m Höhe fallen. Miss, wie hoch er nach dem Aufprall wieder kommt. Wiederhole die Messung mehrmals.

b) Führe Versuch a) mit verschiedenen Bällen und verschiedenen Böden durch. Vergleiche deine Messwerte. Stell eine Vermutung auf, warum die verschiedenen Ball-Boden-Kombinationen zu unterschiedlichen Ergebnissen führen.

c) Ein Mitschüler fragt dich, ob du ihm das Prinzip der Energieerhaltung anhand eines hüpfenden Balls erklären könntest. Welche Ball-Boden-Kombination ist hierfür am besten geeignet? Begründe.

d) Dem Mitschüler wird bestimmt auch auffallen, dass der Ball nicht mehr ganz die ursprüngliche Höhe erreicht. Schreibe für ihn eine Erklärung, warum die Energie trotzdem erhalten bleibt.

Material A ▸ In der Halfpipe

A1 Im Bild unten siehst du eine Bildfolge eines Skaters in einer Halfpipe.

05 Ein Skater in der Halfpipe

a) Gib für jedes Bild die vorkommenden Energieformen an. Beschreibe die Energieumwandlung während der Bewegung des Skaters.

b) Wenn man statt des Skaters einen Ball in der Halfpipe rollen lässt, dann erreicht der Ball auf der anderen Seite nicht mehr ganz seine ursprüngliche Höhe. Erkläre, was mit der „verlorenen“ Energie passiert ist.

c) Ein Skater kann den „Energieverlust“ ausgleichen und sogar über die Höhe kommen, aus der er gestartet ist. Überlege dir, woher die erforderliche Energie kommt. Hast du eine Idee, wie der Skater das macht?

BLICKPUNKT

Verantwortungsvoller Umgang mit Energie

Es gibt viele gute Gründe, mit Energie verantwortungsvoll umzugehen:

- Ein großer Anteil der Energieversorgung beruht auf der Nutzung von Kohle, Erdöl, Erdgas und Uran. Diese Energieträger sind nicht erneuerbar und die Vorräte neigen sich dem Ende entgegen.
- Der Abbau der nicht erneuerbaren Energieträger hat schwerwiegende Auswirkungen auf die Umwelt.
- Die Verbrennung der fossilen Brennstoffe Kohle, Erdöl und Erdgas führt zu einem Anstieg des Kohlenstoffdioxidgehalts der Atmosphäre und damit zu einer Verstärkung des Treibhauseffekts.
- Auch die Verwendung der erneuerbaren Energien aus Wind, Wasser und Sonne ist mit Eingriffen in die Umwelt verbunden.
- Außerdem kann man durch effiziente Nutzung von Energie viel Geld sparen.

Mit Energie sorgsam umzugehen, bedeutet in erster Linie weniger Energie zu verwenden. ▸ Bild 01 zeigt, wie sich der Energiebedarf eines durchschnittlichen Haushalts aufteilt. Knapp die Hälfte der benötigten Energie wird zum Heizen verwendet. Hier lohnt es sich besonders, auf Einsparmöglichkeiten zu achten. Das Auto braucht mit 33 % ebenfalls einen großen Teil der Energie. Weniger Fahrten mit dem Auto wirken sich daher deutlich auf den Energiebedarf aus. Energiesparen kann man aber auch bei den kleineren Anteilen für die Haushaltsgeräte und für das Warmwasser.

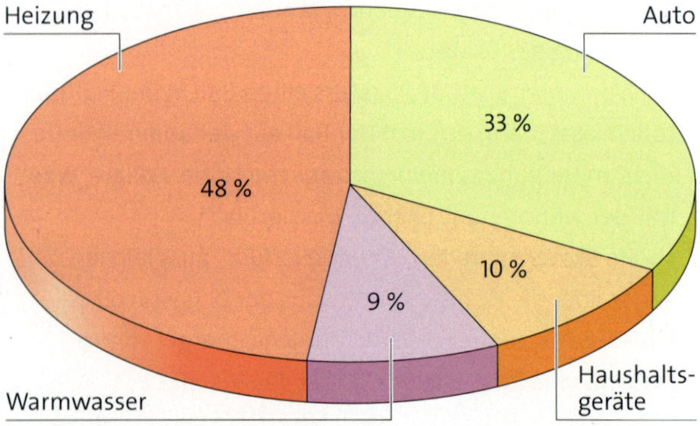

01 Aufteilung des Energiebedarfs eines durchschnittlichen Haushalts in Deutschland im Jahr 2010

Tipps zum Energiesparen

- Heizung herunter drehen! Jedes Grad weniger spart rund 6 % Heizenergie! Für ein gesundes Raumklima reichen in Wohnräumen 18 °C bis 20 °C. In Räumen, in denen man sich nicht lange aufhält, sind 16 °C ausreichend.
- Thermostatventil richtig bedienen! Behutsam drehen anstatt ständig zwischen Stellung 0 und 5 wechseln. Tagsüber zwischen 2 und 3, nachts zwischen 1 und 2 einstellen.

- Kurz und kräftig lüften! Zum Lüften Heizung ausdrehen und Fenster weit öffnen. Die Luft wird ausgetauscht, die Wände bleiben warm. Kein Dauerlüften bei gekipptem Fenster!
- Stecker ziehen oder Steckdosenleiste mit Schalter benutzen! Elektrische Geräte wie Computer und Fernseher benötigen auch im Stand-by-Betrieb Energie, ebenso Ladegeräte für Handys usw.

- Nicht benötigte Lampen ausschalten!
- Kurz duschen statt baden! Am besten mit wassersparenden Duschköpfen. Diese senken den Wasserverbrauch und den Energiebedarf um 30 % bis 50 %.

- Mit dem Bus oder dem Fahrrad zur Schule fahren! Der Bus braucht pro Fahrgast im Durchschnitt nur einen Liter Kraftstoff auf 100 km, das Auto etwa acht Liter.

Energiesparen auch in der Schule

Das Folgende gelingt am besten im Team:

- Klärt, ob es an eurer Schule Regeln zum Energiesparen gibt. Wenn ja, wie lauten sie? Wenn nein, dann überlegt euch, wie ihr den Energiebedarf an eurer Schule verringern könnt. Wo lohnt es sich besonders?
- Gestaltet ein Plakat mit Energiesparregeln.
- Sprecht mit eurem Klassenlehrer darüber.
- Nehmt Kontakt zur Schülervertretung auf.

BLICKPUNKT

Effiziente Anlagen und Geräte

Verbrennungskraftwerke und Abwärme · In Verbrennungskraftwerken werden Brennstoffe wie Kohle, Erdgas, Erdöl oder Wasserstoff verbrannt. Die Energie, die in den Brennstoffen steckt, wird nur zu einem relativ geringen Teil in elektrische Energie umgewandelt. Ein großer Teil ist Abwärme. ▸ Bild 02 A zeigt ein Kohlekraftwerk: Im Kesselhaus wird Kohle verbrannt. Mit dem heißen Verbrennungsgas wird Wasser erhitzt und verdampft. Der Dampf treibt eine Turbine an und diese einen Generator. Das Energieflussdiagramm zeigt ▸ Bild 02 B. In einem gewöhnlichen Verbrennungskraftwerk geht die Abwärme in die Umwelt verloren. Doch in besonders wirksamen Kraftwerken verwendet man die Abwärme zum Heizen und zur Warmwasserbereitung. Dann bleibt nur sehr wenig Energie ungenutzt.

Energiesparende Geräte · Manche Geräte benötigen wenig Energie. Das zeigt ein Versuch zum Wasserkochen. Ein halber Liter Wasser wird einmal mit einem Wasserkocher und einmal mit einer Mikrowelle von 20 °C auf 100 °C erhitzt. Bei beiden Kochgeräten wird die zugeführte elektrische Energie mit einem Energiemessgerät bestimmt (▸ Bild 03). Beim Wasserkocher werden 0,051 kWh bzw. 183 kJ an Energie zugeführt, während bei der Mikrowelle 472 kJ benötigt werden. In anderen Versuchen hat man herausgefunden, dass man 167 kJ Energie benötigt, um einen halben Liter Wasser von 20 °C auf 100 °C zu erhitzen. Also wird sowohl beim Wasserkocher als auch bei der Mikrowelle einem halben Liter Wasser die Energie 167 kJ zugeführt. Beim Wasserkocher gehen 16 kJ in die Umgebung, bei der Mikrowelle sogar 305 kJ.

Um bei einem Gerät erkennen zu können, wie sparsam es mit der zugeführten Energie umgeht, gibt man den Prozentsatz an genutzter Energie an. Diese wichtige Kenngröße eines Geräts heißt **Wirkungsgrad** und wird mit dem Symbol η (Eta) abgekürzt.

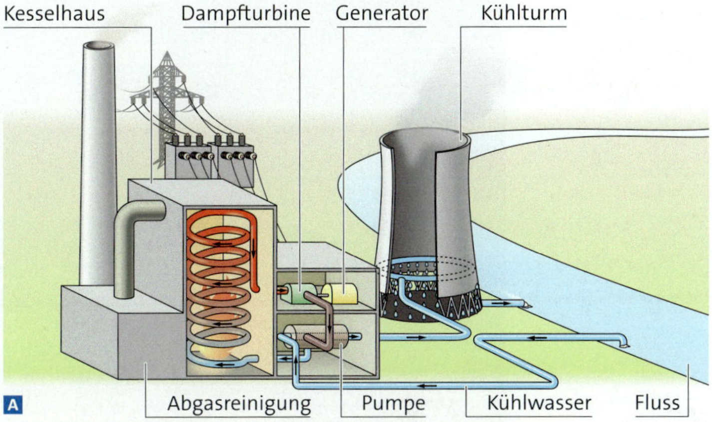

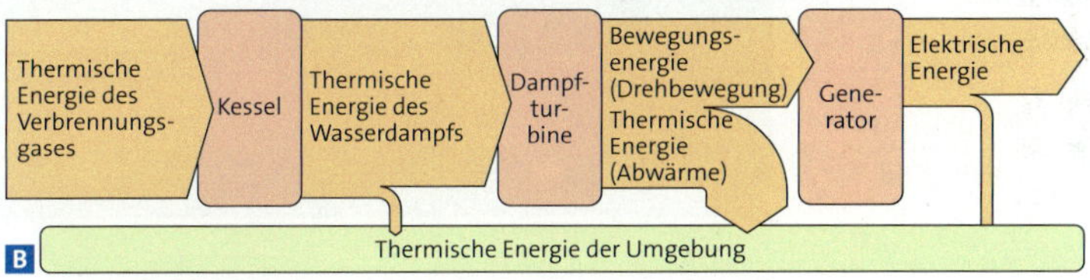

02 Kohlekraftwerk: **A** Aufbau, **B** Energieflussdiagramm

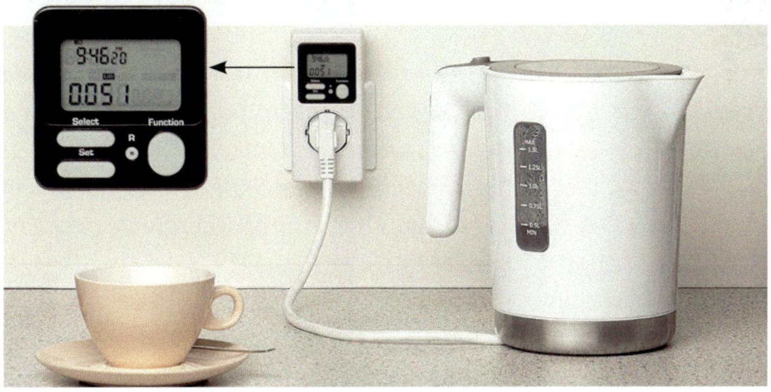

03 Energiemessgerät; 0,051 kWh = 183 kJ

Der Wirkungsgrad des Wasserkochers beträgt folglich:

$$\eta = \frac{E_{\text{genutzt}}}{E_{\text{zugeführt}}} = \frac{167\ \text{kJ}}{183\ \text{kJ}} = 0{,}91 = 91\,\%.$$

Bei der Mikrowelle ergibt sich demnach folgender Wirkungsgrad:

$$\eta = \frac{E_{\text{genutzt}}}{E_{\text{zugeführt}}} = \frac{167\ \text{kJ}}{472\ \text{kJ}} = 0{,}35 = 35\,\%.$$

01 Ein langer Weg nach oben

Energie, Kraft und Strecke

Kurve um Kurve quält sich der Radfahrer die Passstraße nach oben. Dafür braucht er viel Energie. Wenn die Straße direkt nach oben führen würde, dann müsste der Radfahrer eine viel kürzere Strecke zurücklegen. Wäre das nicht besser?

KRAFT UND STRECKE · Ob der Radfahrer oben ankommt oder nicht, hängt nicht nur von der Energie ab, die er mit der Nahrung aufgenommen hat. Um überhaupt voran zu kommen, muss er eine Kraft auf sein Rad ausüben. Wenn die Passstraße zu steil ist, dann kann er die Pedale nicht mehr bewegen. Die Kraft, die er dafür ausüben müsste, ist zu groß.

Deswegen führen die meisten Straßen mit vielen Kurven einen Berg hinauf. Wenn die Straße nicht mehr so steil ist, dann ist die zum Hochfahren nötige Kraft nicht mehr so groß. Dafür muss der Radfahrer eine längere Strecke zurücklegen. Je flacher die Straße ist, desto kleiner ist die Kraft, aber dafür wird die zurückgelegte Strecke länger.

EIN VEREINFACHTER VERSUCH · Beim Übertragen von Energie sind die ausgeübte Kraft und die zurückgelegte Strecke wichtig. Das untersuchen wir näher in einem Versuch.
Dazu ziehen wir einen Wagen mit einer Masse von 1,0 kg über eine Rampe nach oben, bis er auf 1,0 m Höhe ist (▸ Bild 02). Die Materialien von Wagen und Rampe haben wir so gewählt, dass wir die Rollreibung vernachlässigen können. Die übertragene Energie steckt also anschließend vollständig in der Zunahme der potenziellen Energie.
Wir führen den Versuch für unterschiedlich steile Rampen durch. Jedes Mal bringen wir den Wagen in die gleiche Höhe. Dadurch nimmt seine potenzielle Energie immer um den gleichen Betrag zu.

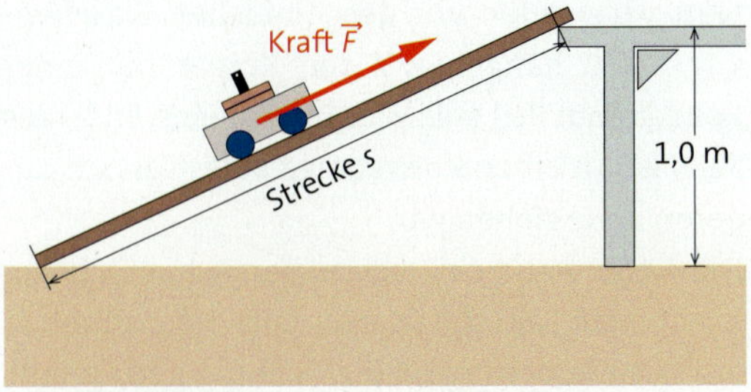

02 Der Wagen wird die Rampe hochgezogen.

s in m	F in N	F · s in N · m
2,4	4,1	9,8
2,0	4,9	9,8
1,6	6,2	9,9
1,2	8,1	9,7
1,0	9,9	9,9

03 Messwerte

Für die verschiedenen Rampen messen wir jeweils den Betrag F der Kraft, mit der wir am Wagen ziehen, und die auf der Rampe zurückgelegte Strecke s. ▸ Tabelle 03 zeigt die Messwerte. Du siehst: Wenn die zurückgelegte Strecke kürzer wird, dann wird dafür die ausgeübte Kraft größer. Das Produkt $F \cdot s$ bleibt immer gleich (▸ Tabelle 03, letzte Spalte) – genau wie die übertragene Energie!

KRAFT MAL STRECKE · Wenn das Produkt $F \cdot s$ immer gleich ist und die übertragene Energie auch, dann liegt es nahe zu vermuten, dass diese beiden Größen miteinander zusammenhängen.

Das untersuchen wir näher. Dazu verändern wir bei dem Versuch die übertragene Energie. Der Einfachheit halber benutzen wir immer die gleiche Rampe, bei der eine Strecke von 2,4 m zurückgelegt werden muss, um auf 1,0 m Höhe zu kommen (vergleiche ▸ Tabelle 03, rot markierte Werte).

Wir ziehen nun zwei Wagen zusammen auf 1,0 m Höhe. Die übertragene Energie ist dann offensichtlich doppelt so groß wie bei einem Wagen.

Die Wagen legen wieder 2,4 m zurück, aber wir müssen diesmal mit 8,2 N ziehen. Also ist auch $F \cdot s$ doppelt so groß wie bei einem Wagen.

Jetzt ziehen wir einen einzelnen Wagen auf der gleichen Rampe bis in 0,50 m Höhe. Die übertragene Energie ist nur halb so groß wie bei 1,0 m Höhe.

Wir müssen mit 4,1 N ziehen, aber der Wagen legt nur 1,2 m zurück. Wie die Energie ist also auch $F \cdot s$ halb so groß.

Die übertragene Energie und das Produkt $F \cdot s$ verhalten sich immer gleich. Man kann zwischen den beiden Größen nicht unterscheiden. In der Physik setzt man sie daher gleich.

Die auf mechanischem Weg übertragene Energie wird auch als **Arbeit** bezeichnet. Sie trägt das Größensymbol W (engl. *work*).

Merke: Energie ist eine Zustandsgröße, Arbeit ist eine Prozessgröße.

Wenn auf einen Körper eine Kraft F entlang der Strecke s ausgeübt wird, dann wird an ihm die mechanische Arbeit W verrichtet.
Es gilt: $W = F \cdot s$.
Die Einheit von W ist: 1 J = 1 N · m.

Auf den nächsten Seiten wirst du sehen, dass dieser Zusammenhang nicht nur für diesen vereinfachten Versuchsaufbau, sondern allgemein gilt.

Es ist allerdings zu beachten, dass die Gleichung $W = F \cdot s$ nur gilt, wenn die Richtung der Kraft in Richtung der zurückgelegten Strecke weist.

1 Wir ziehen bei dem Versuch statt des Wagens einen Holzklotz hoch. $F \cdot s$ ist nun bei den verschiedenen Steigungen nicht mehr konstant. Erkläre.

2 Vergleiche den vereinfachten Versuchsaufbau mit dem Radfahrer auf der Passstraße. Erstelle eine Liste mit Gemeinsamkeiten und Unterschieden.

01 Der Kran benutzt einen Flaschenzug.

FLASCHENZÜGE · In ▸ Bild 01 hebt ein Baukran Lasten hoch. Wie du siehst, wird das Seil dabei über Rollen mehrfach hoch- und heruntergeführt. Welchen Vorteil bringt das?

Eine solche Kombination aus Seilen und Rollen nennt man **Flaschenzug.** Du wirst sehen, dass sich auch bei Flaschenzügen der Zusammenhang $W = F \cdot s$ bestätigt.

Im folgenden Versuch vergleichen wir: Zuerst heben wir einen Körper mit der Masse 1,0 kg um 1,0 m direkt hoch. Danach heben wir denselben Körper mit einem einfachen Flaschenzug hoch (▸ Bild 02).

„Was man an Kraft spart, muss man mit Strecke bezahlen."

Wenn wir den Körper direkt 1,0 m hochheben, dann messen wir eine Kraft von 9,8 N (▸ Bild 02 A). Für das Produkt aus Kraft und Strecke ergibt sich:

$F \cdot s = 9{,}8\ \text{N} \cdot 1{,}0\ \text{m} = 9{,}8\ \text{J}.$

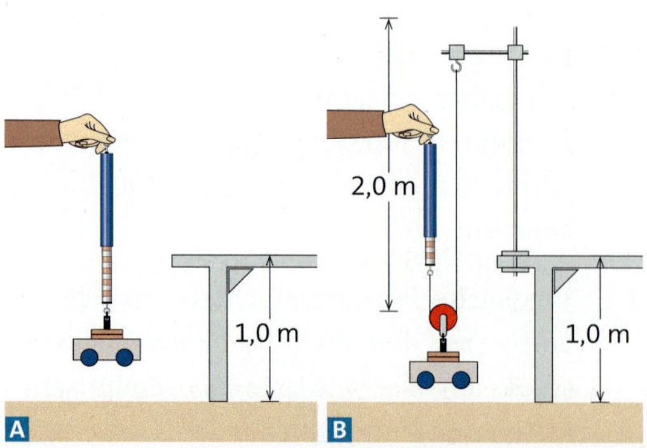

02 Der Wagen wird hoch gehoben
A direkt,
B mit einem einfachen Flaschenzug.

Nun verwenden wir den einfachen Flaschenzug. Dazu hängen wir den Körper mit einer Rolle an ein Seil (▸ Bild 02 B). Das eine Ende des Seils ist an einer Stativstange befestigt, am anderen Ende ziehen wir.

Die Rolle muss für diesen Versuch möglichst leicht sein, da sie ja ebenfalls hochgehoben wird. Außerdem muss die Reibung gering sein. Wenn wir dies beachten, dann messen wir nur noch eine Kraft von 4,9 N, weil uns die Stange „hilft". Das ist der Vorteil dieses Flaschenzugs.

Wenn wir den Körper auf diese Weise um 1,0 m hochziehen, dann stellen wir fest, dass unsere Hand eine Strecke von 2,0 m zurückgelegt hat. Wenn wir wieder das Produkt aus den Messwerten bilden, dann ergibt sich:

$F \cdot s = 4{,}9\ \text{N} \cdot 2{,}0\ \text{m} = 9{,}8\ \text{J}.$

In beiden Fällen erhalten wir denselben Wert. Und auch die potenzielle Energie hat sich jeweils um 9,8 J erhöht. Der Zusammenhang $W = F \cdot s$ gilt also auch hier.

DIE GOLDENE REGEL · Mit Rampen und Flaschenzügen und ähnlichen Vorrichtungen kann man keine Energie „sparen".

Aber man kann bei der Kraft auf den Körper „sparen" und dennoch dieselbe Arbeit W verrichten. Allerdings muss man dann eine entsprechend längere Strecke in Kauf nehmen. Das folgt aus der Gleichung $W = F \cdot s$.

Wegen der unvermeidlichen Reibung braucht man bei der Verwendung von Rampen und Flaschenzügen ein kleines bisschen mehr Energie. $F \cdot s$ bleibt dann nicht exakt gleich.

Den Zusammenhang zwischen Kraft, Strecke und verrichteter Arbeit nennt man die **Goldene Regel der Mechanik:**

Wird an einem Körper auf unterschiedliche Weise die mechanische Arbeit W verrichtet, so gilt stets $W = F \cdot s$.
Je größer die zurückgelegte Strecke s ist, desto kleiner ist die ausgeübte Kraft F.

$W = F \cdot s$ GILT IMMER! · Bisher haben wir durch eine Kraft immer nur die potenzielle Energie eines Körpers vergrößert. Man sagt auch: Wir haben **Hubarbeit** verrichtet. Dadurch war es leicht, die übertragenen Energiemengen zu vergleichen.
Der Zusammenhang $W = F \cdot s$ gilt aber immer, wenn beim Ausüben einer Kraft Arbeit verrichtet wird. In welcher Form die Energie anschließend vorhanden ist, ist dafür nicht wichtig. Wir betrachten hierfür zwei Beispiele.

BEIM BESCHLEUNIGEN · Wenn ein Auto schneller wird, dann muss eine Kraft auf das Auto ausgeübt werden (▸ Bild 03 A). Dadurch nimmt die kinetische Energie des Autos zu. Wovon hängt es ab, wie groß sie anschließend ist?

Wenn das Auto mit gleich bleibender Kraft über eine Strecke beschleunigt wird, dann nimmt seine Geschwindigkeit und damit auch seine kinetische Energie immer mehr zu. Dabei wird **Beschleunigungsarbeit** verrichtet. Je länger die Strecke ist, desto größer ist am Ende der Strecke die kinetische Energie des Autos.

Die kinetische Energie hängt aber auch von der Kraft ab. Bei gleicher Strecke gilt: Je größer die Kraft ist, mit der das Auto beschleunigt wird, desto größer sind am Ende die Geschwindigkeit und die kinetische Energie des Autos.

BEIM BREMSEN · Wenn ein Auto bremst, dann nimmt seine kinetische Energie ab. Damit es langsamer wird, muss eine Kraft auf das Auto ausgeübt werden. Die kinetische Energie des Autos nimmt in diesem Fall ab, weil das Auto während des Bremsvorgangs **Reibungsarbeit** verrichtet.

Anders als beim Beschleunigen zeigt der Kraftpfeil beim Bremsen entgegengesetzt zur Bewegungsrichtung (▸ Bild 03 B). Offensichtlich ist die Richtung der Kraft im Vergleich zur Bewegungsrichtung entscheidend:

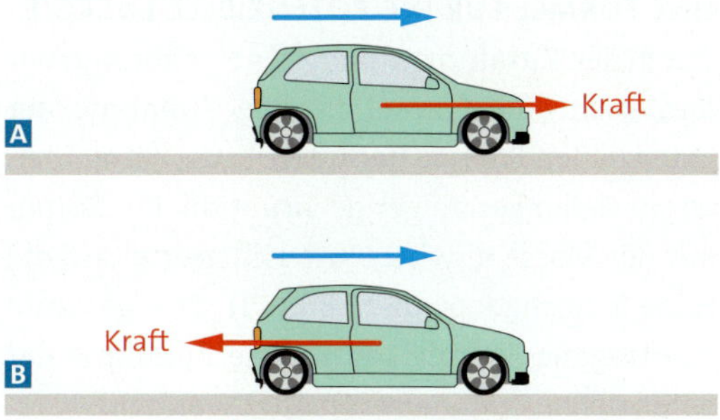

03 **A** Das Auto wird beschleunigt.
B Das Auto wird abgebremst.

Wenn auf einen Körper eine Kraft in Bewegungsrichtung ausgeübt wird, dann wird Energie auf ihn übertragen.
Wenn auf einen Körper eine Kraft entgegen der Bewegungsrichtung ausgeübt wird, dann gibt er Energie ab.

WO STECKT DIE ENERGIE? · Die Energie beim Bremsen geht natürlich nicht verloren. Sie steckt anschließend, wie du weißt, als thermische Energie in den Bremsscheiben und der Umgebung des Autos (▸ Bild 04). Meistens ist die damit verbundene Temperaturzunahme so klein, dass man sie nicht merkt. Aber selbst beim Fahrrad ist sie nachweisbar: ▸ Bild 05 zeigt eine thermografische Aufnahme eines Rades kurz nach einer Vollbremsung.

Auch wenn ein Auto nur ausrollt, nimmt die kinetische Energie ab. Wenn der Reifen rollt, dann wird er verformt. Da diese Verformung nicht elastisch ist, wird hierfür Energie benötigt. Sie wird auch wieder zu thermischer Energie.

04 Glühende Bremsscheibe

05 Das Rad wird beim Bremsen warm.

1 Du sollst mit einem Schraubenschlüssel eine Schraubenmutter festdrehen (▸ Bild 06). Wo greifst du ihn am besten an? Begründe mit der „Goldenen Regel".

2 **a)** In ▸ Bild 01 hebt der Kran eine Last 10 m hoch. Begründe, dass dafür vom Stahlseil 40 m aufgerollt werden müssen.
b) Die Last wiegt 10 t. Bestimme die Kraft, mit der ein Motor am Stahlseil dafür ziehen muss.

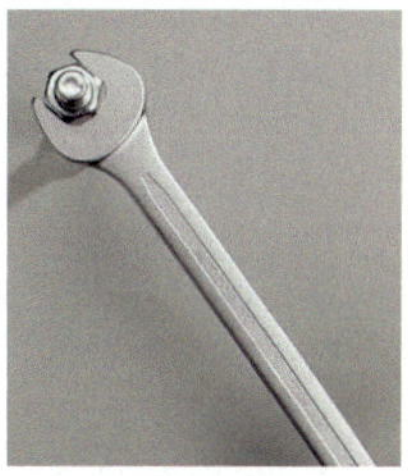

06

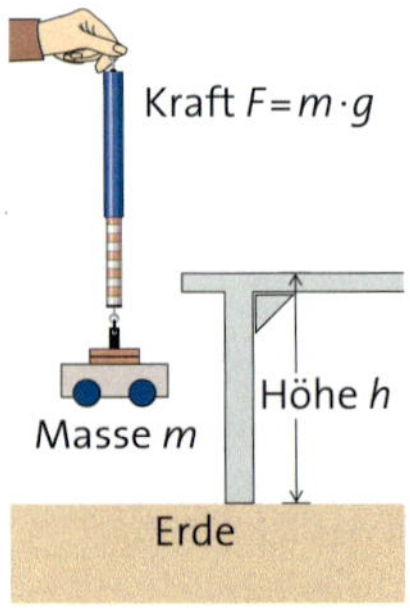

01 Die potenzielle Energie nimmt zu.

Merkhilfe:
Wenn man auf der Erde eine Tafel Schokolade 1 m hochhebt, dann nimmt ihre potenzielle Energie um etwa 1 J zu.

EINE FORMEL FÜR DIE POTENZIELLE ENERGIE · Durch den Zusammenhang $W = F \cdot s$ können wir nun auch eine Formel für die Zunahme der potenziellen Energie herleiten. Dazu betrachten wir in Gedanken folgende Situation: Ein Körper mit der Masse m wird ohne Hilfsmittel auf die Höhe h hochgehoben (▸ Bild 01). Die gesamte übertragene Energie soll für die Zunahme der potenziellen Energie verwendet werden.

Wenn man den Körper während des Hochhebens nicht beschleunigt, dann ist er im Kräftegleichgewicht. Deswegen muss man mit einer Kraft an ihm ziehen, die genau so groß ist wie die Gewichtskraft, mit der die Erde an ihm zieht. Man kann die Kraft in der Formel also durch das Produkt aus Masse und Ortsfaktor ersetzen. Die Höhe h entspricht der Strecke s. Für die Zunahme der potenziellen Energie ergibt sich daher:

$W = F \cdot s = m \cdot g \cdot h.$

Wenn ein Körper der Masse m auf die Höhe h hochgehoben wird, dann nimmt seine potenzielle Energie um $W = m \cdot g \cdot h$ zu.

An der Gleichung kannst du die Eigenschaften der potenziellen Energie ablesen, die du schon kennst: Je höher ein Körper angehoben wird, desto größer ist die in seiner Höhe gespeicherte Energie. Je größer die Gewichtskraft auf den Körper ist, desto mehr Energie kann mit seiner Höhe gespeichert werden. Es kommt also nicht alleine auf die Masse des Körpers an, sondern auch auf den Ort, an dem sich der Körper befindet. Die potenzielle Energie eines Körpers z. B. auf dem Mond ist in der gleichen Höhe über dem Boden kleiner als auf der Erde.

1 Eine Tasche (5,0 kg) wird vom Boden auf einen 50 cm hohen Stuhl gehoben. Berechne die Zunahme ihrer potenziellen Energie.

BLICKPUNKT

Wozu brauchen Muskeln Energie?

02 Er braucht Energie – aber warum?

Der Gewichtheber in ▸ Bild 02 hält über zweihundert Kilogramm für kurze Zeit oben. Die Höhenenergie der Hantel ändert sich währenddessen nicht. Aber offensichtlich benötigt der Gewichtheber viel Energie, um die Hantel oben zu halten. Wie lässt sich das erklären?

Den Grund hierfür kannst du selbst spüren: Wenn du ein Gewicht mit ausgestrecktem Arm hältst, dann fängt dein Arm nach einiger Zeit an zu zittern. Die Muskeln deines Bewegungsapparates zittern eigentlich immer, wenn du sie anspannst. Du siehst und spürst das aber nur bei großen Anstrengungen.

Seit jeher war es für den Menschen wichtig, dass die Muskeln sich rasch zusammenziehen können, damit er sich schnell bewegen konnte. Solche „schnellen“ Muskeln können im angespannten Zustand aber nicht ganz still gehalten werden, sondern zittern ständig.

Der Gewichtheber hält die Hantel also gar nicht auf der gleichen Höhe, sondern lässt sie ständig ein wenig fallen und hebt sie gleich wieder hoch – und dafür benötigt er viel Energie!

VERSUCHE ▸ Die Fahrrad-Gangschaltung

Material:

Fahrrad, Maßband, zwei Kraftmesser (100 N), evtl. etwas Schnur oder Draht zum Befestigen

Du untersuchst, wie die „Goldene Regel" bei der Gangschaltung eines Fahrrades ausgenutzt wird. Bei der Durchführung solltest du mit einem Partner zusammenarbeiten.

V1 Wie verhalten sich die Strecken?

Durchführung:

a) Bestimme die Strecke, die ein Pedal bei einer Umdrehung zurücklegt.
(Hinweis: Umfang $U = 2 \cdot \pi \cdot r$)

b) Miss die Strecke, die das Fahrrad bei einer Umdrehung der Pedalkurbel zurücklegt. Führe die Messung für mindestens drei verschiedene Gänge durch.

V2 Wie verhalten sich die Kräfte?

Durchführung:

a) Drehe das Fahrrad um, sodass die Räder nach oben zeigen. Befestige den einen Kraftmesser an einem Pedal, den anderen am Hinterrad (▸ Bild 03). Ziehe so an den beiden Kraftmessern, dass sich das Hinterrad nicht bewegt.
Dabei sollte die Kraft auf das Pedal mindestens 50 N betragen.
Miss die beiden Kraftbeträge für die gleichen Gänge wie in V1 b).

b) Durch die Kraft auf das Pedal wird bei jeder Umdrehung der Pedalkurbel Energie übertragen. Berechne diese Energie für die verschiedenen Gänge.
Bestimme die Kraft auf das Hinterrad mithilfe der „Goldenen Regel" jeweils aus der Kraft auf das Pedal und den Ergebnissen von V1. Vergleiche mit deinen Messwerten.

A

B

03

Material A ▸ Wie viel Energie brauchst du zum Gehen?

Wenn du gehst, dann hebst du bei jedem Schritt deinen Körper ein wenig an und senkst ihn beim Auftreten wieder ab. Die beim Anheben gewonnene potenzielle Energie kannst du nach dem Auftreten nicht mehr nutzen. Deswegen benötigst du beim Gehen Energie.
Das Auf und Ab kannst du sichtbar machen, indem du beim Gehen einen Stift neben deine Hüfte hältst und an einem Papierband entlang gehst. Es entsteht ein Muster wie im ▸ Bild unten. Daran kannst du die Höhe bestimmen, um die dein Körper bei einem Schritt angehoben wurde.

A1 a) Anja (38 kg) misst, dass bei ihr diese Höhe durchschnittlich 3 cm beträgt. Berechne die Energiemenge, die sie für einen Schritt braucht.
b) Mit einem Schritt legt Anja 80 cm zurück. Bestimme, wie viel Energie sie für eine Strecke von 1,0 km braucht.

A2 a) Führe die Messung selbst durch.
b) Berechne die Energie, die du beim Gehen in einer Stunde brauchst.

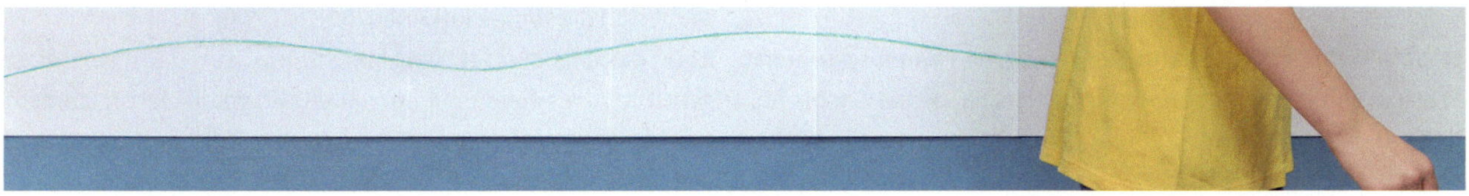

BLICKPUNKT

Hebel und Gangschaltung

01 Vater und Kind auf der Wippe

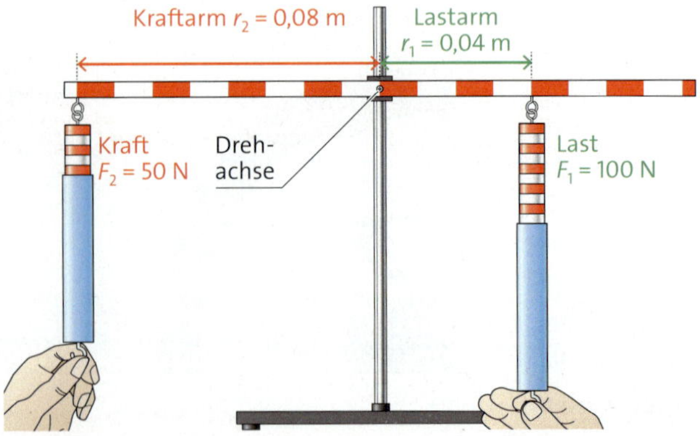

02 Versuch zum Hebelgesetz

Last F_1 in N	Lastarm r_1 in m	Kraft F_2 in N	Kraftarm r_2 in m	Produkt $F \cdot r$ in N · m
100	0,04	50	0,08	4
100	0,04	80	0,05	4
100	0,04	160	0,025	4
30	0,02	20	0,03	0,6
40	0,015	20	0,03	0,6
50	0,012	20	0,03	0,6
60	0,01	20	0,03	0,6

03 Messwerte zum Versuch

Hebel · Auf der Wippe kann ein kleines Kind einen schweren Erwachsenen hochheben. Dazu stellt sich der Erwachsene nahe an die **Drehachse** auf die Wippe, während das Kind eine große Entfernung zu dieser Achse einnimmt (▸ Bild 01). Wie kann das sein? Zur Klärung dieser Frage machen wir einen Modellversuch, in dem wir die Zusammenhänge zwischen den ausgeübten Kräften und den Abständen untersuchen (▸ Bild 02).

Wir befestigen eine Leiste drehbar an einer Drehachse. Im Abstand $r_1 = 0{,}04$ m von der Drehachse üben wir eine Kraft vom Betrag $F_1 = 100$ N nach unten aus. Gleichzeitig suchen wir eine nach unten gerichtete Kraft, die im Abstand $r_2 = 0{,}08$ m angreift, sodass sich die Leiste nicht bewegt. Durch Probieren finden wir heraus, dass die gesuchte Kraft den Betrag $F_2 = 50$ N haben muss. Wenn wir diesen Versuch für verschiedene Abstände und Kräfte wiederholen, dann erhalten wir Ergebnisse wie in ▸ Tabelle 03. Der Versuch zeigt, dass sich die Leiste immer dann nicht bewegt, wenn die beiden Produkte aus Kraft und Abstand gleich sind, z. B.:

$F_1 \cdot r_1 = 100\ \text{N} \cdot 0{,}04\ \text{m} = 4\ \text{N} \cdot \text{m}$.
$F_2 \cdot r_2 = 50\ \text{N} \cdot 0{,}08\ \text{m} = 4\ \text{N} \cdot \text{m}$.

Der Abstand zwischen der Drehachse und dem Angriffspunkt der Kraft heißt **Hebelarm.** Das Produkt aus Hebelarm und Kraft wird auch als Drehmoment M bezeichnet. Unser Ergebnis fassen wir als **Hebelgesetz** zusammen: Wenn an einem drehbaren Körper zwei gleich große Drehmomente angreifen und entgegengesetzt wirken, dann dreht sich der Körper nicht.

Häufig wird der eine Hebelarm als **Kraftarm,** der andere als **Lastarm** und die zugehörige Kraft als **Last** bezeichnet (▸ Bild 02). Mit diesen Bezeichnungen lautet das Hebelgesetz kurz: Ein Hebel ist im Gleichgewicht, wenn Last mal Lastarm gleich Kraft mal Kraftarm ist.

$F_1 \cdot r_1 = F_2 \cdot r_2$

Auf die Wippe übertragen heißt das: Wenn das Drehmoment, das das Kind auf die Wippe ausübt, größer ist als das Drehmoment, das der Erwachsene auf die Wippe ausübt, dann dreht sich die Wippe links herum.

Aber das Hebelgesetz wird nicht nur auf dem Spielplatz genutzt. Auch die Zange im ▸ Bild 04 funktioniert nach dem Hebelgesetz. Wenn du die Zange zusammendrückst und

dabei auf die beiden Enden der Griffe Kräfte von je 20 N ausübst, dann üben die beiden Schneiden Kräfte von je 80 N aufeinander aus. Die Drehmomente sind gleich:
$80\ \text{N} \cdot 0{,}04\ \text{m} = 20\ \text{N} \cdot 0{,}16\ \text{m} = 3{,}2\ \text{N} \cdot \text{m}$.

Ein weiteres Beispiel ist der Nussknacker im ▸ Bild 05. Hier befinden sich beide Hebelarme auf der gleichen Seite der Drehachse. Daher spricht man von einem **einseitigen Hebel.** Dagegen sind die Wippe und die Zange **zweiseitige Hebel.** Denn hier befinden sich die Hebelarme auf verschiedenen Seiten der Drehachse. Wenn du den Nussknacker zusammendrückst und dabei auf die beiden Enden der Griffe Kräfte von je 15 N ausübst, dann üben die beiden Arme des Nussknackers auf die Nuss zwei Kräfte von je 60 N aus:
$60\ \text{N} \cdot 0{,}04\ \text{m} = 15\ \text{N} \cdot 0{,}16\ \text{m} = 2{,}4\ \text{N} \cdot \text{m}$.

Gangschaltung · Auch die Gangschaltung an einem Fahrrad wie im ▸ Bild 06 funktioniert nach dem Hebelgesetz. Wenn du bergauf fährst, dann übst du eine besonders große Kraft auf die Straße aus. Wir berechnen die Kraft an einem Beispiel: Du übst eine Kraft von 500 N auf das Pedal mit einem Hebelarm von 0,2 m aus und erzeugst so folgendes Drehmoment:

$M = F \cdot r = 500\ \text{N} \cdot 0{,}2\ \text{m} = 100\ \text{N} \cdot \text{m}$.

Im niedrigsten Gang hat das vordere Zahnrad den Radius 0,04 m. Es wirkt wie ein Hebelarm. Das Zahnrad übt auf die Kette das gleiche Drehmoment von 100 N · m aus. Die auf die Kette ausgeübte Kraft ist dann:

$F = \frac{M}{r} = \frac{100\ \text{N} \cdot \text{m}}{0{,}04\ \text{m}} = 2500\ \text{N}$.

Im niedrigsten Gang hat das hintere Zahnrad den Radius 0,05 m und erzeugt mit der Kraft von 2500 N folgendes Drehmoment:

$M = F \cdot r = 2500\ \text{N} \cdot 0{,}05\ \text{m} = 125\ \text{N} \cdot \text{m}$.

Das Hinterrad hat einen Durchmesser von 0,7 m. Es wirkt wie ein Hebelarm mit $r = 0{,}7$ m und übt demnach folgende Kraft auf die Straße aus:

$F = \frac{M}{r} = \frac{125\ \text{N} \cdot \text{m}}{0{,}7\ \text{m}} \approx 180\ \text{N}$.

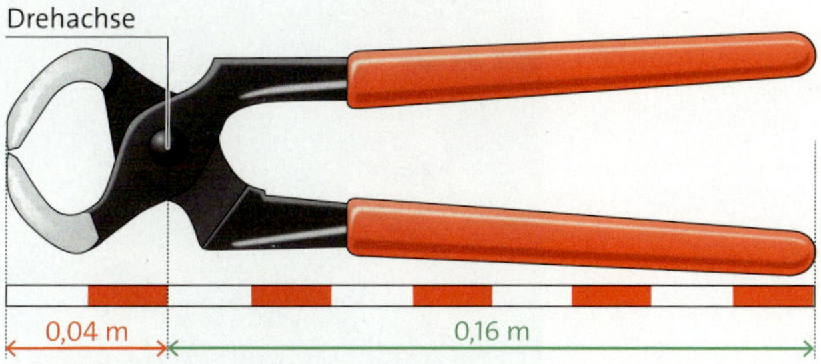

04 Hebelarme bei der Zange

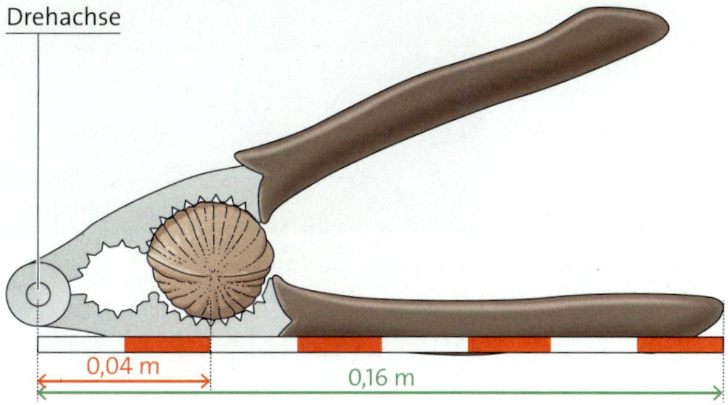

05 Hebelarme beim Nussknacker

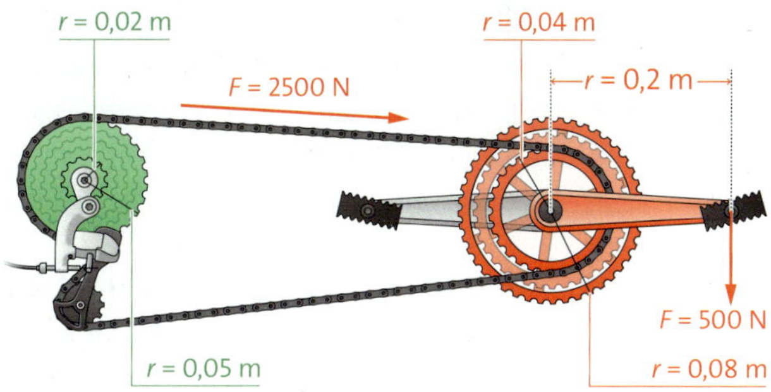

06 Gangschaltung am Fahrrad

1 **a)** Auf das Ende des oberen Griffes der Zange im ▸ Bild 04 wird eine Kraft von 40 N nach unten ausgeübt. Bestimme das Drehmoment.
b) Bei der Gangschaltung (▸ Bild 06) wird der höchste Gang eingelegt (Radius des vorderen Zahnrads 0,08 m und des hinteres Zahnrads 0,02 m). Auf das Pedal wird eine Kraft von 500 N ausgeübt. Bestimme die Kraft, die das Hinterrad auf die Straße ausübt.

01 Beim Training

Mechanische Leistung

Leistung *P* von engl. *power*

Auf dem Fahrrad-Ergometer kannst du auch bei schlechtem Wetter trainieren. Je nachdem, wie du das Ergometer einstellst und wie schnell du trittst, ist das mehr oder weniger anstrengend. Für den Erfolg des Trainings ist es wichtig, dass dabei das richtige Maß getroffen wird. Wovon hängt dieses richtige Maß ab?

ANSTRENGUNG UND LEISTUNG · Eine wichtige Größe ist hier die auf das Ergometer übertragene Energie, also die verrichtete Arbeit. Je größer sie ist, desto anstrengender ist auch das Training.

Die Zeitspanne, in der die Arbeit verrichtet wird, spielt ebenfalls eine Rolle: Es ist ein gewaltiger Unterschied, ob du eine bestimmte Arbeit in einer oder in zehn Minuten verrichtest.

Wenn du dich auf dem Ergometer besonders anstrengst, dann wird also eine große Arbeit W in einer kurzen Zeitspanne t verrichtet. Genau dann ist auch der Quotient $\frac{W}{t}$ besonders groß. Dieser Quotient hat einen eigenen Namen, die **Leistung *P*.** Ihre Einheit ist ein **Watt** ($1\,\text{W} = 1\,\frac{\text{J}}{\text{s}}$).

Weitere wichtige Einheiten:
1 mW = 0,001 W
1 kW = 1000 W
1 MW = 1000 kW

LEISTUNG UND BEWEGUNG · Auf dem Fahrrad-Ergometer kommst du schnell ins Schwitzen. Das passiert dir aber auch, wenn du an einem heißen Sommertag auf dem Balkon liegst. Dabei überträgst du Energie an die Umgebung. Trotzdem gibt es einen Unterschied: Das Ergometer zeigt nicht an, ob du schwitzt oder nicht. Es misst die Bewegung der Pedale. Wenn du auf das Ergometer Energie übertragen willst, dann musst du dich bewegen. Den Anteil der Leistung, bei dem Energie durch Bewegung übertragen wird, nennen wir **mechanische Leistung.**

Wenn bei einer Bewegung Arbeit verrichtet wird, dann nennt man die Leistung hierbei mechanische Leistung. Dabei gilt:
$P = \frac{W}{t}$.
Die Einheit ist $1\,\frac{\text{J}}{\text{s}} = 1\,\text{W}$ (Watt).

LEISTUNGSMESSUNG · Wie groß ist eigentlich die mechanische Leistung beim Menschen? Du weißt aus eigener Erfahrung, dass du bestimmte Anstrengungen nur für kurze Zeitspannen durchhältst. Dann erbringst du deine kurzzeitige Höchstleistung. Andererseits kannst du andere Tätigkeiten praktisch stundenlang durchführen. Das ist dann deine Dauerleistung.

Kurzzeitige Höchstleistung und Dauerleistung messen wir nun in einem Versuch. Damit wir die übertragene Energie möglichst leicht bestimmen können, messen wir die Zunahme der potenziellen Energie beim Treppensteigen.

Alida geht die Treppe so hoch, dass sie das Gefühl hat, dies noch stundenlang machen zu können. Leon rennt hoch, so schnell er kann (▸ Bild 02). Wenn beide am oberen Ende der Treppe angekommen sind, dann befinden sie sich 3,0 m höher als am unteren Ende.

Bei Alida messen wir die Dauerleistung. Sie hat eine Masse von 41 kg und sie benötigte 15 s für die Strecke. Mit der Gleichung $W = m \cdot g \cdot h$ ergibt sich:

$$P = \frac{W}{t} = \frac{41\,\text{kg} \cdot 9{,}8\,\frac{\text{N}}{\text{kg}} \cdot 3{,}0\,\text{m}}{15\,\text{s}} = 80\,\frac{\text{J}}{\text{s}} = 80\,\text{W}.$$

Bei Leon messen wir die kurzzeitige Höchstleistung. Er hat eine Masse von 51 kg und benötigte 2,5 s. Es ergibt sich:

$$P = \frac{W}{t} = \frac{51\,\text{kg} \cdot 9{,}8\,\frac{\text{N}}{\text{kg}} \cdot 3{,}0\,\text{m}}{2{,}5\,\text{s}} = 600\,\frac{\text{J}}{\text{s}} = 600\,\text{W}.$$

Bei einem erwachsenen Menschen beträgt die Dauerleistung etwa 100 W und die kurzzeitige Höchstleistung etwa 1000 W. ▸ Tabelle 04 zeigt die mechanische Leistung bei einigen körperlichen Aktivitäten.

02 Alida und Leon beim Treppensteigen

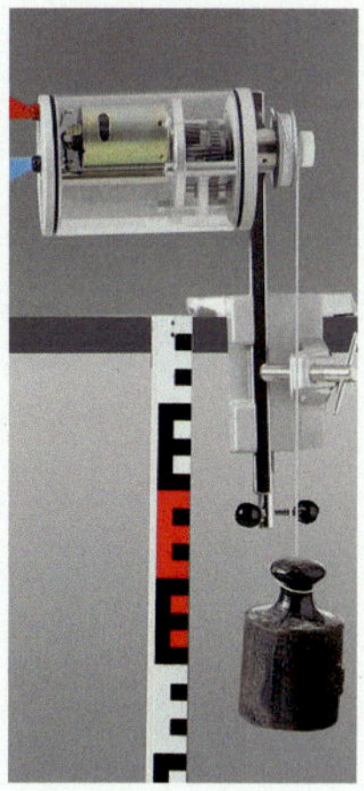

03

1 Noah (50 kg) und Jule (45 kg) wohnen im gleichen Haus. Noah im vierten, Jule im dritten Stock. Jedes Stockwerk hat eine Höhe von 2,8 m. Vom Erdgeschoss aus benötigt Noah über die Treppen 50 s nach Hause und Jule 40 s. Vergleiche die mechanischen Leistungen von Noah und Jule.

2 Ein Elektromotor zieht einen Körper der Masse 1,0 kg an einem Faden hoch (▸ Bild 03). Dafür wird in 4,0 s eine Energie von 10 J elektrisch auf ihn übertragen.

a) Wie hoch kann der Motor den Körper ziehen?

b) In Wirklichkeit zieht er den Körper um 60 cm nach oben. Berechne damit und mit dem Ergebnis aus a) den Wirkungsgrad des Motors.

$\frac{1\,\text{J}}{1\,\text{s}} = 1\,\text{W}$

Merkhilfe:
Wenn man auf der Erde in 1 s eine Tafel Schokolade 1 m hoch hebt, dann erbringt man eine mechanische Leistung von etwa 1 W.

Aktivität	*P* in W
gemütliches Gehen	ca. 40
Radfahren, Garten- und Hausarbeit	ca. 100
Joggen, Radfahren bergauf	150
Fußballspielen, rennen	220
Schwimmen (Kraulen), Skilanglauf	250

04 Mechanische Leistung bei einigen Aktivitäten

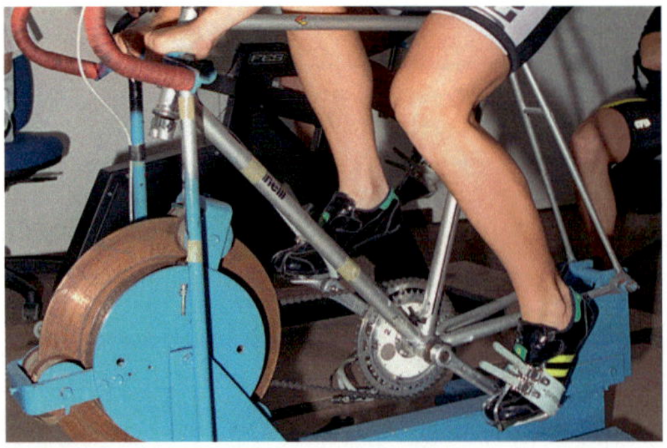

01 Kraft und Geschwindigkeit sind entscheidend!

02 Ein Radsportler beim Training

KRAFT, STRECKE UND LEISTUNG · Wie lässt sich nun bei einem Fahrrad-Ergometer die gewünschte mechanische Leistung einstellen? Der Widerstand beim Treten lässt sich verändern. Je größer du ihn einstellst, desto größer ist die Kraft, mit der du in die Pedale treten musst (▸ Bild 01). Wenn du den Widerstand eingestellt hast, dann kannst du deine Beine mehr oder weniger schnell bewegen. Die Geschwindigkeit der Beine ist also wichtig.
Bei den meisten Ergometern wird die Leistung direkt angezeigt. Wenn die Kraft und die Geschwindigkeit groß sind, dann ist die angezeigte Leistung auch besonders groß.

Außerdem zeigt das Ergometer eine scheinbar zurückgelegte Strecke s an.

Das kann man folgendermaßen erklären: Wenn eine mechanische Arbeit W verrichtet wird, dann ist sie das Produkt der benötigten Kraft F mit der zurückgelegten Strecke s, also: $W = F \cdot s$. Wenn man das in die Gleichung für die Leistung einsetzt, erhält man:

Für die Geschwindigkeit v gilt: $v = \frac{s}{t}$

$$P = \frac{W}{t} = \frac{F \cdot s}{t} = F \cdot \frac{s}{t} = F \cdot v.$$

Es ergibt sich die Gleichung $P = F \cdot v$. Sie fasst die im Text angesprochenen Zusammenhänge in knapper Form zusammen. Sie gilt nicht nur für Fahrrad-Ergometer, sondern allgemein.

Wenn Energie durch eine Kraft F bei einer Geschwindigkeit v übertragen wird, dann gilt dabei für die mechanische Leistung P: $P = F \cdot v$.

1 Ein Radsportler hat zusammen mit seinem Rad die Masse 70 kg und gibt eine mechanische Leistung von 350 W ab. Berechne die Zeit, die er benötigt, um 1000 Höhenmeter aufwärts zu fahren.

2 Der Motor eines Rennwagens und der Motor eines Traktors erbringen etwa die gleiche mechanische Leistung. Ein Traktor fährt trotzdem nicht so schnell wie ein Rennwagen. Dafür kann ein Rennwagen keinen Pflug ziehen. Erkläre.

3 Eine Radsportlerin gibt eine mechanische Leistung von 330 W ab und fährt dabei dauerhaft in der Ebene mit einer Geschwindigkeit von 36 $\frac{\text{km}}{\text{h}}$. Sie wird nicht schneller, weil die Reibung auf sie wirkt. Diese entsteht z.B. durch den Fahrtwind. Berechne den Betrag dieser Reibungskraft.

4 Wenn ein Autofahrer auf der ebenen Autobahn die Geschwindigkeitseinstellung am Tempomaten verdoppelt, dann vervierfacht sich die Reibungskraft.
a) Berechne den Faktor, um den sich dabei die Leistung erhöht.
b) Berechne den Faktor, um den sich dabei der Treibstoffverbrauch pro Zeit erhöht.

5 Beim Wasserkraftwerk Walchensee fällt das Wasser 200 m in die Tiefe und gibt dabei eine Leistung von 124 000 kW ab. Berechne die Masse des Wassers, das dabei jede Sekunde abfließt.

VERSUCHE ▸ Welche mechanische Leistung kannst du erbringen?

Material:

Lineal oder Maßband, Stoppuhr, Personenwaage, stabiler Stuhl, eine vollgepackte Schultasche

In den Versuchen kannst du deine eigene Leistung bestimmen. Du untersuchst auch, wie dein Körper dabei auf die Anstrengung reagiert.
Bei der Durchführung solltest du mit einem Partner zusammenarbeiten.

V1 Höchstleistung

Durchführung:

a) Steige 30 Sekunden lang so oft wie du kannst auf die Sitzfläche.
b) Nimm die Schultasche auf den Rücken und wiederhole die Messung wie in a).
c) Stelle 30 Sekunden lang die Schultasche so oft wie möglich vom Boden auf die Sitzfläche.
d) Bestimme bei a) bis c) jeweils deine mechanische Leistung. Die Werte werden sich unterscheiden. Vermute, woran das liegt.

V2 Leistung und Herzfrequenz

Durchführung:

Die Herzfrequenz ändert sich mit der erbrachten Leistung. Man kann sie durch Messen des Pulses am Handgelenk bestimmen (▸ Bild 03).
a) Bestimme deinen Ruhepuls (also ohne vorherige Anstrengung).
b) Führe folgende Tätigkeiten durch und bestimme immer direkt anschließend deinen Puls:
- eine Minute gemütliches Gehen,
- entspanntes Treppen hoch laufen (so lange wie möglich),
- eine Minute Joggen,
- Versuch V1 a).

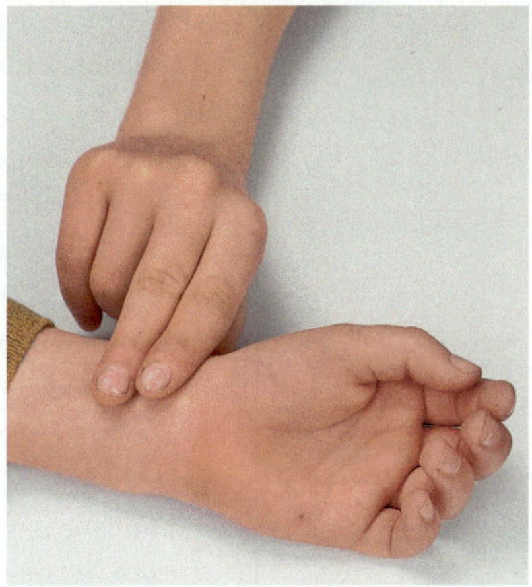

03 Pulsmessen am Handgelenk

c) Bestimme für die Tätigkeiten aus b) jeweils die mechanische Leistung. Vergleiche mit der Herzfrequenz.

Material A ▸ Der Wirkungsgrad bei einem Elektromotor

A1 In einem Versuch sollen Körper verschiedener Masse mit einem Elektromotor um 1,0 m hochgezogen werden.
a) ▸ Bild 04 stellt den Wirkungsgrad dieses Elektromotors in Abhängigkeit von der Masse dar. Erkläre anhand des Diagramms, für welchen Bereich dir der Motor besonders geeignet erscheint.
b) Um einen Körper mit 1,25 kg hochzuziehen, benötigt der Motor 6,1 s. Bestimme Nutz- und Eingangsleistung hierbei. Berechne auch die benötigte Energie.
Hinweis: $\eta = \frac{P_{\text{nutz}}}{P_{\text{ein}}}$.

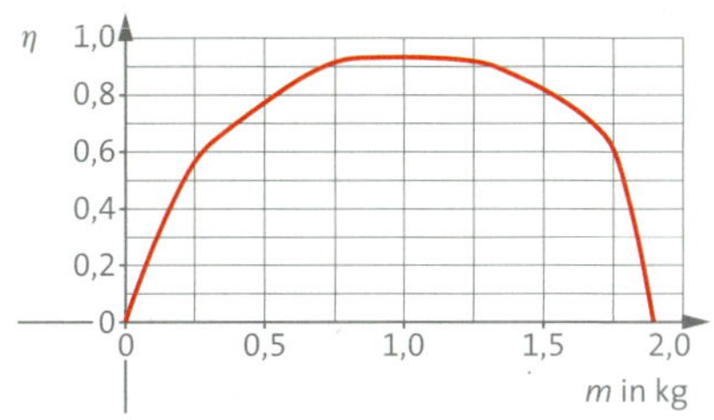

04 Wirkungsgrad

Material B ▸ Training auf dem Fahrrad-Ergometer

B1 Bei einem Fahrrad-Ergometer wird die mechanische Leistung schrittweise gesteigert (▸ Bild 05).
a) Bestimme die in den ersten drei Minuten übertragene Energie mithilfe des Diagramms.
Bestimme die insgesamt übertragene Energie.
b) Ein Pedal legt bei einer Umdrehung 1,0 m zurück. Im Trainingsprogramm tritt ein Sportler so, dass er dafür immer 1,0 s benötigt. Daher ändert sich die Kraft, mit der er auf die Pedale drückt.
Erkläre mithilfe des Diagramms.
Bestimme jeweils die Kraft.

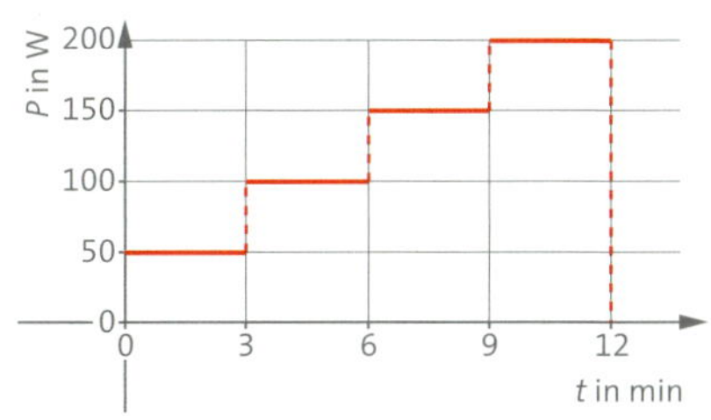

05 Trainingsprogramm

01 Larisza joggt

02 Pulsmessgerät

Beispiel:
Das Pulsmessgerät zeigt $f = 135$ bpm an.
Die Leistung P ist dann:
$P = 53\ \text{bpm} \cdot 2\,\frac{\text{W}}{\text{bpm}}$
$= 106\ \text{W}$.

BLICKPUNKT

Leistung beim Menschen

Grund- und Leistungsbedarf · Selbst wenn du schläfst, benötigt dein Körper Energie für den **Grundbedarf.** Diese Energie ist nötig für Atmung, Herzschlag, Körpertemperatur und dergleichen mehr. Dein Körper hat diese Energie beispielsweise in Form von Zucker gespeichert. So kann dein Körper diese Energie jederzeit freisetzen. Dazu „verbrennt" er den Zucker mithilfe von eingeatmetem Sauerstoff. Die Menge an „verbranntem" Sauerstoff kann man messen. So stellt man fest, dass ein Mensch mit 50 kg Masse etwa 5000 kJ am Tag für den Grundbedarf benötigt. Die damit verbundene Leistung beträgt:

$$P = \frac{W}{t} = \frac{5000\ \text{kJ}}{24 \cdot 3600\ \text{s}} = 60\ \text{W}.$$

Für jede Aktivität kommt zum Grundbedarf der **Leistungsbedarf** wie z. B. beim Treppensteigen hinzu. Wenn du dich bewegst, dann steigt automatisch deine **Herzfrequenz.** Die Messung des Leistungsbedarfs mithilfe des geatmeten Sauerstoffs ist allerdings aufwendig. Man bestimmt den Leistungsbedarf einfacher, indem man die Herzfrequenz misst.

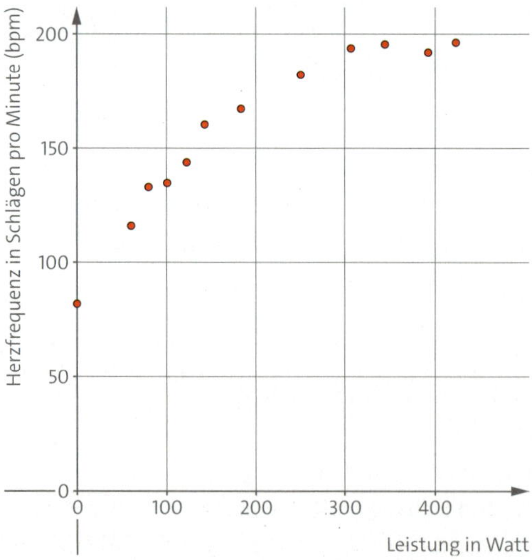

03 Herzfrequenz und Leistung beim Treppensteigen

Leistung und Herzfrequenz · Wir haben in einem Versuch untersucht, wie die Herzfrequenz von der mechanischen Leistung des Körpers abhängt: Die Schülerin Larisza band sich das Pulsmessgerät wie in ▸ Bild 02 um ihr Handgelenk. Sie stieg mehrmals mit verschiedenen Geschwindigkeiten in einem Treppenhaus acht Meter nach oben und bestimmte jeweils die mechanische Leistung und die Herzfrequenz.

Das Ergebnis zeigt ▸ Bild 03. Zunächst erkennen wir, dass Larisza einen **Ruhepuls** von 82 Schlägen pro Minute (kurz: bpm, **beats per minute**) hatte. Das ist ein normaler Wert für Jugendliche. Ihre maximale mechanische Leistung betrug 420 W. Damit liegt sie im Mittelmaß, der Maximalwert in ihrer Klasse betrug 700 W, der Minimalwert 270 W.

Nun suchen wir nach einem Zusammenhang zwischen mechanischer Leistung und Herzfrequenz: Anscheinend stieg Lariszas Herzfrequenz bis ungefähr 160 W linear an. Dabei beträgt die Steigung $0{,}5\,\frac{\text{bpm}}{\text{W}}$. Larisza benötigte somit einen zusätzlichen Herzschlag pro Minute, also ein bpm, um eine zusätzliche mechanische Leistung von zwei Watt zu erbringen. Bis zu einer mechanischen Leistung von 160 W konnte Larisza also ihre mechanische Leistung mit ihrem Pulsmessgerät bestimmen. Dazu subtrahiert sie vom angezeigten Puls f den Ruhepuls. Die Differenz multipliziert sie mit $2\,\frac{\text{W}}{\text{bpm}}$:

$$P = (f - 82\ \text{bpm}) \cdot 2\,\frac{\text{W}}{\text{bpm}} \quad \text{für} \quad P \leq 160\ \text{W}.$$

Leistung und Stoffwechsel · Ab einer Leistung von 300 W stabilisiert sich die Herzfrequenz bei etwa 195 bpm. Lariszas Körper kann die Herzfrequenz anscheinend nicht weiter erhöhen. Aber dennoch kann Larisza ihre Leistung noch um 40 % auf 420 W steigern. Wie ist das möglich?

Durch die Erhöhung der Herzfrequenz von 82 bpm auf 195 bpm konnte Larisza mehr Blut durch ihre Lungen pumpen, mehr Sauerstoff aufnehmen und so mehr Zucker „verbrennen". So konnte sie ihre Leistung bis zu 160 W steigern. Aber was passierte dann? Ihr Körper kann Zucker in begrenzter Menge auch ohne Sauerstoff „verbrennen". So konnte sie ihre Leistung auch über 400 W hinaus steigern. Man spricht dann von **anaerober Energiefreisetzung,** weil hierfür keine Atemluft benötigt wird. Im Gegensatz dazu läuft bei Larisza bei Leistungen unter 160 W die **aerobe Energiefreisetzung** ab.

Schwitzen · Larisza konnte eine mechanische Leistung von 420 W erbringen. Dabei kam sie ganz schön ins Schwitzen. Denn ihre Muskeln setzen von der zugeführten Energie 40 % in mechanische Energie um und 60 % in thermische Energie. Damit die Muskeln die richtige Temperatur von 37 °C behalten, bildet sich auf der Haut Schweiß. Dieser verdunstet und kühlt Larisza. Als Larisza eine mechanische Leistung von 420 W erbrachte, setzten ihre Muskeln also insgesamt die folgende Leistung frei:

$$P = \frac{420\ \text{W}}{0{,}4} = 1050\ \text{W}.$$

Wirkungsgrad · Die Muskeln haben offenbar einen Wirkungsgrad von 40 %. Aber wenn Larisza die Treppe hoch steigt, dann müssen nicht nur die Skelettmuskeln arbeiten. Denn es müssen ja auch die Herzfrequenz und die Atemfrequenz erhöht werden. Insgesamt erreicht ihr Körper bestenfalls einen Wirkungsgrad von 25 %. Wenn sie also ein Stück Würfelzucker mit 50 kJ isst, dann kann sie $50\ \text{kJ} \cdot 0{,}25 = 12{,}5\ \text{kJ}$ an mechanischer Energie freisetzen. Damit kann sie sich also folgende Zeitspanne mit maximaler Leistung bewegen. Wegen $P = \frac{W}{t}$ gilt:

$$t = \frac{W}{P} = \frac{12\,500\ \text{J}}{420\ \text{W}} \approx 30\ \text{s}.$$

Individuelle Schwelle · Die Schwelle zur anaeroben Energiefreisetzung liegt bei jedem Menschen bei einer individuellen Leistung und hängt auch vom Trainingszustand ab. Beispielsweise hat der Radsportler Jacob Zurl die Herzfrequenz abhängig von seiner Leistung vor und nach einer halbjährigen Trainingsphase aufgezeichnet (▸ Bild 04, rot bzw. blau). Dabei hat sich die Schwelle zur anaeroben Verbrennung von ungefähr 350 W zu etwa 400 W verschoben. Der Radler kann nun ausdauernd mit einer Leistung von 400 W fahren.

aerob = mit Sauerstoff
anaerob = ohne Sauerstoff

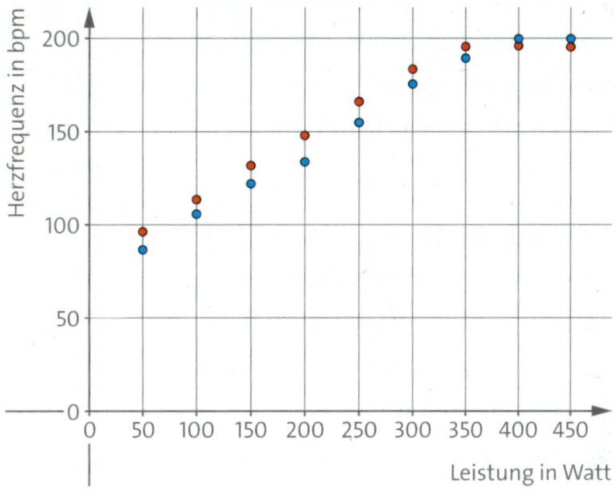

04 Herzfrequenz und Leistung eines Radsportlers

1 Ein Sportler kann während eines Sprints eine höhere Leistung erzielen als während eines Langlaufs. Erkläre.

2 Beschreibe, wie du mit dem Pulsmessgerät im ▸ Bild 02 beim Sport ständig die von dir mechanisch abgegebene Leistung bestimmen kannst.

3 Erkläre, wie du mit dem Pulsmessgerät im ▸ Bild 02 bestimmen kannst, welche mechanische Leistung du dauerhaft abgeben kannst.

4 Beschreibe, wie du deinen Puls nur mit einer Uhr bestimmen kannst und erläutere die Vorteile eines Pulsmessgeräts.

Bedeutung der Energie

Ohne Energie können Pflanzen, Tiere und Menschen nicht überleben.
Immer wenn wir etwas bewegen, heben, biegen, spannen, erleuchten, erwärmen, ausrufen, verdichten, schmelzen oder verdampfen, dann brauchen wir Energie.
Die Energie wird mit E bezeichnet.
Die Einheit der Energie ist ein Joule (1 J).

Eigenschaften der Energie

Energiespeicher: Energie kann gespeichert werden. Unser Körper speichert Energie beispielsweise als Zucker und Fett. Wir nutzen Energiespeicher wie Akkus und Pumpspeicherkraftwerke.
Kohle, Erdöl und Erdgas stellen fossile Energiespeicher dar.

Energieübertragung: Energie kann übertragen werden. Die Energieübertragung kann auf verschiedene Arten erfolgen, z.B. durch Licht, durch den elektrischen Strom (als **elektrische Energie**), durch die Drehbewegung einer Achse usw.

Energieformen: Energie kommt in verschiedenen Formen vor.
Ein angehobener Körper hat **potenzielle Energie.** Je höher er sich befindet, desto größer ist seine potenzielle Energie.
Wenn sich ein Körper bewegt, dann hat er **kinetische Energie.** Je schneller er sich bewegt, desto größer ist seine kinetische Energie.
Ein elastisch verformter Körper hat **Spannenergie.** Je stärker er verformt ist, desto größer ist seine Spannenergie.
Potenzielle Energie, kinetische Energie und Spannenergie sind Formen der **mechanischen Energie.**
Ein Körper hat **thermische Energie.** Je höher seine Temperatur ist, desto größer ist seine thermische Energie.
In Brennstoffen und Nahrungsmitteln ist **chemische Energie** gespeichert.

Energiewandler: Bei der Energieübertragung sind Energiewandler wichtig.
Ein Energiewandler bekommt die Energie auf eine bestimmte Art und gibt sie gleichzeitig auf eine andere Art wieder ab.

Energieübertragungskette: Eine Energieübertragungskette besteht aus mehreren hintereinander angeordneten Energiewandlern. Um Energieübertragungsvorgänge darzustellen, verwendet man Energieflussdiagramme (▸ Bild 01).

Energieerhaltungssatz: Energie kann weder vermindert noch vermehrt werden. Sie bleibt erhalten.

Abgeschlossenes System: Ein idealisiertes abgeschlossenes System ist dadurch gekennzeichnet, dass Energie weder hinein noch hinaus gelangen kann. In einem abgeschlossenen System bleibt die Gesamtenergie stets konstant, auch wenn in ihm Energieumwandlungen stattfinden.

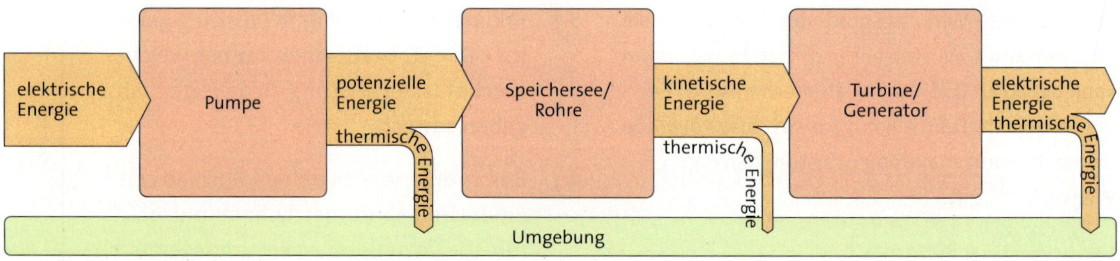

01 Energieflussdiagramm

Arbeit

Arbeit als physikalische Größe: Wenn auf einen Körper entlang der Strecke s eine Kraft F in Bewegungsrichtung ausgeübt wird, dann wird Energie auf ihn übertragen. Diese mechanisch übertragene Energie wird als Arbeit W bezeichnet. Die Arbeit hat die gleiche Einheit wie die Energie: 1 J.
Für die verrichtete Arbeit gilt: $W = F \cdot s$.
Für die Einheit Joule gilt: 1 J = 1 N · m.

Goldene Regel der Mechanik: Wenn an einem Körper auf unterschiedliche Weise mechanische Arbeit verrichtet wird, gilt stets: $W = F \cdot s$.
Je größer die zurückgelegte Strecke s ist, desto kleiner ist die ausgeübte Kraft F.

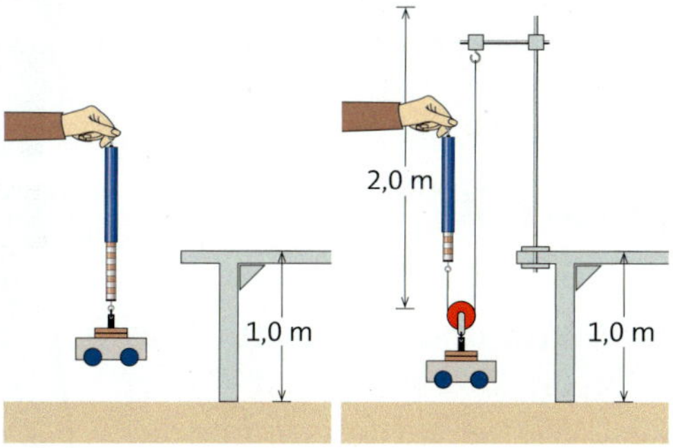

02 Anheben eines Wagens auf unterschiedliche Weise

Hubarbeit: Beim Anheben eines Körpers der Masse m auf die Höhe h wird an ihm Hubarbeit verrichtet. Dabei nimmt seine potenzielle Energie um folgenden Betrag zu:
$W = F \cdot s = m \cdot g \cdot h$.

Mechanische Leistung: Die mechanische Leistung P gibt an, wie viel Arbeit W in einer bestimmten Zeit t verrichtet wird:
$P = \frac{W}{t}$.
Wird die Arbeit durch eine Kraft F bei einer Geschwindigkeit v übertragen, gilt auch:
$P = F \cdot v$.

Überprüfe dich selbst:

Kann ich ...

... erklären, wozu Lebewesen und Maschinen Energie benötigen und woher sie diese bekommen? (S. 70)

... die Speicherung von Energie an Beispielen erläutern? (S. 71, 84)

... die Übertragung von Energie an Beispielen erläutern? (S. 72 f., 79)

... Energieumwandlungen erläutern? (S. 76 f.)

... energetische Vorgänge mit Worten und anhand von Energieflussdiagrammen beschreiben? (S. 77, 79)

... Energieformen nennen und erläutern? (S. 80)

... den Begriff abgeschlossenes System erläutern? (S. 85)

... ein Experiment zur Bestimmung mechanischer Arbeit beschreiben? (S. 90 f.)

... die Bedingung nennen, unter der die Gleichung $W = F \cdot s$ gilt? (S. 92 f.)

... die Gleichung für die Hubarbeit nennen? (S. 93 f.)

... Berechnungen zur Hubarbeit durchführen? (S. 94)

... das Hebelgesetz nennen? (S. 96)

... Berechnungen mit dem Hebelgesetz durchführen? (S. 96 f.)

... einseitige und zweiseitige Hebel unterscheiden? (S. 97)

... ein Experiment zur Messung der mechanischen Leistung beschreiben? (S. 99)

... Berechnungen zur mechanischen Leistung durchführen? (S. 99 f.)

... die Bedeutung der Gleichung $P = F \cdot v$ erklären? (S. 100)

Thermische Energie und Wärme

In diesem Kapitel beschäftigst du dich mit

- dem Unterschied zwischen den Begriffen Wärme und Temperatur. Dieser zeigt sich zum Beispiel beim Schmelzen von Eis: Einem Topf mit Wasser und Eiswürfeln kann man viel Energie, also Wärme, zuführen, ohne dass sich die Temperatur ändert. Nur das Eis schmilzt währenddessen.
- den verschiedenen Möglichkeiten, Wärme von einem Körper auf einen anderen zu übertragen. In manchen Fällen möchte man eine Wärmeübertragung beschleunigen, in anderen Fällen möchte man sie gerade verhindern.
- der Frage, wie man die Energie, die uns von der Sonne erreicht, möglichst gut verwerten kann.

01 Wie kann man Wasser möglichst effizient erwärmen?

Energie, Wärme und Temperatur

Es gibt verschiedene Möglichkeiten, Wasser zu erwärmen. Dabei ist es nicht so einfach zu beurteilen, welche der Möglichkeiten am wenigsten Energie benötigt.

Betrachten wir zum Beispiel den Topf auf dem Elektroherd: Außer dem Wasser müssen auch noch der Topf und die Herdplatte erwärmt werden. Wenn die Herdplatte zu groß ist, dann geht viel Energie statt in den Topf in die Umgebung. Wenn der Topf zu groß ist, wird viel Energie benötigt, um den Topf zu erhitzen.
Und beim Wasserkocher? Auch hier wird nicht nur das Wasser erwärmt.

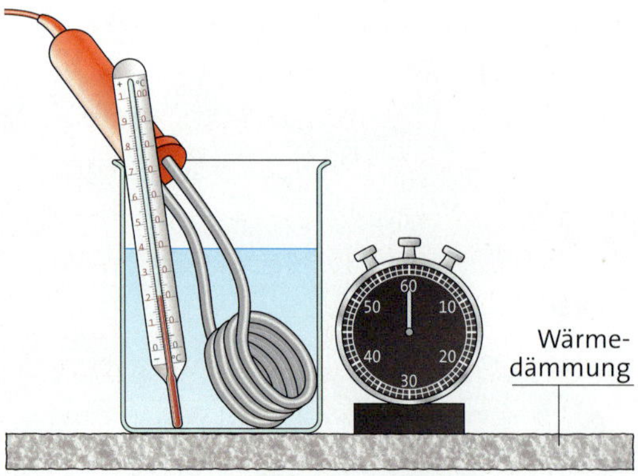

02 Wasser wird mit einem Tauchsieder erwärmt.

ENERGIE UND WÄRME · Um herauszufinden, wie viel Energie für die reine Erwärmung des Wassers notwendig ist, führen wir den folgenden Versuch durch (▸ Bild 02). Dabei achten wir darauf, dass möglichst wenig Gefäßmaterial erwärmt wird. Außerdem soll möglichst wenig Energie in die Umgebung abgegeben werden. Wir füllen 1 kg Wasser in ein dünnwandiges, wärmegedämmtes Becherglas. Anschließend erwärmen wir das Wasser mit einem Tauchsieder, bis die Temperatur des Wassers um 10 K gestiegen ist. Mit einer Stoppuhr messen wir die dafür benötigte Zeit. Aus der Leistung P des Tauchsieders und der gemessenen Zeit können wir die dem Wasser zugeführte Energie berechnen.
Für die Energie, die thermisch von einem Körper auf einen anderen übertragen wird, benutzt man in der Physik auch den Begriff **Wärme** mit dem Größensymbol Q.

Die Wärme Q gibt an, wie viel Energie ein Körper thermisch aufnimmt oder abgibt. Ihre Einheit ist ein Joule (1 J).

Für die thermische Leistung gilt entsprechend: $P = \frac{Q}{t}$.

Wir führen die Messung für verschiedene Temperaturdifferenzen ΔT durch. Das Ergebnis zeigt ▸ Bild 03. Dort ist die zugeführte Energie über der Temperaturänderung aufgetragen. Die Messwerte liegen auf einer Ursprungsgeraden. Das heißt, dass die zugeführte Wärme Q und die Temperaturerhöhung ΔT des Wassers proportional zueinander sind.

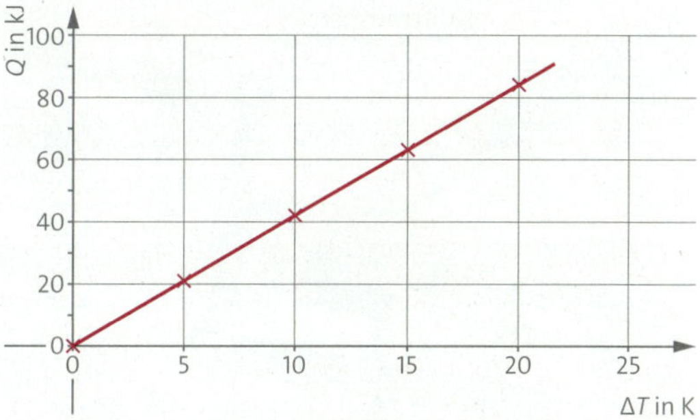

03 Q und ΔT sind proportional zueinander.

Aus dem Diagramm können wir die Wärme bestimmen, die man benötigt, um 1 kg Wasser um 1 K zu erwärmen. Die Steigung $\frac{Q}{\Delta T}$ der Geraden liefert uns dafür den Wert 4,2 kJ.

Um 1 kg Wasser um 1 K zu erwärmen, benötigt man 4,2 kJ Energie.

ΔT in K	m in kg	Q in kJ
1	1	4,2
5	1	$4{,}2 \cdot 5 = 21$
5	2	$4{,}2 \cdot 2 \cdot 5 = 42$
$\{\Delta T\}$	$\{m\}$	$4{,}2 \cdot \{m\} \cdot \{\Delta T\}$

04 Q und ΔT sind proportional zueinander.

Wir müssen hier die Masse und nicht das Volumen betrachten, weil das Volumen sich mit der Temperatur ändert.

Um die doppelte Wassermenge um 1 K zu erwärmen, muss die doppelte Wärme zugeführt werden. Mit einem Versuch können wir das leicht bestätigen. Wir halten fest: Die Wärme Q und die Masse m des Wassers sind ebenfalls proportional zueinander.

Und wie viel Wärme benötigt man nun, um z.B. 2 kg Wasser um 5 K zu erwärmen? Nach ▸ Tabelle 04 benötigt man dafür

$Q = 4{,}2 \cdot 2 \cdot 5\ \text{kJ} = 42\ \text{kJ}.$

Allgemein formuliert: Um eine bestimmte Masse Wasser um eine bestimmte Temperatur zu erwärmen, benötigt man die Energie

$$Q = 4{,}2\,\frac{\text{kJ}}{\text{kg} \cdot \text{K}} \cdot m \cdot \Delta T = c \cdot m \cdot \Delta T$$

mit der Proportionalitätskonstanten $c = 4{,}2\,\frac{\text{kJ}}{\text{kg} \cdot \text{K}}$.

SPEZIFISCHE WÄRMEKAPAZITÄT · Wenn man den Versuch mit Spiritus anstatt mit Wasser durchführt, erhält man einen anderen Zahlenwert für die Proportionalitätskonstante c. Die Gleichung für Q ändert sich jedoch nicht. Der Wert der Konstanten c ist spezifisch für den jeweiligen Stoff. Deshalb nennt man c die spezifische Wärmekapazität des Stoffes. In ▸ Tabelle 5 sind einige Beispiele für c angegeben.

Im Vergleich zu Wasser hat Spiritus eine viel kleinere Wärmekapazität. Das bedeutet, dass man bei Spiritus für dieselbe Temperaturerhöhung viel weniger Wärme zuführen muss als bei der gleichen Masse an Wasser. Demzufolge kann Spiritus im Vergleich zu Wasser auch weniger Wärme aufnehmen.
Wir fassen zusammen:

Um einen Körper der Masse m um die Temperaturdifferenz ΔT zu erwärmen, benötigt man die Wärme
$Q = c \cdot m \cdot \Delta T$.
c ist die spezifische Wärmekapazität des Stoffes, aus dem der Körper besteht.

Stoff	c in $\frac{\text{kJ}}{\text{kg} \cdot \text{K}}$
Wasser	4,2
Spiritus	2,4
Speiseöl	1,7
Luft	1,0
Aluminium	0,9
Mauerwerk	0,8

05 Spezifische Wärmekapazität für ausgewählte Stoffe

1 In einem Aluminiumtopf mit 0,2 kg Masse befindet sich 1 kg Wasser. Berechne die Wärme, die mindestens zugeführt werden muss, um Topf und Wasser von 20 °C auf 100 °C zu erwärmen.

2 100 g Milchschokolade enthalten 2245 kJ Energie. Berechne, wie viel Wasser bzw. Speiseöl (jeweils in kg) man mit dieser Energie um 50 K erwärmen könnte.

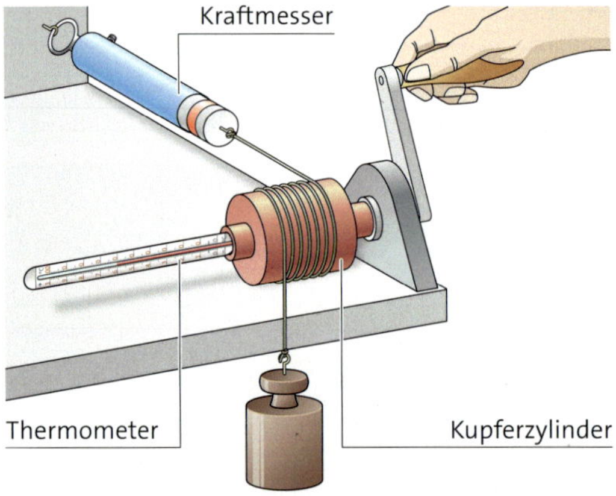

01 Temperaturerhöhung durch Reibung

ENERGIE WIRD MECHANISCH ZUGEFÜHRT · Durch die Zufuhr von Wärme kann die Temperatur und damit die thermische Energie eines Körpers erhöht werden. Gibt der Körper Wärme ab, nimmt dadurch auch seine thermische Energie ab. ▸ Bild 01 zeigt eine Apparatur, mit der einem Kupferzylinder auf mechanische Weise Energie zugeführt wird. Um den Zylinder ist mehrmals eine Schnur geschlungen. Diese Schnur wird auf der einen Seite durch einen Federkraftmesser gehalten, am anderen Ende hängt ein Massestück. In dem Kupferzylinder steckt ein Thermometer, das die Temperatur des Zylinders anzeigt. Wenn man nun den Kupferzylinder mehrfach mit der Kurbel dreht, dann steigt seine Temperatur, weil die Schnur am Zylinder reibt. Aus der gemessenen Reibungskraft und der Strecke, die die Schnur auf dem Zylinder zurücklegt, lässt sich die mechanische Arbeit berechnen, die während einer Kurbelumdrehung verrichtet wird. Diese vergleicht man mit der Energiezunahme, die man erhält, wenn man in die Formel $Q = c \cdot m \cdot \Delta T$ die Werte für c und m für den Kupferzylinder und die gemessene Temperaturerhöhung einsetzt. Genaue Messungen haben gezeigt, dass beide Energiebeträge gleich groß sind.

BLICKPUNKT

Der Versuch von R. MAYER und J. P. JOULE

Bis Mitte des 19. Jahrhunderts war noch nicht klar, dass das, was wir heute thermische Energie nennen, überhaupt Energie ist. Eine Reihe experimenteller Beobachtungen führte zu der Vermutung, dass es möglich sein müsste, mechanische Energie in thermische Energie umzuwandeln. Um 1850 gelang R. MAYER (1814–1878) und J. P. JOULE (1818–1889) die experimentelle Bestätigung dieser Vermutung. Die Idee ihrer Versuche zeigt ▸ Bild 02. Zwei herabsinkende Eisenklötze treiben eine Art Wasserrad an. Dadurch wird dem Wasser Energie mechanisch zugeführt. MAYER und JOULE konnten tatsächlich eine Erhöhung der Temperatur des Wassers beobachten. Sie stellten fest, dass die Erhöhung der Temperatur proportional zur mechanisch zugeführten Energie ist.

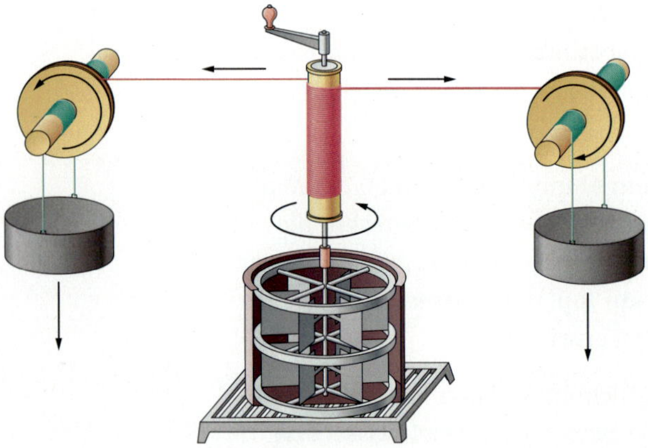

02 Versuch von MAYER und JOULE

JOULE ließ bei seinem Versuch die beiden Massestücke, von denen jedes ca. 13 kg wog, jeweils um eine Strecke von ca. 1,60 m herabsinken. Er wiederholte den Versuch 20-mal mit dem folgenden Ergebnis: „Damit sich 1,00 Pfund Wasser um 1 °F (Fahrenheit) erwärmt, musste eine Masse von 781,5 Pfund um 1,00 Fuß abgesenkt werden.“
(1 Pfund = 0,454 kg; 1 Fuß = 0,305 m; ein Temperaturunterschied von 1 °F entspricht $\frac{5}{9}$ K)

1 Berechne aus den Angaben von JOULE die spezifische Wärmekapazität von Wasser.

Material A ▸ Der Abseilachter

03 Abseilachter

Beim Klettern im Gebirge muss man sich oft abseilen. Zuvor wird das Seil durch einen Abseilachter gefädelt (▸ Bild 03). Dieser ist mit Kletterer und Seil verbunden. Die Reibung des Seils im Abseilachter ist so groß, dass der Kletterer langsam und sicher nach unten gleitet.

A1 a) Ein Kletterer der Masse 70 kg seilt sich über eine 20 m hohe Felswand ab. Dadurch ändert sich seine potenzielle Energie $E = m \cdot g \cdot h$. Berechne den Unterschied der potenziellen Energie.
b) Der Abseilachter hat eine Masse von 90 g und besteht aus Aluminium. Vor dem Abseilen hat der Abseilachter eine Temperatur von 24 °C. Berechne die Temperatur, die der Abseilachter maximal annehmen kann. Nimm dazu an, dass die gesamte Energie aus a) zur Erwärmung des Abseilachters führt.
c) Erläutere, welche Rolle die Abseilgeschwindigkeit bei der Erwärmung des Abseilachters spielt.
d) Die Kletterseile bestehen hauptsächlich aus Kunststoff. Dieser Kunststoff schmilzt bei etwa 200 °C. Im praktischen Einsatz wird der Abseilachter aber nicht so heiß, wie in b) berechnet. Überlege dir mögliche Ursachen dafür.

Material B ▸ Was ist eine Kalorie?

Getränkepulver aus löslichem Bohnenkaffee, Kaffeeweißer und Zucker			
Nährwerte	pro 100 g	pro Tasse á 14 g und 150 ml Wasser	% Tageszufuhr*
Brennwerte	1714 kJ 407 kcal	240 kJ 57 kcal	3 %
Eiweiß	10,5 g	1,5 g	3 %
Kohlenhydrate -davon Zucker	65,0 g 51,4 g	9,1 g 7,2 g	4 % 8 %
Fett - davon gesättigte Fettsäuren	11,6 g 10,8 g	1,6 g 1,5 g	2 % 8 %
Ballaststoffe	4,1 g	0,6 g	2 %

04 Brennwertangaben

Auf Nahrungsmittelverpackungen findest du häufig noch die Angabe von Kalorien (▸ Bild 04). Damit wird der Energiegehalt der Nahrung angegeben. Das Wort „Kalorie" kann sich auf eine Kalorie (1 cal) oder auf eine Kilokalorie (1 kcal = 1000 cal) beziehen. Beides sind alte Energieeinheiten.

B1 a) Berechne aus den Angaben im ▸ Bild 04 den Umrechnungsfaktor von kcal in kJ.
b) Gib die Energie an, die man benötigt, um 1 g Wasser um 1 K zu erwärmen.
c) In einem alten Physikbuch steht: 1 Kalorie ist die Wärmemenge, die benötigt wird, um 1 g Wasser von 14,5 °C auf 15,5 °C zu erwärmen. Vergleiche diese Aussage mit den Ergebnissen aus B1a und B1b.

B2 a) Du hast einen Schokoriegel von 18 g mit dem Energiegehalt von 410 kJ gegessen. Berechne den Höhenunterschied, den du damit in den Bergen erwandern könntest.
b) Max sagt: „Dann brauche ich ja nur drei Riegel, um von Ehrwald (994 m) auf die Zugspitze (2962 m) zu klettern." Nimm Stellung.

B3 Um den Energiegehalt von Lebensmitteln zu bestimmen, verbrennt man diese im Labor in einem besonderen, isolierten Gefäß zu Asche. In dem Gefäß befindet sich Wasser, das dabei erwärmt wird. Die Temperaturerhöhung des Wassers wird gemessen.
Im Labor wurde auf diese Weise 1,5 g Zucker verbrannt. In dem Gefäß befanden sich 160 g Wasser. Der Temperaturverlauf wurde gemessen und in einem Diagramm dargestellt (▸ Bild 05).
Berechne den Energiegehalt von 1,5 g Zucker.

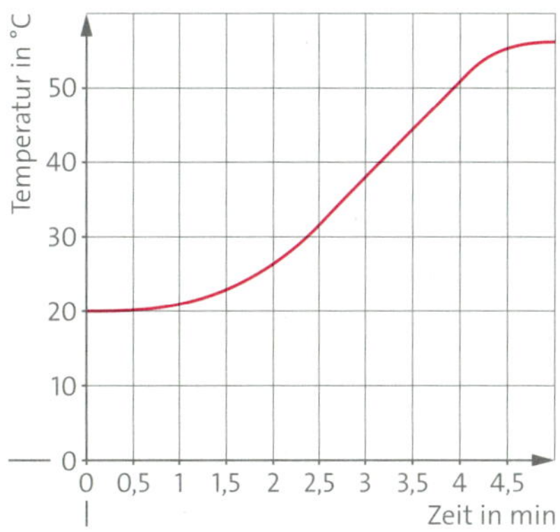

05 Temperaturverlauf von 160 g Wasser beim Verbrennen von 1,5 g Zucker

01 Eis kühlt Getränke besonders gut.

Wechsel der Aggregatzustände

Kalte Getränke sind erfrischend. Zum Kühlen wird nur wenig Eis verwendet. Trotzdem erhalten wir einen großen Temperaturunterschied. Warum reichen so wenige Eiswürfel?

DAS SCHMELZEN MACHT DEN UNTERSCHIED · Die gleiche Menge Wasser würde das Getränk nicht so gut kühlen wie das Eis. Für einen Vergleich von „Kühlen mit Eis" und „Kühlen mit Wasser" brauchen wir Wasser und Eis von derselben Temperatur. Dies erreichen wir nur bei 0 °C. Bei tieferen Temperaturen wäre alles Wasser gefroren, bei höheren Temperaturen alles Eis geschmolzen. Wir geben eine größere Menge zerstoßenes Eis in Wasser und rühren einige Minuten um. Anschließend trennen wir das Wasser vom Eis und kontrollieren die Temperatur. Wasser und Eis haben jetzt dieselbe Temperatur von 0 °C. Wir nehmen nun zwei Gläser mit jeweils 100 g Wasser der Temperatur 45 °C. In das eine Glas geben wir 50 g des Wassers mit 0 °C dazu (▸ Bild 02 A) und in das andere Glas 50 g Eis von 0 °C (▸ Bild 02 B). Wir rühren um, bis das Eis in dem einen Becherglas ganz geschmolzen ist. Dann messen wir in beiden Gläsern die Temperatur des Wassers. Das Wasser im Glas, in das Eis gegeben wurde, hat jetzt die Temperatur 4 °C, das Wasser im anderen Glas jedoch 30 °C.

Obwohl wir genauso viel Eis von 0 °C wie Wasser von 0 °C zugegeben hatten, ist die Temperatur nach Zugabe von Eis viel niedriger. Dies kann nur am Schmelzen des Eises liegen.

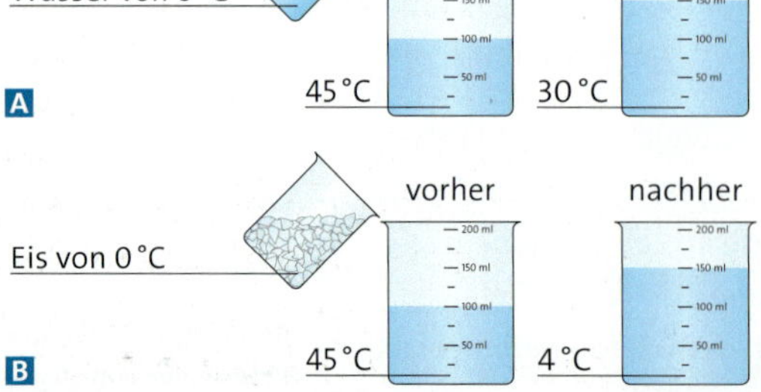

02 Eis kühlt stäker als Wasser.

DIE SCHMELZWÄRME · Zum Schmelzen des Eises ist offensichtlich Wärme nötig. Diese Wärme liefert das umgebende Wasser. Deshalb kann man Wasser mit Eis so gut kühlen.
Genaue Messungen haben ergeben, dass zum Schmelzen von 1 kg Eis eine Wärme von 334 kJ nötig ist.

/// Um 1 kg Eis zu schmelzen, benötigt man eine Wärme von 334 kJ.

Du kannst dir sicher gut vorstellen, dass man doppelt soviel Wärme benötigt, um 2 kg Eis zu schmelzen. Das heißt, die zum Schmelzen nötige Wärme Q ist proportional zur Masse m des Eises. Daraus folgt:

$Q = s \cdot m.$

Wenn man einen anderen Stoff als Eis schmilzt, dann erhält man einen anderen Zahlenwert für die Proportionalitätskonstante s und die Schmelztemperatur. s ist stoffspezifisch und heißt deshalb **spezifische Schmelzwärme** des Stoffes. Sie gibt an, wie viel Wärme man 1 kg dieses Stoffes zuführen muss, um ihn zu schmelzen. Wir fassen zusammen:

Um einen Körper der Masse m zu schmelzen, muss man ihm die Wärme
$Q = s \cdot m$
zuführen.
s ist die spezifische Schmelzwärme des Stoffes, aus dem der Körper besteht.
s hat die Einheit $1\,\frac{\text{kJ}}{\text{kg}}$.

SCHMELZVORGANG UND TEMPERATUR · Um den Schmelzvorgang genauer zu untersuchen, erwärmen wir Fixiersalz in einem Reagenzglas und messen gleichzeitig die Temperaturänderung des Salzes. Dazu stellen wir das Reagenzglas mit dem Fixiersalz und dem Thermometer in kochend heißes Wasser. Den Temperaturverlauf zeigt ▸ Bild 03. In diesem Bild erkennen wir drei Bereiche:

Im Bereich I wird Wärme zugeführt, die Temperatur steigt an. Das heißt, die thermische Energie wird größer.
Im Bereich II schmilzt das Fixiersalz und die Temperatur bleibt trotz Wärmezufuhr konstant. Wenn die Temperatur konstant bleibt, dann ändert sich auch die thermische Energie nicht.
Im Bereich III ist das Fixiersalz vollständig geschmolzen und die Temperatur steigt weiter an, das heißt, die thermische Energie wird wieder größer.

EINE „VERSCHWUNDENE“ ENERGIE? · Wo bleibt die Energie im Bereich II? Die thermische Energie kann es nicht sein. Offenbar wird diese „verschwundene“ Energie zum Schmelzen des Fixiersalzes benötigt. Beim Schmelzen wird der feste Zusammenhalt der Teilchen gelöst. Diesen Vorgang umfasst der Begriff der thermischen Energie nicht. Wir müssen also unseren Energiebegriff erweitern und verwenden einen neuen Begriff, die **innere Energie.** Dieser neue Energiebegriff umfasst jetzt auch die „verschwundene“ Energie.

Die innere Energie ist die gesamte Energie, die in einem Körper steckt.

Die innere Energie umfasst nicht die kinetische Energie eines Körpers als Ganzes, nicht die Spannenergie und auch nicht die potenzielle Energie.

ERSTARREN · Den zum Schmelzen umgekehrten Vorgang, das Erstarren, können wir nun mithilfe des Teilchenmodells verstehen. Beim Erstarren lagern sich die Teilchen wieder aneinander an. Dabei wird innere Energie frei. Sie wird durch thermische Energieübertragung an die Umgebung abgegeben, sodass die Temperatur der Umgebung steigt.

1 **a)** Berechne die Wärme, die man benötigt, um 100 g Eis zu schmelzen.
b) Berechne, auf welche Temperatur man 100 g Wasser von 0 °C mit der Wärme aus a) erwärmen kann.

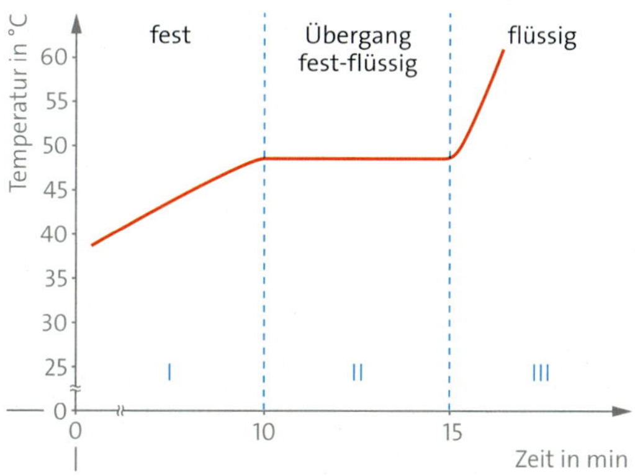

03 Temperaturverlauf beim Schmelzen von Fixiersalz

01 Dampfender Teekessel

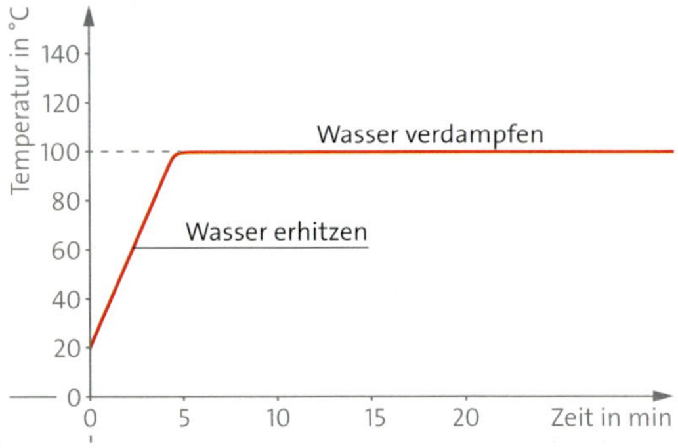

02 Temperaturverlauf beim Sieden von Wasser

VERDAMPFEN · Das Wasser im Teekessel auf der heißen Herdplatte verdampft (▸ Bild 01). Dabei wechselt das Wasser seinen Aggregatzustand von flüssig zu gasförmig. Geschieht beim Verdampfen von Wasser etwas Ähnliches wie beim Schmelzen von Eis?

In einem Versuch überprüfen wir, ob trotz Wärmezufuhr die Temperatur des Wassers auch beim Verdampfen konstant bleibt. Wir füllen Wasser in einen Glaskolben und erhitzen ihn mit einem Bunsenbrenner. Gleichzeitig zeichnen wir die Temperatur des Wassers und die des Dampfes auf (▸ Bild 03). Wir stellen fest, dass die Temperatur des Wassers so lange ansteigt, bis das Wasser zu sieden beginnt. Danach bleibt die Temperatur des siedenden Wassers trotz anhaltender Wärmezufuhr konstant bei etwa 100 °C (▸ Bild 02). Und auch die Temperatur des Wasserdampfes beträgt konstant 100 °C.

Die Temperatur bleibt trotz Wärmezufuhr beim Verdampfen wie beim Schmelzen konstant.

Offensichtlich wird auch beim Verdampfen die zugeführte Wärme zum Wechsel des Aggregatzustands benötigt.

DIE VERDAMPFUNGSWÄRME · Im folgenden Versuch bestimmen wir, wie viel Wärme benötigt wird, um eine bestimmte Menge Wasser zu verdampfen (▸ Bild 04). Wir stellen ein Becherglas mit z.B. 200 g Wasser auf eine Waage. Mit einem Tauchsieder bringen wir das Wasser zum Sieden. Sobald das Wasser siedet, starten wir eine Stoppuhr. Gleichzeitig notieren wir die Massenanzeige der Waage. Nach einer gewissen Zeit lesen wir die Anzeige der Waage erneut ab und stoppen die Stoppuhr. Nun können wir die Masse des verdampften Wassers bestimmen. Mit der Leistung P des Tauchsieders können wir die dem Wasser zugeführte Wärme berechnen: $Q = P \cdot t$. Genaue Messungen liefern das folgende Ergebnis:

Um 1 kg Wasser zu verdampfen, benötigt man eine Wärme von 2260 kJ.

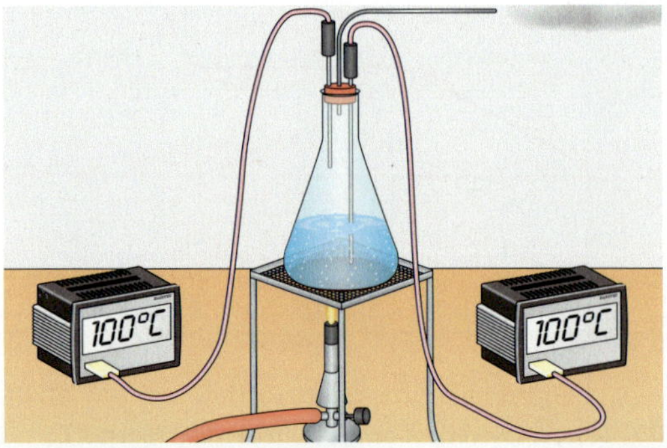

03 Der Temperaturverlauf beim Sieden von Wasser wird gemessen.

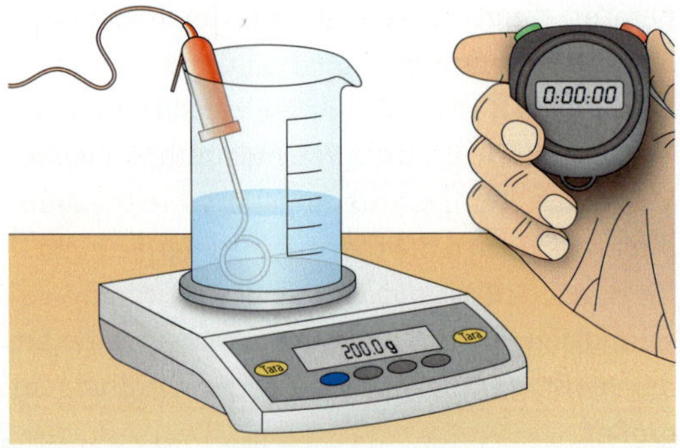

04 Bestimmung der spezifischen Verdampfungswärme von Wasser

Um 1 kg eines anderen Stoffes zu verdampfen, wird eine andere, aber für den Stoff spezifische Wärme notwendig. Die zum Verdampfen nötige Wärme nennt man deshalb **spezifische Verdampfungswärme *r*** eines Stoffes. Sie gibt an, wie viel Wärme man 1 kg dieses Stoffes zuführen muss, um ihn zu verdampfen.

Wie beim Schmelzen gilt auch hier, dass die Wärme, die zum Verdampfen eines Körpers nötig ist, proportional zur Masse des Körpers ist. Die Proportionalitätskonstante ist die spezifische Verdampfungswärme.

Um einen Körper der Masse m zu verdampfen, muss man ihm die Wärme
$Q = r \cdot m$
zuführen.
r ist die spezifische Verdampfungswärme des Stoffes, aus dem der Körper besteht.
r hat die Einheit $1\,\frac{\text{kJ}}{\text{kg}}$.

WAS GESCHIEHT BEIM VERDAMPFEN? · Wir betrachten eine Flüssigkeit wieder im Teilchenmodell. Bei einer Flüssigkeit liegen die Teilchen wie bei einem festen Körper eng beieinander. Allerdings sind sie gegeneinander verschiebbar. Wie beim Schmelzen muss man auch beim Verdampfen Wärme zuführen, um den Zusammenhalt der Teilchen untereinander zu lösen. Im Vergleich zum Schmelzen ist zum Verdampfen deutlich mehr Wärme nötig. Die zum Verdampfen zugeführte Energie ist als innere Energie im Wasserdampf gespeichert.

KONDENSIEREN · Wir haben gesehen, dass beim Erstarren innere Energie des Körpers frei wird und an die Umgebung abgegeben wird, ohne dass die Temperatur des Körpers dabei sinkt. Beim Übergang vom gasförmigen in den flüssigen Zustand ist das genauso. Wenn der Wasserdampf kondensiert, legen sich die Teilchen wieder aneinander. Dabei wird im Wasserdampf enthaltene innere Energie frei und durch thermische Energieübertragung an die Umgebung abgegeben. Beim Kondensieren wird sehr viel Wärme frei. Deshalb ist es sehr schmerzhaft und gefährlich, wenn Wasserdampf auf der Haut kondensiert.

05 Cappuccino-Maschine

Man kann sich die Verdampfungswärme beim Kondensieren auch zunutze machen. Bei der Cappuccino-Maschine wird heißer Wasserdampf durch die kalte Milch geleitet (▸ Bild 05). Der Wasserdampf kondensiert zu Wasser und setzt dabei viel Wärme frei, die die Milch ganz schnell erhitzt.

1 Berechne, wie viel Wasserdampf (in g) man in eine Tasse mit 150 g Milch von 5 °C einleiten muss, damit man trinkwarme Milch von 40 °C erhält.
Überlege dir zuerst, wie viel Wärme man für die Temperaturerhöhung der Milch benötigt. Berechne dann, wie viel Wasserdampf dazu kondensieren muss.
Verwende für die Wärmekapazität von Milch den Wert für Wasser.

2 Erkläre, warum man beim Wasserkochen den Kochtopf mit einem Deckel verschließen sollte.

3 Zu 300 cm^3 Orangensaft von 30 °C gibt man 50 g Eis von 0 °C. Berechne, auf welche Endtemperatur man den Saft im günstigsten Fall abkühlen könnte. Verwende für Orangensaft die Werte von Wasser.

BLICKPUNKT

Wasserdampf ist unsichtbar

01 Im Winter kann man den Atem häufig sehen.

Wasserdampf ist ein unsichtbares Gas, genauso wie Luft. Auch unser Atem enthält Wasserdampf. Wenn wir im Winter ausatmen, dann kondensiert der Wasserdampf in der kalten Luft sofort zu kleinen Wassertröpfchen. Was wir sehen, sind also die kleinen Wassertröpfchen und nicht der Wasserdampf! Im Sommer ist die Luft viel wärmer, der Wasserdampf kondensiert nicht. Deswegen sehen wir unseren Atem im Sommer nicht.

Ein Großteil des Wassers in den Wolken stammt aus dem Meer, Seen und Flüssen, obwohl diese Gewässer niemals die Siedetemperatur des Wassers erreichen. Dieses Verdampfen bei Temperaturen unter dem Siedepunkt nennt man **Verdunsten.** Der dabei entstehende Wasserdampf steigt mit der warmen Luft nach oben. Je weiter diese feuchte Luft aufsteigt, desto kälter wird sie. Wenn die Luft dann kalt genug ist, geschieht mit dem Wasserdampf dasselbe wie im Winter mit dem Wasserdampf im Atem: Der Wasserdampf kondensiert. Die Wolken bestehen also aus einer Unmenge winzig kleiner Wassertröpfchen, die sich zu größeren Tropfen zusammenschließen können.

Und warum kann man Wolken sehen, wenn sie doch aus Wassertropfen bestehen? Wolken sind deshalb undurchsichtig, weil das Licht an den kleinen Wassertröpfchen in der Luft gestreut wird. Dasselbe Phänomen können wir auch bei Milch beobachten. In der Milch sind viele kleine Fetttröpfchen verteilt. An diesen Fetttröpfchen wird das Licht gestreut, die Milch ist undurchsichtig.

Schwitzen regelt die Temperatur

02 Beim Sport muss man meistens schwitzen.

Ist das Schwitzen nur lästig oder hat es auch einen Sinn? Wir brauchen eine konstante Körpertemperatur von etwa 37 °C, um leben zu können. An kühlen Tagen reicht die normale thermische Energieabgabe an die Umgebung aus, um die Körpertemperatur konstant zu halten.

Wenn wir uns anstrengen, wird uns warm. Im Körper wird dabei ein Teil der durch die Nahrung aufgenommenen Energie in innere Energie umgewandelt. Wird es uns aber zu warm, dann beginnen wir zu schwitzen. Das Wasser im Schweiß verdunstet auf unserer Haut. Jedes Wasserteilchen, das die Schweißperle auf der Haut verlässt, nimmt dabei etwas Energie mit fort. Diese Energie fehlt der Schweißperle. Ihre Temperatur nimmt deswegen ab. Der Schweiß ist also etwas kühler als die darunter liegende Haut. Deswegen gibt die Haut einen Teil ihrer inneren Energie an den Schweiß ab. Dadurch nimmt letztlich auch die Temperatur der Haut ab.
Durch das Schwitzen kann der Körper also überschüssige innere Energie abgeben. Es ist wichtig, um die Körpertemperatur konstant zu halten.

1 Wenn ein leichter Wind geht, dann kühlt der Schweiß noch besser. Gib eine Begründung an.

2 Wir empfinden es als schwül, wenn viel Wasserdampf in der Luft vorhanden ist, ohne dass er zu Wassertröpfchen kondensiert. Überlege, warum du an solchen schwülen Tagen viel stärker schwitzen musst als an normalen Tagen mit derselben Lufttemperatur.

Material A ▸ Energiespeicher Handwärmer

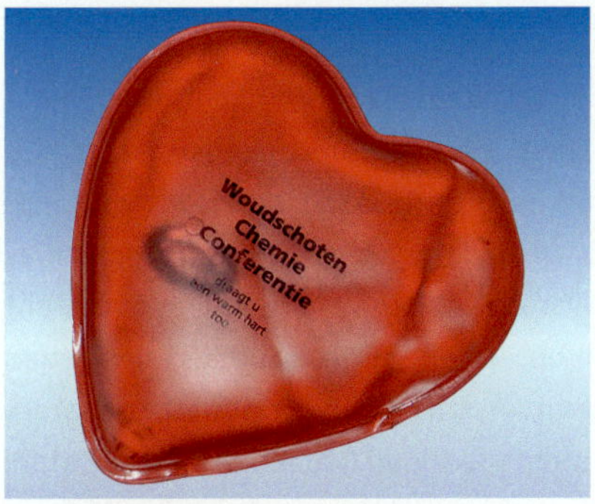

03 Handwärmer

Mit einem Handwärmer wie in ▸ Bild 03 kann man sich an kalten Tagen etwas Wärme verschaffen. In der Flüssigkeit befindet sich ein kleines Metallplättchen. Wenn dieses Plättchen geknickt wird, dann beginnt die Flüssigkeit fest zu werden und der Handwärmer wird warm. Um den Handwärmer wieder „aufzuladen", legt man ihn so lange in heißes Wasser, bis die feste Substanz wieder vollständig flüssig geworden ist. Die feste Substanz im Handwärmer schmilzt bei etwa 60 °C. Wenn man den Handwärmer aus dem Topf nimmt und ihn abkühlen lässt, dann bleibt der Inhalt auch noch unter 20 °C flüssig.

A1 **a)** Überlege, woher die Energie stammt, die der Handwärmer abgibt.

b) Ähnlich wie beim Aufladen eines Akkus wird dem Handwärmer beim „Aufladen" Energie zugeführt. Beschreibe, wo die zugeführte Energie geblieben ist.

c) Beschreibe, wie sich der Energieinhalt des Handwärmers nach dem Herausnehmen aus dem Topf ändert.

A2 Erläutere die Gemeinsamkeiten und Unterschiede von Wärmflasche und Handwärmer unter dem Gesichtspunkt der Energie.

Material B ▸ Abhängigkeit des Siedepunkts vom Druck

04 Restaurant „Münchner Haus" auf der Zugspitze

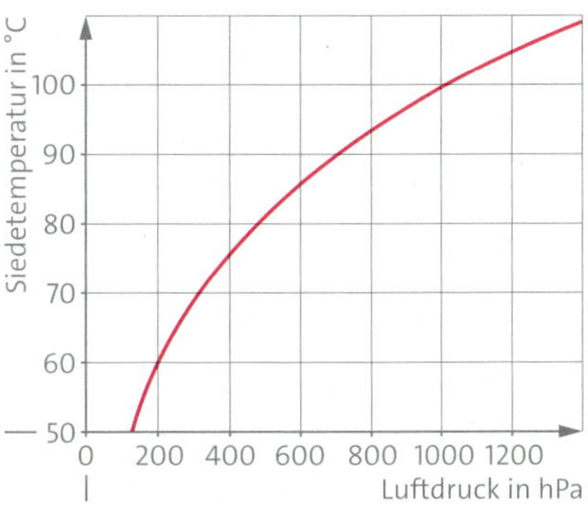

05 Druckabhängigkeit des Siedepunkts von Wasser

Wenn der Koch im Restaurant auf der Zugspitze (2962 m über dem Meeresspiegel) Eier hart kochen möchte, dann dauert es länger als im Tal. Die Temperatur des kochenden Wassers beträgt nämlich nur 90 °C statt 100 °C. Je niedriger die Temperatur ist, desto länger dauert die Garzeit.

B1 **a)** Beschreibe das Diagramm in ▸ Bild 05.

b) Erkläre mithilfe dieses Diagramms die niedrigere Siedetemperatur des Wassers auf der Zugspitze.

B2 In der Küche wird häufig ein Dampfdruckkochtopf zur Verkürzung der Garzeit eingesetzt. Hierbei wird der Topf mit dem Deckel luftdicht verschlossen. Weil der Wasserdampf nicht entweichen kann, erhöht sich der Druck im Inneren des Topfes bis zum 1,8-fachen des normalen Luftdrucks.

a) Schätze mithilfe des Diagramms in ▸ Bild 05 die Siedetemperatur des Wassers im Dampfdruckkochtopf ab.

b) Erkläre die Wirkungsweise eines Dampfdruckkochtopfes.

B3 Eine Spritze wird mit etwas Wasser gefüllt. Dabei wird darauf geachtet, dass sich keine Luft mehr in der Spritze befindet. Anschließend wird die Öffnung dicht verschlossen und die Spritze auseinandergezogen. Dabei beobachtet man die Entstehung von Blasen im Wasser. Erkläre die Beobachtung.

B4 In der Tiefsee gibt es in 3000 m Wassertiefe Vulkane, die bis zu 400 °C heißes Wasser ausstoßen. Erkläre, warum das ausgestoßene Wasser trotz der hohen Temperatur von 400 °C flüssig ist.

BLICKPUNKT

Vorsicht!
Wenn du den Versuch mit dem Feuerzeug nachmachst, dann pass auf, dass du dich nicht verbrennst!

Kühlschrank und Wärmepumpe

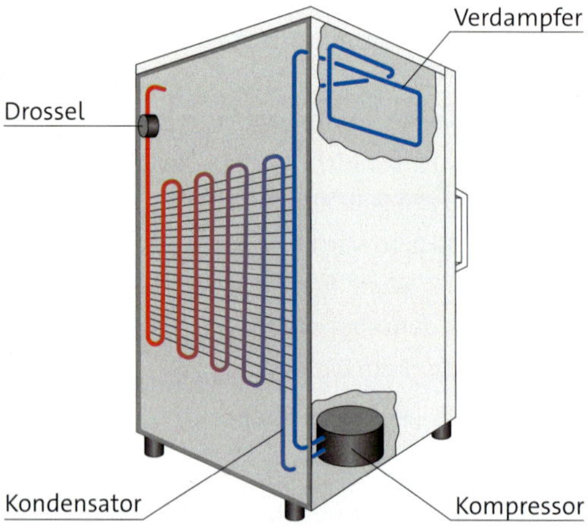

01 Kühlschrank

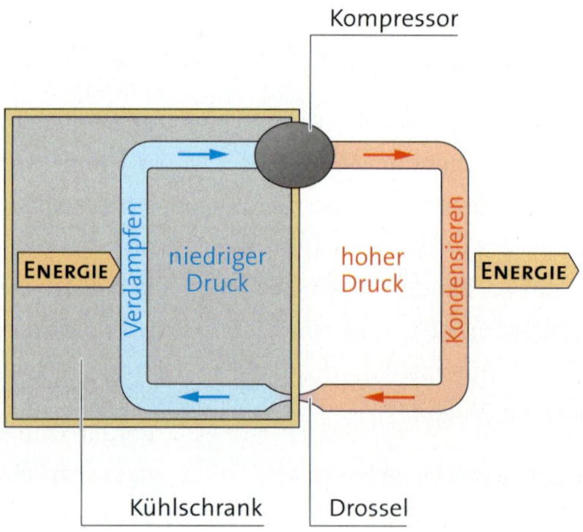

02 Kreislauf und Energietransport im Kühlschrank

Der Kühlschrank · Der Kühlschrank ist innen kalt und an der Rückwand warm. Offensichtlich transportiert er thermische Energie in die ungewöhnliche Richtung vom kalten Innenraum zum warmen Außenraum. Das geht nicht von alleine. In den Rohren im Inneren des Kühlschranks wird ein Kältemittel verdampft (▸ Bild 01). Ermöglicht das den ungewöhnlichen Energietransport? Dazu machen wir einen Versuch mit einem Gasfeuerzeug, in dem sich flüssiges Butan befindet (▸ Bild 03).

03 Butangas-Feuerzeug

Wenn man das Feuerzeug anmacht, den Taster gedrückt hält, die Flamme auspustet und das ausströmende Butangas an der Haut entlangstreichen lässt, dann spürt man, dass das Gas kalt ist. Warum ist das so? Im Feuerzeug steht das Butan unter hohem Druck und ist deswegen flüssig. Beim Ausströmen nimmt der Druck stark ab. Unter dem niedrigen Druck verdampft Butan. Zum Verdampfen wird Wärme benötigt. Deswegen kühlt sich das Butangas so stark ab.

Prinzip des Kühlschranks · Beim Kühlschrank lässt man das Kältemittel nicht einfach in die Umgebung strömen, sondern führt es nach dem Verdampfen wieder zurück. Das Kältemittel durchläuft einen Kreislauf (▸ Bild 02). Die Grundidee dabei ist folgende: Man lässt Kältemittel in einem Rohr innerhalb des Kühlschranks verdampfen und außerhalb des Kühlschranks kondensieren. Beim Verdampfen nimmt das Kältemittel Energie aus dem Innenraum des Kühlschranks auf, beim Kondensieren gibt es diese Energie an die Umgebung ab. Energie wird also von innen nach außen transportiert. Damit das Kältemittel innen verdampft, muss der Druck dort niedrig sein. Umgekehrt muss der Druck außen hoch sein, damit das Kältemittel kondensiert. Dies wird mit einem Kompressor und einer Drossel erreicht. Der Kompressor pumpt das Kältemittel im Kreis.

Energiebetrachtung · Die Energie, die der Kompressor benötigt, wird ihm elektrisch zugeführt. Ein Kühlschrank kann mit einem Joule an elektrisch zugeführter Energie drei Joule an thermischer Energie aus dem Innenraum aufnehmen und an die Außenluft abgeben. Zusätzlich wird die dem Kompressor elektrisch zugeführte Energie in thermische Energie umgewandelt und an die Außenluft abgegeben.

Die Wärmepumpe · Die Transportmöglichkeit von thermischer Energie brachte im Jahr 1852 den britischen Physiker LORD KELVIN auf eine Idee: Man könnte zum Heizen einen Kühlschrank verwenden. Der Verdampfer kommt in den Garten, der Kondensator ins Haus. Durch Zuführen von einem Kilojoule an Energie durch den elektrischen Strom würden drei Kilojoule an thermischer Energie aus dem Garten aufgenommen und vier Kilojoule an thermischer Energie im Haus abgegeben. Eine solche Anlage heißt Wärmepumpe. Die durch den elektrischen Strom zugeführte Energie führt zu einem Vierfachen an thermisch genutzter Energie. Dieser Faktor, um den die thermisch genutzte Energie die elektrisch zugeführte Energie übertrifft, heißt **Leistungszahl** der Wärmepumpe. Typische Leistungszahlen liegen bei vier bis fünf.

In der Praxis setzt man den Verdampfer möglichst tief in den Erdboden, denn dieser hat ab 15 m Tiefe ganzjährig eine Temperatur von 10 °C. Mit zunehmender Tiefe nimmt die Temperatur je zehn Meter noch um 0,3 °C zu. Zum Beheizen eines Einfamilienhauses bohrt man ein Loch mit 20 cm Durchmesser und 70 m Tiefe und versenkt darin eine **Erdsonde** (▸ Bild 04). In Deutschland sind derzeit über 300 000 Wärmepumpen installiert, die jährlich eine thermische Energie von 5 000 GWh bereitstellen.

Die Kühlbox · Für einen kleinen Ausflug im Sommer gibt es Kühlboxen (▸ Bild 05). Es gibt Boxen, die mit einem Thermoelement arbeiten. Das elektrisch betriebene Thermoelement kann ebenfalls thermische Energie „von kalt nach warm" transportieren. Mit einer Kilowattstunde elektrisch zugeführter Energie kann man einen Liter Wasser von 25 °C auf 8 °C kühlen. Zum Vergleich mit einem typischen Kühlschrank analysieren wir die Energieeffizienz:

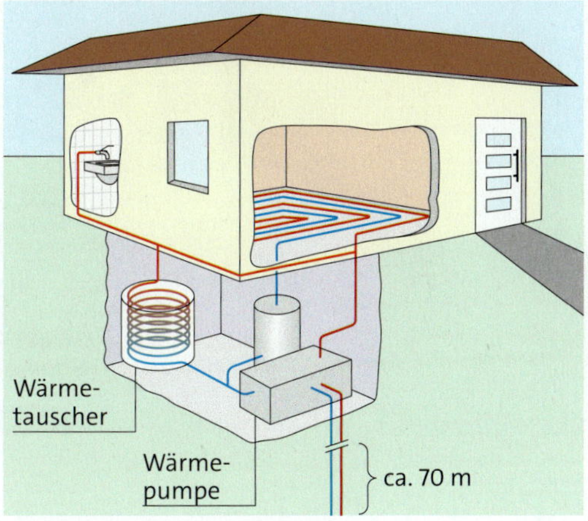

04 Heizen mit der Wärmepumpe

Um einen Liter Wasser um 1 °C abzukühlen, muss man dem Wasser 4,2 kJ thermische Energie entziehen. Bei einer Abkühlung von 25 °C auf 8 °C wurde also die 17-fache Energie entzogen, das sind 71,4 kJ. Das sind nur 2 % der eingesetzten Energie von einer Kilowattstunde. Dagegen kann ein guter Kühlschrank mit einem Kilojoule an elektrisch zugeführter Energie drei Kilojoule an thermischer Energie transportieren. Eine Kühlbox kann zwar für kleine Anlässe gut geeignet sein, aber einen richtigen Kühlschrank nicht ersetzen.

05 Kühlbox

01 Bloß keine Wärme abgeben!

Wärmeübertragung

Im Winter musst du dich dick anziehen, damit deine Körpertemperatur nicht sinkt, im Sommer bist du froh über jede Abkühlung. In jedem Fall gibt dein Körper Energie an die Umgebung ab. Wie genau geschieht diese Energieübertragung?

VON WARM NACH KALT · Wenn du eine Tasse mit heißem Kakao in den Schnee stellst, dann kühlt sich der Kakao schnell ab. Dafür nimmt die Temperatur in der Umgebung der Tasse zu. Das erkennst du daran, dass der Schnee zu schmelzen beginnt. Es wird also Energie vom heißen Kakao auf den Schnee übertragen.

Das kannst du auch sonst beobachten: Wenn sich zwei Gegenstände unterschiedlicher Temperatur berühren, dann wird immer Energie vom warmen zum kalten Gegenstand übertragen. Man spricht in einem solchen Fall von der **thermischen Übertragung von Energie** oder kurz von **Wärmeübertragung.**

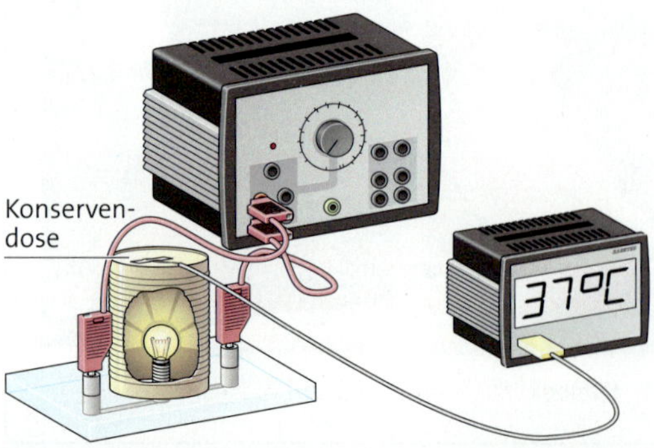

02 Eine Dose als einfaches Modell für den menschlichen Körper

Eine eigenständige Wärmübertragung erfolgt nur vom Körper höherer Temperatur zum Körper tieferer Temperatur.

EINE DOSE ALS MODELL · Die Wärmeübertragung spielt bei der Energieabgabe des menschlichen Körpers eine wesentliche Rolle. Das untersuchen wir nun genauer. Es ist schwierig, dies direkt beim menschlichen Körper zu tun, da hier die Abläufe sehr komplex sind. Daher betrachten wir ein vereinfachtes Modell-Experiment (▸ Bild 02):

Wir stülpen eine Blechdose über eine kleine Glühlampe. Durch den elektrischen Strom nimmt die Lampe Energie auf. Die Lampe heizt die Dose auf. Dadurch erhöht sich die Temperatur der Dose. Nach einigen Minuten steigt sie nicht mehr weiter, sondern bleibt konstant über der Umgebungstemperatur – so wie deine Körpertemperatur.

03 Wind bringt Abkühlung.

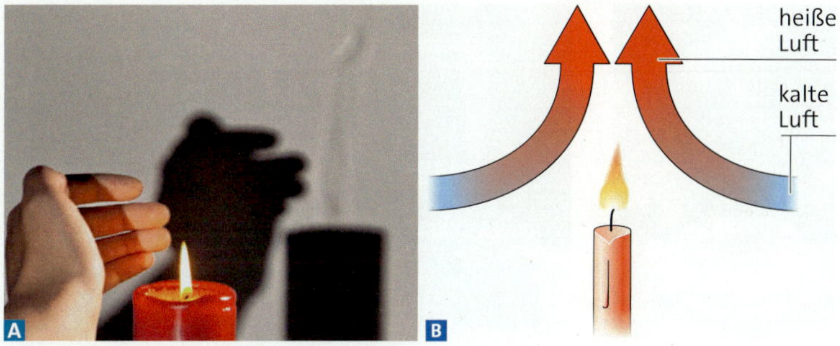

04 **A** So spürt man die Hitze kaum. **B** Selbsttätige Konvektion

KONVEKTION · Im Sommer empfindet man Wind oft angenehm, weil er Abkühlung bringt (▸ Bild 03). Wie funktioniert das?

Wir betrachten hierzu die Modell-Dose: Ohne Wind wird die Luft nahe der Dose etwas erwärmt, in einigem Abstand herrscht Raumtemperatur. Nun schalten wir einen Ventilator ein: Die Temperatur der Dose sinkt. Die Luft um die Dose hat nun fast Raumtemperatur. Auch im Wind hinter der Dose ist die Lufttemperatur kaum höher. Offensichtlich wird die Energie mit der erwärmten Luft einfach vom Wind mitgenommen und im ganzen Raum verteilt. Diese Art der Wärmeübertragung nennt man **Wärmeströmung** oder **Konvektion.** Sie gibt es nur, wenn eine Temperaturdifferenz vorliegt.

SELBSTTÄTIGE KONVEKTION · Mit dem Ventilator haben wir die Konvektion erzwungen. Häufig läuft sie aber von alleine ab. Wenn du deine Hand einer Kerzenflamme von der Seite näherst, dann spürst du die Hitze erst sehr nahe bei der Flamme (▸ Bild 04 A). Würdest du deine Hand in gleicher Entfernung über die Kerze halten, so würdest du dich verbrennen!

Man kann das folgendermaßen erklären (▸ Bild 04 B): Die Luft wird von der Flamme erhitzt. Dadurch dehnt sich die Luft aus und sie steigt auf. Da nun bei der Flamme ein Unterdruck herrscht, strömt von der Seite Luft nach. Dadurch wird die Energie selbsttätig von der Kerzenflamme wegtransportiert.

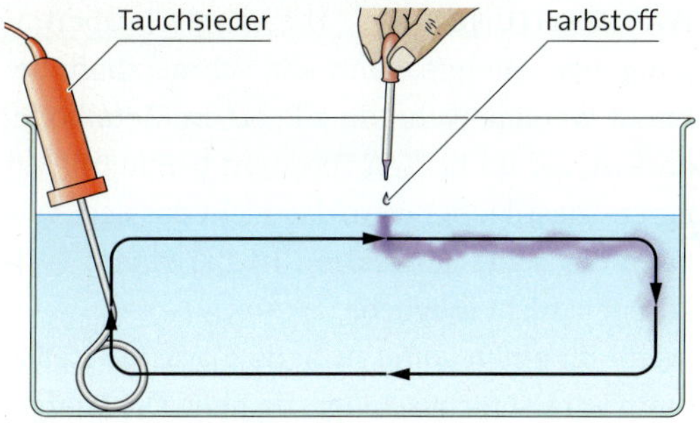

05 Selbsttätige Konvektion in Wasser

KONVEKTION IN FLÜSSIGKEITEN · Konvektion tritt auch in Flüssigkeiten auf. Hier können wir z.B. die selbsttätige Konvektion leicht sichtbar machen (▸ Bild 05). Wir erhitzen dazu das Wasser in einem Becken mit einem Tauchsieder. Dabei tropfen wir etwas Farbstoff in das Wasser. Nach kurzer Zeit erkennt man, wie sich eine Strömung im Uhrzeigersinn ausgebildet hat. Nach einigen Minuten ist das Wasser gleichmäßig gefärbt. Die Temperatur des Wassers ist überall fast gleich, nur direkt über und um den Tauchsieder ist sie höher.

Bei der Konvektion führen strömende Gase oder Flüssigkeiten die Energie mit sich. Konvektion kann erzwungen werden oder selbsttätig ablaufen.

1 Um die Körpertemperatur konstant zu halten, muss man im Winter wenig Wärme an die Umgebung abgeben, im Sommer viel. Nenne hierfür verschiedene Möglichkeiten.

01 Der Löffel ist heiß.

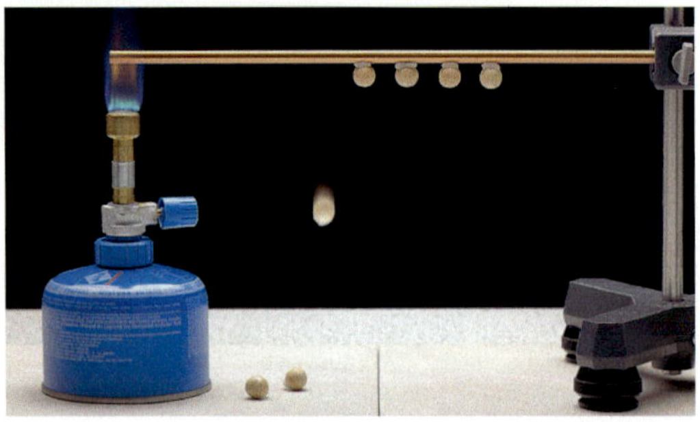

02 Wärmeleitung in einem Kupferstab

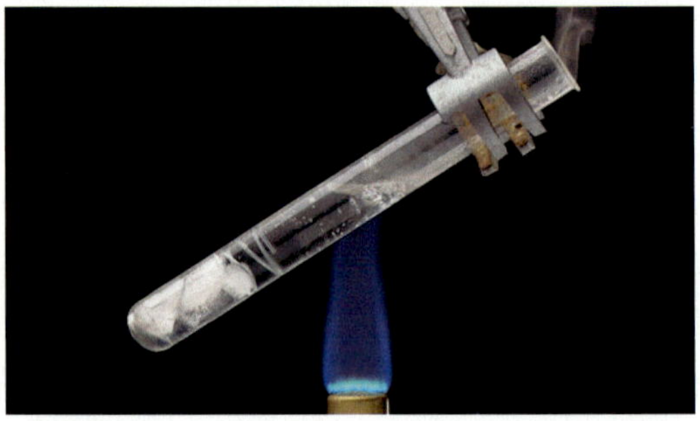

04 Wasser ist ein schlechter Wärmeleiter.

WÄRMELEITUNG · Die thermische Übertragung von Energie kann dir schmerzhaft bewusst werden, wenn du z. B. einen Metalllöffel anfasst, der im heißen Tee steht (▸ Bild 01). Mit einem Plastiklöffel wäre das nicht passiert. Wie kann das sein? Konvektion ist bei einem Festkörper ja nicht möglich.

Wenn du einen Löffel in heißes Wasser stellst, dann wird er nicht schlagartig heiß. Die Energie wandert vom heißen Wasser durch den Löffelstiel hoch. Diese Art der thermischen Energieübertragung nennt man **Wärmeleitung.** Das folgende Experiment verdeutlicht die Wärmeleitung in einem Kupferstab (▸ Bild 02):

An ihm sind mit Wachs Holzkugeln befestigt. Wenn der Stab am linken Ende erhitzt wird, dann fällt von links nach rechts eine Kugel nach der anderen ab. Durch die Temperaturerhöhung ist das Wachs geschmolzen. Es dauert relativ lange, bis auch die Kugel ganz rechts abfällt.

Wie gut die Wärmeleitung ist, hängt vom Stoff ab. Der Unterschied zwischen Metall und Plastik ist hier groß.

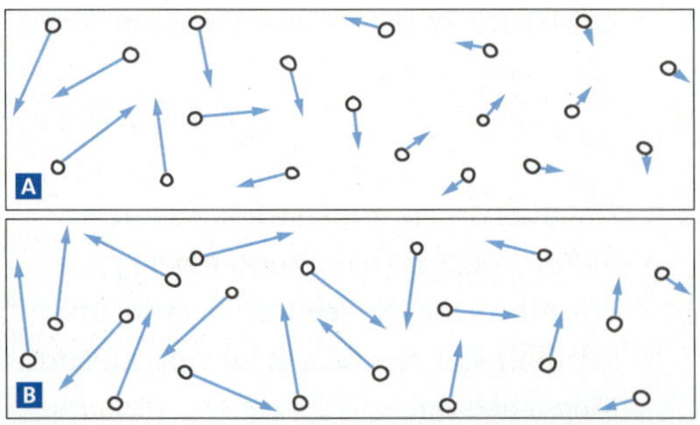

03 Wärmeleitung im Teilchenmodell

FLÜSSIGKEITEN UND GASE · In Flüssigkeiten und Gasen kann ebenfalls eine Wärmeleitung stattfinden. Allerdings ist sie hier wesentlich schlechter als in Metallen. Wie schlecht die Wärmeleitung in Wasser ist, zeigen wir mit folgendem Versuch (▸ Bild 04):

Mit etwas Draht klemmen wir ein Stück Eis unten in einem Reagenzglas fest und füllen Wasser dazu. Obwohl wir das Wasser oben bis zum Sieden erhitzen, schmilzt das Eis nicht!

Der Mensch ist in der Regel von Luft umgeben. Da Luft ein sehr schlechter Wärmeleiter ist, spielt die Wärmeleitung bei der Energieabgabe des menschlichen Körpers praktisch keine Rolle.

Energie kann thermisch durch Wärmeleitung übertragen werden. Voraussetzung hierfür ist immer eine Temperaturdifferenz. Metalle sind gute Wärmeleiter, Gase besonders schlechte.

WÄRMELEITUNG IM TEILCHENMODELL · Die Vorgänge bei der Wärmeleitung kann man im Teilchenmodell beschreiben. Wir tun dies hier für Luft (▸ Bild 03 A): Wenn die linke Seite heißer ist als der Rest, dann bewegen sich die Teilchen links heftiger. Diese Teilchen stoßen ihre langsameren Nachbarn an, sodass auch diese sich heftiger bewegen (▸ Bild 03 B). Damit steigt auch in diesem Bereich die Temperatur. Auf diese Weise wird die Energie von links nach rechts weitergegeben. In anderen Gasen, Flüssigkeiten und Festkörpern läuft dies ähnlich ab.

ENERGIEABGABE DURCH STRAHLUNG · Im ▸ Bild 05 siehst du eine Rettungsdecke aus dünner Metallfolie. Nach einem Unfall deckt man damit Verletzte zu, um eine Unterkühlung zu vermeiden. Die Energieabgabe des Körpers wird effizient verhindert – mit einer dünnen Folie?

Offensichtlich gibt es neben Konvektion und Wärmeleitung eine weitere Möglichkeit der Wärmeübertragung. Das zeigt folgender Versuch (▸ Bild 06): Wir stellen die Modell-Dose unter eine Glasglocke und pumpen die Luft ab. Die Dose kann nun weder durch Konvektion noch durch Wärmeleitung Energie abgeben. Durch die Glühlampe bekommt sie ständig Energie geliefert. Ihre Temperatur müsste also wesentlich zunehmen. Wir beobachten aber, dass die Temperatur praktisch nicht zunimmt!

Die Dose gibt offenbar ständig Energie ab – und zwar ohne umgebende Materie! Bei der Dose geschieht das durch Infrarotstrahlung. Du weißt, dass man diese z.B. mit speziellen Kameras sichtbar machen kann (▸ Bild 07 B).

SICHTBARE UND UNSICHTBARE STRAHLUNG · Wenn ein Körper eine höhere Temperatur hat, kann er auch Energie durch sichtbares Licht und durch Ultraviolettstrahlung abgeben. Das kannst du für sichtbares Licht an einem Glühdraht gut beobachten (▸ Bild 07 A): Bei kleineren Stromstärken glüht er noch nicht, aber seine Temperatur ist gestiegen und du kannst spüren, wie er Energie thermisch an seine Umgebung abgibt. Wenn man die Stromstärke erhöht, dann beginnt der Draht zu glühen, d.h. er gibt Energie auch durch das sichtbare Licht ab.

Licht, Infrarot- und Ultraviolettstrahlung haben ähnlichen physikalischen Charakter. Wir nehmen sie unterschiedlich wahr, aber sie sind nicht grundsätzlich verschieden: Es handelt sich jeweils um **elektromagnetische Strahlung.**

05 Die Rettungsdecke hilft.

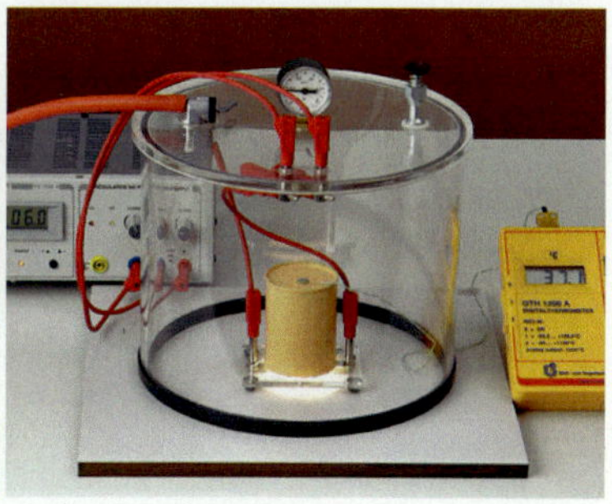

06 Die Dose gibt Energie ab.

Der Mensch gibt einen wesentlichen Anteil der Energie durch elektromagnetische Strahlung ab: Wenn du ruhig sitzt, dann sind es etwa 50 %!

Energie kann durch Strahlung übertragen werden, also beispielsweise durch Licht oder Infrarotstrahlung.

1 **a)** Erkläre, wie eine Rettungsdecke die Wärmeabgabe verhindert.
b) Wetterstationen messen Temperaturen immer nur im Schatten. Erläutere.

2 Wenn man barfuß über Steinfliesen läuft, scheinen diese kälter zu sein als z.B. Teppichboden. Erkläre.

3 **a)** Wasser ist ein schlechter Wärmeleiter. Trotzdem friert man in kaltem Wasser sehr schnell. Löse diesen scheinbaren Widerspruch auf.
b) Zur Wärmedämmung werden aufwendige Doppelglasfenster eingesetzt. Wäre es nicht leichter, einfach ein dickeres Fensterglas zu nehmen? Erläutere.

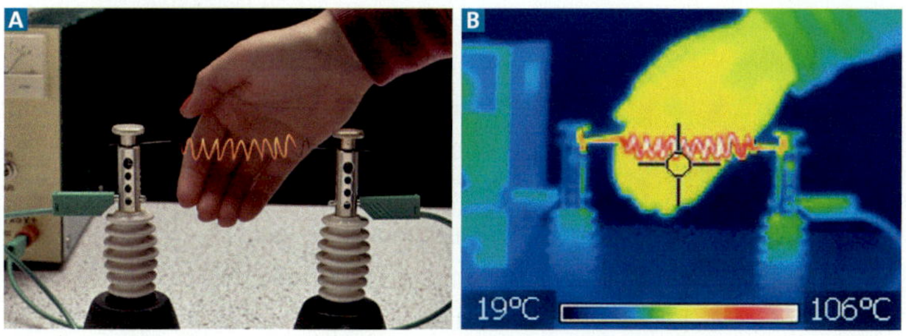

07 Energieabgabe durch **A** sichtbares Licht, **B** Infrarotstrahlung

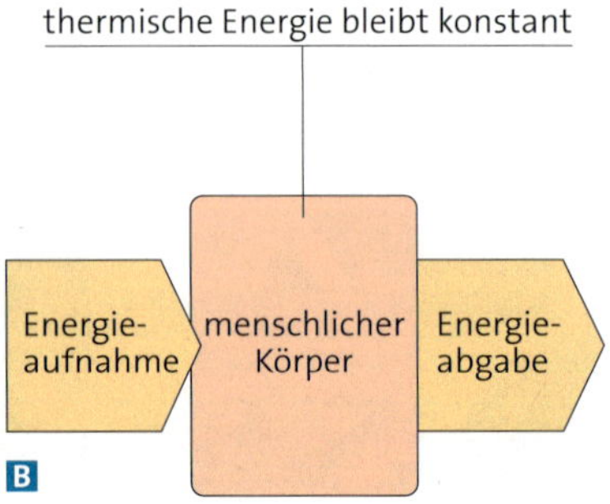

01 **A** Energieabgabe durch Schwitzen **B** Im Fließgleichgewicht

SCHWITZEN · Wenn es sehr heiß ist oder du dich beim Sport anstrengst, fängst du an zu schwitzen (▸ Bild 01A). Warum schwitzt du überhaupt? Beim Schwitzen verdunstet der Schweiß auf der Hautoberfläche. Du hast gelernt, dass das Verdunsten viel Energie benötigt. Sie wird der inneren Energie deines Körpers entzogen, der dadurch effektiv gekühlt wird.

Das Verdunsten hat einen großen Vorteil gegenüber Konvektion, Wärmeleitung und Strahlung: Man kann auch Energie abgeben, wenn es keine Temperaturdifferenz gibt. Nur darf die Luftfeuchtigkeit nicht zu hoch sein, d.h. die Luft muss Feuchtigkeit aufnehmen können.

Durch Verdunsten von Flüssigkeiten kann ein Körper sehr effektiv Energie abgeben. Dafür ist keine Temperaturdifferenz nötig.

FLIESSGLEICHGEWICHT · Im Sommer wie im Winter: Deine Körpertemperatur bleibt fast immer bei 37 °C. Die innere Energie deines Körpers ist also praktisch konstant. Mit der Nahrung nimmst du immer wieder Energie auf. Müsste da die Körpertemperatur nicht ständig steigen?

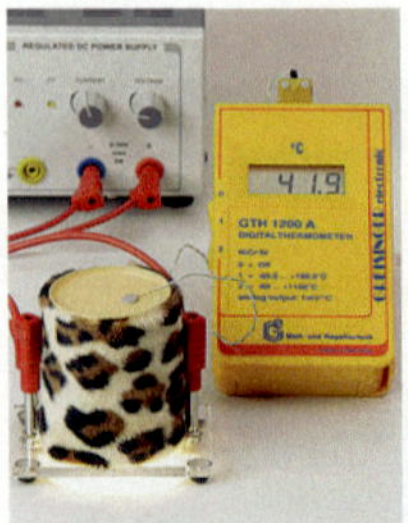

02 „Kleidung" für die Dose

Natürlich bekommt dein Körper nicht nur während des Essens Energie zur Verfügung gestellt. Durch den Stoffwechsel ist es so, dass deine Organe und Muskeln ständig Energie aufnehmen. Dadurch kann deine Körpertemperatur mit 37 °C auf einem Wert gehalten werden, der meistens über der Umgebungstemperatur liegt.

Offensichtlich musst du die Energie auch wieder abgeben, sonst würde deine innere Energie und damit deine Körpertemperatur ständig steigen. Wenn sie über 42 °C hinaus steigt oder unter 32 °C sinkt, kann es zu unwiderruflichen Schäden bis hin zum Tod kommen! Energieaufnahme und Energieabgabe sind demzufolge im Gleichgewicht. Diesen Zustand des Körpers nennt man daher **Fließgleichgewicht** (▸ Bild 01B).

Fließgleichgewichte gibt es häufig, z.B. bei einem beheizten Haus: Durch die Heizungsanlage wird Energie aufgenommen. Genauso viel Energie wird nach außen wieder abgegeben. Dadurch bleibt die Raumtemperatur konstant.

Wenn ein Körper immer genauso viel Energie abgibt, wie er aufnimmt, dann bleibt seine Temperatur konstant. Es herrscht ein Fließgleichgewicht.

MODELL-DOSE · Wir untersuchen nun an der Modell-Dose, wie Energieaufnahme bzw. -abgabe und die innere Energie beim Fließgleichgewicht zusammenhängen.

Welchen Einfluss hat die Energieaufnahme? Dazu erhöhen wir die Eingangsleistung der Lampe. Nach einiger Zeit stellt sich eine höhere Temperatur ein. Im Fließgleichgewicht wird die innere Energie des Körpers also größer, wenn die Eingangsleistung größer ist.
Wie sieht es bei der Energieabgabe aus? Sie stellt sich entsprechend der Energieaufnahme ein. Die Energieübertragung an die Umgebung lässt sich aber hemmen: Beim menschlichen Körper geschieht dies vor allem durch die Kleidung. Wenn wir der Dose entsprechend ein Stück Stoff „anziehen", dann erreicht sie bei gleicher Eingangsleistung eine höhere Temperatur (▸ Bild 02).
Je schwieriger im Fließgleichgewicht also die Energieabgabe an die Umgebung ist, desto höher ist die innere Energie des Körpers.

VERSUCHE ▸ Wärmeübertragung an deiner Hand

V1 Kalt oder warm?

Material:

Wasser, Metallstück, Holzstück, Wolle, jeweils bei Raumtemperatur

Durchführung:

a) Untersuche, wie warm oder kalt sich die Materialien anfühlen, wenn du sie anfasst.

b) Beim Anfassen gibt deine Hand jeweils Energie ab. Erkläre, warum sich die Materialien unterschiedlich anfühlen. Gib an, welche Art der Wärmeübertragung jeweils wesentlich ist.

c) Wasser ist bei der Wärmeleitung schlechter als alle Metalle. Trotzdem fühlt es sich ähnlich kühl an. Erkläre.

V2 Die eingepackte Hand

Material:

Gefrierbeutel

Durchführung:

a) Stecke deine Hand in den Gefrierbeutel und warte kurz. Beobachte.

b) Erkläre deine Beobachtungen. Gib an, welche Art der Wärmeübertragung hier nachgewiesen wird.

c) In der Werbung wird Kleidung häufig als „atmungsaktiv und wasserdicht" bezeichnet. Erläutere.

d) Auf einer Website steht: „Zum Verdunsten von einem Liter Schweiß benötigt der Mensch 2,4 MJ." Stimmt das? Schätze durch eine Rechnung mit der spezifischen Verdampfungswärme ab.

V3 Die silberne Hand

Material:

Aluminiumfolie, zwei Eiswürfel gleicher Größe und Temperatur, Teller o. Ä. als Unterlage

Durchführung:

a) Wickle die Folie locker um deine Hand und warte kurz. Beobachte.

b) Erkläre deine Beobachtung. Gib die Art der Energieübertragung an.

c) Wickle einen der beiden Eiswürfel gut in Aluminiumfolie ein. Welcher Würfel wird schneller schmelzen? Stell zunächst eine begründete Vermutung auf, beobachte dann. Wird deine Vermutung bestätigt?

d) Was geschieht, wenn ein Eiswürfel in Wolle eingewickelt wird?

Material A ▸ Die Thermosflasche

03 Aufbau einer Thermosflasche

A1 In einer Thermosflasche bleiben Tee oder Kaffee stundenlang heiß. Die Flasche ist so aufgebaut, dass Konvektion, Wärmeleitung und Strahlung möglichst effizient verhindert werden. Erläutere anhand von ▸ Bild 03, wie dies geschieht.

Material B ▸ Konvektion weltweit: Der Golfstrom

Durch den Golfstrom gibt es in Westeuropa ein mildes Klima. Aus der Nähe des Äquators bringt er warmes Wasser in den Nordatlantik. Von Meeresströmungen wird so weltweit durch Konvektion Energie umverteilt (▸ Bild 04).

B1 **a)** Vergleiche die mittlere Temperatur und die geografische Breite von New York, Berlin und Lissabon. Erkläre die Unterschiede.

b) Im Golfstrom bewegen sich in der Sekunde etwa $1{,}5 \cdot 10^8\ m^3$ Wasser. Er überträgt dadurch Energie mit einer Leistung von ca. $3 \cdot 10^{15}$ W nach Norden. Berechne, wie stark sich das Wasser im Golfstrom dabei abkühlt.

B2 **a)** Beschreibe mit ▸ Bild 04, was mit dem Wasser des Golfstroms geschieht, nachdem es den Nordatlantik erreicht hat.

b) Das Wasser der Tiefenströmungen hat eine größere Dichte als das in den Strömungen nahe der Wasseroberfläche. Erkläre.

c) Die Dichte von Meerwasser hängt vom Salzgehalt und der Temperatur des Wassers ab. Erläutere.

d) Das Wasser des Golfstroms ist relativ salzhaltig, gelangt aber erst bei Grönland in die Tiefe. Begründe.

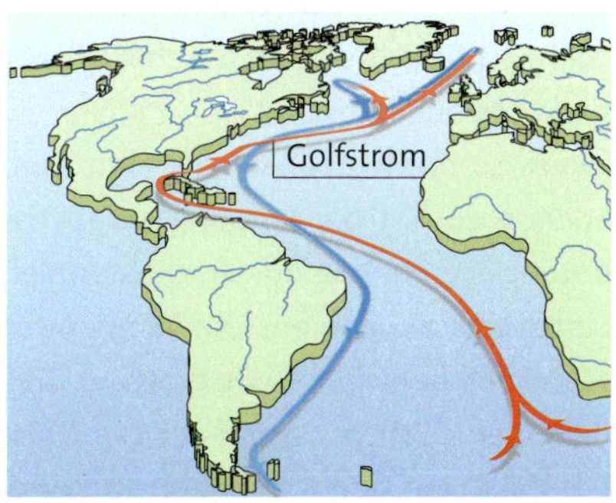

04 Der Golfstrom

BLICKPUNKT

Energietransporte in der Atmosphäre

01 Kilimandscharo

02 Inversionswetterlage

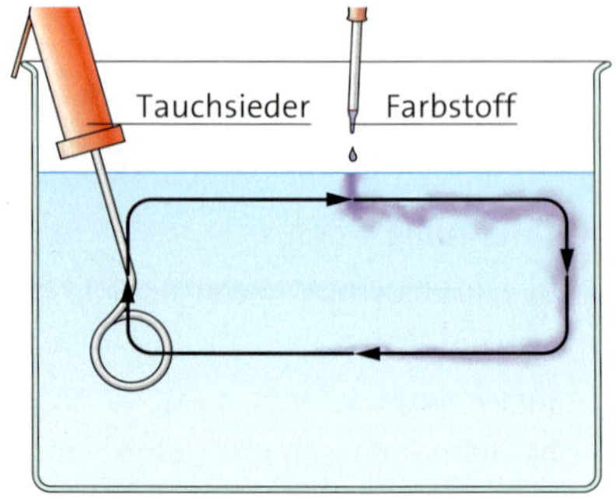

03 Modellversuch Inversionswetterlage

Nach oben wird es kalt? · Je höher man auf einen Berg steigt, desto kälter wird es. Du kennst das vielleicht aus eigener Erfahrung. Beim Kilimandscharo in Tansania ist der Unterschied extrem: Auf seinem Gipfel liegt Schnee, während unten in der Savanne tropische Temperaturen herrschen (▸ Bild 01). Aber ist es nicht so, dass warme Luft aufsteigt, weil sie eine geringere Dichte hat als kalte? Müsste es dann nicht mit zunehmender Höhe wärmer werden? Diesen scheinbaren Widerspruch klären wir im Folgenden.

Durch die Sonneneinstrahlung erwärmt sich zunächst der Erdboden. Dadurch erwärmt sich auch die bodennahe Luft und steigt auf. Es kommt zur selbsttätigen Konvektion. Warum kühlt sich diese erwärmte Luft nun beim Aufsteigen ab? Das kannst du verstehen, wenn du den Vorgang mithilfe der Energie beschreibst:
Da Luft ein schlechter Wärmeleiter und für den Großteil der elektromagnetischen Strahlung von der Sonne durchsichtig ist, kann die aufsteigende Luft fast keine Wärme aufnehmen. Wenn bei einem Vorgang keine Wärme übertragen wird, dann nennt man ihn **adiabatisch.** Das Aufsteigen eines solchen „Luftpakets" durch selbsttätige Konvektion ist also praktisch adiabatisch.
Wenn so ein Luftpaket aufsteigt, nimmt seine potenzielle Energie zu. Da der Vorgang adiabatisch abläuft, kann die potenzielle Energie nur auf Kosten der inneren Energie des Luftpakets zunehmen: Die Temperatur nimmt deshalb ab. Man kann berechnen, wie groß z. B. die Temperaturabnahme bei einem Höhenunterschied von 100 m ist: Steigt 1 kg Luft um 100 m auf, dann nimmt ihre potenzielle Energie um etwa 1 kJ zu. Da Luft eine spezifische Wärmekapazität von etwa $1\,\frac{\text{kJ}}{\text{kg}\cdot\text{K}}$ hat, ergibt sich eine Temperaturabnahme von 1 K. Diese Temperaturabnahme von 1 K je 100 Höhenmeter wird **adiabatischer Temperaturgradient** genannt.

Oben warm, unten kalt? · Gerade im Winter gibt es auch Wetterlagen, bei denen es umgekehrt ist (▸ Bild 02): In Tälern ist es neblig und kalt, während es auf den Bergen sonnig und warm ist. Wie kommt es zu solch einer **Inversionswetterlage?**

Damit es zur „normalen" Temperaturverteilung kommt, muss die Luft direkt über dem Erdboden erwärmt werden. Im Winter kühlt der Boden nachts aus. Die selbsttätige Konvektion setzt daher nicht ein. Selbst wenn weiter oben liegende Luftschichten wärmer werden, bleibt die kalte Luft darunter, da sie eine größere Dichte hat. Die Temperaturschichtung ist bei Inversionswetterlagen sehr stabil. Erst wenn Wind einsetzt, entweicht die kalte Luft aus den Tälern und es gilt „nach oben wird es kalt".

Ein Modellversuch veranschaulicht die stabile Temperaturschichtung (▸ Bild 03): Man erhitzt Wasser mit einem Tauchsieder, aber taucht ihn nicht vollständig ein. Es kommt zur selbsttätigen Konvektion. Allerdings vermischt sich nur der obere Teil des Wassers. Farbstofftropfen machen diese Konvektionsströmung sichtbar. Nach einigen Minuten stellt man fest, dass der vom Farbstoff gefärbte obere Teil gleichmäßig erhitzt wurde. Die untere Wasserschicht ist praktisch so kalt geblieben wie zuvor.

04 Hurrikan

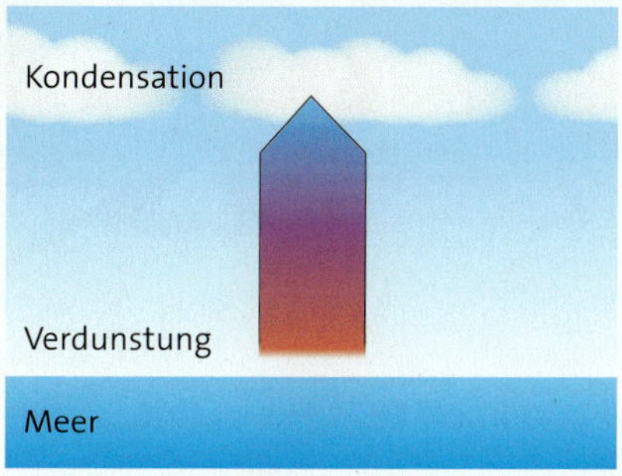

05 So entstehen Wolken.

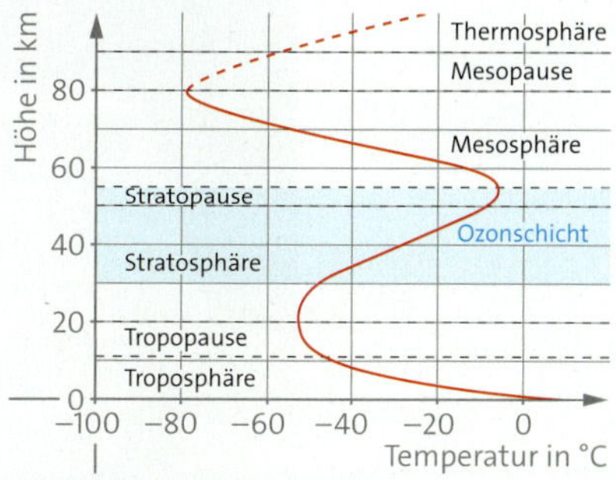

06 Temperaturverteilung

Hurrikane · Auf Satellitenbildern sehen Hurrikane sehr eindrucksvoll aus (▸ Bild 04). Du weißt, wie unglaublich viel zerstörerische Energie in diesen riesigen Wirbelstürmen steckt. Wie kommen Hurrikane zustande? Warum gibt es sie z. B. nie in Deutschland?

Damit ein Hurrikan entsteht, müssen sich zunächst über dem Meer viele große Wolken bilden (▸ Bild 05): Dabei verdunstet an der Meeresoberfläche Wasser. Die erwärmte, feuchte Luft steigt auf. Beim Aufsteigen kühlt die Luft so weit ab, dass der Wasserdampf zu kleinen Tröpfchen kondensiert, die man als Wolken sieht. Beim Kondensieren nimmt das Volumen des Wasserdampfs schlagartig ab. In der Wolke entsteht dadurch ein großer Unterdruck. Es kommt zu starken Aufwinden, die dafür sorgen, dass Wolken mehrere Kilometer hoch werden können. Unter der Wolke herrscht durch die Aufwinde ebenfalls ein Unterdruck und kalte Luft strömt mit großer Geschwindigkeit von außen nach.

Damit aus normalen Wolken, wie du sie auch kennst, Hurrikane werden, müssen noch zwei weitere Bedingungen erfüllt sein: Zum einen muss die Energie, die mit der aufsteigenden feuchten Luft nach oben transportiert wird, groß genug sein. Die Energie kommt aus dem Meerwasser. Dessen Temperatur muss daher genügend hoch sein, um ausreichend Energie zu liefern. In der Regel ist das der Fall, wenn die Wassertemperatur mindestens 26 °C beträgt.
Zum anderen werden die von außen nachströmenden Luftmassen durch den so genannten **Coriolis-Effekt** so abgelenkt, dass sie gegen den Uhrzeigersinn zur Mitte des Hurrikans strömen und nicht direkt dorthin gelangen (▸ Bild 04). Hierdurch erreichen die Windgeschwindigkeiten in einem Hurrikan teilweise über 300 $\frac{km}{h}$!
Der Coriolis-Effekt ist eine Folge der Erdrotation: Durch sie werden alle Körper, die sich auf der Nordhalbkugel der Erde bewegen, nach rechts abgelenkt und auf der Südhalbkugel nach links. Der Effekt ist im Alltag praktisch nicht nachweisbar und wird erst bei den Bewegungen der riesigen Luftmassen wichtig.

1 Weise durch eine entsprechende Rechnung nach, dass der adiabatische Temperaturgradient den im Text angegebenen Wert hat.

2 Bei Inversionswetterlagen nimmt die Schadstoffbelastung in Städten stark zu. Erläutere.

3 ▸ Bild 06 zeigt die Temperaturverteilung in der Erdatmosphäre.
a) Beschreibe die Verteilung.
b) In welchem Bereich beträgt die Temperaturabnahme etwa 1 K je 100 m?
c) Die Atmosphäre ist in Höhe der Ozonschicht und auf der Erdoberfläche etwa gleich warm. Die Luftschicht dazwischen ist kälter. Offensichtlich kommt es nicht zu einem Temperaturausgleich. Erläutere.

4 **a)** In Deutschland kann es keine Hurrikane geben. Erkläre.
b) Auf der Südhalbkugel gibt es auch Wirbelstürme, nicht aber auf dem Äquator. Begründe.

01 Leben mit Energie von der Sonne

Energie von der Sonne

Die Eidechse wärmt sich im Sonnenschein. Die Sonne wärmt auch die Erde als Ganzes. Ohne die Energie von der Sonne wäre Leben auf der Erde unmöglich. Wie viel Energie bekommt die Erde eigentlich von der Sonne?

Statt von „elektromagnetischer Strahlung" spricht man oft einfach von „Strahlung".

ERWÄRMUNG DURCH DIE SONNE · Die Energie kommt von der Sonne durch elektromagnetische Strahlung zur Erde. Etwa 50 % kommt mit dem sichtbaren Licht, etwa 40 % mit Infrarotstrahlung und der Rest mit Ultraviolett- und anderer elektromagnetischer Strahlung. Damit sich die Eidechse wärmen kann, muss die Strahlung genügend „stark" sein. Mit „stark" meint man hier, dass in einer bestimmten Zeitspanne möglichst viel Energie mit der Strahlung übertragen wird. Das bedeutet, dass die damit verbundene Leistung möglichst groß ist. Wir präzisieren daher die Frage von oben: Wie groß ist die Strahlungsleistung, mit der die Energie von der Sonne auf die Erde übertragen wird?

BESTIMMUNG DER STRAHLUNGSLEISTUNG · Diese Frage untersuchen wir mit einem Versuch. Dabei gehen wir von einer Alltagserfahrung aus: Wenn du einen Gegenstand aus dem Schatten ins direkte Sonnenlicht stellst, dann beginnt seine Temperatur zu steigen. Anschaulich ist klar: Je größer die Strahlungsleistung ist, desto schneller steigt die Temperatur. Aus diesem Temperaturanstieg können wir die Strahlungsleistung bestimmen.

Als Gegenstand verwenden wir einen Würfel aus Aluminium mit einer Kantenlänge von 4,0 cm (▸ Bild 03). Der Würfel ist auf einer Seite geschwärzt, damit er die Strahlung gut absorbiert, und auf den anderen Seiten gedämmt. Bei wolkenlosem Himmel stellen wir ihn so auf, dass das Sonnenlicht die geschwärzte Seite senkrecht trifft und messen die Temperatur ϑ

02 Solarkollektor

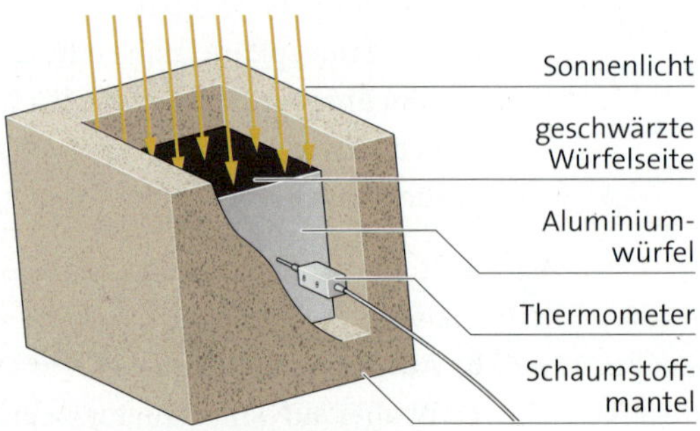

03 Messung der Strahlungsleistung

des Würfels in Abhängigkeit von der Zeit t. ▸ Tabelle 04 zeigt die Messwerte.

Die Dichte und die spezifische Wärmekapazität von Aluminium kennen wir. Somit können wir die Wärmeübertragung auf den Würfel Q berechnen. Das Diagramm zeigt, dass Q und t zueinander proportional sind (▸ Bild 05). Die Steigung der Ausgleichsgeraden ergibt die Strahlungsleistung P. Sie beträgt hier 1,4 W.

DIE STRAHLUNGSINTENSITÄT · Die Fläche eines Solarkollektors wie im ▸ Bild 02 ist viel größer als die des Aluminium-Würfels. Deshalb absorbiert der Kollektor viel mehr Strahlung als der Würfel und nimmt folglich auch mehr Energie auf. Daher ist es sinnvoll, die Strahlungsleistung pro Fläche anzugeben. Diesen Quotienten nennt man **Strahlungsintensität *S***. Bei unserer Messung mit dem Würfel ergibt sich hierfür:

$$S = \frac{P}{A} = \frac{1{,}4\ \text{W}}{(0{,}04\ \text{m})^2} = 875\ \frac{\text{W}}{\text{m}^2}.$$

Die Gleichung für die Strahlungsintensität gilt nicht nur für die Sonnenstrahlung, sondern für jede elektromagnetische Strahlung, z.B. für die Strahlung einer Glühlampe.

Die Strahlungsintensität S gibt an, wie groß die Leistung P einer Strahlung ist, die senkrecht auf einen Flächeninhalt A trifft: $S = \frac{P}{A}$.

DIE SOLARKONSTANTE · Oberhalb der Atmosphäre ist die Strahlungsintensität der Sonnenstrahlung noch größer als der von uns gemessene Wert, da die Atmosphäre einen Teil der Strahlung reflektiert und absorbiert. Die Strahlungsleistung beträgt dort 1370 $\frac{\text{W}}{\text{m}^2}$; diesen Wert nennt man die **Solarkonstante S_E**.

Die Strahlungsintensität der Sonnenstrahlung oberhalb der Erdatmosphäre beträgt 1370 $\frac{\text{W}}{\text{m}^2}$. Diesen Wert nennt man die Solarkonstante S_E.

t in s	0	100	200	300	400
ϑ in °C	27,4	28,2	29,3	30,2	31,0

04 Messwerte

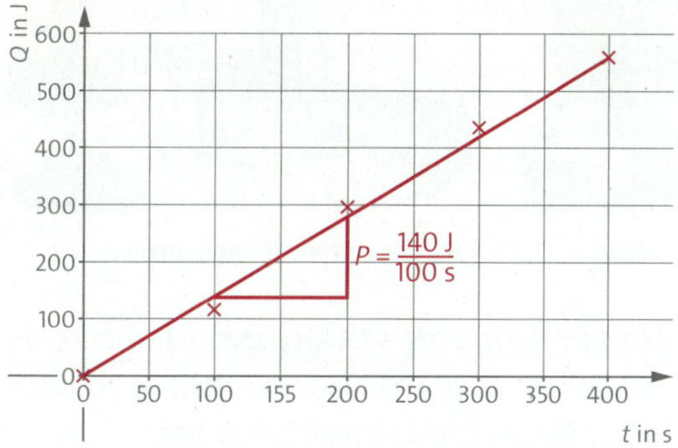

05 Wärmeübertragung in Abhängigkeit von der Zeit

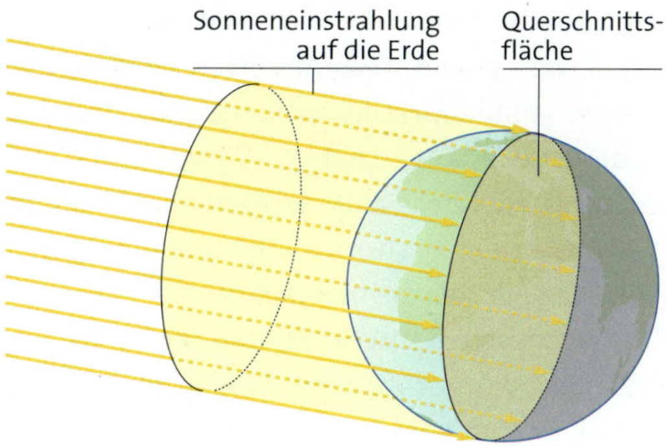

06 Entscheidend ist die Querschnittsfläche.

Mit der Solarkonstante berechnen wir nun die gesamte Strahlungsleistung, die die Erde von der Sonne aufnimmt. Hierfür benötigen wir die von der Sonne bestrahlte Fläche. Dabei handelt es sich nicht um die gesamte Erdoberfläche, sondern nur um die Querschnittsfläche (▸ Bild 06). Mit dem mittleren Erdradius von 6370 km ergibt sich:

$$P = S_E \cdot A = 1{,}75 \cdot 10^{17}\ \text{W}.$$

1 Ein typisches Kohlekraftwerk hat eine Leistung von 875 MW. Wie viele solcher Kraftwerke würden benötigt, um die Leistung von $1{,}75 \cdot 10^{17}$ W zu erbringen?

2 Berechne aus den Werten in ▸ Tabelle 04 jeweils die Zunahme der inneren Energie des Würfels. Benutze die Tabellen im Anhang und auf Seite 109.

01 Hilft weiße Farbe gegen Hitze?

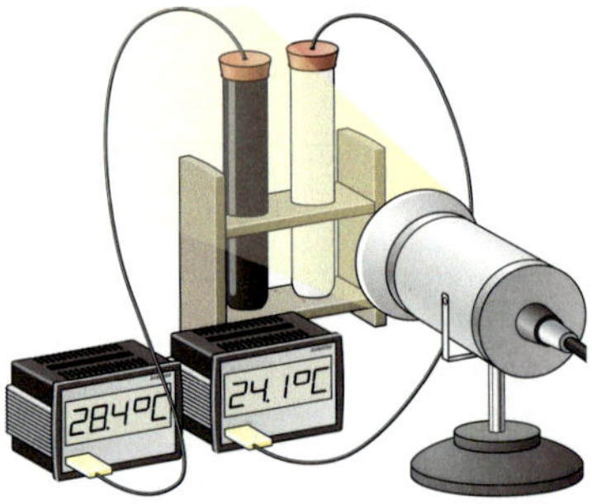

02 Absorption im Experiment

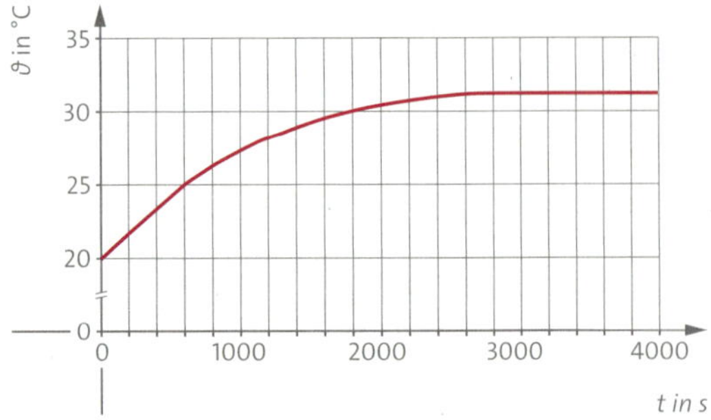

03 $\vartheta(t)$-Diagramm für das schwarze Reagenzglas

ABSORPTION VON STRAHLUNG · In heißeren Ländern sind die Häuser oft hell gestrichen (▸ Bild 01). Welchen Vorteil bietet das?

Wir führen hierzu einen Versuch durch (▸ Bild 02): Zwei gleiche Reagenzgläser werden mit Wasser gefüllt. Ein Glas wird schwarz und das andere weiß angestrichen. Wenn beide mit einer Lampe bestrahlt werden, dann steigt die Wassertemperatur im schwarzen Reagenzglas schneller als die im weißen.
Die elektromagnetische Strahlung der Lampe wird also vom schwarzen Reagenzglas besser absorbiert als vom weißen. Die weiße Oberfläche streut einen Teil der Strahlung. Bei der Absorption wird Energie auf das Reagenzglas übertragen, bei der Streuung nicht. Das nutzt man bei den hell gestrichenen Häusern aus.

INFRAROTSTRAHLUNG · Vom sichtbaren Licht kennst du Absorption und Streuung. Aber gibt es das auch bei Infrarotstrahlung? Zur Klärung der Frage ersetzen wir bei dem Versuch die Lampe durch ein heißes Bügeleisen, das hier als Quelle für die Infrarotstrahlung dient. Auch hier zeigt sich ein Unterschied im Temperaturanstieg beim schwarzen und weißen Reagenzglas, nur schwächer. Die Infrarotstrahlung verhält sich hier ähnlich wie das sichtbare Licht.

Wenn wir zwischen das Bügeleisen und die Reagenzgläser eine Glasplatte halten, ändert sich das Ergebnis der Versuchs wesentlich: Die Temperatur steigt bei beiden Reagenzgläsern kaum noch! Offensichtlich ist die Glasplatte für das sichtbare Licht durchsichtig, nicht aber für die Infrarotstrahlung. Sie wird von der Glasplatte stark absorbiert: Die Temperatur der Platte steigt mit der Zeit.

Wenn Strahlung auf einen Körper trifft, dann hängt es von der Oberfläche ab, wie viel der Strahlung absorbiert und wie viel gestreut wird. Es gibt Stoffe, die Infrarotstrahlung absorbieren, aber für sichtbares Licht durchlässig sind.

IM FLIESSGLEICHGEWICHT · Wenn ein Reagenzglas durch die Absorption von Strahlung ständig Energie aufnimmt, dann müsste es doch eigentlich immer heißer und heißer werden. Das entspricht offensichtlich nicht der Realität. ▸ Diagramm 03 zeigt, dass dies tatsächlich auch nicht so ist: Anfangs steigt die Temperatur fast linear an, aber nach einer gewissen Zeit stellt sich eine konstante Temperatur ein.
Den Grund hierfür kennst du schon: Das Reagenzglas gibt die Energie, die es durch die Strahlung aufgenommen hat, gleich wieder ab. Im Fließgleichgewicht steigt deswegen seine Temperatur nicht weiter.

1 Solarkollektoren sind in der Regel schwarz beschichtet. Erkläre.

2 Niklas sagt: „Je länger man die Temperatur beim Alu-Würfel misst, desto besser ist der Wert für die Solarkonstante." Äußere dich.

VERSUCHE ▸ Infrarotstrahlung und sichtbares Licht – ähnlich oder anders?

Material:

Lampe (möglichst hell), Bügeleisen, schwarzes und weißes Papier (etwa postkartengroß), Glasplatte, feuerfeste Unterlage

04

V1 Schwarz und weiß

Durchführung:

a) Halte das schwarze Papier etwa eine Minute lang ca. 10 cm vor die Lampe. Bringe die bestrahlte Seite dicht vor deine Wange (▸ Bild 04). Beschreibe, was du spürst.

b) Wiederhole den Versuch mit dem weißen Papier. Vergleiche mit a).

c) Halte die Glasplatte zwischen Lampe und Papier. Wiederhole a) und vergleiche.

d) Erkläre deine Beobachtungen. Verwende dabei folgende Begriffe: sichtbares Licht, Infrarotstrahlung, absorbieren, streuen, durchsichtig, Energie aufnehmen/abgeben.

V2 Das Infrarot-Bügeleisen

Durchführung:

Vorsicht beim Umgang mit dem heißen Bügeleisen! Verbrennungsgefahr!

Stell das Bügeleisen auf eine feuerfeste Unterlage, sodass die Bügelfläche aufrecht steht (▸ Bild 05).

a) Nähere deine Hand vorsichtig der Bügelfläche. Sie gibt Infrarotstrahlung ab. Gib an, ab welcher Entfernung du die Infrarotstrahlung spüren kannst.

b) Wiederhole V1 a) bis c). Beschreibe die Unterschiede zu V1.

c) Aufgrund deiner Versuchsergebnisse kannst du auf Unterschiede und Gemeinsamkeiten von Infrarotstrahlung und sichtbarem Licht schließen. Fasse diese zusammen.

05

Material A ▸ Wolken und Sonne

06 Die Erde global betrachtet

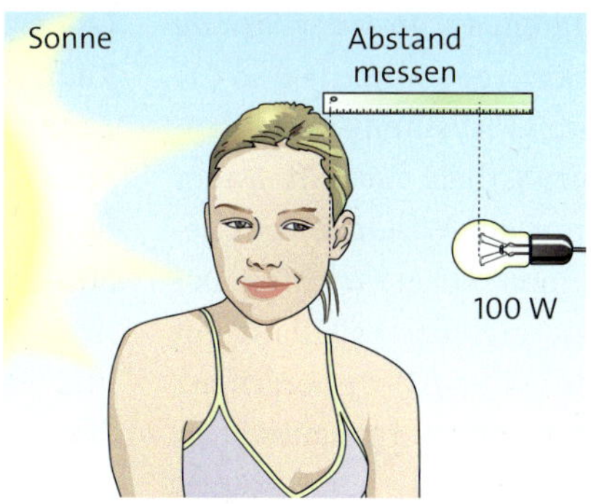

07 Wie stark scheint die Sonne?

A1 a) ▸ Bild 06 zeigt die Erde vom Weltall aus gesehen. Wolken, Ozeane, Wüsten und Gebiete mit Vegetation sehen verschieden hell aus. Wo wird mehr Energie von der Sonne aufgenommen, wo wird viel Strahlung reflektiert? Erkläre.

b) Man hört häufig: „Die Sonne ist am Äquator stärker als in Deutschland." Was ist damit gemeint?

c) Erkläre: Wenn es nachts bewölkt ist, kühlt es weniger ab, als wenn es klar ist. Erkläre, welche Wirkung Wolken tagsüber haben.

A2 In einem Experimentierbuch steht: „Wie stark scheint die Sonne? Finde es heraus: Lass die Sonne senkrecht auf eine Wange scheinen (▸ Bild 07). Nähere der anderen Wange eine Glühlampe mit bekannter Leistung, bis sich beide Wangen gleich warm anfühlen. Miss den Abstand zwischen Wange und Glühwendel."
So kann man tatsächlich die Solarkonstante bestimmen! Erkläre. Führe die Messung durch.

01 Bohrturm oder Windrad?

Die Energiewende

Bauer Schulze hat vom energetischen Umbruch gehört und plant, ein Windrad zu kaufen. Kann er damit genug Energie gewinnen und genug Geld einnehmen?

KANN BAUER SCHULZE GENUG ENERGIE GEWINNEN? · Bauer Schulze besitzt eine quadratische Fläche mit 700 m Kantenlänge. Ihm gefallen große Windräder, die in jeder Stunde eine Energie von 7500 kWh gewinnen (▸ Bild 01). Windräder müssen große Abstände voneinander haben, denn sie verwirbeln die Luft. Daher kann Bauer Schulze nur ein Windrad vom gewünschten Typ auf seinem Acker errichten. Der Wind weht nicht immer. Schulze kalkuliert mit 2000 Stunden im Jahr (▸ Bild 02). Er berechnet, dass er im Jahr die folgende Energie gewinnen kann:

Die Strombörse ist ein Markt für Strom. Sie funktioniert ähnlich wie eine Wertpapierbörse.

$$E = 7500\ \text{kWh} \cdot 2000 = 15\ \text{Millionen kWh}.$$

Wie ein Durchschnittshaushalt mit fünf Personen braucht Bauer Schulze im Jahr 6000 kWh an elektrischer Energie. Also kann er genug Energie für seine Familie gewinnen und noch sehr viel verkaufen.

KANN ER GENUG GELD EINNEHMEN? · Bauer Schulze muss zum Kauf des Windrades einen Kredit bei der Bank aufnehmen und berechnet, wie viel Geld ihn das pro Jahr kostet.

Er muss für das Windrad zehn Millionen Euro bezahlen. Nach 20 Jahren wird es unbrauchbar, bis dahin will er den Kredit zurückzahlen. Daher will er der Bank jedes Jahr ein Zwanzigstel des Kaufpreises zurückzahlen, also 500 000 Euro. Zudem verlangt die Bank 3 % Zinsen. Also muss er pro Jahr zusätzlich 300 000 Euro an Zinsen bezahlen. Insgesamt muss er somit jedes Jahr 800 000 Euro an die Bank zahlen.

Aber kann er mit dem Windrad überhaupt so viel Geld einnehmen? Man bekommt an der Strombörse 0,06 Euro je Kilowattstunde. Bauer Schulze überschlägt, wie viel er pro Jahr einnehmen kann:

$$15\ \text{Millionen kWh} \cdot \frac{0{,}06\ \text{Euro}}{\text{kWh}} = 900\,000\ \text{Euro}.$$

Bauer Schulze freut sich. Mit dem geplanten Windrad kann er jedes Jahr sogar einen Überschuss von 100 000 Euro erzielen.

WINDENERGIE FÜR DEUTSCHLAND? · In Deutschland wird pro Jahr eine elektrische Energie von 600 Milliarden kWh benötigt. Bauer Schulze fragt sich, wie viele Windräder vom gewünschten Typ man hierfür bräuchte. Er berechnet:

$$\frac{600 \text{ Milliarden kWh}}{15 \text{ Millionen kWh}} = 40\,000.$$

Er fragt sich weiter, wie viel Fläche man für 40 000 Windräder benötigen würde. Er erinnert sich, dass er seine Fläche von 700 m mal 700 m für ein Windrad benötigt und berechnet:

$$A = 0{,}7 \text{ km} \cdot 0{,}7 \text{ km} \cdot 40\,000 = 19\,600 \text{ km}^2.$$

Bauer Schulze würde gerne wissen, welcher Prozentsatz p der deutschen Staatsfläche von 357 000 km^2 das ist und berechnet:

$$p = \frac{19\,600 \text{ km}^2}{357\,000 \text{ km}^2} \cdot 100\,\% = 5{,}5\,\%.$$

Bauer Schulze stellt fest, dass solche Windräder nicht nur gut für ihn sind, sie könnten im Prinzip auch Deutschland mit elektrischer Energie versorgen.

BAUER SCHULZE WÜNSCHT SICH EINE SOLARANLAGE · Schulze bemerkt, dass das geplante Windrad zwar freien Platz in seiner Umgebung benötigt, aber seine Felder nicht belegt. Daher plant er, auf seinem ganzen Land zusätzlich eine große Solaranlage zu errichten. Mit einer solchen Anlage, die man auch Fotovoltaikanlage nennt, kann man die Sonnenenergie direkt in elektrische Energie umwandeln. Er wünscht sich eine moderne Anlage der dritten Generation (▸ Bild 03). Sie hat bereits einen Wirkungsgrad von 30% bis 40 %. Aus einer Karte liest er ab, wie viel Energie von der Sonne auf sein Land trifft (▸ Bild 04). Auf einen Quadratmeter Fläche strömt in jedem Jahr eine Energie von 1000 kWh. Daraus berechnet er, wie viel elektrische Energie er im Jahr mit der Solaranlage gewinnen kann (▸ Bild 05). Er errechnet einen Energiegewinn von 196 Millionen kWh.
Bauer Schulze freut sich, denn das ist ja mehr elektrische Energie als das Windrad liefert.

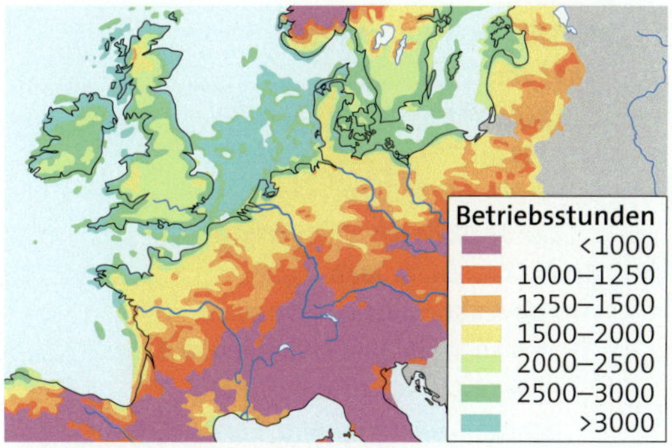

02 Windkarte

03 Solarmodul der dritten Generation

Die 19 600 km^2, die Bauer Schulze zur Versorgung Deutschlands mit elektrischer Energie durch Windräder bräuchte, entsprechen übrigens 65 % der Fläche von Berlin und Brandenburg zusammen.

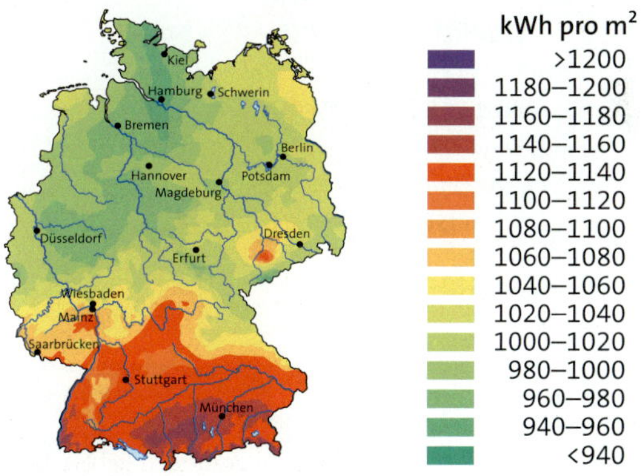

04 Sonnenkarte

Kann ich genug Energie gewinnen?
Sonnenenergie pro Jahr: 1000 kWh/m^2
$E = 700 \text{ m} \cdot 700 \text{ m} \cdot 1000 \text{ kWh/m}^2$
$E = 490$ Millionen (Mio.) kWh
Elektrische Energie pro Jahr:
Wirkungsgrad: 0,4
$E = 490$ Mio. kWh $\cdot\, 0{,}4$
$E = 196$ Mio. kWh ☺

05 Energie bei der Solaranlage

Auf einen Quadratmeter strömt in jedem Jahr eine Energie von 1000 kWh. Man sagt, die **Energiestromstärke** beträgt 1000 kWh pro Jahr.

Kann ich genug einnehmen?

Kaufpreis:

260 Euro/m^2 bis 520 Euro/m^2

700 m · 700 m · 260 Euro/m^2

= 127,4 Mio. Euro

Da brauche ich einen Kredit. ☹

Kreditkosten im Jahr:

Ich rechne wie beim Windrad.

5 % Rückzahlung: 6,37 Mio. Euro

3 % Zinsen: 3,822 Mio. Euro

Zusammen: 10,192 Mio. Euro

Jahreseinnahme:

Strombörse: 0,06 Euro/kWh

196 Mio. kWh · 0,06 Euro/kWh

= 11,76 Mio. Euro

Jahresüberschuss:

11,76 Mio. Euro – 10,192 Mio. Euro

= 1,568 Mio. Euro ☺

01 Überschuss bei der Solaranlage

Reicht das für Deutschland?

Elektrische Energie:

Bedarf: 600 Milliarden (Mrd.) kWh

Ertrag pro Hof: 196 Mio. kWh

Zahl der benötigten Höfe:

600 Mrd. kWh/196 Mio. kWh = 3061

Benötigte Fläche:

3061 · 0,7 km · 0,7 km = 1500 km^2

Flächenanteil:

Staatsfläche: 357 000 km^2

p % = 1500 km^2/357 000 km^2 = 0,42 % ☺

02 Flächen bei der Solaranlage

In einem Kilogramm Wasserstoff ist eine Energie von 33 kWh gespeichert.

03 Wind-Wasserstoffkraftwerk

KANN BAUER SCHULZE GENUG EINNEHMEN? · Schulze berechnet den Kaufpreis für die gewünschte Solaranlage (▸ Bild 01). Er braucht einen Kredit. Da die Solaranlage wie das Windrad 20 Jahre lang läuft, berechnet er die jährlichen Kosten für den Kredit wie beim Windrad. Anschließend berechnet er die Jahreseinnahme und den Jahresüberschuss. Bei dem günstigsten Kaufpreis und Wirkungsgrad, den Bauer Schulze gefunden hat, kann er einen Überschuss von 1,568 Millionen Euro erzielen.

Zur Deckung des deutschen Jahresbedarfs an Energie mithilfe solcher Anlagen der dritten Generation bräuchte man nur eine geringe Fläche (▸ Bild 02). Allerdings sind diese Anlagen bisher nur für Länder mit hoher Sonneneinstrahlung optimiert. Also wartet Bauer Schulze ab.

ENERGIESPEICHER · Manchmal scheint weder die Sonne noch gibt es Wind. Also muss Energie gespeichert werden. Dazu ist für jeden Zweck ein passender Speicher nötig: Kleine Energiemengen von wenigen Kilowattstunden werden in Batterien und Akkumulatoren gespeichert. Mittlere Energiemengen von einigen Millionen Kilowattstunden werden in Speicherkraftwerken aufbewahrt. Große Energiemengen von vielen Milliarden Kilowattstunden werden in Gasen gespeichert. Dafür wird mit elektrischer Energie Wasser in Wasserstoff und Sauerstoff zerlegt. Der Wasserstoff wird z.B. in Tanks aufbewahrt (▸ Bild 03). Bei Bedarf wird die im Wasserstoff gespeicherte Energie in einem Verbrennungskraftwerk in elektrische Energie umgewandelt.

FAZIT · Die Natur bietet sehr viel Energie. Diese kann man mit modernen Windrädern und Solaranlagen wirtschaftlich nutzen. Man benötigt Energiespeicher, um Schwankungen in der Natur auszugleichen und Kabel, um die Energie zu den Verbrauchern zu übertragen. Viele Menschen müssen langfristig zuverlässig zusammenarbeiten, damit wir in Zukunft genug erneuerbare Energie erhalten.

Material A ▸ Energiespeicher

04 Gasspeicher in Rüdersdorf

A1 Selbst in einen gefüllten Fahrradreifen kannst du noch Luft pumpen. Ähnlich wird in Rüdersdorf, Brandenburg, in den gefüllten Gasspeicher noch einmal die 300fache Menge gepumpt (▸ Bild 04). Erläutere das Prinzip.

A2 In Deutschland können 22 Milliarden Kilowattstunden an Energie durch Wasserstoffgas gespeichert werden. Vergleiche diesen Wert mit dem Bedarf an elektrischer Energie.

Material B ▸ Biodiesel

05 Biodiesel aus Raps – eine gute Alternative?

B1 Aus dem Raps, der auf einem Quadratmeter Fläche wächst, kann man ein Kilogramm Biodiesel erzeugen. Biodiesel enthält eine Energie von 10 kWh pro Kilogramm.

a) Nenne je zwei Argumente für die beiden Plakate (▸ Bild 05).

b) Vergleiche die Deckung des Energiebedarfs durch Biodiesel mit der Deckung durch Fotovoltaik. Diskutiere.

Material C ▸ Diskussion

C1 Vier Freunde diskutieren über Vor- und Nachteile von erneuerbarer Energie. Nenne möglichst je zwei Beispiele, die für bzw. gegen die genannten Argumente sprechen.

C2 Bilde dir eine eigene Meinung und begründe diese.

Material D ▸ Interessen

D1 Vier Freunde diskutieren, was erneuerbare Energie nützt. Nenne je zwei Beispiele für die genannten Argumente.

D2 Bilde dir eine eigene Meinung und begründe diese.

Energie und Wärme

Die Wärme Q gibt an, wie viel Energie ein Körper **thermisch** aufnimmt oder abgibt. Die Einheit der Wärme ist ein Joule (1 J).

Spezifische Wärmekapazität: Um einen Körper der Masse m um die Temperaturdifferenz ΔT zu erwärmen, benötigt man die Energie
$Q = c \cdot m \cdot \Delta T$.
c: spezifische Wärmekapazität des Stoffes, aus dem der Körper besteht.
Für Wasser gilt: $c = 4{,}2\,\frac{\text{kJ}}{\text{kg} \cdot \text{K}}$.
Die Gleichung $Q = c \cdot m \cdot \Delta T$ gilt nur, solange sich der Aggregatzustand des Körpers nicht ändert.

Aggregatzustandsänderungen

Spezifische Schmelzwärme: Um einen Körper der Masse m zu schmelzen, muss man ihm die Energie
$Q = s \cdot m$
zuführen.
s: spezifische Schmelzwärme des Stoffes, aus dem der Körper besteht.
Für Wasser gilt: $s = 334\,\frac{\text{kJ}}{\text{kg}}$.
Im Teilchenmodell werden beim Schmelzen eines Körpers die festen Verbindungen zwischen den Teilchen aufgebrochen. Dafür ist Energie notwendig.

Spezifische Verdampfungswärme: Um einen flüssigen Körper der Masse m zu verdampfen, muss man ihm die Energie
$Q = r \cdot m$
zuführen.
s: spezifische Verdampfungswärme des Stoffes, aus dem der Körper besteht.
Für Wasser gilt: $r = 2260\,\frac{\text{kJ}}{\text{kg}}$.
Im Teilchenmodell werden beim Verdampfen einer Flüssigkeit die nahe beieinander liegenden Teilchen voneinander entfernt. Dafür ist Energie notwendig.

Kühlen durch Verdunstung: In einer Flüssigkeit gibt es schnellere und langsamere Teilchen. Wenn schnelle Teilchen an der Oberfläche die Flüssigkeit verlassen, nimmt die Durchschnittsgeschwindigkeit der Teilchen in der verbleibenden Flüssigkeit ab: Die Temperatur sinkt.

Wärmeübertragung

Es gibt verschiedene Arten der **thermischen Übertragung von Energie.** Dabei wird Energie von selbst von einem wärmeren Körper auf einen kälteren übertragen.

Konvektion: Strömende Gase oder Flüssigkeiten führen Energie mit sich.
Konvektion kann erzwungen werden oder selbsttätig ablaufen.

Wärmeleitung: Energie kann thermisch durch Wärmeleitung übertragen werden. Voraussetzung hierfür ist immer eine Temperaturdifferenz.
Metalle sind gute Wärmeleiter, Gase sind schlechte Wärmeleiter.

Wärmeleitung im Teilchenmodell: Auf der heißen Seite eines Körpers befinden sich die Teilchen in heftiger Bewegung, auf der kalten Seite in schwacher Bewegung. Durch Wechselwirkung zwischen den Teilchen werden die Teilchen auf der kälteren Seite nach und nach zu heftigerer Bewegung angeregt.

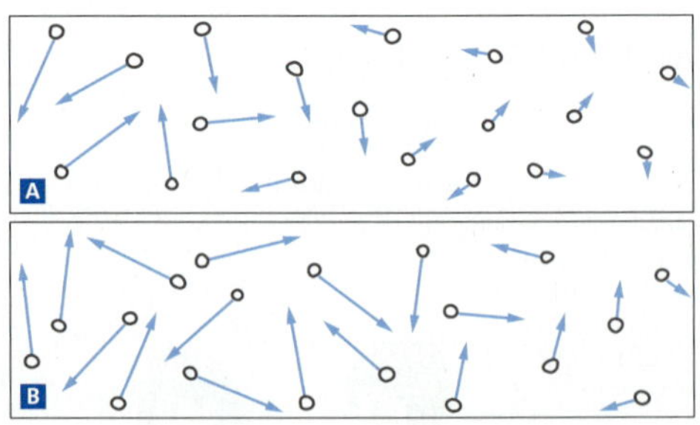

01 Wärmeleitung im Teilchenmodell am Beispiel eines Gases

Wärmestrahlung: Wärme kann durch elektromagnetische Strahlung übertragen werden, also z. B. durch Licht oder Infrarotstrahlung. Je höher die Temperatur eines Körpers ist, desto mehr Strahlung sendet er aus.

Fließgleichgewicht: Wenn ein Körper immer genauso viel Wärme abgibt, wie er aufnimmt, dann bleibt seine Temperatur konstant. Es herrscht ein Fließgleichgewicht.

Die **Strahlungsintensität** S gibt an, wie groß die Leistung P einer Strahlung ist, die senkrecht auf einen Flächeninhalt A trifft. Sie wird in $\frac{\mathrm{W}}{\mathrm{m}^2}$ angegeben:
$S = \frac{P}{A}$.
Die Strahlungsintensität der Sonnenstrahlung oberhalb der Erdatmosphäre beträgt 1370 $\frac{\mathrm{W}}{\mathrm{m}^2}$. Diesen Wert nennt man die **Solarkonstante** S_E.

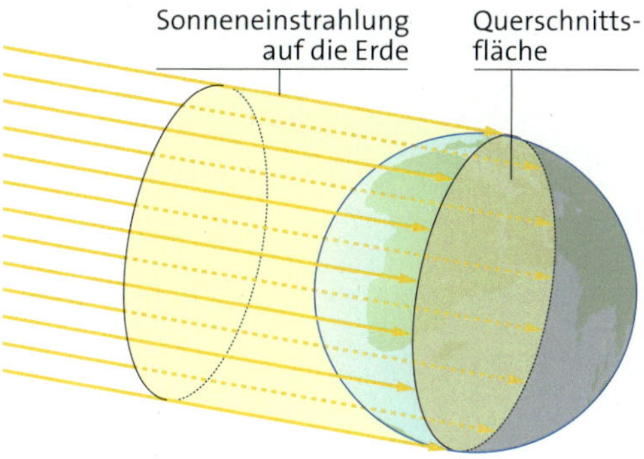

02 Wie viel Wärme pro Zeit auf eine Fläche trifft, hängt von der Orientierung der Fläche zur Einfallsrichtung der Strahlung ab.

Absorption von Strahlung: Wenn Strahlung auf einen Körper trifft, dann hängt es von der Oberfläche ab, wie viel der Strahlung absorbiert und wie viel gestreut wird. Es gibt Stoffe wie Glas, die Infrarotstrahlung absorbieren, aber für sichtbares Licht durchlässig sind.
Schwarze Körper absorbieren stärker als weiße. Werden sie einer Strahlung ausgesetzt, erreichen sie im Fließgleichgewicht eine höhere Temperatur.

Überprüfe dich selbst:

Kann ich ...

... die Begriffe Energie, Wärme und Temperatur erläutern und voneinander abgrenzen? (S. 108 f.)

... ein typisches Experiment zur Bestimmung der spezifischen Wärmekapazität beschreiben? (S. 108 f.)

... die Wärme berechnen, die einem Körper zugeführt werden muss, damit seine Temperatur um einen bestimmten Betrag steigt? (S. 109)

... erläutern, weshalb einem Körper beim Schmelzen Wärme zugeführt werden muss? (S. 112 f.)

... erläutern, weshalb einem Körper beim Verdampfen Wärme zugeführt werden muss? (S. 114 f.)

... die Begriffe spezifische Schmelzwärme und spezifische Verdampfungswärme erläutern? (S. 113, 115)

... begründen, dass sich eine Flüssigkeit beim Verdunsten abkühlt? (S. 116)

... die Richtung angeben, in die thermische Energie von allein strömt? (S. 120)

... unterschiedliche Arten der Wärmeübertragung nennen? (S. 121 ff.)

... die Wärmeübertragung im Teilchenmodell erklären? (S. 121 ff.)

... Beispiele für die Konvektion angeben und erläutern?(S. 121)

... Möglichkeiten zur effizienteren Energienutzung insbesondere in meiner Umgebung aufzeigen? (S. 132 f.)

... Entwicklungen der Energiewende beschreiben? (S. 132 ff.)

Elektrischer Strom und elektrische Ladung

In diesem Kapitel beschäftigst du dich mit

- dem Aufbau einfacher elektrischer Stromkreise. Was muss man beachten, damit der Strom dort fließt, wo er fließen soll – und nicht irgendwo anders?
- einem Modell für den elektrischen Stromkreis: Was bedeutet eigentlich „Stromfluss", was fließt dabei durch die metallischen Stromkabel?
- den Wirkungen, die von einem elektrischen Strom ausgehen. Ein Strom kann nicht nur Wärme und Licht aussenden, sondern beispielsweise auch Kompassnadeln in einer ganz besonderen Weise ausrichten.
- den elektrischen Feldern, die in der Umgebung elektrisch geladener Körper existieren.

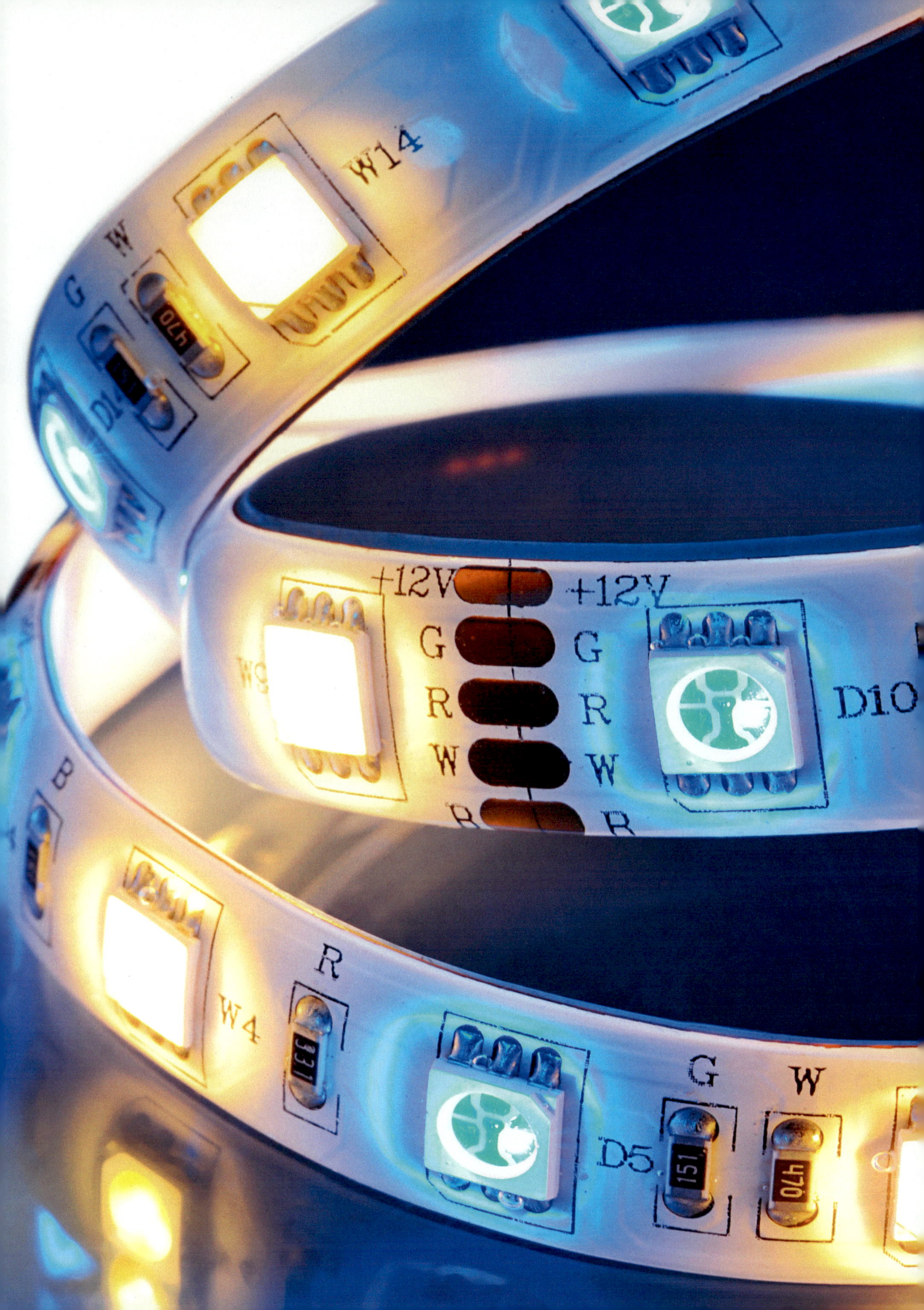
W14
W
G
470
+12V
+12V
G
G
R
R
W
W
D10
B
R
W4
331
G
W
D5
151
470

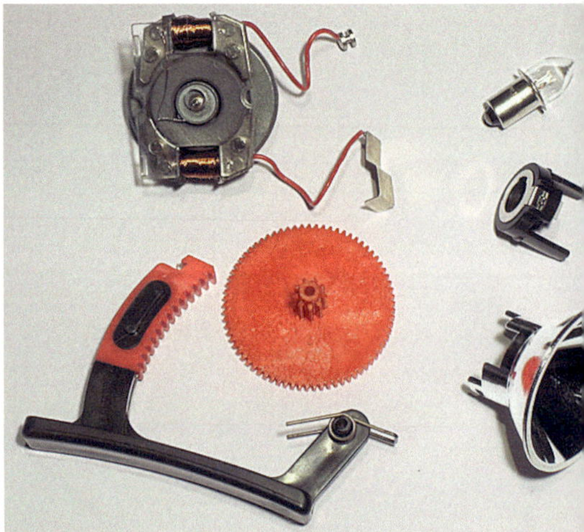

01 Dynamo-Taschenlampe

02 Einzelteile der Dynamo-Taschenlampe

Elektrischer Stromkreis

Eine Dynamo-Taschenlampe ist schon eine tolle Erfindung. Du musst nur den Hebel bewegen – schon leuchtet die Lampe. Doch was steckt in solch einer Lampe alles drin? Und wie funktioniert sie?

Das ▸ Bild 02 zeigt die Bauteile der Taschenlampe. Du siehst einen Hebel, ein Zahnrad, eine Glühlampe, eine Fassung für die Glühlampe, einen Reflektor und ein kompliziertes Bauteil links oben, den Dynamo. Wenn du den Hebel bewegst, dann dreht sich das Zahnrad. Das Zahnrad treibt den Dynamo an, dadurch fließt Strom und die Lampe leuchtet.

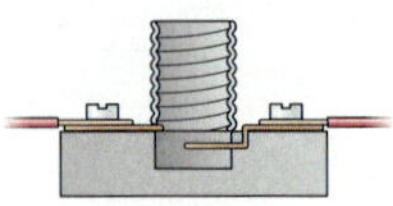

Gewindesockel

Batterie

Es ist offensichtlich, dass eine leuchtende Glühlampe Energie abgibt. Du erkennst das am Licht und an der Wärme, die die Lampe abstrahlt. Zum Betrieb der Glühlampe ist also Energie erforderlich. Diese Energie erhält die Lampe vom Dynamo. Der Dynamo bekommt die Energie von dir, indem du den Hebel bewegst. Wir sagen, der Dynamo ist eine **elektrische Energiequelle.** Die Glühlampe ist ein **elektrisches Gerät.** Man kann eine Glühlampe auch mit einer Batterie betreiben. Eine Batterie ist ebenfalls eine elektrische Energiequelle. Im Gegensatz zum Dynamo, bei dem man Energie ständig zuführen muss, ist in einer Batterie Energie schon gespeichert.

AUFBAU EINES STROMKREISES · Wie man die Lampe an eine Batterie anschließen muss, weißt du sicher schon, ▸ Bild 03 zeigt zwei einfache Möglichkeiten: Die Glühlampe hat zwei Anschlüsse, das Gewinde und das Kontaktplättchen. Auch die Batterie hat zwei Anschlüsse. Sie heißen **Pluspol** und **Minuspol.** Damit die Lampe leuchtet, musst du ihre beiden Anschlüsse mit den beiden Polen der Batterie verbinden. Bei der Lampe ist es egal, welchen Anschluss man mit welchem Pol verbindet.

Eine solche „Zusammenschaltung" einer elektrischen Energiequelle mit einem elektrischen Gerät heißt **elektrischer Stromkreis.** Dabei ist das Wort „Kreis" nicht im Sinne von „kreisförmig" sondern im Sinne von „Kreislauf" zu ver-

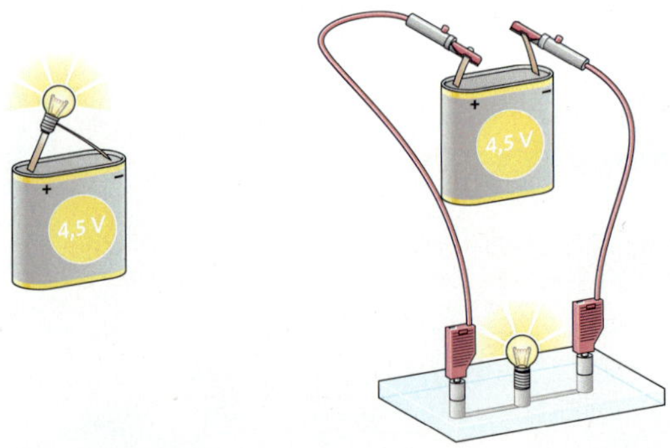

03 So kann man eine Glühlampe mit einer Batterie zum Leuchten bringen.

stehen. Ein solcher „Stromkreislauf“ hat – wie andere Kreisläufe auch – keinen Anfang und kein Ende. Dazu später mehr.

Wenn du den Stromkreis an einer Stelle unterbrichst, dann erlischt die Lampe. Sehr bequem geht das mit einem Schalter, den man in eine der beiden Leitungen einbaut (▸ Bild 04).

> Zum Betrieb eines elektrischen Geräts müssen die beiden Anschlüsse des Geräts mit den Polen der elektrischen Energiequelle verbunden werden.
> Diese Zusammenschaltung von Gerät und Energiequelle heißt elektrischer Stromkreis.

GERÄT UND QUELLE MÜSSEN PASSEN · Einen Haartrockner muss man an eine Steckdose anschließen, damit er funktioniert. An einer Batterie kann man ihn nicht betreiben. Umgekehrt darf man ein Experimentierlämpchen niemals an eine Steckdose anschließen. Zum einen wäre es viel zu gefährlich, zum anderen würde das Lämpchen sofort zerstört werden.

Auf Batterien findet man Angaben über die **elektrische Spannung.** Eine gewöhnliche Batterie z.B. ist mit 1,5 V (lies: „1,5 **Volt**“) beschriftet. Auch auf elektrischen Geräten findet man oft eine Spannungsangabe. Welche Bedeutung hat sie?

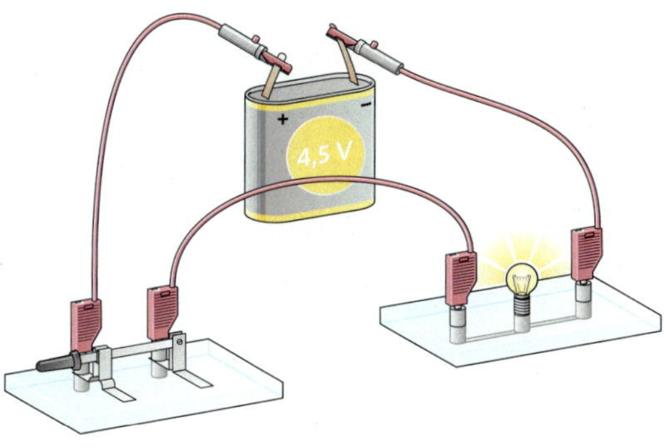

04 Mit einem Schalter kann man den Stromkreis unterbrechen.

Wir schließen ein Lämpchen mit der Aufschrift 4,8 V an eine 1,5-V-Batterie an: Das Lämpchen leuchtet nicht. Wenn wir es dagegen an eine Flachbatterie mit einer Spannung von 4,5 V anschließen, dann beginnt es zu leuchten. Schließen wir es aber an eine Blockbatterie mit 9 V an, dann leuchtet es sehr hell und brennt nach kurzer Zeit durch. Offensichtlich bedeutet die Aufschrift 4,8 V auf dem Lämpchen, dass man es an eine elektrische Energiequelle mit einer Spannung von etwa 4,8 V anschließen muss, damit es korrekt leuchtet.

> Ein elektrisches Gerät benötigt eine passende elektrische Energiequelle.
> Die Spannungsangaben von Gerät und elektrischer Energiequelle müssen so gut wie möglich übereinstimmen.

Die Spannung gibt auch an, wie gefährlich eine elektrische Quelle ist. Die Steckdose ist mit einer Spannung von 230 V lebensgefährlich. Spannungen unter 25 V sind dagegen harmlos.

1 Nenne die wesentlichen Bauteile einer Dynamo-Taschenlampe. Beschreibe Vorteile und Nachteile dieser Lampe gegenüber einer Batterie-Taschenlampe.

2 Welche elektrische Energiequelle haben dein Handy, dein Taschenrechner, deine Fahrradbeleuchtung?

GEFAHRENHINWEIS

Umgang mit Elektrizität

- Experimentiere niemals mit dem elektrischen Strom aus der Steckdose!
- Berühre niemals die Buchsen einer Steckdose oder einer schadhaften Leitung mit den Händen oder mit einem Werkzeug!
- Benutze als elektrische Energiequellen nur Batterien oder spezielle Netzgeräte der Schule!

05 Batterie 1,5 V „Micro“ (AAA)

06 Flachbatterie 4,5 V

07 Blockbatterie 9 V

08 Steckdose 230 V
Finger weg!

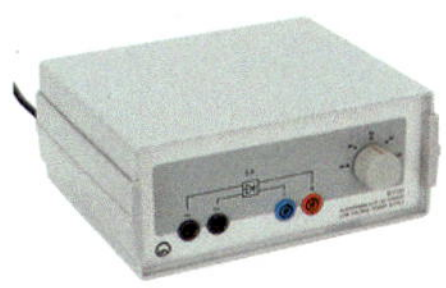

09 Netzgerät für Schulversuche

01 Achtung! Kurzschluss – nicht nachmachen!

KURZSCHLUSS · Eine direkte Verbindung der beiden Pole einer elektrischen Energiequelle ohne elektrisches Gerät heißt „Kurzschluss" (▸ Bild 01). Was passiert dabei eigentlich? Wohin geht die Energie, wenn kein elektrisches Gerät eingebaut ist, das die Energie aufnehmen könnte? Es ist klar, dass eine solche Schaltung nicht korrekt sein kann. Wenn wir sie ausnahmsweise dennoch aufbauen, dann beobachten wir, dass die Leitung und die Batterie sehr warm werden.
Offensichtlich gibt die elektrische Energiequelle bei einem Kurzschluss ihre Energie innerhalb der Quelle selbst und im Verbindungsdraht ab. Die Quelle kann dabei leicht zerstört werden. Und der Verbindungsdraht kann so heiß werden, dass möglicherweise ein Brand ausgelöst wird.

Einen Kurzschluss erhält man auch, wenn es eine Verbindungsleitung der Pole am elektrische Gerät vorbei gibt (▸ Bild 02 B). Auch in diesem Fall wird die Energie der Quelle nicht im Gerät abgegeben. Warum das so ist, werden wir später noch genauer betrachten.

Eine direkte Verbindung der beiden Pole einer elektrischen Energiequelle heißt Kurzschluss. Kurzschlüsse sind gefährlich und müssen unbedingt vermieden werden.

03 LED-Taschenlampe

LEUCHTDIODEN · Eine LED-Taschenlampe sieht super aus und leuchtet sehr hell. Statt einer Glühlampe hat sie eine Leuchtdiode (LED). Leuchtdioden nutzen die Energie viel besser zur Lichterzeugung als Glühlampen. Man kann daher kleine Batterien verwenden, die dennoch lange halten. Leuchtdioden strahlen je nach Material farbiges oder weißes Licht aus.

Eine LED hat einen langen und einen kurzen Anschlussdraht. Wir untersuchen, ob Leuchtdioden wie Glühlampen beliebig angeschlossen werden können. ▸ Bild 04 zeigt: Nur wenn man den langen Draht an den Pluspol und den kurzen Draht an den Minuspol anschließt, leuchtet die LED: Bei der LED muss man auf die richtige Polung achten.

Leuchtdioden nutzen die zugeführte Energie besonders gut zur Lichterzeugung. Beim Anschluss von Leuchtdioden muss die Polung beachtet werden.

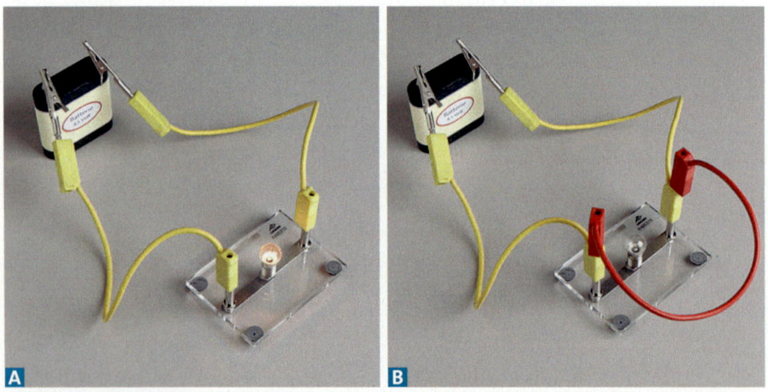

02 **A** Korrekter Stromkreis, **B** So nicht! Das rote Kabel verursacht einen Kurzschluss.

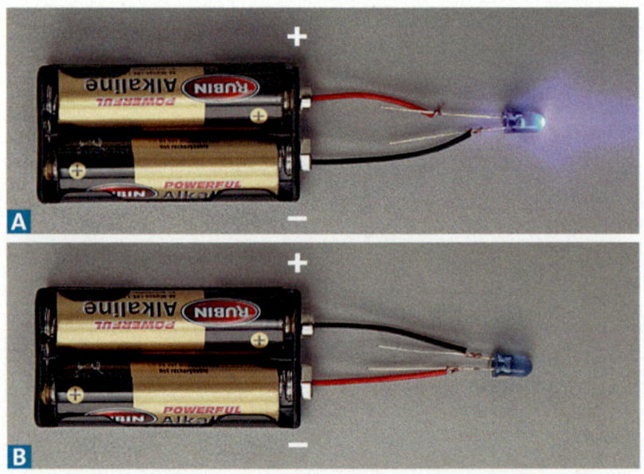

04 Anschluss einer Leuchtdiode: **A** Langer Draht am Pluspol, kurzer Draht am Minuspol: LED leuchtet, **B** Kurzer Draht am Pluspol, langer Draht am Minuspol: LED leuchtet nicht.

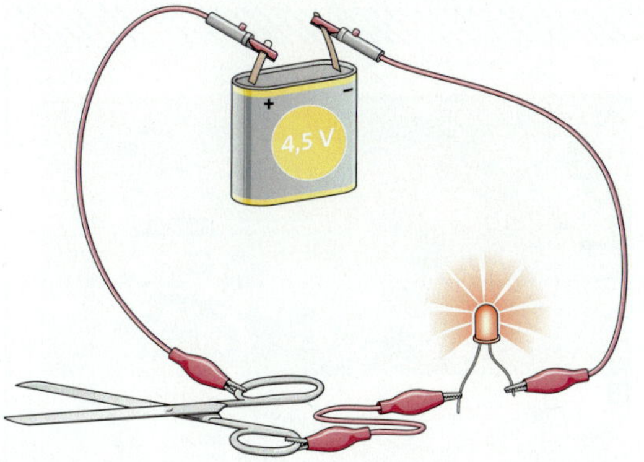

05 Welche Stoffe leiten den elektrischen Strom?

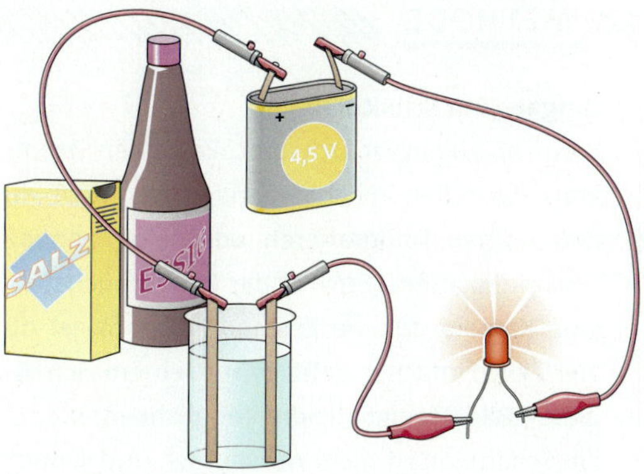

06 Leitet Wasser elektrischen Strom?

LEITER UND NICHTLEITER · Mit einer Schaltung wie in ▸ Bild 05 testen wir, welche Stoffe den elektrischen Strom leiten. Die Lücke im Stromkreis überbrücken wir mit verschiedenen Gegenständen. Eine LED zeigt uns an, ob Strom fließt: Bei der Schere leuchtet die LED, sie leitet den elektrischen Strom. Allgemein sind Metalle gute elektrische Leiter. Beim Radiergummi leuchtet die LED nicht. Kunststoffe sind in der Regel Nichtleiter (Isolatoren). In der Technik benötigt man sowohl Leiter als auch Isolatoren. Ein Kabel z.B. besteht aus einem metallischen Draht (meistens Kupfer), der durch eine Kunststoffhülle isoliert ist.

/// Alle Metalle sind gute elektrische Leiter. Glas, Keramik und die meisten Kunststoffe leiten den Strom nicht; sie sind Nichtleiter.

WASSER – EIN GUTER LEITER? · Wir ersetzen in ▸ Bild 05 die Lücke im Stromkreis durch ein Gefäß mit zwei Metallstäben und füllen es mit gewöhnlichem Trinkwasser. Wir beobachten, dass die LED schwach leuchtet. Offensichtlich leitet Wasser den elektrischen Strom, wenn auch längst nicht so gut wie ein Metall. Gibt man zusätzlich noch etwas Salz oder Essig in das Wasser, dann leitet dieses Gemisch noch besser (▸ Bild 06). Tatsächlich sorgen die im Wasser gelösten Stoffe dafür, dass der elektrische Strom geleitet wird. Hochreines Wasser dagegen ist ein Nichtleiter.

Unser Körper enthält viel Wasser und Salz. Folglich leitet er den elektrischen Strom verhältnismäßig gut. Fließt ein zu starker Strom durch unseren Körper, dann kann das zu schweren Verletzungen oder gar zum Tod führen. Besonders groß ist die Gefahr im Badezimmer, etwa wenn der Haartrockner nass wird oder sogar in die Badewanne fällt.

/// Gewöhnliches Wasser ist ein Leiter. Hochreines Wasser leitet den elektrischen Strom nicht.

LUFT – EIN ISOLATOR? · Mit einem Schalter kann man den elektrischen Stromkreis unterbrechen. Offenbar leitet Luft den elektrischen Strom normalerweise nicht. Unter besonderen Bedingungen kann Luft aber doch leitend werden: Sicher hast du schon einmal einen Blitz gesehen. Entlang des Blitzes ist die Luft für kurze Zeit zu einem Leiter geworden. Der Grund dafür ist die hohe Spannung zwischen Wolke und Erde.

1 Wasser lässt sich nicht eindeutig Leitern oder Nichtleitern zuordnen. Erkläre.

2 Warum ist es gefährlich, wenn der Haartrockner am Badewannenrand liegt? Ist die Armbanduhr auch gefährlich?

3 Stell dir vor, Luft wäre ein Leiter. Welche Konsequenzen hätte das im Alltag?

GEFAHRENHINWEIS

Benutze keine an die Steckdose angeschlossenen Geräte, wenn du in der Badewanne oder in der Dusche bist oder auf nassem Boden stehst!

07 Gewitterblitz

METHODE

Umgang mit Schaltplänen

Wenn du für ein Versuchsprotokoll einen Stromkreis darstellen möchtest, dann könntest du den Aufbau fotografieren oder eine genaue Zeichnung anfertigen. Für das Foto brauchst du eine Kamera, für die Zeichnung benötigst du viel Zeit. Einfacher geht es mit einem Schaltplan. ▸ Bild 01 zeigt alle drei Möglichkeiten.
Ein Schaltplan ist nicht nur einfach und schnell erstellt; er ist meistens auch übersichtlicher als ein Foto oder eine Zeichnung. Dabei werden für die einzelnen Bauteile Schaltsymbole verwendet, die international festgelegt sind (siehe Kasten). Beachte auch die Regeln zum Zeichnen von Schaltplänen!

1 Welchen Vorteil hat ein Schaltplan gegenüber einem Foto? Hat er auch Nachteile?

2 Erläutere, warum Nichtleiter in der Praxis genau so wichtig sind wie Leiter.

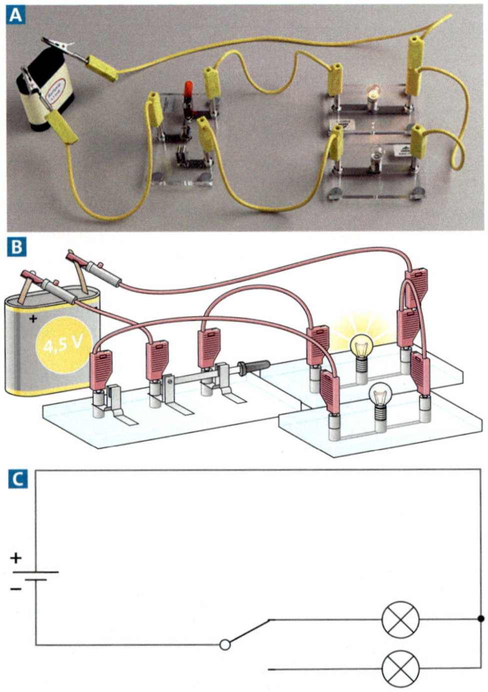

01 Darstellungsformen eines Stromkreises:
A Foto, **B** genaue Zeichnung, **C** Schaltplan

Regeln zum Zeichnen von Schaltplänen
- Verwende stets einen Bleistift.
- Zeichne die Leitungen mit dem Lineal.
- Achte auf eine übersichtliche Darstellung.
- Zeichne die Leitungen waagerecht oder senkrecht.
- Vermeide Kreuzungen.

Regeln zum Experimentieren
- Baue die Schaltung zuerst mit abgetrennter oder ausgeschalteter Quelle auf.
- Achte auf einen übersichtlichen Aufbau.
- Verwende nicht zu lange Kabel.
- Wähle die Farbe der Kabel sinnvoll.
- Vermeide Kurzschlüsse.
- Schalte die elektrische Quelle erst nach einer Kontrolle des Aufbaus ein.

Du kannst deinen Schaltplan auch mithilfe einer Software umsetzen und prüfen.

Elektrische Schaltsymbole

Elektrische Energiequelle (allgemein)
Elektrische Energiequelle (Batterie)
Glühlampe
Motor
Leuchtdiode
Schalter
Umschalter
Verzweigung

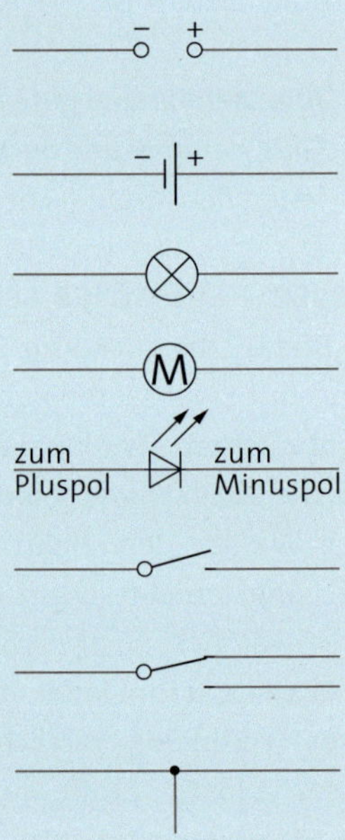

VERSUCHE ▸ Aufbau eines Stromkreises

Material:
Zwei Glühlampen oder LEDs, passende Batterie, zwei Schalter, Kabel, Klemmen

Hinweis:
Beachte die Regeln zum Zeichnen von Schaltplänen und zum Experimentieren auf Seite 144.

V1 Eine Lampe soll ein- und ausgeschaltet werden können. Wie viele Möglichkeiten für die Lage des Schalters gibt es? Zeichne zu jeder Möglichkeit einen Schaltplan. Baue dann die Schaltungen auf und probiere sie aus.

V2 In einem großen Zimmer soll die Beleuchtung von zwei Seiten ein- und ausgeschaltet werden können. Baue dazu die Schaltung von Material A1 auf und teste sie.

V3 Erläutere, warum der Motor einer Heckenschere nur laufen darf, wenn jede Hand einen Schalter gedrückt hält. Zeichne einen passenden Schaltplan. Ersetze den Motor durch eine Lampe, baue die Schaltung auf und prüfe sie.

V4 Eine Klingelanlage hat einen Schalter an der Haustür und einen an der Wohnungstür. Es soll klingeln, wenn der eine oder der andere oder beide Schalter gedrückt werden. Zeichne einen passenden Schaltplan. Ersetze die Klingel durch eine Lampe, baue die Schaltung auf und teste sie.

VERSUCH ▸ Ungefährliche Ströme durch den menschlichen Körper

Material:
LED, 9-V-Batterie, zwei Stativstäbe, Kabel, Klemmen

V5 **a)** Baue einen Stromkreis mit einer Unterbrechungsstelle auf. An die Enden der Kabel klemmst du je einen Stativstab.
b) Untersuche, wie gut dein Körper den Strom leitet. Umfasse dazu die Stativstäbe mit beiden Händen. Drücke erst schwach und dann stark zu und beobachte dabei die LED.
c) Wiederhole den Versuch mit feuchten Händen.

Material A ▸ Schaltpläne

A1 Beschreibe, was geschieht, wenn man einen der beiden Schalter in dieser Schaltung betätigt. Warum heißt sie wohl Wechselschaltung?

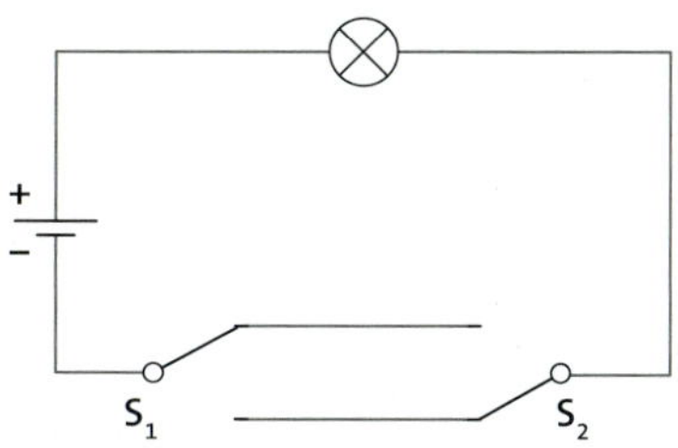

A2 Beschreibe, was geschieht, wenn in den Schaltungen eine der drei Lampen aus der Fassung geschraubt wird.

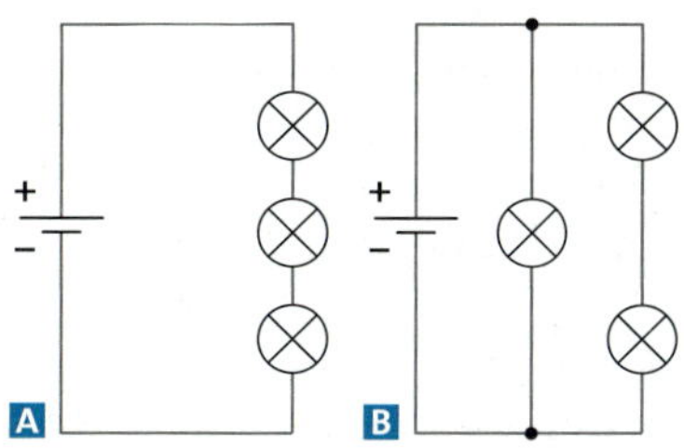

A3 Max und Anna haben eine Schaltung aufgebaut. Was meinst du dazu? Zeichne den zugehörigen Schaltplan und erläutere.

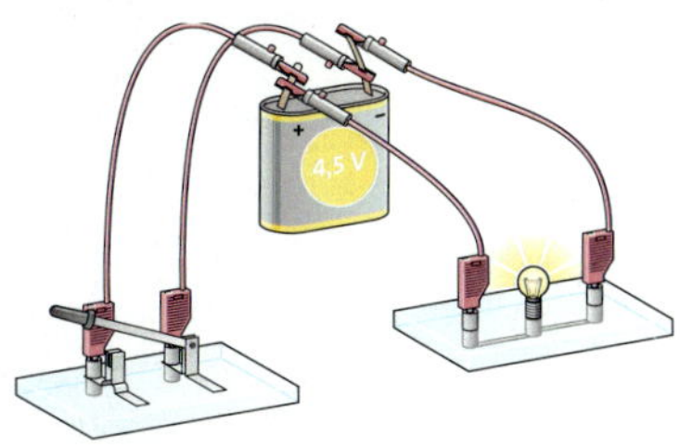

01 **A** Weihnachtsbaum mit Lichterkette, **B** mehrere Geräte an einer Steckdose

Elektrische Schaltungen

Wenn du eine Lampe einer alten Lichterkette herausdrehst, dann erlöschen alle Lampen. Wenn du hingegen den Stecker der Stereoanlage aus der Steckdose ziehst, funktioniert der Monitor trotzdem. Gibt es verschiedene Möglichkeiten, elektrische Geräte anzuschließen?

ZWEI ARTEN VON SCHALTUNGEN · ▸ Bild 01 zeigt, dass häufig zwei oder mehr Elektrogeräte an einer elektrischen Quelle angeschlossen sind. Dies kann man grundsätzlich auf zwei Arten tun. In einer Schaltung mit zwei gleichen Lampen probieren wir beide Arten aus.

In der Schaltung im ▸ Bild 02 A liegen beide Lampen in einer Reihe im Stromkreis. Diese Schaltung wird deshalb **Reihenschaltung** genannt. Wenn wir eine Lampe herausdrehen, dann ist der Stromkreis unterbrochen. Auch die zweite Lampe erlischt.

In der Schaltung im ▸ Bild 02 B befindet sich jede Lampe in einem eigenen Stromkreis mit der elektrischen Quelle. Beide Lampen sind parallel geschaltet. Jede Lampe ist direkt mit den Anschlüssen der Quelle verbunden. Diese Schaltung wird **Parallelschaltung** genannt. Wenn wir hier eine Lampe herausdrehen, leuchtet die zweite trotzdem weiter.

In der Reihenschaltung befinden sich alle elektrischen Geräte in einem gemeinsamen Stromkreis. In der Parallelschaltung haben alle Geräte einen eigenen Stromkreis.

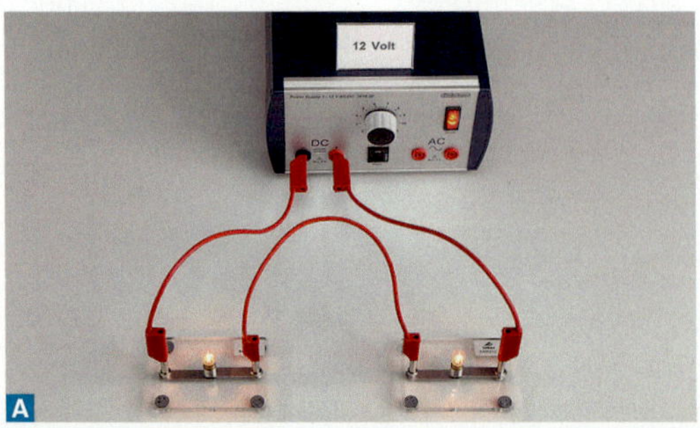

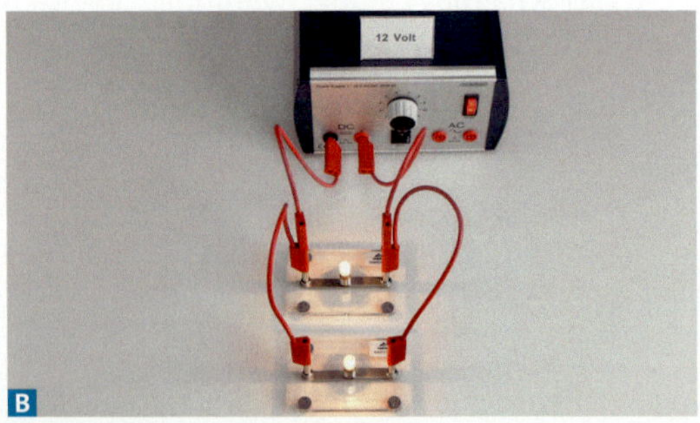

02 **A** Zwei Lampen in Reihe geschaltet, **B** zwei Lampen parallel geschaltet

UND-SCHALTUNG · Bei einer Heckenschere soll verhindert werden, dass eine Hand noch an der Schneide der Schere ist, wenn der Motor startet. Deshalb muss man mit jeder Hand einen Schalter betätigen, damit der Motor läuft. ▸ Bild 03 zeigt einen vereinfachten Aufbau einer solchen Schaltung. Schalter 1 und Schalter 2 sind in Reihe geschaltet. Die Lampe leuchtet nur, wenn Schalter 1 und Schalter 2 geschlossen sind. Eine solche Schaltung heißt deshalb UND-Schaltung.

ODER-SCHALTUNG · Die Innenbeleuchtung bei einem Auto soll mit jeder Tür ein- und ausgeschaltet werden können. Einen vereinfachten Aufbau einer solchen Schaltung zeigt ▸ Bild 04. Hier sind zwei Schalter parallel geschaltet. Die Lampe leuchtet, wenn Schalter 1 oder Schalter 2 geschlossen ist. Diese Schaltung heißt deshalb ODER-Schaltung.

In einer UND-Schaltung sind die Schalter in Reihe geschaltet.
In einer ODER-Schaltung sind die Schalter parallel geschaltet.

UND- und ODER-Schaltung sind im ▸ Bild 05 übersichtlich zusammengestellt.

WECHSELSCHALTUNG · Stell dir vor, du möchtest in deinem Zimmer das Deckenlicht von der Tür und von deinem Bett aus ein- und ausschalten können.

Dazu benötigst du eine Wechselschaltung (▸ Bild 06). Leuchtet die Lampe, so fließt gerade ein elektrischer Strom. Wenn dann aber einer der Schalter betätigt wird, ist der Stromkreis unterbrochen – die Lampe leuchtet nicht. Die Lampe kann also von jedem der Schalter ein- und ausgeschaltet werden.

Eine Wechselschaltung enthält zwei Wechselschalter, deren Schaltkontakte miteinander verbunden werden.

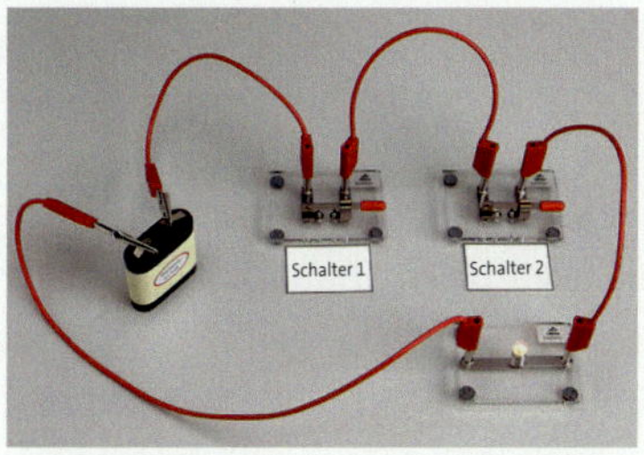

03 UND-Schaltung, beide Schalter geschlossen

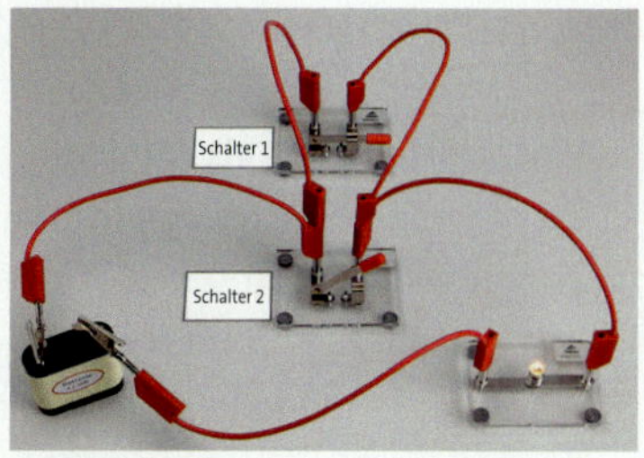

04 ODER-Schaltung, ein Schalter geöffnet

UND-Schaltung	ODER-Schaltung
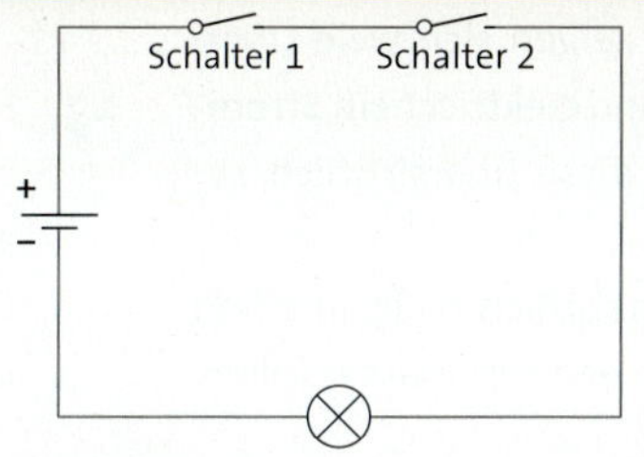	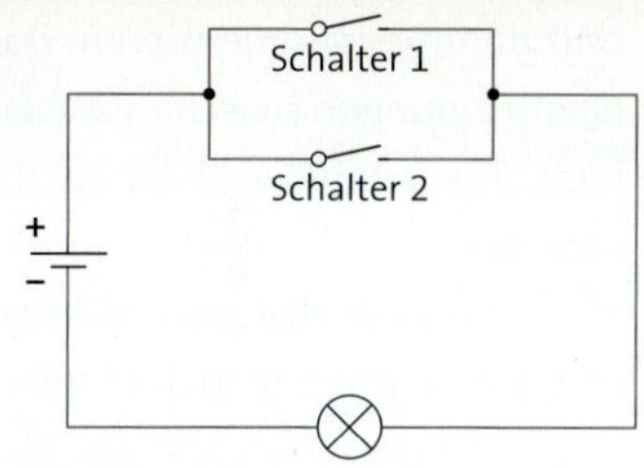
Die Schalter 1 und 2 sind in Reihe geschaltet	Die Schalter 1 und 2 sind parallel geschaltet.
Die Lampe leuchtet, wenn Schalter 1 und Schalter 2 geschlossen sind.	Die Lampe leuchtet, wenn Schalter 1 oder Schalter 2 geschlossen ist.

05 Übersicht UND- und ODER-Schaltung

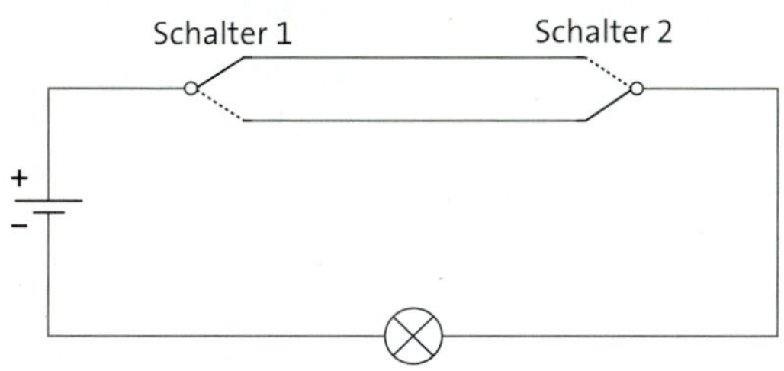

06 Wechselschaltung

1 In deiner Umgebung findest du UND- und ODER-Schaltungen.
Notiere zwei Beispiele und beschreibe ihren Nutzen.

2 Erkläre die Funktionen der UND- und ODER-Schaltungen.

3 Zeichne zwei Wechselschaltungen wie im ▸ Bild 06 mit verschiedenen Schalterstellungen, bei denen die Lampe leuchtet.

METHODE

Wasserstromkreis als Modell

Da man den elektrischen Strom nicht sehen kann, sind die Vorgänge im elektrischen Stromkreis recht unanschaulich. Aus diesem Grund machen wir uns ein Modell. Du weißt schon, dass Modelle eine Vereinfachung der Wirklichkeit darstellen. Dies hast du z.B. schon beim Teilchenmodell kennengelernt.

Der Wasserstromkreis ist ein Modell für den elektrischen Stromkreis. Man kann aus einer Pumpe, einem Wasserrad und Schläuchen einen solchen Wasserstromkreis aufbauen und damit experimentieren. Dabei zeigen sich viele Übereinstimmungen zwischen Wasser- und elektrischem Stromkreis. Die ▸ Tabelle 01 unten stellt diese übersichtlich zusammen.

Modell und Wirklichkeit stimmen natürlich nicht in allem überein. So muss man die Schläuche erst mit Wasser füllen, bevor man den Wasserstromkreis in Betrieb nehmen kann. Dagegen muss man die Leitungen eines Stromkreises nicht erst mit elektrischer Ladung füllen. Sie ist schon in den Leitungen, Geräten und Energiequellen enthalten.

Schläuche sind hohl, Drähte nicht. Dass in einem Draht dennoch überhaupt etwas fließen kann, ist nur schwer vorstellbar. Aber die elektrische Ladung ist auch keine Flüssigkeit wie Blut oder Wasser.

1 Fasse mit eigenen Worten zusammen, worin Gemeinsamkeiten und Unterschiede von Wasser- und elektrischem Stromkreis bestehen. Findest du noch weitere Übereinstimmungen und Unterschiede?

Wasserstromkreis	Elektrischer Stromkreis
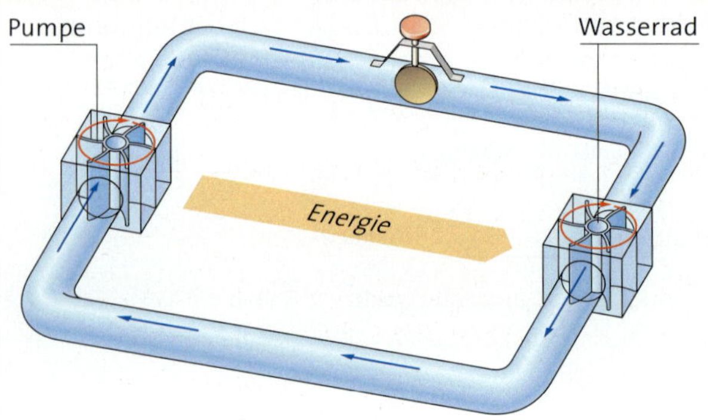 Das Wasser fließt im Kreis.	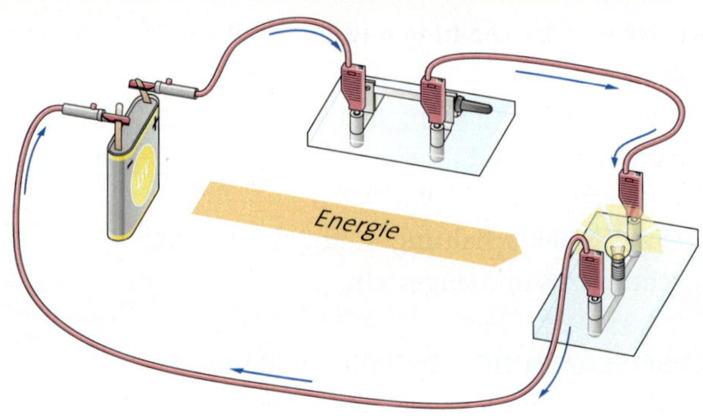 Die elektrische Ladung fließt im Kreis.
Fließendes Wasser wird als Wasserstrom bezeichnet.	Fließende elektrische Ladung wird als elektrischer Strom bezeichnet.
Es geht kein Wasser verloren.	Es geht keine elektrische Ladung verloren.
Betätigt man einen Absperrhahn, dann beginnt das Wasser im ganzen Wasserstromkreis sofort zu fließen bzw. hört sofort auf zu fließen.	Betätigt man einen Schalter, dann beginnt die elektrische Ladung sofort im ganzen Stromkreis zu fließen bzw. hört sofort auf zu fließen.
Die Pumpe treibt den Wasserstrom an. Dazu braucht die Pumpe Energie.	Die Batterie treibt den elektrischen Strom an. Dazu braucht die Batterie Energie.
Die Energie wird durch den Wasserstrom von der Pumpe auf das Wasserrad übertragen.	Die Energie wird durch den elektrischen Strom von der Batterie auf die Lampe übertragen.

01 Übereinstimmungen von Wasser- und elektrischem Stromkreis

Material A ▸ Elektrische Stromkreise

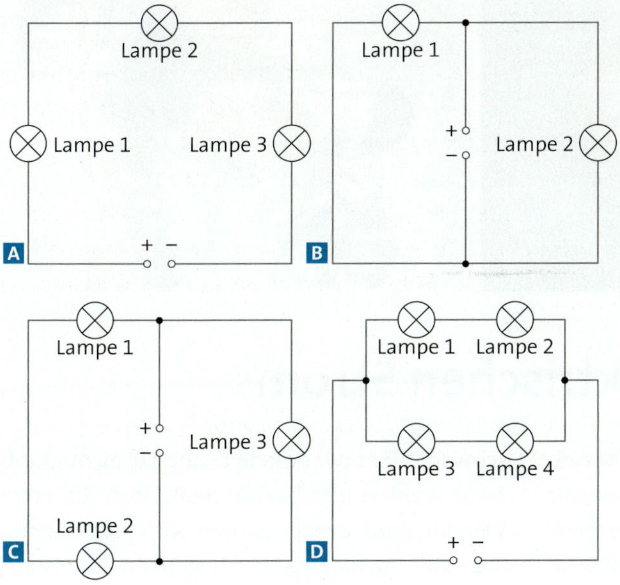

02

A1 ▸ Bild 02 A bis ▸ Bild 02 C zeigen verschiedene Schaltungen mit Lampen. Benenne die jeweilige Schaltungsart und begründe deine Entscheidung.

A2 ▸ Bild 02 D zeigt eine Schaltung mit vier Lampen. Übertrage die folgende Tabelle in dein Heft und fülle sie aus. Entscheide, welche Lampen leuchten, nachdem die jeweils benannte Lampe herausgedreht wurde. Überprüfe die Ergebnisse deiner Tabelle in einem Experiment.

Lampe 1	Lampe 2	Lampe 3	Lampe 4
heraus			
	heraus		
	heraus	heraus	
		heraus	heraus

Material B ▸ Schalter in Reihen- und Parallelschaltungen

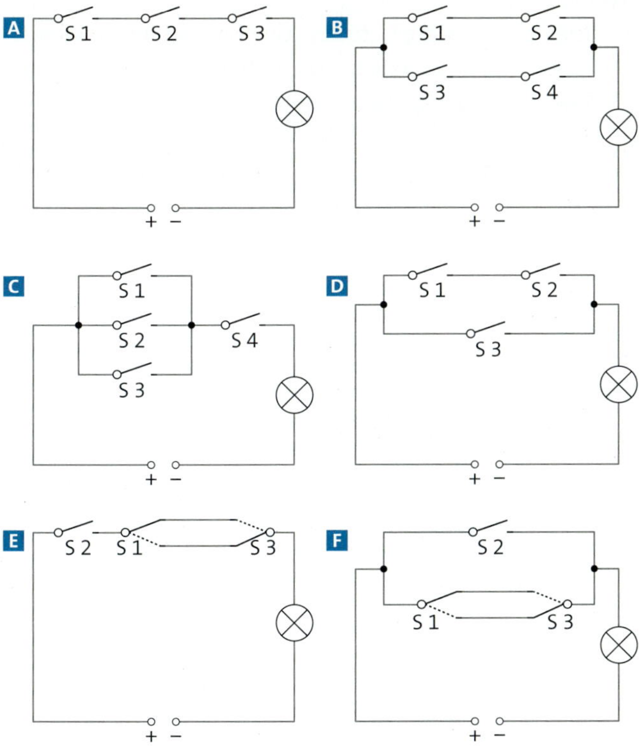

03 Schaltskizzen

B1 Die Schaltskizzen ▸ Bild 03 A–F zeigen sechs verschiedene Schaltungen.

a) Benenne zu jeder Schaltung A-D die Schalter, die geschlossen sein müssen, damit die Lampe leuchtet.

b) Die Schaltungen E und F enthalten Wechselschalter. Diese haben die Schalterstellungen „oben (o)" und „unten (u)". Benenne für diese Schaltungen die Schalterstellungen, bei denen die Lampe leuchtet.

B2 Die folgende Tabelle zeigt die Funktion einer der Schaltungen in den Schaltskizzen ▸ Bild 03 A–F. Finde die Schaltung heraus und begründe deine Entscheidung.

Schalter 1	Schalter 2	Schalter 3	Lampe leuchtet
geschlossen	geschlossen	geschlossen	ja
geschlossen	geschlossen	offen	ja
geschlossen	offen	geschlossen	ja
offen	geschlossen	offen	nein

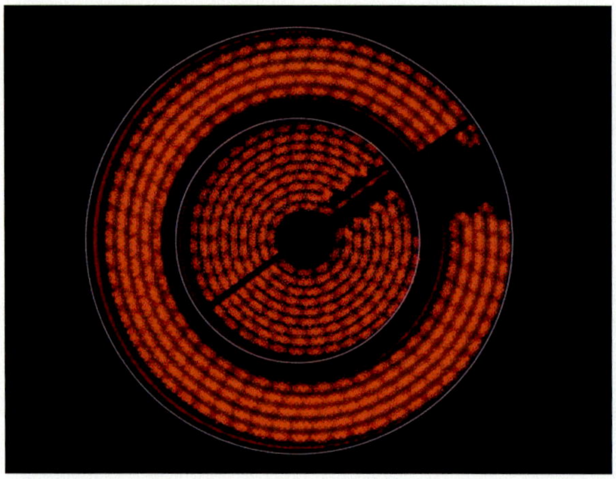

01 Glühende Wendeln einer Kochplatte

02 Warme Luft trocknet die Haare.

Wirkungen des elektrischen Stroms

Wir können uns ein Leben ohne die vielen elektrischen Geräte kaum vorstellen. Auch wenn die Funktionsweise dieser Geräte sehr unterschiedlich ist, beruhen sie doch alle auf den Wirkungen des elektrischen Stroms. Die wichtigsten Wirkungen des Stroms wollen wir nun untersuchen.

03 Selbstgewickelte Glühwendel

WÄRMEWIRKUNG · Beim Elektroherd werden die Speisen mithilfe des Stroms erhitzt. Unter der Glasplatte erkennt man die glühenden Wendeln (▸ Bild 01). Du kannst eine solche Wendel selbst herstellen und zum Glühen bringen. Dazu musst du einen dünnen Eisendraht zu einer Wendel wickeln und an eine Batterie anschließen (▸ Bild 03). Die Wendel wird so heiß, dass sie sogar glüht. Wenn du die Hand über die Wendel hältst, dann kannst du die Hitze spüren. Wir erkennen daran, dass bei der Wärmewirkung Energie in die Umgebung abgegeben wird.

Könnte man statt der Wendel nicht auch einen geraden Draht verwenden? Probieren wir es aus: Wir nehmen drei gleich lange und gleich dünne Drähte. Den ersten spannen wir gerade ein, den zweiten wickeln wir zu einer lockeren Wendel und den dritten zu einer engen Wendel (▸ Bild 04). Wenn Strom durch die drei Drähte fließt, dann können wir beobachten, dass die enge Wendel stark, die lockere Wendel nur schwach, aber der gerade Draht gar nicht glüht. Zwar werden alle Drähte heiß, doch die enge Wendel wird am heißesten. Das liegt daran, dass die eng beieinander liegenden Drahtwindungen sich gegenseitig Energie zustrahlen. Dadurch heizen sie sich zusätzlich auf. Der gerade Draht strahlt die Energie dagegen gleich in die Umgebung ab.

Die dicken, roten Kabel in ▸ Bild 04 werden nicht merklich warm. Warum das so ist, wirst du erst später verstehen.

Wenn Strom durch einen Draht fließt, dann kann das eine Erwärmung des Drahts bewirken.

Viele elektrische Geräte nutzen das Prinzip der gewendelten Glühdrähte, z.B. der Haartrockner

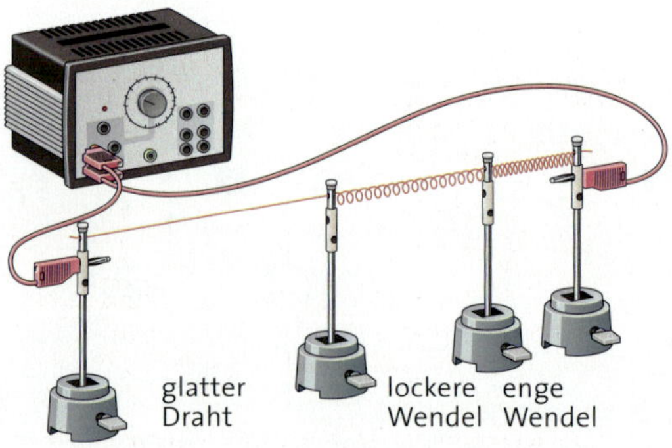

04 Untersuchung der Wärmewirkung

und das Bügeleisen. Auch eine Glühlampe beruht auf diesem Prinzip. Die Wendel einer Glühlampe wird sogar noch viel heißer und leuchtet viel heller als unsere selbstgewickelte Wendel. Eine Glühlampe nutzt allerdings nur etwa 5 % der zugeführten Energie zur Erzeugung von sichtbarem Licht. Den größten Teil der Energie geben Glühlampen mit unsichtbarer Wärmestrahlung ab. Im Haushalt werden sie daher immer mehr durch LEDs ersetzt. Diese nutzen die zugeführte Energie besser aus.

Die meisten Elektrogeräte, die die Wärmewirkung nutzen, benötigen viel Energie. Man sollte sie daher nur dann einsetzen, wenn sie wirklich gebraucht werden.

1 Nenne möglichst viele Haushaltsgeräte, die die Wärmewirkung des elektrischen Stroms nutzen.

2 Glühlampen sollen im Haushalt nicht mehr eingesetzt werden. Erläutere.

07 Bei Glühlampen überwiegt die Wärmewirkung.

BLICKPUNKT

Temperaturschalter

Eine Kochplatte oder ein Bügeleisen darf nicht zu heiß werden. Mit einem Schalter aus einem Bimetallstreifen kann man die Temperatur regeln. Wir bauen eine solche Schaltung in einem Modellversuch nach (▸ Bild 05).

Zu Beginn bei kalter Glühlampe schließt der unverbogene Bimetallstreifen den Stromkreis. Die Glühlampe leuchtet und erhitzt den Bimetallstreifen. Wenn eine bestimmte Temperatur erreicht ist, dann biegt sich der Bimetallstreifen nach oben: Der Stromkreis ist unterbrochen, die Glühlampe erlischt. Dadurch sinkt die Temperatur und der Bimetallstreifen biegt sich zurück und schließt den Stromkreis wieder. Der Temperaturschalter öffnet also den Stromkreis bei zu hoher und schließt ihn bei zu niedriger Temperatur.

Schmelzdrahtsicherung

Um zu verhindern, dass zu starke Ströme Leitungen oder Geräte zerstören, verwendet man elektrische Sicherungen. Sie sollen den Stromkreis unterbrechen, wenn der Strom zu stark wird. In einem Modellversuch bauen wir einen dünnen Draht in den Stromkreis ein (▸ Bild 06). Wir überbrücken die Glühlampe mit einem Kabel und erzeugen damit einen Kurzschluss. Der starke Strom, der nun fließt, erhitzt den dünnen Schmelzdraht so sehr, dass dieser schmilzt und wie gewünscht den Stromkreis unterbricht, bevor Schlimmeres geschieht.

Schmelzdrahtsicherungen werden häufig in elektrischen Geräten und im Auto eingesetzt. Im Haus verwendet man meistens Sicherungsautomaten, die den Stromkreis unterbrechen, ohne dass sie zerstört werden.

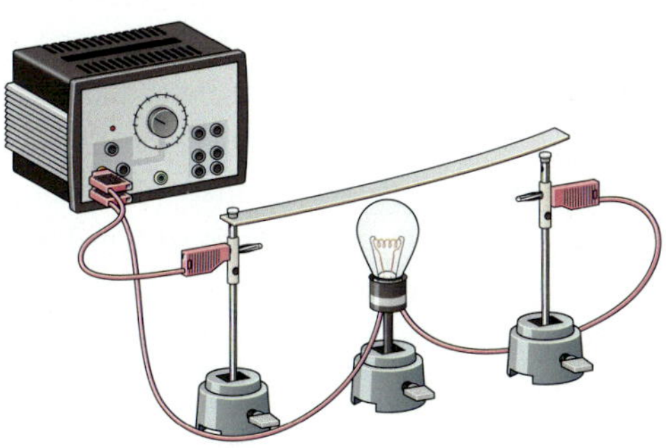

05 Temperaturregelung durch Bimetallstreifen

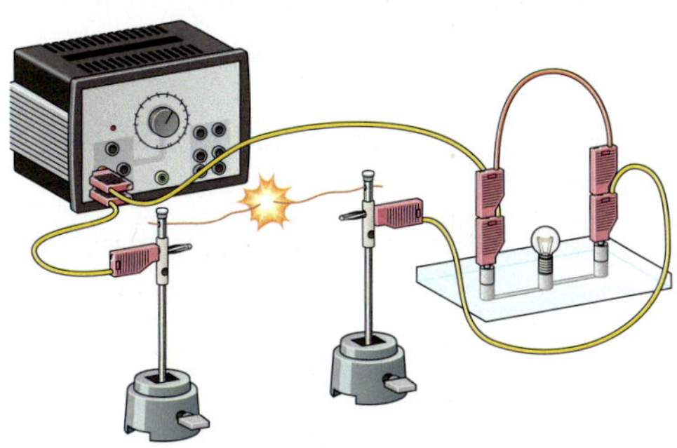

06 Beim Kurzschluss schmilzt der Schmelzdraht.

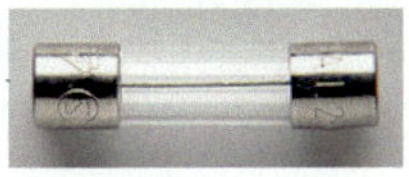

08 Gerätesicherung

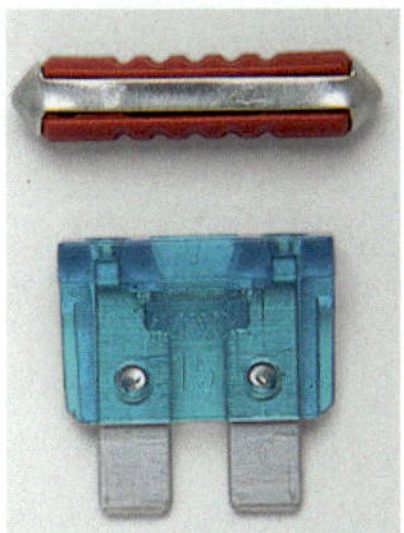

09 Autosicherungen

01 Elektromagnet

02 Elektromagnet – selbstgebaut

MAGNETISCHE WIRKUNG · Elektromagneten können große Lasten heben und sie lassen sich ein- und ausschalten. Du kannst einen solchen Magneten einfach nachbauen, indem du einen isolierten Kupferdraht viele Male um einen Eisenstab wickelst. Schließt du die Drahtenden an eine Batterie an, so kannst du beobachten, wie der Stab eisenhaltige Gegenstände anzieht. Nach diesem Prinzip funktioniert ein Elektromagnet.

Mit kleinen Magnetnadeln können wir die Wirkung des Elektromagneten genauer untersuchen (▸ Bild 03 A). Wir stellen fest, dass die eine Seite des Elektromagneten die Südpole der Magnetnadeln anzieht (im Bild 03 A rechts), die andere Seite die Nordpole (im Bild 03 A links). Dieser Elektromagnet verhält sich also wie ein Stabmagnet (▸ Bild 03 B) mit einem Nordpol rechts und einem Südpol links. Vertauschen wir Plus- und Minuspol der Batterie, dann vertauschen sich auch Nord- und Südpol des Elektromagneten.

Denk daran:
Ein Magnet hat Nord- und Südpol –
eine Batterie hat Plus- und Minuspol!

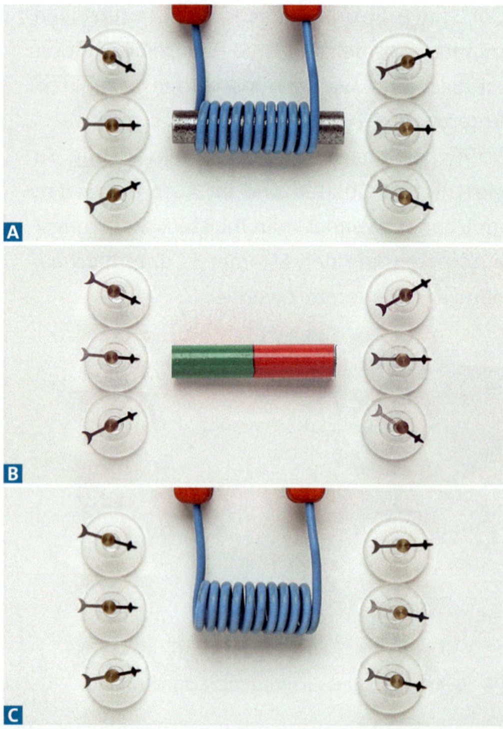

03 Vergleich der magnetischen Wirkung
A Elektromagnet mit Eisenstab,
B Stabmagnet,
C schraubenförmig gewickelter Draht

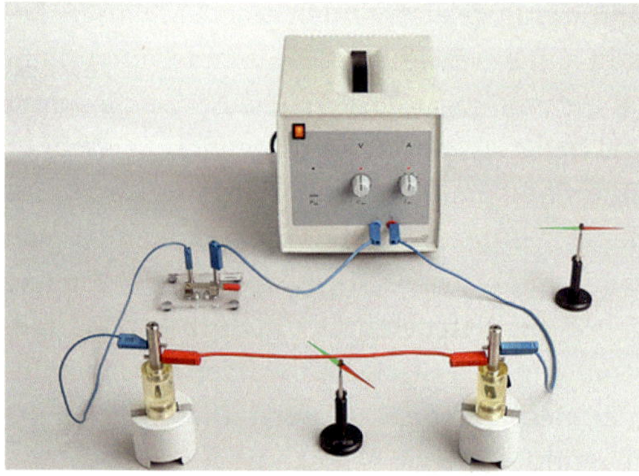

04 Auch ein stromdurchflossener Draht zeigt eine magnetische Wirkung.

Was ist die Ursache der magnetischen Wirkung? Welche Rolle spielt dabei der Draht, welche Rolle der Eisenstab? Zur Klärung dieser Fragen entfernen wir den Eisenstab aus dem Elektromagneten von ▸ Bild 03 A. Wir beobachten, dass der vom Strom durchflossene schraubenförmige Draht die Magnetnadeln auf die gleiche Weise ausrichtet wie der Elektromagnet (▸ Bild 03 C). Folglich ist der Strom die Ursache der magnetischen Wirkung. Ohne Eisenstab ist die magnetische Wirkung allerdings nur schwach. Der Eisenstab verstärkt die magnetische Wirkung erheblich.

Zeigt nun ein gerader Kupferdraht, durch den ein Strom fließt, ebenfalls schon eine magnetische Wirkung? Zur Beantwortung dieser Frage spannen wir einen Kupferdraht in Nord-Süd-Richtung, verbinden ihn über einen Schalter mit den Polen einer regelbaren elektrischen Quelle und stellen eine Magnetnadel unter den Draht (▸ Bild 04). Sobald wir den Schalter schließen, wird die Magnetnadel abgelenkt. Mit dem Drehknopf an der Quelle, können wir die Stärke des Stroms verändern. Wir beobachten, dass die Magnetnadel immer weiter von der Nord-Süd-Richtung abgelenkt wird, je weiter wir den Drehkopf aufdrehen. Zum Schluss stellt sich die Nadel fast senkrecht zum Draht ein. Der Ausschlag der Magnetnadel zeigt uns also die Stärke des Stroms an.

Wenn wir in der Anordnung von ▸ Bild 04 Plus- und Minuspol der elektrischen Quelle vertauschen, dann zeigt die Nadel zur anderen Seite des Drahts.

Wir schließen aus diesem Versuch, dass auch ein gerader Draht, durch den ein Strom fließt, von einem Magnetfeld umgeben ist.

Ein stromdurchflossener Draht erzeugt in seiner Umgebung eine magnetische Wirkung. Das nutzt man beim Elektromagneten aus. Ein Elektromagnet besteht aus einer Wicklung Draht um einen Eisenstab und hat einen Nord- und einen Südpol.

1 Nenne Vorteile eines Elektromagneten gegenüber einem Dauermagneten.

2 Beschreibe einige Einsatzmöglichkeiten von Elektromagneten.

3 Begründe, dass bei Untersuchungen zur magnetischen Wirkung des Stroms keine Eisendrähte verwendet werden sollten.

4 Im Versuch nach ▸ Bild 04 haben wir den Draht in Nord-Süd-Richtung gespannt. Erkläre, warum man die magnetische Wirkung nicht beobachten kann, wenn der Draht in Ost-West-Richtung verläuft.

BLICKPUNKT

Elektrische Klingel

Eine Klingel besteht im Wesentlichen aus einem Elektromagneten, einem elastischen Metallstab und einer Glocke (▸ Bild 05). Schließt man den Klingelschalter, dann zieht der Elektromagnet den Metallstab an und dieser schlägt gegen die Glocke. Dabei hat sich der Metallstab aber auch von der Kontaktstelle entfernt. Der Stromkreis ist somit unterbrochen, der Metallstab wird nicht mehr angezogen und schwingt zurück. Dadurch wird der Stromkreis wieder geschlossen, der Metallstab wird wieder angezogen und der Vorgang wiederholt sich.

Sicherungsautomat

Ein Sicherungsautomat ist ein Schalter, der den Stromkreis unterbricht, wenn der Strom zu stark ist. ▸ Bild 06 zeigt die Funktionsweise: Ist der Strom zu stark, dann zieht der eingebaute Elektromagnet den am Kippschalter befestigten Eisenstab an. Dadurch kippt der Schalter in die untere Stellung und der Stromkreis ist unterbrochen (im Bild rechts). Die Feder verhindert, dass der Schalter in die obere Stellung zurückspringt. Den Sicherungsautomaten kann man wieder einschalten, wenn man den Fehler, z. B. ein defektes Gerät, beseitigt hat.

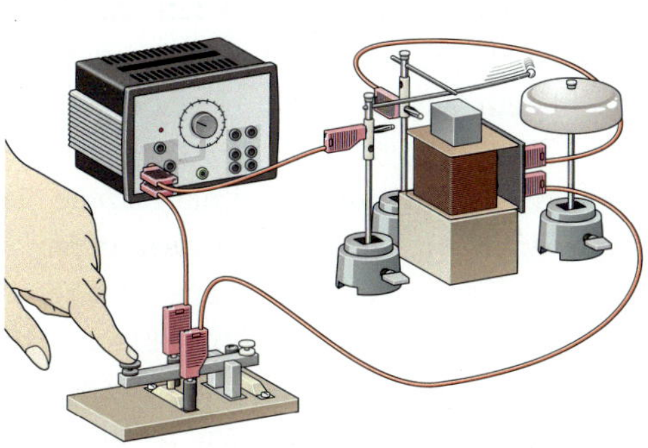

05 Modellversuch zur elektrischen Klingel

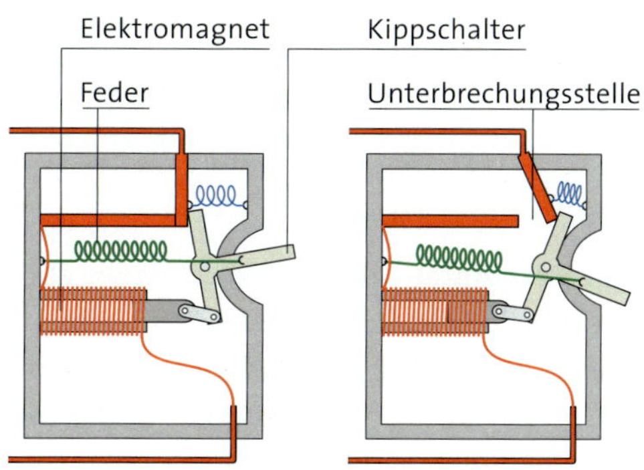

06 Sicherungsautomat

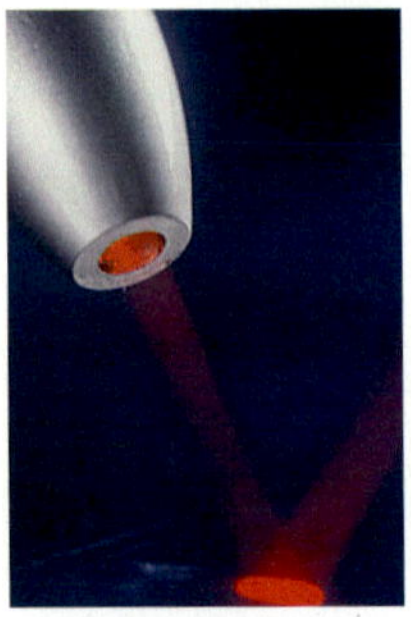

01 Laserpointer

02 Fahrrad mit LED-Lichtanlage

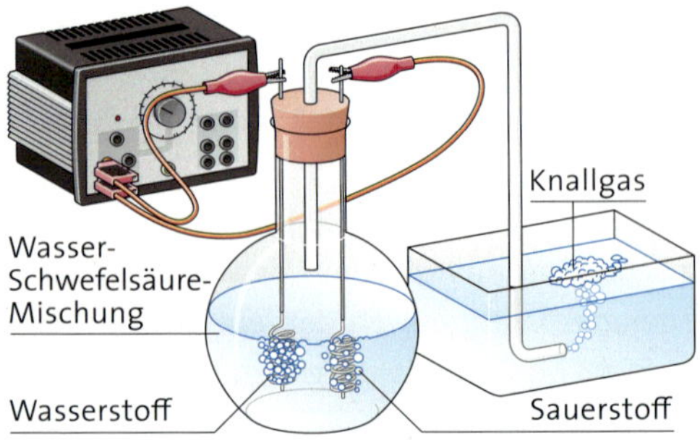

03 Knallgaszelle

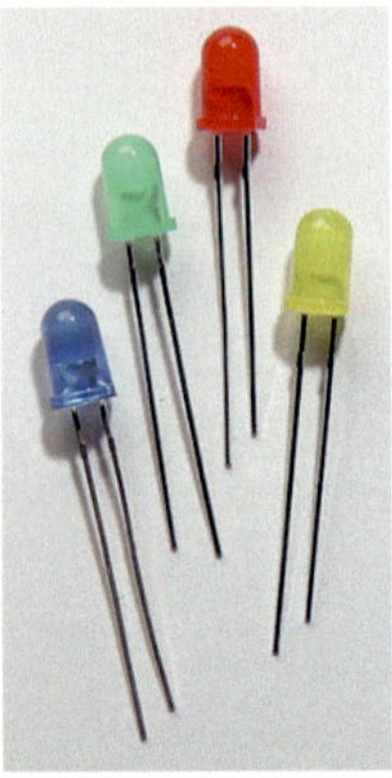

04 LEDs strahlen je nach Material verschieden farbiges Licht aus.

LICHTWIRKUNG · In vielen Bereichen werden Glühlampen heute durch Leuchtdioden ersetzt. Typische Einsatzmöglichkeiten sind: Fahrrad- und Autobeleuchtung, Ampelanlagen, Wohnraumbeleuchtung usw. Wir können hier nicht erklären, wie eine LED funktioniert. Nur so viel: Sie besitzt keinen Glühdraht. Stattdessen enthält sie einen speziellen Leuchtkörper. Wenn Strom durch die LED fließt, dann sendet der Leuchtkörper Licht aus, ohne dabei merklich warm zu werden. Fast die gesamte zugeführte Energie wird dazu verwendet, um Licht zu erzeugen. Leuchtdioden zeigen eine Lichtwirkung nahezu ohne Wärmewirkung.

Die Leuchtkörper können nur einfarbiges Licht aussenden. Es gibt sie für rotes, gelbes, grünes und blaues Licht. Weiße Leuchtdioden arbeiten mit einem Trick: Sie enthalten zum Beispiel je einen Leuchtkörper für rotes, grünes und blaues Licht. Durch Farbaddition ergibt sich dann der Farbeindruck weiß.

Vorsicht bei sehr hellen LEDs: Das Licht ist so grell, dass die Augen geschädigt werden können.

Auch **Laserpointer** arbeiten nach einem ähnlichen Prinzip wie Leuchtdioden. Ihr Licht ist besonders intensiv und außerdem stark gebündelt. Trifft der Laserstrahl ins Auge, dann kann es dauerhaft geschädigt werden. Daher sind Laserpointer kein Spielzeug und in der Schule verboten.

GEFAHRENHINWEIS

Richte den Strahl eines Laserpointers nie auf Personen oder Tiere! Bringe keinen Laserpointer mit in die Schule.

CHEMISCHE WIRKUNG · Du weißt schon, dass Wasser mit Salz oder Säure den elektrischen Strom leitet. Überraschenderweise verändern sich dabei die beteiligten Stoffe. Man spricht deshalb von der chemischen Stromwirkung.

▸ Bild 03 zeigt eine Knallgaszelle: Zwei Drähte tauchen in ein Gemisch aus Wasser und etwas Schwefelsäure. Schließen wir die Zelle an eine elektrische Energiequelle an, dann können wir beobachten, wie an den Drähten Gasblasen aufsteigen. Wir leiten das entstandene Gas in eine Schale mit Wasser und einigen Tropfen Spülmittel. Darin bildet das aufsteigende Gas Schaumblasen. Zündet man die Blasen an, dann explodiert das Gas mit einem lautem Knall.

Beobachten wir die Gasentwicklung genauer, dann stellen wir fest, dass an dem einen Draht deutlich mehr Gasblasen entstehen als an dem anderen Draht. Tatsächlich entstehen hier zwei verschiedene Gase: An dem Draht, der am Minuspol angeschlossen ist, entsteht Wasserstoff. An dem Draht, der am Pluspol angeschlossen ist, entsteht Sauerstoff.

Wenn also Strom durch die Knallgaszelle fließt, dann wird Wasser in seine chemischen Bestandteile Wasserstoff und Sauerstoff zersetzt. Die bei diesem Vorgang benötigte Energie steckt nun in dem explosiven Knallgasgemisch. Zündet man dies, dann wird die Energie wieder freigesetzt.Wir hören dies am lauten Knall.

VERSUCHE ▸ Zu den Stromwirkungen

Für die folgenden Versuche benötigst du eine geeignete elektrische Energiequelle (z.B. 4,5-V-Batterie, 6-V-Akku oder Netzgerät), Kabel, Klemmen, Schalter.

V1 Glühwendeln wickeln

Material:
Eisendrähte unterschiedlicher Dicke (0,1 mm und 0,2 mm), verschieden dicke Stricknadeln

Durchführung:
Wickle verschiedene Glühwendeln. Notiere Dicke und Länge des Drahts, sowie Durchmesser und Windungszahl der Wendeln. Untersuche, welche Wendel am hellsten leuchtet.

V2 Bau eines Elektromagneten

Material:
2 m isolierter Draht, Eisenschraube mit Mutter, Klebeband, Büroklammern, Magnetnadel

Durchführung:
Baue einen Elektromagneten. Teste mit den Büroklammern die Stärke des Elektromagneten. Untersuche das Magnetfeld mithilfe der Magnetnadel.

V3 Magnetische Wirkung

Material:
60 cm isolierter Draht, passende Glühlampe, Kompass möglichst mit Gradskala oder Geodreieck

Durchführung:
Baue eine Schaltung aus dem Draht und der Lampe auf. Drehe den Kompass so, dass er mit der Nordrichtung der Magnetnadel übereinstimmt. Lege dann den Draht in Nord-Süd-Richtung über den Kompass.

a) Schließe den Schalter und beobachte die Magnetnadel. Miss den Winkel zwischen Draht und Magnetnadel.

b) Wickle den Draht einmal, zweimal, dreimal, ... um den Kompass und miss jeweils die Auslenkung der Magnetnadel.
Fasse deine Beobachtungen zusammen und erkläre sie.

c) Vertausche Plus- und Minuspol der beiden Drahtanschlüsse. Beschreibe, wie sich die Auslenkung der Magnetnadel ändert. Erkläre.

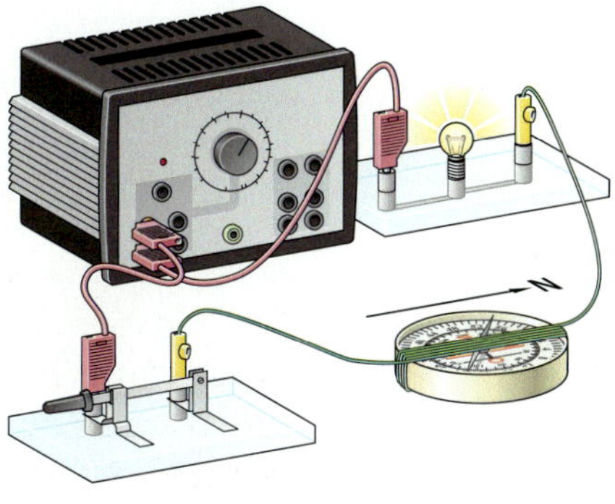

Material A ▸ Glühlampe und Energiesparlampe

1879 entwickelte der Amerikaner T. A. EDISON die erste brauchbare Glühlampe. Über 100 Jahre lang wurden in Haushalten zur Beleuchtung hauptsächlich Glühlampen eingesetzt. Energiesparlampen haben jedoch einen höheren Wirkungsgrad. Eine solche Lampe besteht aus einer gebogenen Glasröhre, die mit einem Gas gefüllt ist, das beim Betrieb der Lampe leuchtet. Allerdings ist das ausgesendete Licht für unsere Augen größtenteils unsichtbar. Daher ist die Innenseite der Glasröhre mit einem Leuchtstoff beschichtet. Er wandelt das unsichtbare Licht in sichtbares um. Eine Energiesparlampe benötigt bei gleicher Helligkeit sehr viel weniger Energie und hält sehr viel länger. Defekte Energiesparlampen müssen wegen ihres Schadstoffgehaltes korrekt entsorgt werden und dürfen nicht in den Hausmüll gelangen.

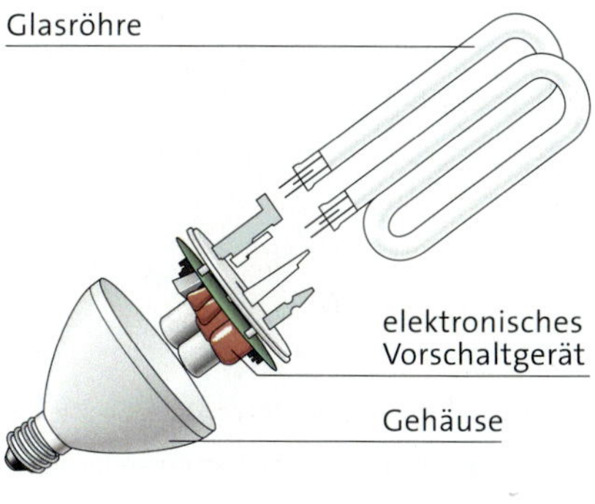

A1 Eine 60-W-Glühlampe kann man durch eine 15-W-Energiesparlampe ersetzen. Berechne für beide Lampen den jährlichen Energiebedarf (in kWh), wenn sie täglich jeweils fünf Stunden eingeschaltet sind. (1 kWh = 1 kW · 1 h; 1 J = 1 W · 1 s)

A2 Informiere dich, wie viel 1 kWh kostet. Berechne dann die jährliche Kostenersparnis durch Tausch einer 60-W-Glühlampe durch eine 15-W-Energiesparlampe.

01 Eine hoch spannende Angelegenheit

Elektrische Ladung

Jeder hat das schon einmal erlebt: Beim Kämmen stehen die Haare plötzlich hoch. Man sagt, die Haare sind „elektrisch geladen". Meistens ist dieser Effekt nicht so stark wie im Bild. Was dies mit Elektrizität zu tun hat, untersuchen wir im Folgenden genauer.

Zur Unterscheidung von unterschiedlich geladenen Körpern hat BENJAMIN FRANKLIN (1706–1790) die Bezeichnungen „positiv" und „negativ geladen" eingeführt.

ELEKTRISCH GELADENE KÖRPER · Die abstehenden Haare im ▸ Bild 01 lassen vermuten, dass sie sich gegenseitig abstoßen. Woher eine solche Abstoßung kommt, untersuchen wir mithilfe von Luftballons.
Wir reiben zwei Luftballons an einem Wollpullover. Anschließend beobachten wir, dass sich die beiden Luftballons gegenseitig abstoßen (▸ Bild 02) – wie die Haare. Wenn wir aber einen der Luftballons statt an Wolle an einer Kunststofffolie reiben, dann ziehen sich beide Luftballons anschließend an (▸ Bild 03).

Durch das Reiben werden die Luftballons elektrisch geladen. Da es sowohl Anziehung als auch Abstoßung gibt, muss es auch zwei verschiedene Fälle von „elektrisch geladen" geben. Zur Unterscheidung sagt man, die Luftballons sind **positiv** bzw. **negativ geladen.** Wenn beide Luftballons positiv oder beide negativ geladen sind, dann stoßen sie sich ab. Wenn sie unterschiedlich geladen sind, dann ziehen sie sich an.

Elektrisch geladene Körper üben Kräfte aufeinander aus. Ungleichnamig geladene Körper ziehen einander an, gleichnamig geladene Körper stoßen einander ab.

02 Gleichnamig geladene Körper stoßen einander ab.

03 Ungleichnamig geladene Körper ziehen einander an.

BANDGENERATOR · Wenn man viele Versuche mit elektrischer Ladung macht, dann kann das Reiben ganz schön lästig sein. Ein Bandgenerator macht das automatisch (▸ Bild 04). In dem Bandgenerator läuft ein Gummiband über eine Kunststoffwalze. Dabei reiben die Walze und das Band aneinander. So werden die Kunststoffwalze und das Band elektrisch geladen – wie bei den Luftballons. Über einen Metallkamm fließt die Ladung auf die Metallhaube.

Wir reiben den roten Ballon wieder an der Folie und laden ihn dadurch elektrisch auf. Wenn wir jetzt den roten Ballon in die Nähe der Metallhaube halten, dann beobachten wir, dass er von der Metallhaube abgestoßen wird. Den gelben Ballon reiben wir an Wolle. Wenn wir diesen Ballon in die Nähe der Metallhaube halten, dann wird er angezogen.

WELCHER BALLON IST POSITIV GELADEN? · Leider steht an dem Bandgenerator nicht, ob die Metallhaube positiv oder negativ geladen ist. Aber du weißt sicherlich noch, dass die Pole von Batterien, Netzgeräten und anderen elektrischen Quellen mit „+“ für den Pluspol und mit „–“ für Minuspol gekennzeichnet sind. Gibt es vielleicht einen Zusammenhang zwischen diesen Kennzeichnungen und den Bezeichnungen „elektrisch positiv geladen“ und „elektrisch negativ geladen“?

Der folgende Versuch zeigt, dass dieser Zusammenhang tatsächlich besteht. Wir verbinden eine ungeladene Metallkugel kurz mit dem Pluspol eines Hochspannungsnetzgeräts. Anschließend halten wir den elektrisch geladenen roten Luftballon in die Nähe der Kugel. Der rote Luftballon wird von der Metallkugel abgestoßen (▸ Bild 05 A). Die Metallkugel und der Ballon müssen also elektrisch gleichnamig geladen sein. Da die Metallkugel offensichtlich am Pluspol des Netzgeräts elektrisch geladen wurde, sagt man, sie ist positiv geladen. Demnach ist auch der rote Luftballon positiv geladen.

Wenn wir den gelben Luftballon der elektrisch positiv geladenen Metallkugel nähern, dann wird dieser angezogen (▸ Bild 05 B). Folglich sind der gelbe Luftballon und die Metallkugel ungleichnamig geladen. Der gelbe Luftballon ist also elektrisch negativ geladen.

Wenn wir die Metallkugel mit dem Minuspol des Netzgeräts verbinden, dann wird der rote Luftballon von der Kugel angezogen und der gelbe Luftballon abgestoßen. Die Metallkugel wird am Minuspol des Netzgeräts also elektrisch negativ geladen.

Körper können an den Polen einer elektrischen Quelle elektrisch positiv oder negativ geladen werden.

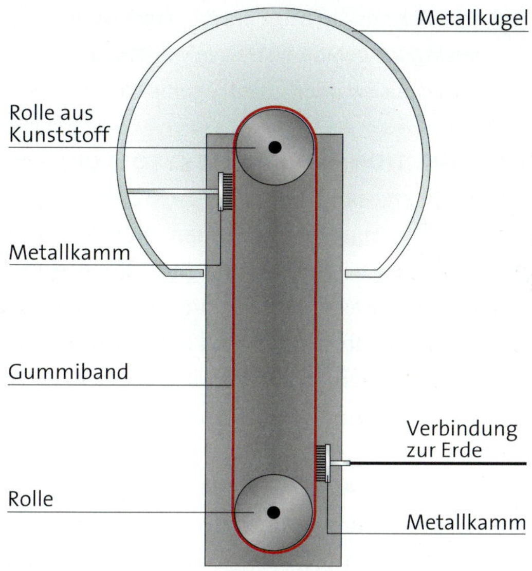

04 Bandgenerator

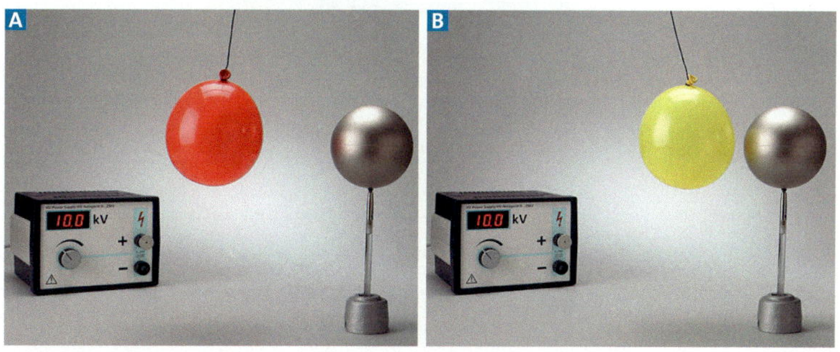

05 **A** Abstoßende Wirkung, **B** anziehende Wirkung

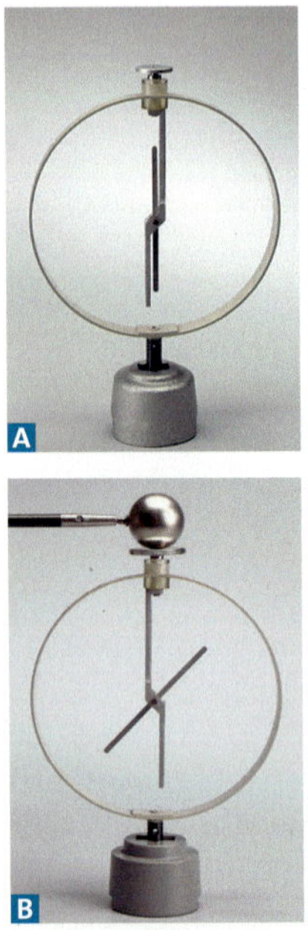

01 **A** Ungeladenes, **B** geladenes Elektroskop

WAS ZEIGT EIN ELEKTROSKOP AN? · Um das herauszufinden, laden wir eine Metallkugel am Pluspol eines Hochspannungsnetzgeräts positiv auf. Anschließend berühren wir mit der Kugel ein Elektroskop (▸ Bild 01 B). Der Zeiger des Elektroskops schlägt aus. Wenn wir diesen Vorgang wiederholen, dann vergrößert sich der Zeigerausschlag. Mit jedem Vorgang wird elektrische Ladung auf das Elektroskop übertragen und damit ist schließlich viel Ladung auf dem Elektroskop.

Das Gleiche geschieht, wenn wir die Metallkugel jeweils am Minuspol negativ aufladen. Der Zeiger des Elektroskops schlägt in gleicher Weise aus. Man kann dem Elektroskop also nicht ansehen, ob es positiv oder negativ geladen ist.

Ein Elektroskop zeigt an, wie stark es elektrisch geladen ist. Es zeigt nicht an, ob es positiv oder negativ geladen ist.

WIE FUNKTIONIERT EIN ELEKTROSKOP? · In einem Elektroskop wird die Abstoßung zwischen gleichnamig geladenen Körpern genutzt. Wenn Ladung auf die Metallplatte gebracht wird, dann verteilt sie sich auch auf Zeiger und Halterung (▸ Bild 02). Je mehr Ladung aufgebracht wird, desto stärker stoßen sich Zeiger und Halterung voneinander ab.

KANN MAN LADUNGEN MISCHEN? · Wenn wir ein positiv und ein negativ geladenes Elektroskop mit gleichem Zeigerausschlag mit einem Kabel verbinden, dann gehen die Zeigerausschläge zurück (▸ Bild 03). Positive und negative Ladung können sich offenbar ausgleichen. Man sagt, sie **neutralisieren** sich. Deshalb ist die Ladung aber nicht vernichtet. Es ist gleich viel positive wie negative Ladung vorhanden. Genau genommen sind Körper nie frei von elektrischer Ladung. Wenn man einen Körper als ungeladen bezeichnet, dann meint man nicht, dass er keine elektrische Ladung enthält. In ihm ist dann genauso viel positive wie negative Ladung vorhanden. Deshalb sagt man besser **elektrisch neutral** statt ungeladen.

Ein Körper ist elektrisch neutral, wenn er gleich viel positive und negative Ladung enthält.

1 Eine Folie wird durch Reiben mit einem Wolltuch negativ geladen. Beschreibe, wie du damit feststellen kannst, ob ein Luftballon positiv oder negativ geladen ist.

2 Erkläre, warum man mit einem Elektroskop nicht unterscheiden kann, ob es positiv oder negativ geladen ist.

3 Zwei Elektroskope sind positiv geladen und haben unterschiedliche Zeigerausschläge. Sie werden mit einem Kabel verbunden.
Erläutere, wie sich die Zeigerausschläge ändern.

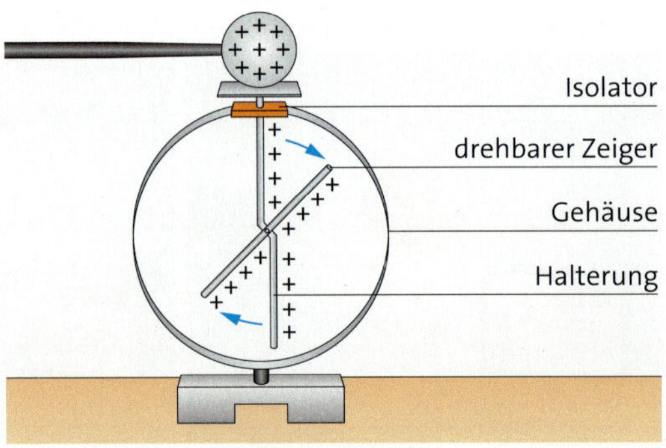

02 Positiv geladenes Elektroskop

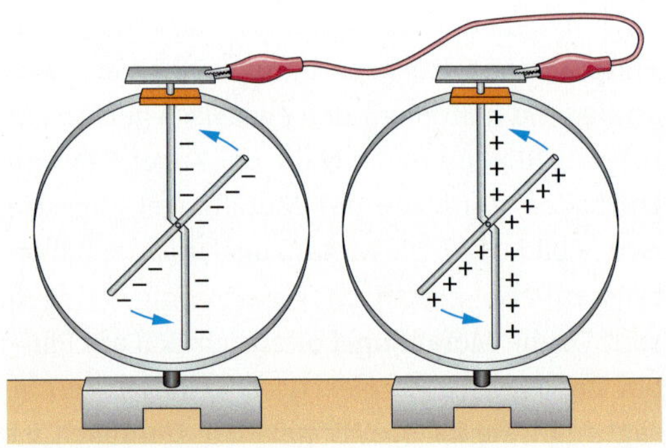

03 Die Ladungen neutralisieren sich gegenseitig.

VERSUCHE ▸ Untersuchungen mit einem selbstgebauten Elektroskop

04 Selbstgebautes Elektroskop

Material:

Honigglas mit Kunststoffdeckel, Kupferdraht (Länge ca. 15 cm; Durchmesser mind. 1 mm), Aluminiumfolie, Kerze, Kopierfolie, Zange, Klebstoff

Durchführung:

Biege den Kupferdraht mit der Zange so, dass er wie ein L aussieht. Halte den Draht mit der Zange fest und erhitze das lange Ende des Drahtes über der Kerze.
Stecke das heiße Drahtende von unten durch den Deckel. Der Draht soll oben ein wenig herausschauen. Stecke oben auf den Draht eine Kugel aus zusammengeknüllter Alufolie.
Sollte der Draht nicht von alleine an dem Kunststoff festkleben, musst du ein wenig Klebstoff nehmen.
Hänge auf das waagerechte Stück des Drahtes einen dünnen Streifen Aluminiumfolie (ca. 40 x 5 mm), sodass sich die beiden herabhängenden Seiten fast berühren.
Schraube den Deckel auf das Glas.

V1 Lege die Folie auf einen mit Kunststoff beschichteten Tisch und reibe mit der Hand kräftig darüber.
Du kannst die Folie auch an einem Woll- oder Polyesterpullover reiben.
Berühre mit der geriebenen Folie die Aluminiumkugel. Notiere deine Beobachtungen und erkläre sie.

V2 Lade das Elektroskop auf. Berühre mit deinen Fingern die Aluminiumkugel. Notiere deine Beobachtungen und erkläre sie.

Material A ▸ Elektrische Influenz

Julian und Sarah haben einen Versuch mit einer geladenen Folie und einem Elektroskop durchgeführt. Zu diesem Versuch haben sie ein Protokoll angefertigt. Leider ist ein Teil des Protokolls verloren gegangen. Lediglich die Deutung ist noch vorhanden. Julian hat die Durchführung des Versuches skizziert.

A1 Bringe die Zeichnungen unten in die richtige Reihenfolge.

A2 Schreibe jeweils einen Text für die Durchführung und die Beobachtung zu dem Versuch.

Deutung:
Wenn man die negativ geladene Folie über die Metallplatte hält, dann wird die negative Ladung im Teller des Elektroskops von der negativ geladenen Folie abgestoßen und wandert auf den Zeiger und den Halter. Zeiger und Halter werden negativ geladen. Der Zeiger schlägt aus.
Wenn man den Zeiger nun mit dem Finger berührt, dann fließt die überschüssige negative Ladung ab. Der Ausschlag geht zurück. Im oberen Teil des Elektroskops befindet sich aber immer noch ein Überschuss an positiver Ladung.
Wenn man die Folie entfernt, dann verteilt sich die Ladung gleichmäßig im Elektroskop. Da mehr positive als negative Ladung vorhanden ist, ist das Elektroskop folglich positiv geladen. Der Zeiger schlägt aus.
Diese Verschiebung der Ladung nennt man elektrische Influenz.

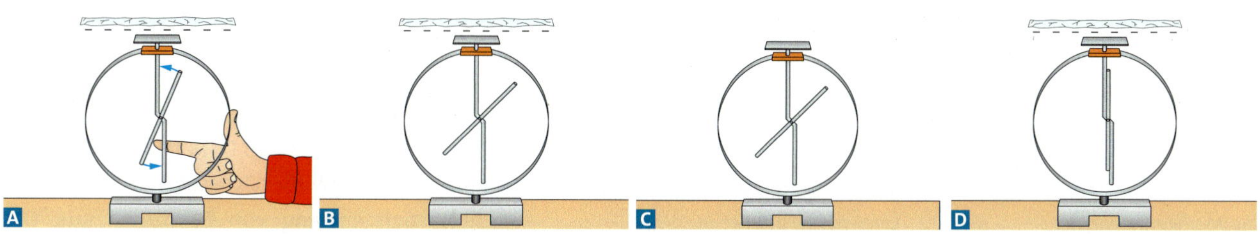

01 Um die Ecke sprühen – geht das?

Elektrisches Feld

Wie kann es sein, dass die Farbe der Sprühpistole auch auf die Rückseite der Stangen gelangt? Die Farbtröpfchen müssen abgelenkt werden. Im Folgenden wollen wir dies genauer untersuchen.

ELEKTRISCHE KRÄFTE · Tatsächlich müssen die Stangen aus Metall und elektrisch geladen sein, z.B. negativ. Die Farbtröpfchen sind ebenfalls elektrisch geladen, und zwar positiv. Dadurch werden die Farbtröpfchen von den Stangen angezogen.

In einem Modellversuch verwenden wir statt der Farbtröpfchen ein Wattestück, um die Umgebung von geladenen Metallkugeln zu untersuchen. Das Wattestück wird an einer Kugel aufgeladen (▸ Bild 02). Danach wird es abgestoßen und bewegt sich auf einer gekrümmten Bahn zur anders geladenen Kugel (wie die Farbtröpfchen). Je nach Startpunkt ergibt sich eine andere Bahn. Wie kommen diese gekrümmten Bahnen zustande? Sie sind das Ergebnis von zwei Wechselwirkungen: Das Wattestück wird gleichzeitig von der einen Kugel abgestoßen und von der anders geladenen Kugel angezogen.

FELD UND FELDLINIEN · In der Physik stellt man sich das folgendermaßen vor: Die beiden geladenen Kugeln erzeugen ein **elektrisches Feld.** Dieses können wir mithilfe **elektrischer Feldlinien** beschreiben. Die Richtung der Feldlinien ergibt sich aus der Kraftrichtung auf einen elektrisch positiv geladenen Körper (▸ Bild 03).

02 Krumme Flugbahnen eines Wattestücks (Momentaufnahmen)

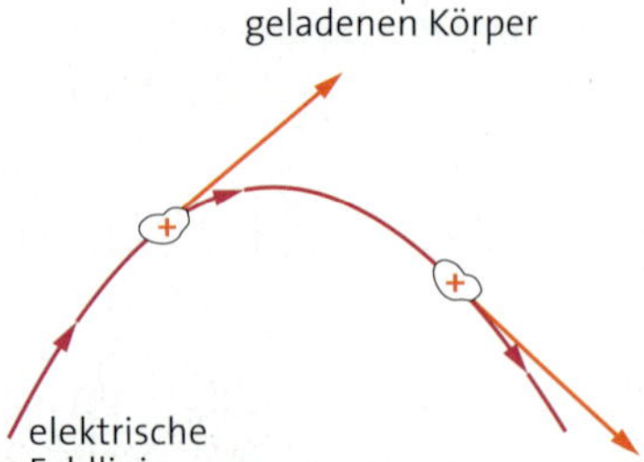

03 Feldlinie und Kraftrichtung auf einen positiv geladenen Körper

Geladene Körper erzeugen in ihrer Umgebung ein elektrisches Feld.
Elektrische Feldlinien veranschaulichen modellhaft das elektrische Feld.

Mit einem einfachen Versuch untersuchen wir das elektrische Feld. Hierzu benutzen wir kleine Grießkörner in Öl (▸ Bild 04 A, 05 A). Im elektrischen Feld bilden die Grießkörner Ketten, sie richten sich entlang von Feldlinien aus. Die

Grießkörner zeigen uns die Struktur des Feldes. In der grafischen Darstellung zeichnet man nur einige Feldlinien, um die Struktur des Feldes zu veranschaulichen (▸ Bild 04 B, 05 B).

Zwei weitere Eigenschaften der Feldlinien werden hier deutlich: Wenn das Feld in der Umgebung zweier ungleichnamig geladener Körper dargestellt wird, dann verlaufen die Feldlinien stets vom positiv geladenen zum negativ geladenen Körper. Außerdem schneiden sich die Feldlinien nie. Der Grund hierfür liegt in der Konstruktionsvorschrift: Auf einen geladenen Körper wird an jedem Ort eine ganz bestimmte Kraft ausgeübt – die Richtung dieser Kraft wird eindeutig durch die Feldlinie angegeben.

INFLUENZ · Wenn man eine positiv geladene Kugel in die Nähe der Platte eines ungeladenen Elektroskops bringt, dann dreht sich der Zeiger, obwohl die Platte noch gar nicht berührt wurde (▸ Bild 06). Wie kann das sein? Das Elektroskop besteht aus Metall, daher ist die Ladung verschiebbar. Die positiv geladene Kugel ist von einem elektrischen Feld umgeben. Das Feld sorgt dafür, dass sich die Ladung des Elektroskops verschiebt. Dadurch werden die Platte negativ, Zeiger und Halterung aber positiv aufgeladen. Der Zeiger schlägt aus. Wird die geladene Kugel entfernt, geht der Zeigerausschlag wieder zurück.
Die Trennung von Ladung in einem elektrischen Leiter durch ein elektrisches Feld nennt man **elektrische Influenz.**

POLARISATION · Warum haben sich die Grießkörner im elektrischen Feld ausgerichtet, obwohl sie nicht aus Metall sind (▸ Bild 04 A)?

Ein Grießkorn ist kein metallischer Leiter. Trotzdem enthält auch ein Grießkorn elektrische Ladung. Diese Ladung wird unter dem Einfluss des elektrischen Feldes jedoch nicht getrennt, sondern nur minimal gegeneinander verschoben, sodass ein Ende des Korns positiv und das andere Ende negativ geladen ist. Diesen Effekt nennt man **Polarisation.**

FARADAY-KÄFIG · Wenn man einen geschlossenen Metallkörper, z. B. einen Ring, in ein elektrisches Feld bringt, dann bleiben die Grießkörner im Innern des Körpers ungeordnet. Offenbar werden dann keine elektrischen Kräfte auf sie ausgeübt (▸ Bild 07). Warum ist das so?
Durch Influenz ist eine Seite des Rings positiv, die andere negativ geladen. Die von außen auf den Ring zulaufenden Feldlinien enden auf der negativen Seite des Rings. Umgekehrt beginnen von der positiven Seite des Rings neue Feldlinien. Man sagt: Das elektrische Feld wird vom Ring **abgeschirmt.** Einen geschlossenen Metallkörper nennt man zu Ehren von MICHAEL FARADAY (1791–1867) auch **Faraday-Käfig.**

1 Begründe, dass ein Elektroskop aus Kunststoff nicht funktioniert.

2 Zeichne zum Versuch von ▸ Bild 07 ein passendes Feldlinienbild.

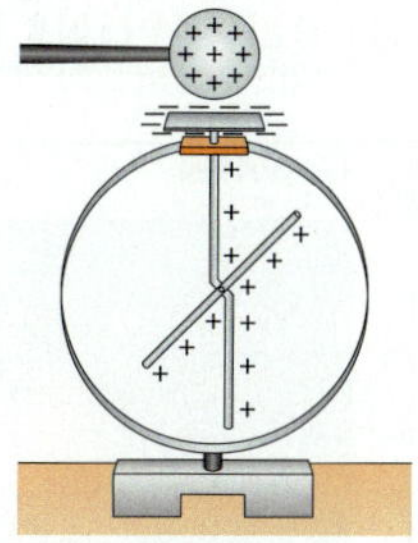

06 Influenz

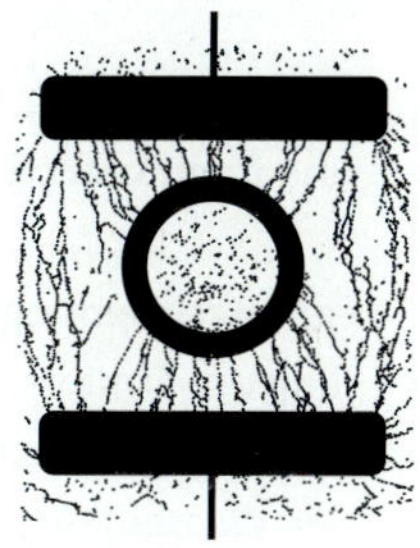

07 Feldfreier Raum

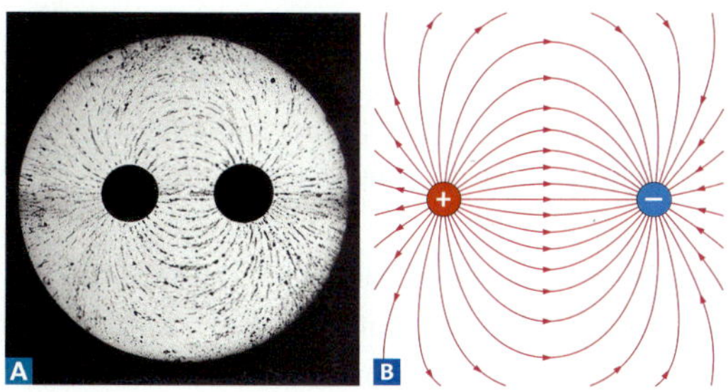

04 **A** Grießkörner ordnen sich im elektrischen Feld, **B** Darstellung mit Feldlinien

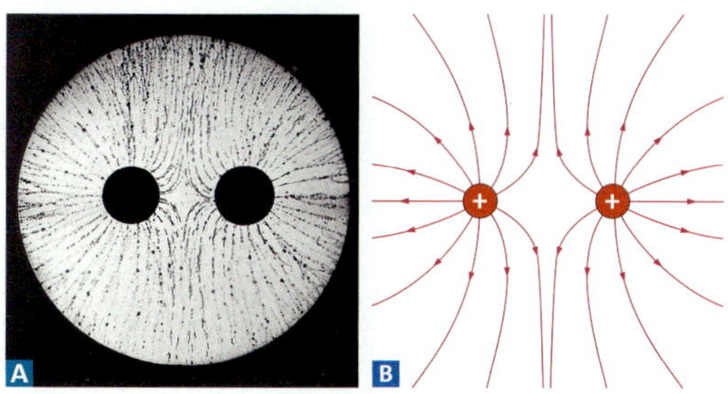

05 **A** Grießkörner zwischen zwei positiv geladenen Körpern, **B** Darstellung mit Feldlinien

BLICKPUNKT

Gewitter

01 Blitze zucken über den Himmel.

Ein Gewitterblitz ist eine faszinierende Erscheinung – schön und furchteinflößend zugleich. Doch wie entsteht ein Blitz?

Ladungstrennung in der Wolke · Durch Sonneneinstrahlung erwärmt sich die Erde. Auch die Luft über der Erdoberfläche wird dadurch erwärmt und steigt auf. Dabei steigt der Wasserdampf, der in der Luft enthalten ist, ebenfalls auf. In höheren Luftschichten ist die Temperatur geringer und der Wasserdampf kondensiert zu Wassertröpfchen. Es bilden sich Wolken. Weiter oben in der Wolke ist die Temperatur noch geringer und die Wassertropfen erstarren. Die Eiskristalle steigen weiter auf und nehmen an Volumen zu, da sich an ihnen weiterer Wasserdampf anlagert und gefriert.

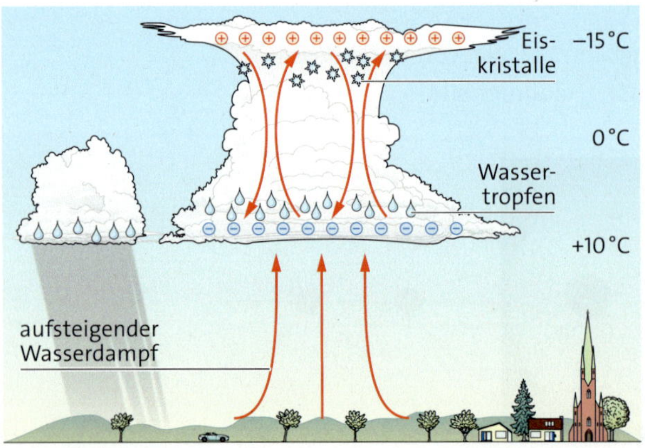

02 Ladungstrennung in der Wolke

Von oben sinken die schwereren Eiskristalle wieder ab und schmelzen zum Teil. Dabei reiben die aufsteigenden und sinkenden Eiskristalle aneinander und werden dadurch elektrisch geladen. So wird der obere Teil der Wolke elektrisch positiv und der untere Teil negativ geladen (▸ Bild 02).

Ladungsausgleich · Wenn die Teile der Wolke stark aufgeladen sind, dann kann es zu einer elektrischen Entladung kommen. Innerhalb der Wolke entstehen **Leitblitze.** Diese sind nicht besonders hell und stark verästelt. Durch sie wird die Luft elektrisch leitend. Der Leitblitz hat also so etwas wie eine „Leitung" gelegt, den **Blitzkanal.** Durch diesen Blitzkanal fließt plötzlich sehr viel Ladung. Sie kann die Luft um den Blitzkanal herum bis auf 30 000 °C erhitzen. Das nehmen wir nicht nur durch helles Aufleuchten wahr, sondern wir können es auch hören. Denn durch die Hitze dehnt sich die Luft explosionsartig aus. Das nehmen wir als Donnern wahr.

Blitze zur Erde · Durch die große negative Ladung im unteren Teil der Wolke wird die negative Ladung auf der Erde abgestoßen und die positive Ladung angezogen. Dadurch wird die Erdoberfläche insbesondere an erhöhten Punkten wie Masten und Bäumen positiv geladen. Dort kann dann der Blitz einschlagen. Allerdings gelangt nur etwa jeder zehnte Blitz zur Erde.

Verhaltensregeln bei Gewitter · Sowohl die hohe Temperatur als auch die große Stromstärke eines Blitzes sind für den Menschen gefährlich. Zum Schutz vor einem Blitzschlag helfen dir folgende Regeln:

- Halte dich nicht im Freien auf, sondern suche Schutz in Gebäuden oder Fahrzeugen. Wenn das nicht möglich ist, dann suche einen möglichst tiefen Punkt im Gelände auf und hocke dich mit zusammengezogenen Füßen hin.
- Suche keinen Schutz unter Bäumen und halte dich nicht im Wasser auf.
- Wenn du den entstehenden Blitz durch ein Hautkribbeln spürst, dann hocke dich sofort mit gesenktem Kopf hin und umfasse die Knie mit den Armen. Halte Abstand zu Metallzäunen oder Masten.

VERSUCHE ▸ Influenz und Polarisation

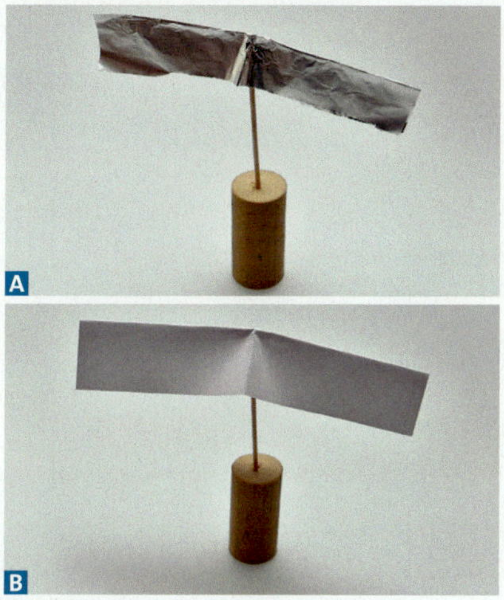

03 Elektrizitätsanzeiger: **A** Aluminium, **B** Papier

V1 Elektrizitätsanzeiger

Material:

1 Stück Alufolie (4 cm x 12 cm), Wolle (Pullover), Schere, Zahnstocher (als Achse), Korken (als Standfuß), Kunststofflineal

Durchführung:

a) Falte die Alufolie zweimal so, dass du die Mitte der Folie erhältst. Stecke den Zahnstocher senkrecht in das obere Ende des Korkens. Lege die Alufolie mit dem Mittelpunkt auf die Spitze des Zahnstochers, sodass sie sich leicht drehen lässt (▸ Bild 03 A). Reibe das Lineal mehrmals kräftig an der Wolle und halte es in die Nähe der Alufolie. Beschreibe und erkläre deine Beobachtung.

b) Berühre die Alufolie mehrmals vorsichtig mit dem an der Wolle geriebenen Lineal und nähere dann das Lineal wieder der Alufolie. Beschreibe und erkläre deine Beobachtung.

c) Ersetze die Alufolie durch ein gleich großes Stück Papier (▸ Bild 03 B). Reibe das Lineal wieder mehrmals kräftig an der Wolle und halte es in die Nähe des Papierstreifens. Beschreibe und erkläre deine Beobachtung.

Material A ▸ Elektrische Ladung und elektrisches Feld

A1 Auf einem elektrisch neutralen Elektroskop ist eine Metallkugel befestigt.

a) Eine zweite positiv geladene Metallkugel wird angenähert. Beschreibe, wie das Elektroskop reagiert. Fertige eine Skizze mit eingezeichneter Ladung an.

b) Beschreibe, was sich ändert, wenn die zweite Kugel negativ geladen ist. Fertige eine Skizze an.

A2 Die Skizze im ▸ Bild 04 zeigt das elektrische Feld zwischen einer Metallplatte und einer Metallspitze.

a) Gib an, welches Metallteil positiv und welches negativ geladen ist. Begründe.

b) Was kann man über die Kraft auf einen elektrisch geladenen Körper zwischen Platte und Spitze sagen? Begründe.

c) Beschreibe, was sich ändert, wenn die Platte und die Spitze genau umgekehrt geladen sind wie in a). Begründe.

A3 Auf einem kleinen Teller liegen Grießkörner (▸ Bild 05). Ein Kunststofflineal wird an Wolle gerieben. Hält man das Lineal in die Nähe der Grießkörner, dann springen diese auf das Lineal („Staubsauger"). Begründe.

A4 Ein Luftballon wird an den Haaren gerieben. Nähert man ihn einer leeren Alu-Dose, dann setzt sich diese in Bewegung (▸ Bild 06).

a) Gib an, in welche Richtung sich die Alu-Dose bewegt. Begründe.

b) Erläutere, wie man erreichen kann, dass die Dose in die umgekehrte Richtung rollt.

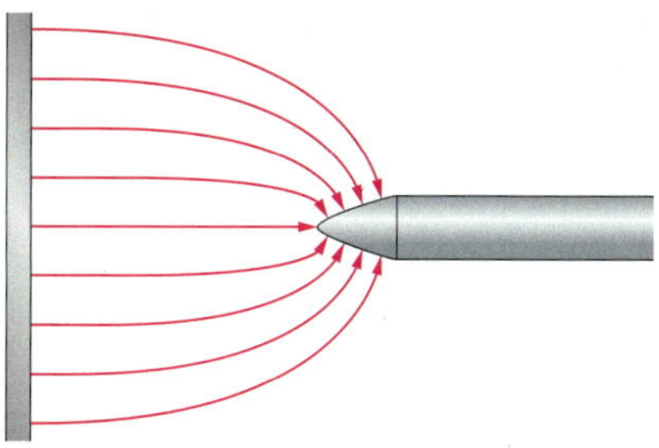

04 Wie sind die Körper geladen?

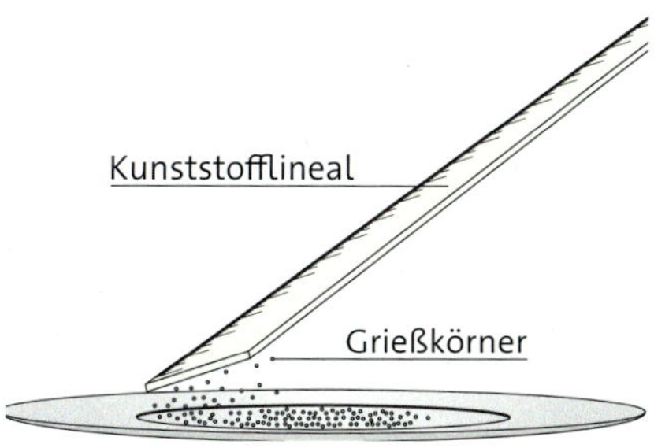

05 „Elektrischer Staubsauger"

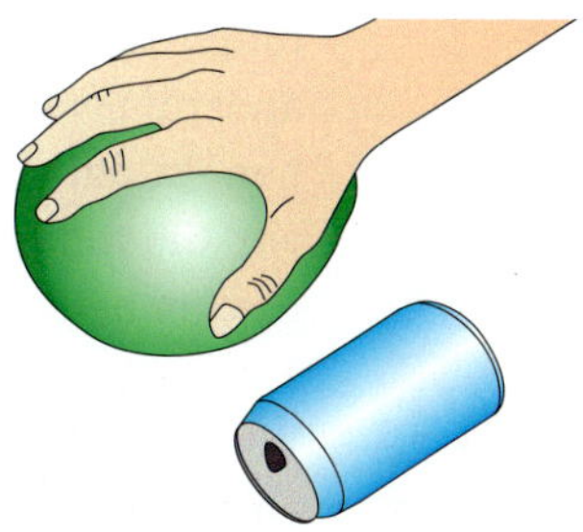

06 „Elektrischer Antrieb"

01 Fahrspaß auf dem Jahrmarkt

Ladung und Strom

Damit Autoscooter fahren können, brauchen sie elektrischen Strom, den sie über Stromabnehmer bekommen. Dort, wo der Stromabnehmer am Oberleitungsnetz schleift, sind immer wieder Funken zu sehen. Solche Funken entstehen auch, wenn Metallkugeln an Netzgeräten geladen werden. Besteht ein Zusammenhang zwischen den elektrischen Ladungen und dem elektrischen Strom?

FLIESSENDE LADUNG · Elektrischer Strom ist unsichtbar. Er macht sich aber z. B. durch seine Lichtwirkung bemerkbar. Wenn Glühlampen, Energiesparlampen oder LEDs leuchten, dann weißt du, dass elektrischer Strom fließt. Du hast schon gelernt, dass die jeweiligen Leuchtmittel zur elektrischen Quelle passen müssen, andernfalls können die Leuchtmittel kaputtgehen. In den folgenden Versuchen verwenden wir Glimmlampen, da diese nicht durchbrennen können (▸ Bild 02).

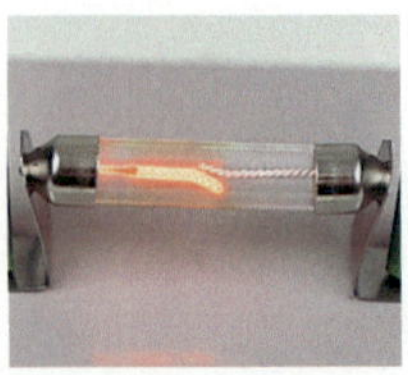
02 Glimmlampe

Wir schließen eine solche Glimmlampe an den einen Pol eines Netzgeräts und eine zweite Glimmlampe an den anderen Pol des Netzgeräts an (▸ Bild 03 A). Danach halten wir eine Metallkugel an die erste Glimmlampe. Die Lampe leuchtet kurz auf (▸ Bild 03 B). Dann berühren wir mit der Metallkugel die andere Glimmlampe. Auch sie leuchtet kurz auf (▸ Bild 03 C). Wir deuten die Beobachtung folgendermaßen: Zunächst wird die Metallkugel an der einen Glimmlampe elektrisch aufgeladen. Dabei fließt Ladung vom Netzgerät zur Kugel. Dies zeigt das Aufleuchten der Lampe. An der zweiten Glimmlampe fließt die Ladung von der Kugel zum Netzgerät. Das zeigt das Aufleuchten dieser Lampe.

Wenn wir die Metallkugel zwischen den Glimmlampen hin und her bewegen, dann fließt elektrische Ladung von einem Pol des Netzgeräts zum andern. Die Glimmlampen leuchten abwechselnd auf.

Wenn wir die Glimmlampen mit einem Kabel verbinden, dann leuchten die Lampen dauerhaft. Also fließt ständig elektrische Ladung. Das nennt man elektrischen Strom.

Ein elektrischer Strom ist fließende elektrische Ladung.

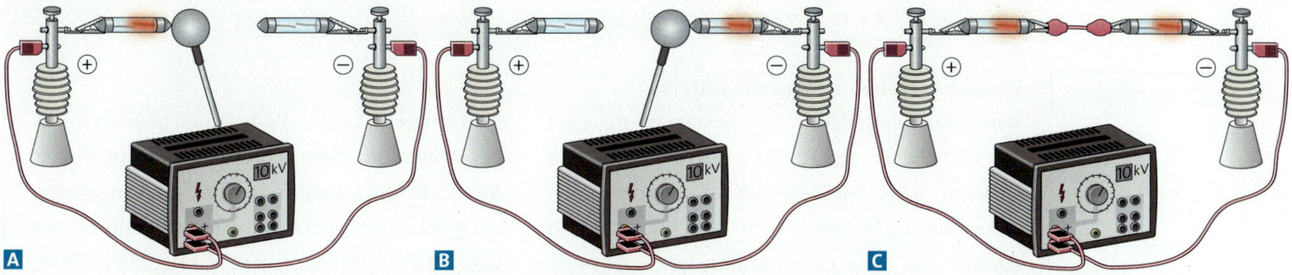

03 Elektrische Ladung fließt **A** vom Netzgerät auf die Kugel, **B** von der Kugel zum Netzgerät, **C** dauerhaft

WAS FLIESST IM DRAHT? · Um eine Antwort auf diese Frage zu finden, machen wir folgenden Versuch. Dazu benötigen wir ein Elektroskop, ein Netzgerät und eine spezielle luftleere Glühlampe mit drei Anschlüssen, bei der dem Glühdraht eine Metallplatte gegenüber liegt (▸ Bild 04):

Wir laden das Elektroskop elektrisch positiv auf und verbinden es mit der Metallplatte. Den Glühdraht schließen wir an ein Netzgerät an. Wenn der Draht glüht, dann geht der Ausschlag des Elektroskops zurück (▸ Bild 04 A). Das Elektroskop ist schließlich wieder elektrisch neutral.

Geschieht das auch bei einem elektrisch negativ geladenen Elektroskop? Schauen wir nach. Wenn wir das Elektroskop negativ aufladen und den Draht anschließend zum Glühen bringen, dann bleibt der Zeigerausschlag erhalten (▸ Bild 04 B). Das Elektroskop bleibt negativ geladen.

Wenn der Glühdraht nicht glüht, dann geht der Zeigerausschlag des Elektroskops nicht zurück, gleichgültig, ob es elektrisch negativ oder positiv geladen ist (▸ Bild 04 C).

Diese Beobachtungen kann man so deuten:

1. Den geheizten Glühdraht verlässt etwas negativ Geladenes und gelangt zur Metallplatte. Dadurch wird das elektrisch positiv geladene Elektroskop neutralisiert.
2. Es verlässt nichts positiv Geladenes den geheizten Glühdraht, da negative Ladung auf dem Elektroskop nicht neutralisiert wird.
3. Es können auch keine Metallteilchen sein, die den Draht verlassen, denn dann würde der Draht immer dünner werden.
4. Da ohne Heizen keine Neutralisation stattfindet, ist offensichtlich viel Energie nötig, damit etwas den Draht verlassen kann. Durch Heizen des Drahtes wird diese Energie zur Verfügung gestellt.

Heute weiß man, dass es **Elektronen** sind, die den geheizten Glühdraht verlassen. In Drähten bzw. in Metallen sind einige Elektronen frei beweglich und können das Material sogar verlassen. Im Draht sind die frei beweglichen Elektronen die Träger des elektrischen Stroms.

Elektronen sind elektrisch negativ geladen.
Ein glühendes Metall sendet Elektronen aus.

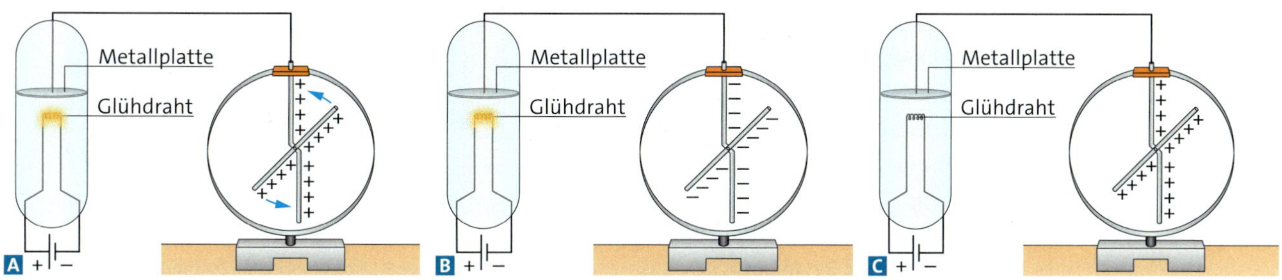

04 **A** Elektroskop positiv geladen, **B** Elektroskop negativ geladen, **C** der Glühdraht glüht nicht

BLICKPUNKT

Woraus bestehen elektrische Leiter?

Vorstellung vom Atom · Wir wissen heute, dass alle Materialien aus Atomen bestehen. Sie sind so klein, dass man sie mit einem normalen Mikroskop nicht sehen kann. Der Begriff **Atom** kommt aus dem Griechischen von „atomos" und bedeutet: „das Unteilbare". Tatsächlich sind Atome aber doch teilbar. Sie bestehen aus einem elektrisch positiv geladenen **Atomkern.** Der Atomkern ist von negativ geladenen Elektronen umgeben. Diese befinden sich in einem Raumbereich, der deutlich größer ist als der Atomkern. Man spricht hier auch von der **Elektronenhülle** des Atoms. Wenn der Atomkern die Größe eines Stecknadelkopfes hätte, dann wäre der Raumbereich mit den Elektronen so groß wie ein Fußballstadion.

Wenn wir ein Atom zeichnen, dann zeichnen wir um den Atomkern herum einen Bereich, in dem sich die Elektronen befinden, anstatt alle Elektronen einzuzeichnen (▸ Bild 01).

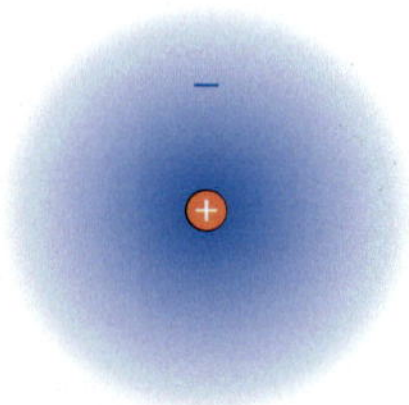

01 Modell eines Atoms: Das Atom besteht aus einem Kern und einer Hülle.

Atome im Draht · Wenn wir die Atome eines Drahts darstellen, dann zeichnen wir natürlich nicht alle Atome, die sich in dem Draht befinden, sondern nur wenige als Beispiel. Aber selbst dann wäre es noch sehr unübersichtlich, wenn wir dazu alle Elektronen einzeichnen würden. Deshalb zeichnen wir **Atomrümpfe.** Das sind die Atomkerne mit den nicht frei beweglichen Elektronen. Sie sind elektrisch positiv geladen. Zusätzlich zeichnen wir einige Elektronen ein, die sich frei bewegen können und beim elektrischen Strom von Bedeutung sind, wie zum Beispiel in ▸ Bild 02 A.

Die frei beweglichen Elektronen im Draht bewegen sich stets in alle Richtungen. Wenn ein elektrischer Strom fließt, dann werden die Elektronen in eine Richtung getrieben, nämlich vom Minus- zum Pluspol der elektrischen Quelle (▸ Bild 02 B). Diese Bewegung überlagert sich der ungeordneten Bewegung.

Elektronen im Draht · Wie schnell bewegen sich die Elektronen eigentlich, wenn Strom fließt? Wenn du eine Fahrradglühlampe mit einem Netzgerät zum Leuchten bringst, dann bewegen sich die Elektronen vom Minuspol des Netzgeräts zum Pluspol. Dabei benötigt ein Elektron etwa zehn Stunden, um sich durch ein Kupferkabel einen Meter weiter zu bewegen! Ein Elektron legt pro Minute also nur wenige Millimeter zurück.

Wieso leuchtet die Lampe sofort? Du kannst dir das Kabel wie eine Wasserleitung vorstellen. Bis das Wasser vom Wasserwerk in deine Badewanne gelangt, dauert es auch sehr lange. Aber wenn du den Hahn öffnest, kommt sofort Wasser heraus. Die Wasserleitung ist vom Wasserwerk bis zu deinem Badezimmer mit Wasser gefüllt. Wenn du den Hahn öffnest, dann fließen alle Wasserteilchen in der Leitung fast gleichzeitig los. So ist es auch beim elektrischen Strom. Wenn du die Lampe anschließt, dann bewegen sich alle Elektronen im Kabel nahezu gleichzeitig und die Lampe leuchtet sofort. Die Elektronen sind elektrisch negativ geladen und stoßen sich deshalb ab. Sobald sich ein Elektron in Bewegung setzt, wirkt sich das praktisch sofort auf alle Elektronen im Draht aus.

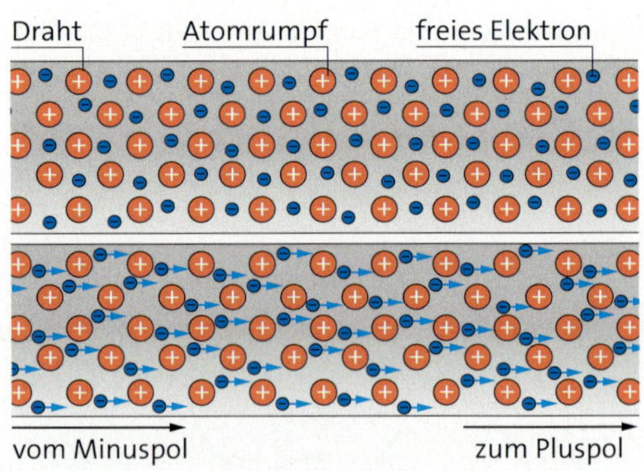

02 Atomrümpfe mit freien Elektronen im Draht: **A** stromloser, **B** Strom führender Zustand

Material A ▸ Ladung und elektrischer Strom

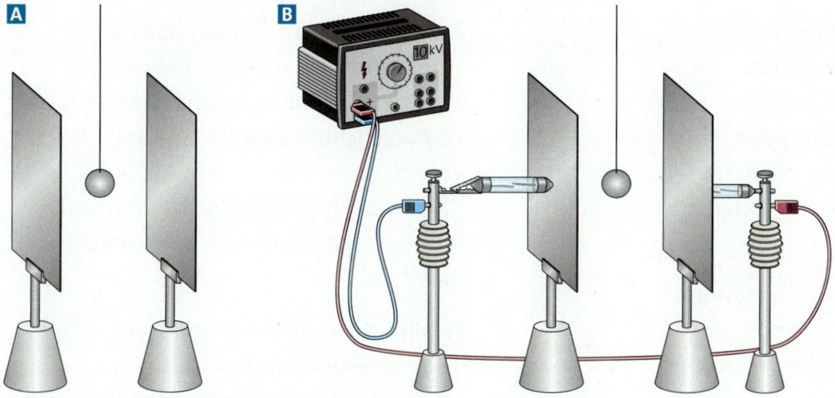

03 **A** Elektrisches Pendel, **B** elektrisches Pendel mit Lichteffekten

A1 Zwischen zwei unterschiedlich geladenen Metallplatten wird eine elektrisch leitende, leichte Kugel an einem isolierenden Faden aufgehängt (▸ Bild 03 A).

a) Mit der beweglichen Kugel wird kurz eine Platte berührt. Dann wird die Kugel losgelassen. Beschreibe, was anschließend passieren wird. Erkläre.

b) Skizziere die Anordnung kurz bevor und kurz nachdem die Kugel die rechte Platte berührt. Beschrifte, wie Kugel und Platte jeweils geladen sind.

c) Begründe, dass die Bewegung nach einiger Zeit aufhört.

d) Vermute, was geschehen würde, wenn beide Platten gleich geladen sind. Begründe.

A2 Die linke Platte wird nun an eine Glimmlampe und dann an den Minuspol eines Hochspannungsnetzgerätes angeschlossen, entsprechend die rechte Platte mit einer Glimmlampe an den Pluspol (▸ Bild 03 B).

a) Wieder wird mit der beweglichen Kugel kurz die linke Platte berührt. Dann wird die Kugel losgelassen.
Beschreibe, was passieren wird. Wann und wie leuchten die Glimmlampen auf? Erkläre.

b) Beschreibe, wann die Bewegung aufhört. Begründe.

Material B ▸ Grießkörner richten sich aus

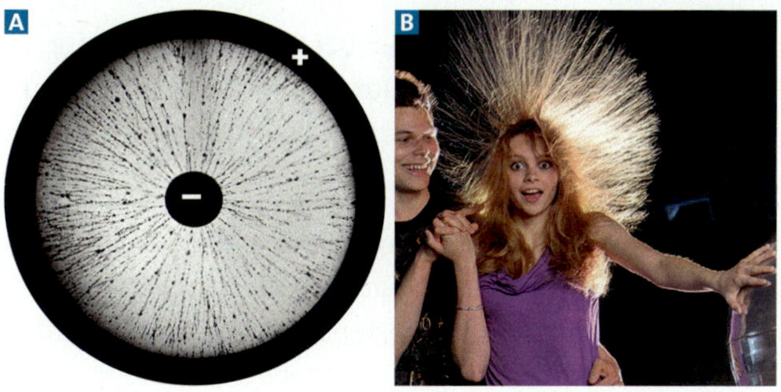

04 **A** Grießkörner richten sich aus, **B** abstehende Haare

Eine flache Glasschale wird mit etwas Rizinusöl gefüllt. Auf das Öl werden Grießkörner gestreut. Zusätzlich werden ein Metallring und eine Metallscheibe in die Schale gelegt. Der Ring wird an den Pluspol und die Scheibe an den Minuspol einer Hochspannungsquelle angeschlossen. Wenn man die Hochspannung einschaltet, dann richten sich die Grießkörner wie im ▸ Bild 04 A aus.

B1 Beschreibe die Anordnung der Grießkörner.

B2 Vergleiche die Anordnung der Grießkörner mit den Haaren des Mädchens im ▸ Bild 04 B, das an eine stark geladene Metallkugel fasst.

B3 Grießkörner sind elektrisch neutral. Durch die Hochspannung kommt es innerhalb eines Grießkorns zu einer Verschiebung der positiven und der negativen Ladung. Dadurch wird ein Teil des Grießkorns positiv und der andere Teil des Grießkorns negativ geladen.
Zeichne eine Kette von fünf aneinanderhängenden Grießkörnern, die sich zwischen den Metallteilen ausrichten. Kennzeichne die Bereiche der Grießkörner, die positiv bzw. negativ geladen sind.

B4 Erkläre, welche Funktion das Rizinusöl in dem Versuch hat.

Elektrische Stromkreis

Grundelemente des Stromkreises:
- elektrische Quelle (z. B. Batterie),
- elektrische Leiter (z. B. Kabel),
- elektrisches Gerät (z. B. Lampe).

Ein elektrischer Strom kann nur dann fließen, wenn der Stromkreis geschlossen ist.

Leiter und Nichtleiter: Elektrische Leiter sind Stoffe, die den elektrischen Strom gut leiten. Alle Metalle sind sehr gute elektrische Leiter. Auch viele Lösungen, zum Beispiel normales Leitungswasser, leiten den Strom relativ gut.
Holz, Kunststoffe und Keramik leiten den elektrischen Strom praktisch nicht. Sie werden als Nichtleiter bzw. **Isolatoren** bezeichnet.
Öle und destilliertes Wasser sind gute Isolatoren.
Auch Gase und Gasgemische wie Luft sind unter normalen Bedingungen gute Isolatoren.

Wirkungen des elektrischen Stroms: Elektrische Ströme können wir nicht sehen, wir können sie nur an ihrer Wirkung erkennen. Wirkungen des elektrischen Stroms sind:
- Wärme,
- Licht,
- magnetische Wirkung.

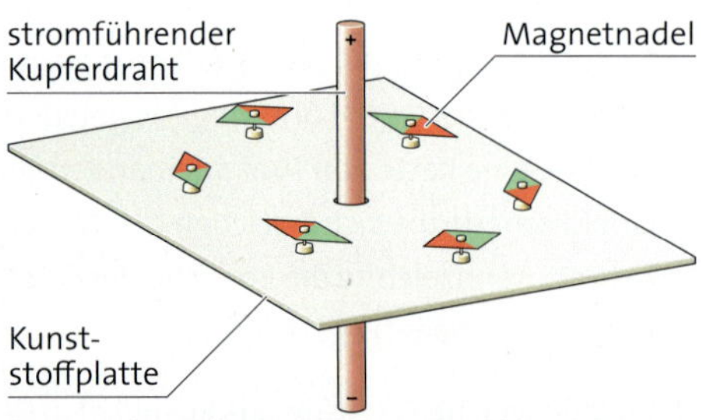

01 Der elektrische Strom durch den Kupferdraht bewirkt eine Ausrichtung von Magnetnadeln in seiner Umgebung.

Elektrische Schaltungen

Reihenschaltung: Alle Lampen haben einen gemeinsamen Stromkreis.
Wenn man eine Lampe herausdreht, dann leuchten die anderen Lampen nicht mehr.
Je mehr Lampen in den Stromkreis eingebaut sind, desto schwächer leuchten sie.

Parallelschaltung: Jede Lampe hat einen eigenen Stromkreis.
Wenn man eine Lampe herausdreht, dann leuchten die anderen Lampen weiter.
Wenn eine weitere Lampe hinzugefügt wird, dann ändert sich die Helligkeit der anderen Lampen nicht.

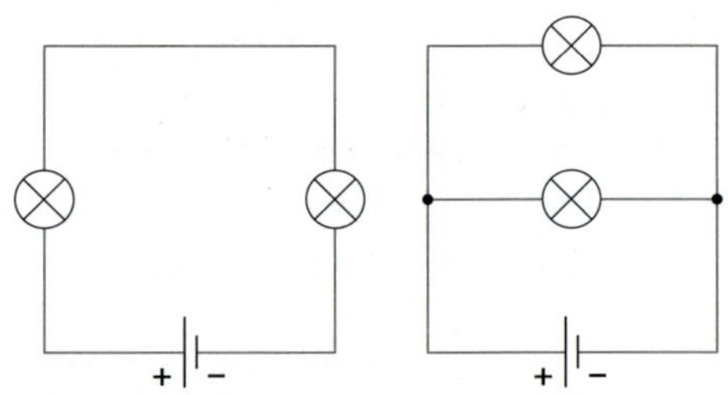

02 Reihen- und Parallelschaltung

UND-Schaltung: Bei der UND Schaltung sind die Schalter in Reihe geschaltet. Nur wenn alle Schalter geschlossen sind, dann leuchtet die Lampe.

ODER-Schaltung: Bei der ODER Schaltung sind die Schalter parallel geschaltet. Wenn mindestens ein Schalter geschlossen ist, dann leuchtet die Lampe.

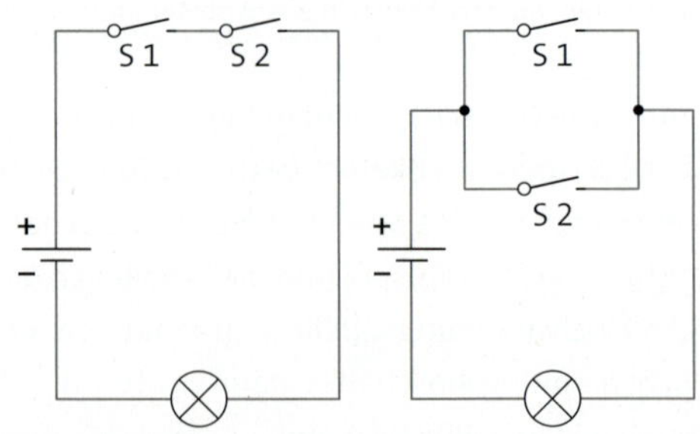

03 UND- und ODER-Schaltung

Elektrisch geladene Körper: Körper können elektrisch positiv oder negativ geladen sein.
Elektrisch geladene Körper üben Kräfte aufeinander aus: Ungleichnamig geladene Körper ziehen sich an, gleichnamig geladene Körper stoßen sich ab.

Körper können an den Polen einer elektrischen Quelle elektrisch positiv oder negativ geladen werden.

Ein Körper ist **elektrisch neutral,** wenn er gleich viel positive und negative Ladung enthält.

Elektroskop: Ein Elektroskop zeigt an, wie stark es elektrisch geladen ist. Es unterscheidet nicht zwischen positiver und negativer Ladung.

Elektrische Influenz: Wenn man von außen einem Leiter einen elektrisch geladenen Körper annähert, dann verschieben sich die elektrischen Ladungsträger im Leiter aufgrund der anziehenden und abstoßenden Wirkung zwischen den Ladungen.

Ladung und Strom: Elektrischer Strom ist fließende elektrische Ladung.

Elektrisches Feld: Geladene Körper erzeugen in ihrer Umgebung ein elektrisches Feld. **Elektrische Feldlinien** veranschaulichen modellhaft das elektrische Feld.
Die Richtung der Feldlinien ergibt sich aus der Richtung der Kraft auf einen positiv geladenen Körper.
Elektrische Felder können durch metallische Körper **abgeschirmt** werden.

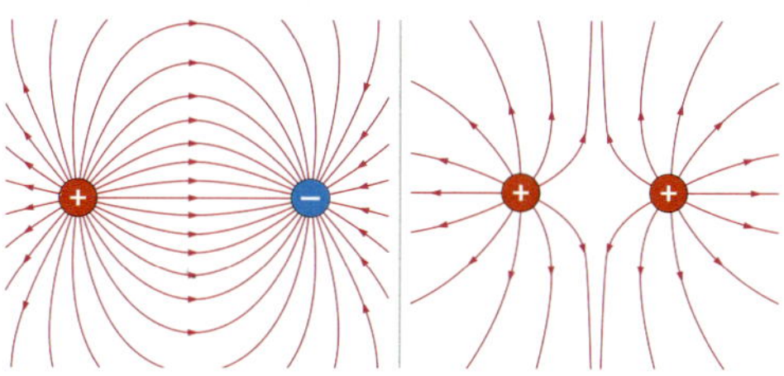

04 Elektrische Feldlinien

Überprüfe dich selbst:

Kann ich ...

... die Symbole für Lampe, Schalter, Batterie, Wechselschalter, Motor, Leuchtdiode erkennen und zeichnen? (S.144)

... Leiter und Nichtleiter benennen? (S.143)

... die Regeln zum Zeichnen elektrischer Schaltskizzen sicher anwenden? (S.144)

... eine Reihen- und eine Parallelschaltung von drei Lampen mithilfe der Symbole zeichnen? (S.146)

... die Funktion der UND- und ODER-Schaltung beschreiben und Anwendungen der Schaltungen benennen? (S.147)

... eine Wechselschaltung zeichnen und deren Funktion erklären? (S.147)

... aus einer gegebenen Schaltskizze eine Schaltung aufbauen (S.145, 149)

... die unterschiedlichen Wirkungen des elektrischen Stroms beschreiben? (S.150 ff.)

... Anziehung und Abstoßung zwischen elektrisch geladenen Körpern beschreiben? (S.156 f.)

... die Funktionsweise eines Elektroskops erläutern? (S.158)

... erklären, was der Begriff „elektrisch neutral" bedeutet? (S.158)

... den Begriff elektrisches Feld erläutern? (S.160)

... erklären, was elektrische Feldlinien sind? (S.160)... die elektrische Influenz beschreiben und erklären? (S.161)

... den Zusammenhang zwischen elektrischer Ladung und elektrischem Strom beschreiben? (S.164)

Stromstärke, Spannung, Widerstand und Leistung

In diesem Kapitel beschäftigst du dich mit

- den physikalischen Größen, die das Geschehen in einem Stromkreis bestimmen: Wovon hängt es ab, wie stark der Strom in einer Leitung ist?
- einfachen Messmethoden, um die Größen in einem Stromkreis zu ermitteln.
- dem Zusammenhang von elektrischem Strom und Energie. Während der elektrische Strom „im Kreis" fließt, wird die Energie nur in eine Richtung transportiert, beispielsweise von einem Kraftwerksgenerator zum Verbraucher im Haushalt.

01 Verschiedene Ströme

Elektrische Stromstärke

In Natur und Technik gibt es viele Ströme: Menschenströme, Wasserströme, elektrische Ströme usw. Ein Strom kann stark oder schwach sein. Einem Wasser- oder Menschenstrom sieht man es direkt an, ob er stark oder schwach ist. Beim elektrischen Strom ist das nicht der Fall. Dennoch kann man auch in diesem Fall eine Stromstärke angeben. Wie das geht, wirst du in diesem Abschnitt lernen.

VERSCHIEDENE STRÖME · Es läutet zur Pause und alle steigen die Treppe hinab. Wenn sich die Schülerinnen und Schüler alle in eine Richtung bewegen, dann kann man dies als einen Menschenstrom ansehen. Bei einem solchen Strom kannst du die Stärke leicht bestimmen. Dazu musst du nicht wissen, wie schnell die Menschen sind. Stattdessen brauchst du nur zu zählen, wie viele Menschen in einer gewissen Zeitspanne z. B. durch eine Tür hindurch gehen:
Angenommen, innerhalb von 10 Sekunden kommen 30 Jungen und Mädchen vorbei, dann beträgt die Stärke dieses Stroms 3 Menschen pro Sekunde.

Bei einem Fluss ist die Messung der Wasserstromstärke nicht ganz so einfach, aber die Idee ist dieselbe. Wenn man die Wassermenge kennt, die in einem gewissen Zeitabschnitt z. B. unter einer Brücke hindurch fließt, dann kann man die Wasserstromstärke leicht berechnen:
Angenommen, es fließen 5000 Kubikmeter Wasser in 4 Sekunden unter der Brücke hindurch, dann beträgt die Wasserstromstärke

$$\frac{5000\,\mathrm{m}^3}{4\,\mathrm{s}} = 1250\,\frac{\mathrm{m}^3}{\mathrm{s}}.$$

DAS PRINZIP DER STROMSTÄRKE · Ob Menschenstrom, Wasserstrom oder ein anderer Strom, das Prinzip zur Bildung der Stromstärke ist immer gleich: Wenn man die Menge an Menschen, Wasser, Autos, kennt, die in einer gewissen Zeit irgendwo vorbei „fließt", (durch eine Tür, unter einer Brücke, über eine Straßenkreuzung, ...) dann ist die Stromstärke folgendermaßen zu berechnen:

$$\text{Stromstärke} = \frac{\text{geflossene Menge}}{\text{Zeit}}.$$

DIE ELEKTRISCHE STROMSTÄRKE · Wir übertragen die Überlegungen auf den elektrischen Stromkreis. Wie du weißt, fließt im Stromkreis elektrische Ladung. Man kann die Ladung nicht direkt beobachten. Dennoch kann man im Prinzip die Menge der elektrischen Ladung messen, die in einer bestimmten Zeit an einer Stelle des Stromkreises vorbei fließt. Analog zur Wasserstromstärke kann man sagen:

$$\text{Elektrische Stromstärke} = \frac{\text{geflossene Ladung}}{\text{Zeit}}.$$

Da die elektrische Stromstärke eine sehr wichtige physikalische Größe ist, wurde dafür eine Einheit festgelegt. Diese ist ein **Ampere** (1 A), benannt nach dem französischen Physiker ANDRÉ-MARIE AMPÈRE (1775–1836). Das Symbol für die Stromstärke ist ***I***.

In den Kabeln eines Stromkreises fließen elektrisch negativ geladene Elektronen. Heute weiß man, dass bei einer Stromstärke von einem Ampere, also bei $I = 1$ A, je Sekunde etwa sechs Trillionen Elektronen an einer Stelle des Stromkreises vorbeifließen. Wenn also zwölf Trillionen Elektronen fließen, dann beträgt die Stromstärke demnach zwei Ampere.

Die elektrische Stromstärke bezeichnet man mit *I*. Die Einheit der Stromstärke ist ein Ampere (1 A).

Elektrische Stromstärken durch	
die Leitungen einer Armbanduhr	0,001 mA
eine Leuchtdiode	20 mA
eine LED-Haushaltslampe	0,034 A
eine Experimentier-Glühlampe	0,1 A bis 0,3 A
eine Haushaltsglühlampe (40 W)	0,26 A
das Ladekabel eines Smartphones	0,5 A bis 1,0 A
einen Haartrockner (1800 W)	8 A
den Motor einer S-Bahn	ca. 300 A

02 Typische Werte der elektrischen Stromstärke

Ob die Stromstärke groß oder klein ist, das hängt sowohl von der elektrischen Quelle, als auch vom Gerät ab. ▸ Tabelle 02 zeigt einige typische Werte für Stromstärken.

ANWENDUNG BEI AKKUS · Bei Akkus findest du häufig eine Angabe in der seltsamen Einheit „mAh" (sprich: „Milliamperestunde"). Was bedeutet diese Einheit?
Wir können die Einheit 1 mAh auch so schreiben:

$$1\,\text{mAh} = 1\,\text{mA} \cdot 1\,\text{h} = 0{,}001\,\text{A} \cdot 1\,\text{h}.$$

Mignon-Akkus, wie sie in Küchenuhren verwendet werden, haben z. B. die Aufschrift: 2600 mAh. Wenn also die Stromstärke 2600 mA beträgt, dann hält dieser Akku eine Stunde lang. Die Stromstärke bei einer Küchenuhr beträgt aber nur 0,3 mA. Wie lange hält der Akku dann? Wir rechnen:

$$\frac{2600\,\text{mA} \cdot 1\,\text{h}}{0{,}3\,\text{mA}} = \frac{2600\,\text{mA}}{0{,}3\,\text{mA}} \cdot 1\,\text{h} \approx 8667\,\text{h} \approx 1\,\text{a}.$$

Der Akku hält also etwa ein Jahr.

Die Angabe 2600 mAh bzw. 2,6 Ah bedeutet also, dass der Akku so viel Energie gespeichert hat, dass er bei einer Stromstärke von 1 A etwa 2,6 Stunden lang Elektronen durch einen Stromkreis pumpen kann. Das sind knapp 16 Trillionen Elektronen.

1 Bei einer Verkehrszählung wurden zwischen 17 Uhr und 17:30 Uhr 954 Fahrzeuge gezählt. Bestimme die Verkehrsstromstärke. Begründe, welche Einheiten sinnvoll sind.

2 Berechne, wie lange man die Leuchtdiode aus ▸ Tabelle 02 mit dem Akku aus ▸ Bild 03 betreiben kann.

3 Das Handy eines Smartphones hat einen 1500-mAh-Akku. Der Akku ist nach einer Ladezeit von 2,5 h aufgeladen. Berechne die Stärke des Ladestroms.

03 Lithium-Ionen-Akku mit der Aufschrift 3000 mAh

METHODE

Messen der elektrischen Stromstärke

Die elektrische Stromstärke misst man mit einem **Stromstärkemessgerät** (Amperemeter). Dabei muss die gesamte elektrische Ladung durch das Stromstärkemessgerät fließen.

Möchte man also die Stromstärke an einer bestimmten Stelle im Stromkreis messen, dann muss man ihn an dieser Stelle öffnen und das Stromstärkemessgerät einbauen. Um die Kabel nicht zu zerstören, ersetzen wir die entsprechende Leitung durch zwei kürzere Leitungen (▸ Bild 02). Nun können wir das Messgerät anschließen, dabei achten wir auf die richtige Polung.

Das Schaltsymbol für ein Stromstärkemessgerät ist ein Kreis mit einem „A“ für Ampere. ▸ Bild 01 zeigt die Schaltskizze für die Messung der elektrischen Stromstärke.

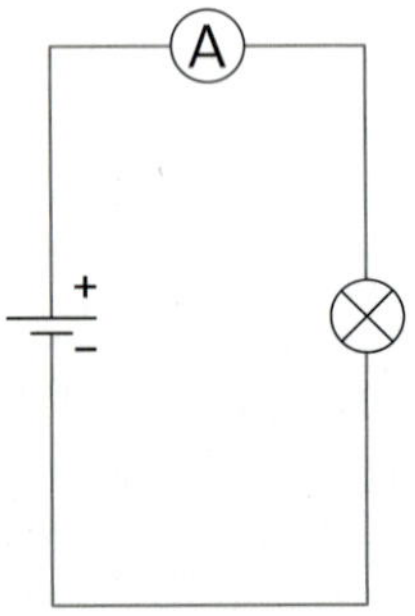

01 Schaltskizze zur Messung der Stromstärke

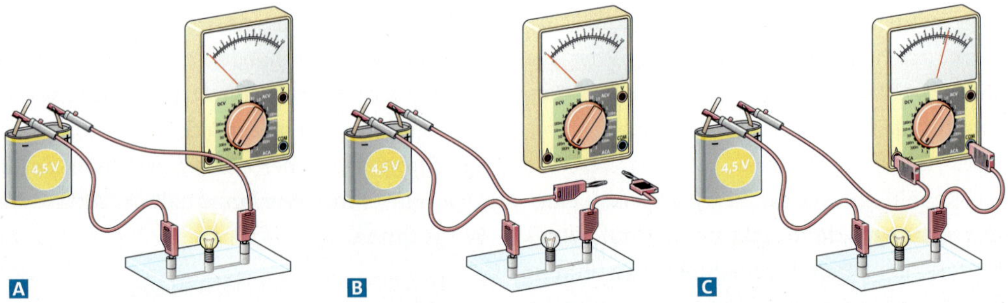

02 Ein Stromstärkemessgerät muss in den Stromkreis eingebaut werden. (Reihenfolge A, B, C)

Zur Messung der Stromstärke wird oft ein sogenanntes **Vielfachmessgerät** verwendet:

1. Wähle die Betriebsart Gleichstrom „A =“ (▸ Bild 03) bzw. „DCA“ (▸ Bild 04).
2. Beginne die Messung mit dem größten Messbereich (manche digitalen Geräte wählen den Messbereich automatisch).
3. Stecke das Kabel, das vom Pluspol kommt, in die Buchse A (wie Ampere).
4. Stecke das Kabel, das vom Minuspol kommt, in die Buchse COM.
5. Lies den Wert für die Stromstärke ab. Beachte bei den digitalen Messgeräten die Einheit (z. B. A, mA). Beachte bei analogen Messgeräten die richtige Skala (0–10 oder 0–3). Achte außerdem darauf, senkrecht auf die Skala zu schauen. Ist der Zeigerausschlag zu gering, dann solltest du in den nächstkleineren Messbereich umschalten.

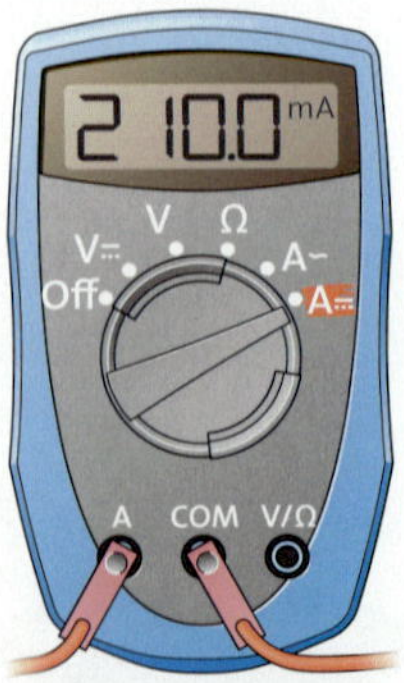

03 Digitales Vielfachmessgerät. Wenn du die Pole vertauschst, wird ein negativer Wert angezeigt.

04 Vielfachmessgerät zur Messung der Stromstärke

VERSUCHE ▸ Messungen der Stromstärke

Material:

Eine geeignete elektrische Quelle, zwei baugleiche Glühlampen, ein Vielfachmessgerät, Kabel

V1 Einfacher Stromkreis

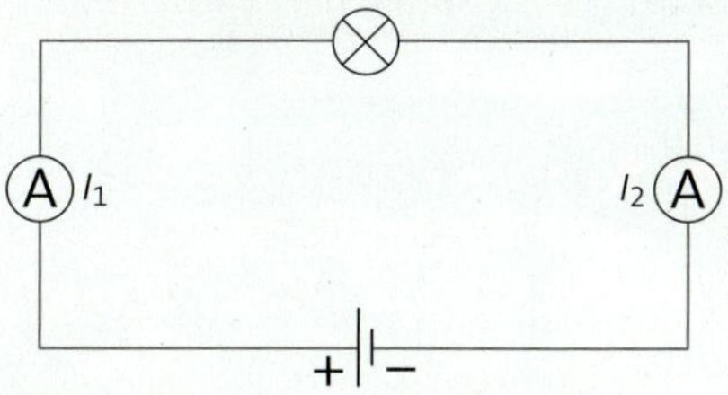

Durchführung:

Notiere, ob die Stromstärke I_1 vor der Lampe gleich, größer oder kleiner ist als die Stromstärke I_2 hinter der Lampe. Begründe mit dem Wasserstromkreis-Modell. Baue die Schaltung auf. Überprüfe deine Vorhersage, indem du das Messgerät einmal vor und einmal hinter die Lampe einbaust.

V2 Reihenschaltung

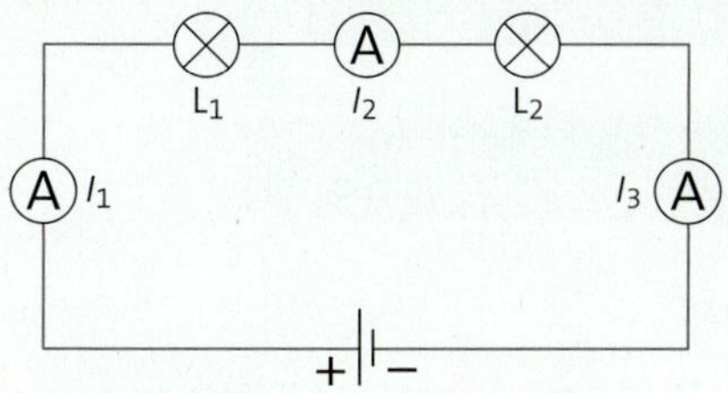

Durchführung:

Gib an, ob die baugleichen Lampen gleich hell leuchten oder ob L_1 oder L_2 heller leuchtet.
Baue die Schaltung vorerst ohne ein Messgerät auf und vergleiche die Helligkeit der Lampen.
Was folgerst du aus der Helligkeit der Lampen für die Stromstärken I_1, I_2 und I_3? Überprüfe durch eine Messung.

V3 Parallelschaltung

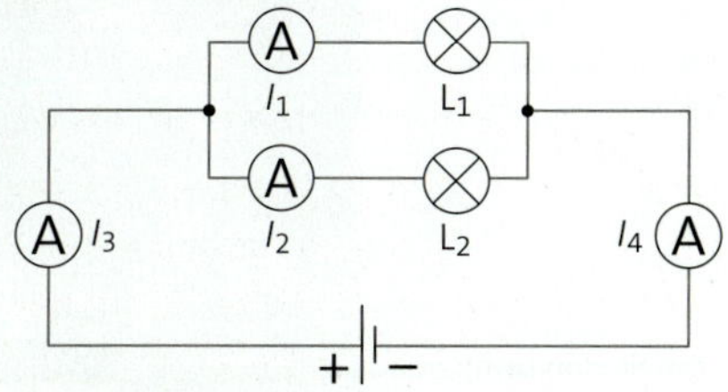

Durchführung:

Stelle eine Vermutung über die Helligkeit der beiden baugleichen Lampen auf. Was folgt daraus für die Stromstärken I_1 und I_2?
Überprüfe durch eine Messung.
Stelle mithilfe des Wasserstromkreis-Modells eine Vermutung über die Stromstärken I_3 und I_4 auf.
Überprüfe wieder durch eine Messung.

Material A ▸ Stromstärke in elektrischen Stromkreisen

A1 In einem einfachen Stromkreis aus einer Batterie und einer Glühlampe wird eine Stromstärke von 0,45 A gemessen. Gib jeweils die Stromstärke durch die Lampe und durch die Batterie an.

A2 Es ist I_1 = 1,2 A und I_3 = 1,8 A. Berechne die Stromstärke I_2.

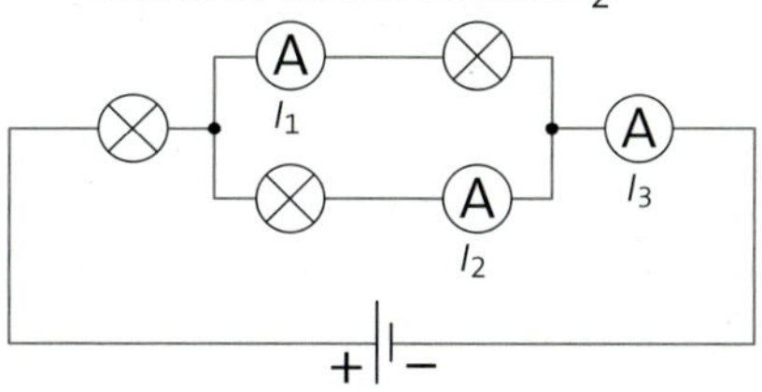

A3 Es ist I_2 = 0,3 A und I_5 = 0,8 A. Bestimme I_1, I_3 und I_4.

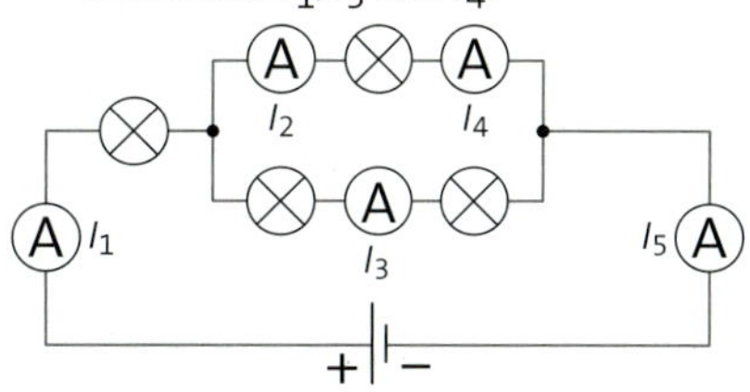

Material B ▸ Wasserströme und Datenströme

B1 Die Wasserstromstärke des Rheins am Rheinfall beträgt etwa 370 $\frac{m^3}{s}$.

a) Wie viel Wasser fließt an einem Tag den Rheinfall hinunter?

b) Das Volumen der Allianz-Arena in München beträgt ca. 1 900 000 m^3. Wie lange würde es dauern, bis die Allianz-Arena vom Rhein gefüllt wäre?

c) Durch eine Engstelle muss pro Sekunde genauso viel Wasser fließen wie davor und dahinter. Diskutiere die Fließgeschwindigkeit in, vor und hinter der Engstelle.

B2 Bei einem DSL-Anschluss sei die Datenstromstärke für den Download aus dem Internet 16 $\frac{\text{Mbit}}{s}$. Berechne die Downloadzeit für eine MP3-Datei mit 4,4 MB (8 bit = 1 B (Byte)).

01 Die beiden Lampen leuchten unterschiedlich hell, obwohl die Stromstärken gleich sind.

Elektrische Spannung

Die rechte Glühlampe leuchtet heller als die linke und sie wird beim Leuchten auch heißer. Allerdings sind die Stromstärken in beiden Stromkreisen gleich groß. Wie kann das sein?

ELEKTRISCHER STROM UND ENERGIE · Damit eine Glühlampe leuchtet, muss man ihr Energie elektrisch zuführen. Im elektrischen Stromkreis wie im ▸ Bild 02 ist die Batterie eine elektrische Quelle. In den Kabeln fließen Elektronen im Kreis. Die Stromstärke im Stromkreis kann man mit einem Stromstärkemessgerät bestimmen. Während die Elektronen im Kreis fließen, wird Energie von der Batterie an die Lampe übertragen. Wir erkennen das daran, dass die Lampe leuchtet. Allgemein gilt in jedem geschlossenen Stromkreis:

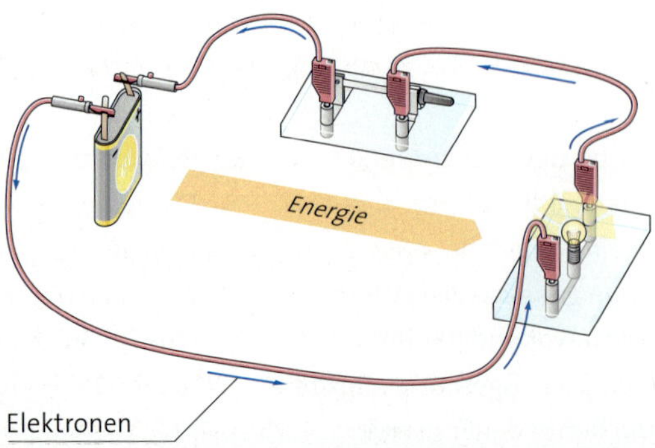

02 Durch den elektrischen Strom wird Energie von der Batterie zur Glühlampe transportiert.

Wenn Elektronen in einem geschlossenen Stromkreis fließen, dann wird Energie von der elektrischen Quelle auf ein elektrisches Gerät im Stromkreis übertragen.

SPANNUNG UND ENERGIE · Die Helligkeit einer Lampe ist ein Maß für die übertragene Energie: Je heller eine Lampe im Stromkreis leuchtet, desto mehr Energie erhält sie pro Zeit. Die beiden Glühlampen aus dem Versuch im ▸ Bild 01 leuchten unterschiedlich hell. Also müssen auch die übertragenen Energien während des Versuchs unterschiedlich groß sein. In beiden Stromkreisen sind aber die Stromstärken gleich groß, nämlich jeweils 0,3 A. Für die übertragene Energie kann also nicht nur die Stromstärke maßgeblich sein.

Worin unterscheiden sich die beiden Stromkreise? In einem Fall wird eine Batterie als elektrische Quelle verwendet, im anderen Fall eine Steckdose. Die beiden Quellen unterscheiden sich in ihrer **elektrischen Spannung.** Die elektrische Spannung beträgt bei der Batterie 4,5 V und bei der Steckdose 230 V. Offenbar ist für die Energieübertragung in einem Stromkreis nicht nur die Stromstärke, sondern auch die Spannung der elektrischen Quelle entscheidend. Je größer die Spannung einer elektrischen Quelle ist, desto mehr Energie kann durch einen elektrischen Strom an das angeschlossene Gerät übertragen werden. Deshalb leuchtet die rechte Lampe im ▸ Bild 01 heller als die linke Lampe.

Bei gleichen Stromstärken in einem elektrischen Stromkreis gilt:
Je größer die Spannung einer elektrischen Quelle ist, desto mehr Energie wird von der Quelle zum Gerät übertragen.

OHNE SPANNUNG KEIN STROM · Ohne eine elektrische Quelle in einem Stromkreis ist kein elektrischer Strom möglich. Deshalb kann man die elektrische Spannung der elektrischen Quelle auch als **Antrieb** für die Elektronen in einem Stromkreis deuten.

Die Spannung *U* einer elektrischen Quelle ist ein Maß dafür, wie stark die Quelle einen elektrischen Strom antreibt.
Die Einheit der Spannung ist ein Volt (1 V).

EIN MODELL FÜR DIE SPANNUNG · Zur Veranschaulichung der elektrischen Spannung verwenden wir ein Wassermodell. Im ▸ Bild 03 sind zwei Glasgefäße durch einen Schlauch miteinander verbunden. Im linken Gefäß befindet sich mehr Wasser als im rechten, es besteht ein Höhenunterschied zwischen den Wasserständen.
Die Glasgefäße symbolisieren die Pole einer Batterie im elektrischen Stromkreis. Am Minuspol gibt es im Vergleich zum Pluspol einen Überschuss an Elektronen. Man sagt, zwischen Minuspol und Pluspol besteht eine elektrische Spannung. Sie entspricht dem Höhenunterschied im Wassermodell.
Im Wassermodell strömt Wasser aus dem linken Gefäß durch den Schlauch in das rechte.

03 Wasser strömt von links nach rechts durch den Schlauch, solange Wasser geschöpft wird.

Dabei dreht sich das kleine Wasserrad. Es zeigt an, dass Wasser strömt.
Ganz ähnlich strömen im elektrischen Stromkreis Elektronen vom Minuspol der Batterie durch die Kabel zum Pluspol. Eine in den Stromkreis eingebaute Lampe leuchtet dabei. Sie zeigt an, dass Elektronen fließen.

Wenn aber im Wasserstromkreis die Wasserstände in beiden Gefäßen gleich sind, wenn also kein Höhenunterschied mehr besteht, dann hört der Wasserstrom auf und das Wasserrad dreht sich nicht mehr. Um den Wasserstrom aufrecht zu erhalten, muss man ständig Wasser mit einem Schöpflöffel aus dem rechten Gefäß zurück in das linke befördern. Für diesen Vorgang ist Energie notwendig.
Im elektrischen Stromkreis müssen die Elektronen durch die Batterie „gepumpt" werden, damit die Spannung aufrecht erhalten wird. Nur dann können ständig Elektronen im Stromkreis fließen. Für diesen „Pumpvorgang" ist Energie nötig. Diese Energie ist in der Batterie gespeichert.

Das Größensymbol *U* für die elektrische Spannung stammt von dem lateinischen Wort „urgere", was so viel heißt wie: drängen, treiben, drücken. Die Einheit Volt wurde nach dem italienischen Physiker ALESSANDRO VOLTA (1745–1827) benannt.

1 Vergleiche das Wassermodell mit dem elektrischen Stromkreis. Wähle eine Tabelle.

2 „Eine Batterie ist leer". Erläutere diese Aussage mithilfe des Wassermodells.

METHODE

Messen der elektrischen Spannung

Die elektrische Spannung misst man mit einem **Spannungsmessgerät.** Eine elektrische Spannung wird immer zwischen zwei Stellen im elektrischen Stromkreis gemessen. Diese Stellen können z. B. die beiden Pole einer Batterie oder die beiden Anschlüsse einer Glühlampe sein. Spannungsmessgeräte werden also immer parallel zu einem Bauteil angeschlossen. Das Schaltsymbol für ein Spannungsmessgerät ist ein Kreis mit einem „V“ für Volt.

▸ Bild 01 A: Gemessen wird die Spannung zwischen den Polen der Batterie. Dazu sind die Anschlüsse des Spannungsmessgeräts mit dem Plus- und dem Minuspol der Batterie verbunden. Das Messgerät zeigt 4,5 V an. Das entspricht dem Aufdruck auf der Batterie.

▸ Bild 01 B: Gemessen wird die Spannung zwischen den Anschlüssen der Glühlampe. Das Messgerät zeigt 4,5 V an. Damit ist die Spannung an der Glühlampe genauso groß wie an der Batterie.

▸ Bild 01 C: Gemessen wird die Spannung zwischen dem Pluspol und dem rechten Anschluss der Glühlampe. Das Messgerät zeigt 0 V an. Entsprechendes gilt auch für die Messung im ▸ Bild 01 D.

Anleitung für eine Spannungsmessung:

1. Wähle die Betriebsart Gleichspannung „V =“ (▸ Bild 02) bzw. „DCV“ (▸ Bild 03) .
2. Beginne die Messung mit dem größten Messbereich (falls das Gerät den Messbereich nicht automatisch wählt).
3. Stecke das Kabel, das von der 1. Messstelle kommt (aus Richtung Pluspol), in die Buchse V (wie Volt).
4. Stecke das Kabel, das von der 2. Messstelle (Minuspol) kommt, in die Buchse COM.
5. Lies den Wert für die Spannung ab. Achte auf die richtige Einheit/Skala.

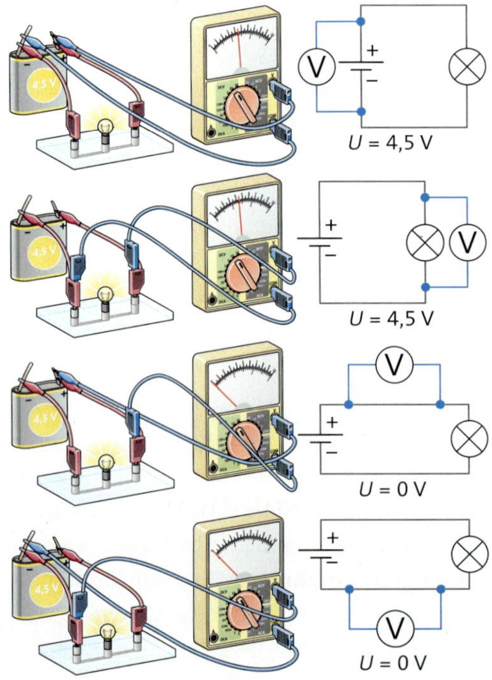

01 Spannungsmessung

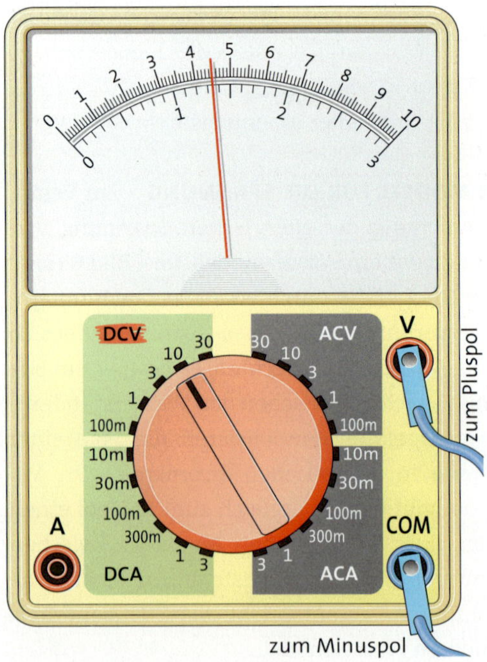

03 Analoges Vielfachmessgerät

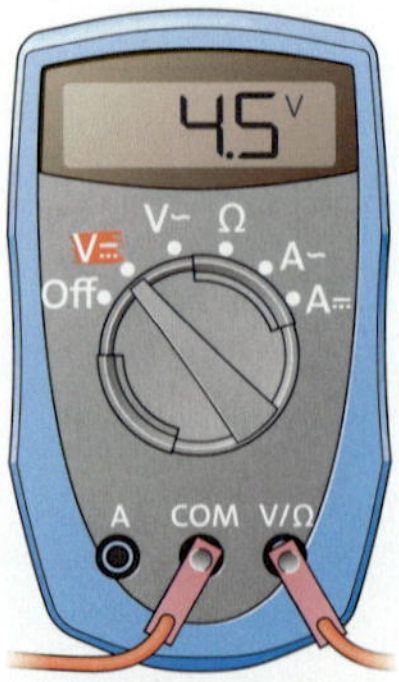

02 Digitales Vielfachmessgerät

VERSUCHE ▸ Spannungsmessung

V1 Einfacher Stromkreis

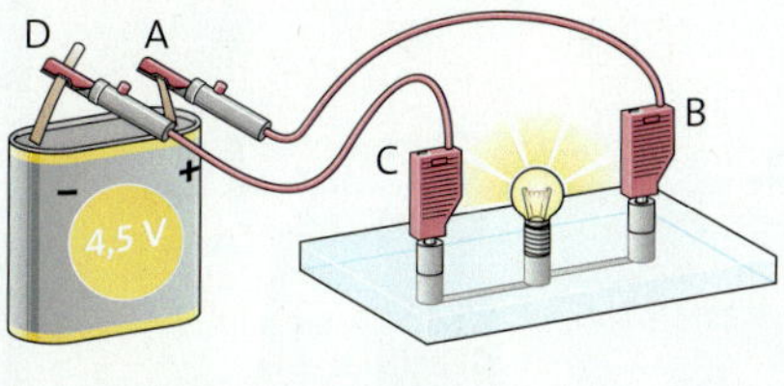

Material:

Eine geeignete elektrische Quelle (Batterie), eine Glühlampe, Kabel, Spannungsmessgerät

Durchführung:

Miss die Spannung zwischen A und B, A und C, A und D, B und C, B und D sowie C und D.

Fasse die Ergebnisse sinnvoll zusammen und erkläre.

V2 Spannung bei Batterien

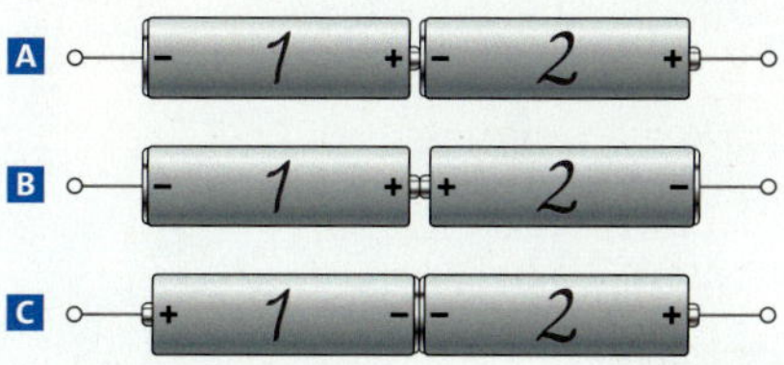

Material:

Spannungsmessgerät, mindestens zwei Batterien, Messleitungen

Durchführung:

Beschrifte die Batterien wie im ▸ Bild oben. Miss für jede Batterie einzeln die Spannung und notiere sie.

Ordne die Batterien in verschiedenen Kombinationen hintereinander an. Achte darauf, dass sich ihre Kontakte berühren.

Tipp: Damit die Batterien nicht verrutschen, lege sie in die Rille eines aufgeschlagenen Buchs.

a) Zeichne die Batteriekombinationen in dein Heft.

Miss die Spannung der Batteriekombinationen und notiere sie.

Formuliere ein Ergebnis.

b) Mit zwei Mignon-Batterien (1,5 V) und einer 9-V-Blockbatterie sollen möglichst viele verschiedene Spannungen erzeugt werden.

Stelle in Zeichnungen verschiedene Batteriekombinationen dar und gibt die zu erwartende Spannung an.

Überprüfe deine Ergebnisse im Experiment.

Material A ▸ Stromstärke und Spannung im Vergleich

Sandra:
„Eine elektrische Spannung gibt es nur im geschlossenen Stromkreis."

Juri:
„Zwischen den Polen einer Batterie besteht immer eine Spannung, auch wenn kein Gerät angeschlossen ist."

Alex:
„Ohne Spannung gibt es keinen Strom. Also kommen Spannung und Stromstärke immer nur zusammen vor."

A1 Sandra, Juri und Alex diskutieren über die Größen des elektrischen Stromkreises. Schreibe zu jeder Aussage einen kurzen Kommentar. Korrigiere die Aussagen, falls nötig.

A2 Erläutere die Begriffe Stromstärke und Spannung in eigenen Worten.

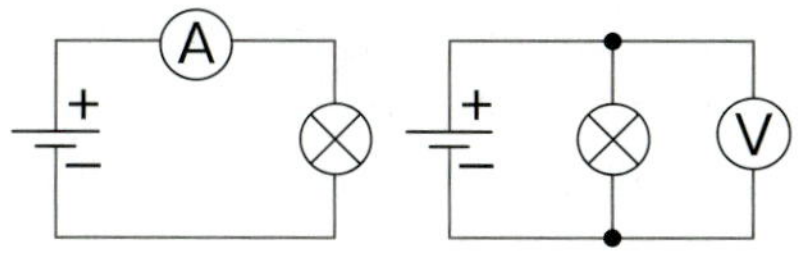

A3 a) Erläutere die Aussagen:
Ein Stromstärkemessgerät muss in Reihe zum Gerät geschaltet werden. Ein Spannungsmessgerät muss parallel zur Batterie oder zum Gerät geschaltet werden (▸ Bild oben).

b) Begründe: Ein Stromstärkemessgerät muss den Strom praktisch ungehemmt durchlassen. Ein Spannungsmessgerät darf den Strom praktisch nicht durchlassen.

c) Ein Stromstärkemessgerät wird statt eines Spannungsmessgeräts eingebaut (oder umgekehrt). Beschreibe und erkläre, was geschieht.

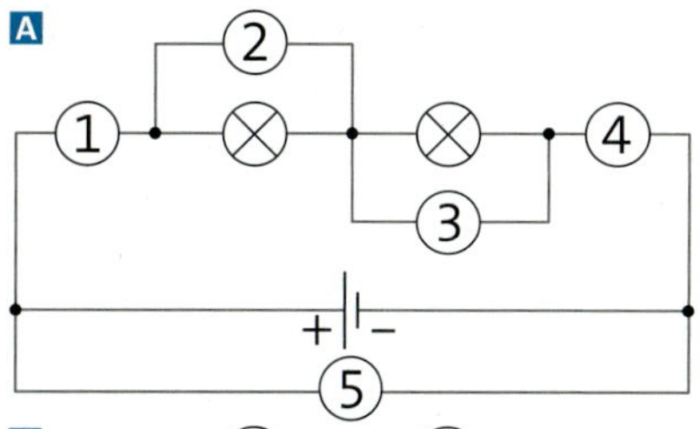

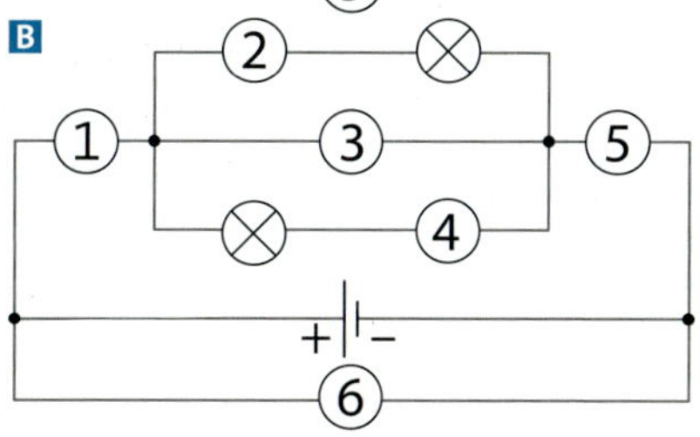

A4 a) Zeichne Plan **A** ab und ersetze die Zahlen in den Kreisen sinnvoll durch das Messgerätezeichen A oder V.

b) Verfahre für Plan **B** wie in a).

01 Verschiedene Geräte – verschiedene Widerstände

Elektrischer Widerstand

Wir benutzen täglich viele elektrische Geräte, die an die Steckdose angeschlossen werden. Die Spannung zwischen den beiden Buchsen der Steckdose beträgt immer 230 V. Die Stromstärke ist bei verschiedenen Geräten jedoch unterschiedlich groß. Wie ist das möglich, obwohl die Spannung, also der Antrieb, stets gleich ist?

Wenn die Kaffeemaschine läuft, dann beträgt die elektrische Stromstärke etwa 4 A. Dagegen beträgt die Stromstärke bei einem Toaster nur etwa 1,9 A. Da beide Geräte mit derselben Spannung betrieben werden, muss es eine Eigenschaft der Geräte geben, die zusammen mit der Spannung die Stromstärke bestimmt.

Wenn Strom durch ein Gerät fließen soll, dann muss man es an eine elektrische Quelle, z. B. die Steckdose, anschließen. Die Quelle muss den Strom mit ihrer Spannung permanent antreiben. Das ist nötig, weil das Gerät den Strom ständig hemmt. Man könnte auch sagen: Das Gerät setzt dem Strom einen Widerstand entgegen. Deswegen nennt man die gesuchte Geräteeigenschaft **elektrischen Widerstand.**

Die Einheit Ohm ist nach dem deutschen Physiker GEORG SIMON OHM (1789–1854) benannt. Ω ist der griechische Buchstabe Omega.

Praktisch alle Leiter hemmen den elektrischen Strom. Folglich haben nicht nur Geräte, sondern auch Drähte und sonstige Gegenstände einen elektrischen Widerstand. Dabei gilt: Je stärker ein Gegenstand den elektrischen Strom hemmt, desto größer ist sein elektrischer Widerstand.

ELEKTRISCHER WIDERSTAND ALS PHYSIKALISCHE GRÖSSE · Wenn wir die Stromstärken von Kaffeemaschine und Toaster vergleichen, dann können wir sagen, dass der Toaster den Strom stärker hemmt als die Kaffeemaschine. Der Toaster hat also einen größeren elektrischen Widerstand, weshalb die Stromstärke im gesamten Stromkreis beim Toaster kleiner ist als bei der Kaffeemaschine.

Der elektrische Widerstand gibt an, wie stark ein Gerät oder ein Gegenstand den Strom hemmt.
Bei gleicher Spannung gilt: Je größer der Widerstand ist, desto kleiner ist die Stromstärke im gesamten Stromkreis.

Diese Abhängigkeit des Widerstands von der Spannung und der Stromstärke legt es nahe, den Widerstand R als Quotienten dieser beiden Größen zu definieren. Da der elektrische Widerstand eine wichtige Größe ist, hat man für ihn eine eigene Einheit festgelegt. Diese ist ein Ohm (abgekürzt: 1 Ω), wobei $1\,\Omega = 1\frac{\mathrm{V}}{\mathrm{A}}$ gilt.

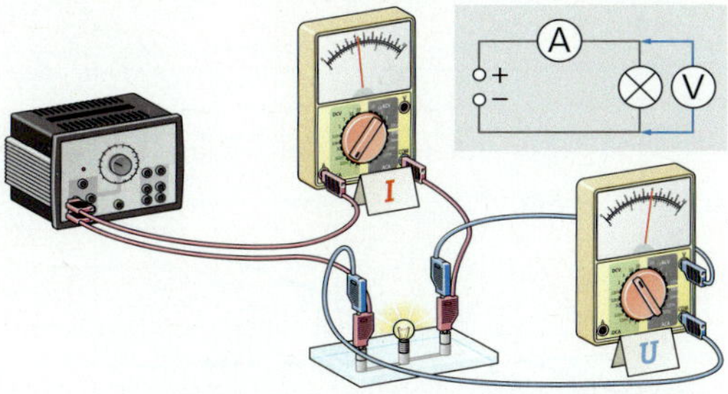

02 Aufnahme der $I(U)$-Kennlinie einer Glühlampe

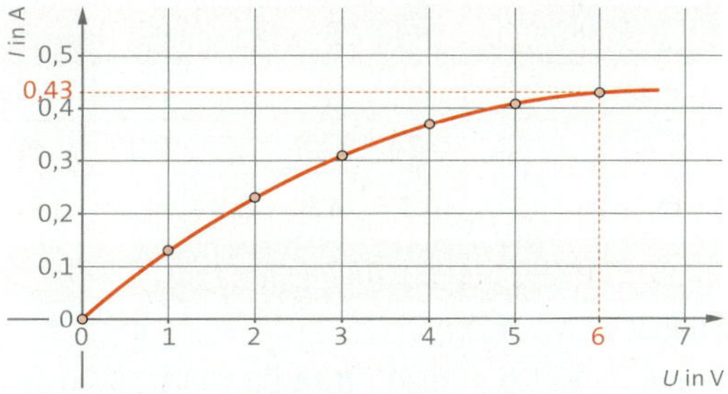

03 Die $I(U)$-Kennlinie der Glühlampe (6 V/0,4 A)

U in V	I in A	R in Ω
0	0	–
1	0,13	7,7
2	0,23	8,7
3	0,31	9,7
4	0,37	10,8
5	0,41	12,2
6	0,43	14,0

04 Messwerte zur $I(U)$-Kennlinie

Den elektrischen Widerstand bezeichnet man mit R. Die Einheit des Widerstands ist ein Ohm (1 Ω). Es gilt:
$R = \frac{U}{I}$.

KENNLINIEN · Um die Abhängigkeit von Stromstärke und Spannung bei einem bestimmten Gerät darzustellen, werden sogenannte $I(U)$-Kennlinien benutzt. Hierfür trägt man in einem Diagramm die Spannungswerte gegen die zugehörigen Stromstärkewerte auf. Um z.B. die Kennlinie einer Glühlampe aufzunehmen, muss man also sowohl die Stromstärke durch die Lampe als auch die über ihr anliegende Spannung messen (▸ Bild 02).

Trägt man die erhaltenen Messwerte in ein Diagramm ein (▸ Bild 03), so ist direkt zu erkennen, dass die Stromstärke hier nicht proportional zur Spannung ist. Somit ist auch der Widerstand der Glühlampe nicht konstant. – Das liegt an der zunehmenden Erwärmung des Glühdrahts durch den Stromfluss.

Im Teilchenmodell betrachtet kommt es immer wieder zu Stößen der Leitungselektronen mit den Atomrümpfen. Diese Stöße verstärken die thermischen Schwingungen der Atomrümpfe, wodurch sich der Draht erwärmt. Weitere Stöße zwischen den stärker schwingenden Atomrümpfen und den Leitungselektronen werden dadurch wahrscheinlicher. Der Stromfluss wird also zunehmend gehemmt und der Widerstand des Drahts steigt.

Den Einfluss der Temperaturerhöhung auf den Widerstand eines Leiters können wir leicht experimentell überprüfen. Dazu nutzen wir drei gleich lange Stücke Eisendraht und wickeln zwei davon zu Spulen auf. Eine der Spulen halten wir in ein Becherglas mit kaltem Wasser (▸ Bild 06). Dann nehmen wir für alle drei Leiter die $I(U)$-Kennlinien auf (▸ Bild 05).

Aus dem Diagramm ist zu entnehmen, dass sich der aufgewickelte, aber ungekühlte Draht derart aufheizt, dass die Stromstärke bei einer Spannung über 3 V kaum noch ansteigt. Dagegen ist der Widerstand des auf gleichbleibende Temperatur gekühlten Drahts nahezu konstant. Nach ihrem Entdecker wird diese Erkenntnis **Ohmsches Gesetz** genannt:

Bei konstanter Temperatur sind Stromstärke und Spannung proportional zueinander.

1 Stelle einen Zusammenhang zwischen der elektrischen Leitfähigkeit und dem Widerstand her. Formuliere „Je ..., desto ...“.

Die Leitfähigkeit gibt an, wie gut ein Material elektrischen Strom leitet.

2 Ermittle aus ▸ Bild 05 den Widerstand des in Wasser gekühlten Drahts.

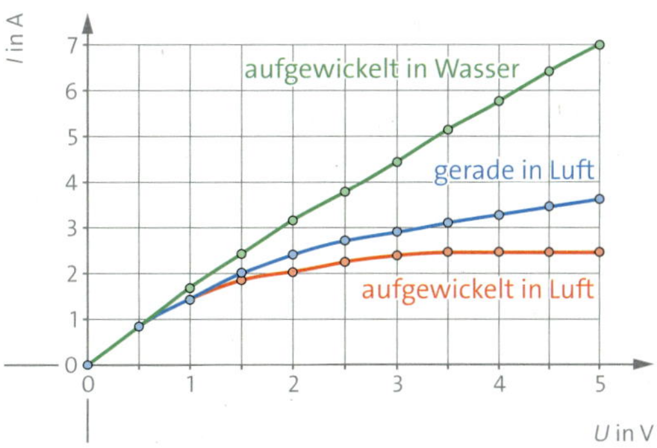

05 $I(U)$-Kennlinien von gleich langen Eisendrähten

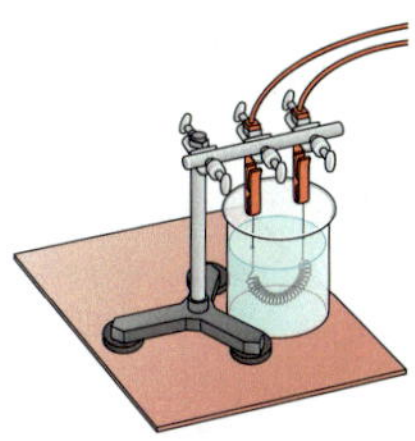

06 Gekühlter Draht

Konstantandraht (0,2 mm dick, 25 cm lang)						
U in V	0	1	2	3	4	5
I in A	0	0,24	0,49	0,77	0,99	1,28
$\frac{U}{I}$ in $\frac{V}{A}$	–	4,2	4,1	3,9	4,0	3,9
Konstantandraht (0,1 mm dick, 25 cm lang)						
U in V	0	1	2	3	4	5
I in A	0	0,06	0,13	0,19	0,26	0,31
$\frac{U}{I}$ in $\frac{V}{A}$	–	16,7	15,4	15,8	15,4	16,1

01 Stromstärke in Abhängigkeit von der Spannung für zwei unterschiedlich dicke Konstantandrähte

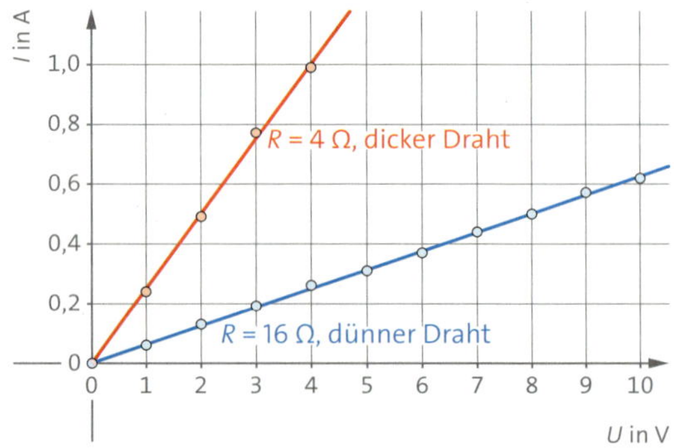

02 Stromstärke und Spannung sind bei Konstantandrähten proportional zueinander.

KONSTANTAN · Für viele elektrische Geräte und Materialien ist der genaue Zusammenhang zwischen Spannung und Stromstärke nicht einfach. Bei technischen Bauteilen ist es aber praktisch, wenn der elektrische Widerstand konstant bleibt. Zu diesem Zweck wurde die Kupfer-Nickel-Legierung Konstantan entwickelt. Drähte aus diesem Material besitzen auch ungekühlt über große Spannungsbereiche hinweg einen konstanten Widerstand.

Wir nehmen für gleich lange, aber unterschiedlich dicke Konstantandrähte $I(U)$-Kennlinien auf (▸ Tabelle 01). Im Diagramm ergeben sich Ursprungsgeraden (▸ Bild 02): Der Widerstand von Konstantandrähten ist also konstant. Die Gerade des dünneren Drahts verläuft aber flacher. Daran erkennen wir: Je dünner der Draht ist, desto größer ist sein Widerstand.

SPEZIFISCHER WIDERSTAND · Von welchen Größen hängt der Widerstand eines Leiters nun ab? Solange seine Temperatur konstant gehalten wird, spielen neben dem Material sein Durchmesser d bzw. seine Querschnittsfläche A und seine Länge l eine Rolle. Insgesamt gilt das **Widerstandsgesetz:**

$$R = \rho \cdot \frac{l}{A}.$$

Die Konstante ρ („rho"), der **spezifische Widerstand,** hängt bei konstanter Temperatur nur vom Material des Leiters ab (▸ Tabelle 03).

Die Abhängigkeit des Widerstands von der Länge und vom Durchmesser des Drahts erklärt das Teilchenmodell: Wird der Draht länger, nimmt die Anzahl der Stöße von Elektronen gegen die Atomrümpfe zu. Die Stromstärke ist geringer. Wird der Draht dicker, können mehr Elektronen pro Zeiteinheit den Leiterquerschnitt passieren. Die Stromstärke ist höher.

1 An einem Konstantandraht liegt eine Spannung von 4 V an. Durch den Draht fließt ein Strom der Stärke 62,5 mA.
a) Berechne den Widerstand des Drahts.
b) Ermittle die Spannung, die anliegt, wenn die Stromstärke 250 mA beträgt.

2 Bestimme die Stromstärke in den Konstantandrähten aus ▸ Bild 02 bei 2,5 V.

3 Ein Draht aus unbekanntem Metall hat eine Querschnittsfläche von 0,38 mm² und ist 42 cm lang. Bei einer Spannung von 0,25 V fließt ein Strom der Stärke 8,2 A.
Um welches Material handelt es sich?

Material	ρ in $\Omega \cdot \frac{mm^2}{m}$
Silber	0,016
Kupfer	0,017
Eisen	0,10 – 0,15
Konstantan	0,50

03 Spezifischer Widerstand verschiedener Metalle

BLICKPUNKT

Widerstände in der Technik

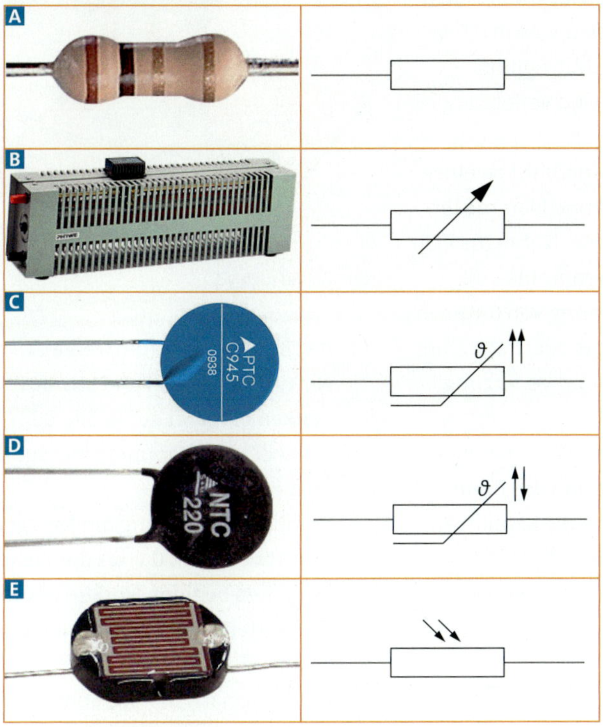

04 Verschiedene Widerstände

Farbe		1. Ring 1. Ziffer	2. Ring 2. Ziffer	3. Ring Nullen	4. Ring Toleranz
schwarz		0	0		
braun		1	1	0	±1%
rot		2	2	00	±2%
orange		3	3	000	
gelb		4	4	0 000	
grün		5	5	00 000	
blau		6	6	000 000	
violett		7	7		
grau		8	8		
weiß		9	9		
gold				x 0,1	±5%
silber				x 0,01	±10%
ohne Ring					±20%

05 Farbcodes für Festwiderstände

Elektronische Schaltungen enthalten viele verschiedene Bauteile. Häufig werden Widerstände eingebaut. Hier bezeichnet man das Bauteil mit demselben Begriff wie die dazu gehörige elektrische Größe, die dieses Bauteil maßgeblich bestimmt. Man verwendet Widerstände z. B. dazu, um empfindliche Geräte vor zu großen Stromstärken zu schützen (siehe Seite 190).

Es gibt viele Arten und Bauformen von Widerständen. Man spricht z. B. von **Festwiderständen**, wenn der Widerstandswert unveränderlich ist (▸ Tabelle 04 A). Bei einem **verstellbaren Widerstand** lässt sich der Widerstandswert innerhalb eines gewissen Bereichs einstellen (▸ Tabelle 04 B). Bei einem **Kaltleiter** ist der Widerstand bei niedrigen Temperaturen kleiner als bei hohen (▸ Tabelle 04 C). Bei einem **Heißleiter** (▸ Tabelle 04 D) ist es genau umgekehrt. Der Widerstand von **Fotowiderständen** (▸ Tabelle 04 E) verändert sich, je nachdem wie viel Licht auf ihn trifft.

Farbcode für Festwiderstände · Auf Festwiderständen sind farbige Ringe gedruckt. Anhand der Ringe kannst du den Widerstandswert bestimmen. Den Widerstandswert eines Bauteils kannst du aber auch mit einem Stromstärke- und einem Spannungsmessgerät (▸ Bild 06 A) oder direkt mit einem Vielfachmessgerät in der Betriebsart „Widerstand" messen (▸ Bild 06 B).

1 Bestimme mithilfe des Farbcodes im ▸ Bild 05 den Wert des Widerstands in ▸ Tabelle 04 A.

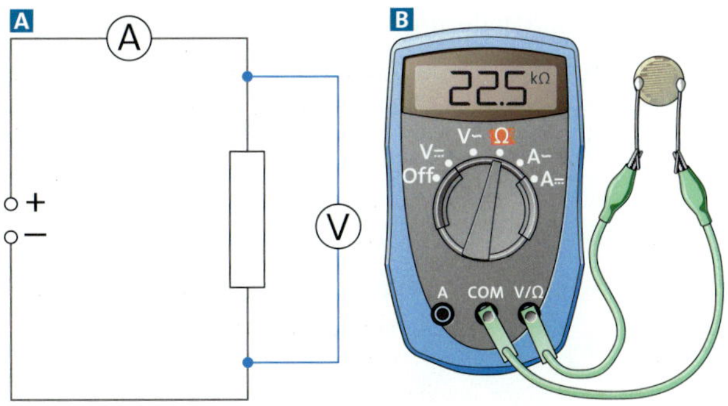

06 **A** Indirekte Widerstandsbestimmung durch Messung von Stromstärke und Spannung, **B** direkte Widerstandsmessung bei einem Fotowiderstand mit einem digitalen Vielfachmessgerät

VERSUCHE ▸ Zum Widerstand

V1 Kennlinie einer Glühlampe

Material:

Netzgerät, Stromstärke- und Spannungsmessgerät, Glühlampe mit Angabe der Sollwerte von Spannung und Stromstärke

Durchführung:

a) Überprüfe die Angaben auf der Lampe. Baue dazu eine Schaltung wie zur Messung der Kennlinie auf (siehe S. 181). Stelle am Netzgerät den Sollwert der Spannung der Lampe ein und miss die Stromstärke. Vergleiche mit der Soll-Stromstärke. Berechne den Widerstand bei dem Sollwert der Spannung.

b) Nimm die $I(U)$-Kennlinie der Glühlampe auf. Bestimme daraus die $U(R)$-Kennlinie.

V2 Weitere Kennlinien

Material:

Netzgerät, Stromstärke- und Spannungsmessgerät, Druckbleistiftmine 0,5 mm dick, Eisendraht (1 m lang, 0,2 mm dick), feuerfeste Unterlage, Büroklammern, Stativmaterial

Durchführung:

a) Baue eine Halterung wie im ▸ Bild 01 dargestellt auf. Lege die Bleistiftmine vorsichtig in die Büroklammern. Nimm die $I(U)$-Kennlinie der Bleistiftmine auf. Erhöhe dazu die Spannung von 0 V an in 0,5-V-Schritten, bis die Mine glüht.
Vorsicht: Brand- und Verletzungsgefahr!

b) Wickle den Eisendraht zu einer lockeren Wendel und klemme ihn wie im ▸ Bild 02 ein. Nimm die $I(U)$-Kennlinie des Eisendrahts auf. Erhöhe die Spannung von 0 V an in 0,5-V-Schritten, bis der Draht glüht.
Vorsicht: Brand- und Verletzungsgefahr!

c) Bestimme die $U(R)$-Kennlinien der Bleistiftmine und des Eisendrahts. Beschreibe die Kennlinien. Leite daraus ab, wie die Widerstände jeweils von der Temperatur abhängen.

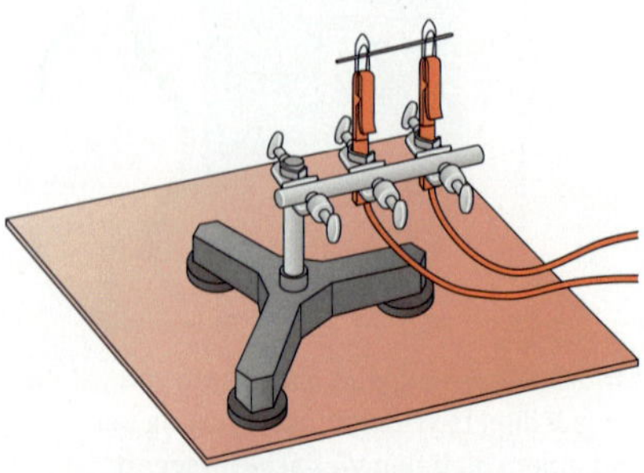

01 Zu Versuch V2 a)

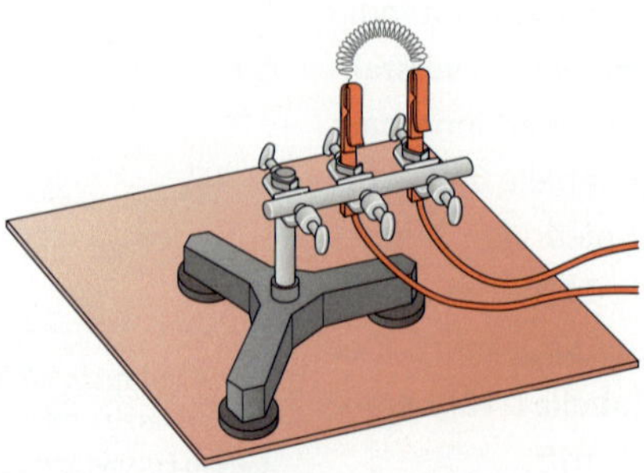

02 Zu Versuch V2 b)

V3 Widerstand und Temperatur

Material:

Netzgerät (höchstens 12 V), fünf Kabel, Kugelschreibermine, Spannungsmessgerät, Stromstärkemessgerät, Eisendraht (50 cm lang, 0,2 mm dick), Stativmaterial, Gefäß mit kaltem Wasser, feuerfeste Unterlage

Durchführung:

a) Wickle den Eisendraht auf einer Kugelschreibermine zu einer Wendel. Baue einen Stromkreis aus Netzgerät, Wendel und Stromstärkemessgerät auf (▸ Bild 03). Schließe das Spannungsmessgerät an die Wendel an.
Erhöhe die Spannung am Netzgerät schrittweise von 0 V, bis die Wendel zu glühen beginnt. Notiere jeweils die Wertepaare für Spannung und Stromstärke.
Berechne nach der Messung für jede Einstellung den Widerstand und formuliere ein Ergebnis.

b) Stelle die Spannung wieder auf 0 V. Tauche die Eisenwendel in Wasser und achte auf einen sicheren Stand der Anordnung (▸ Bild 03). Wiederhole den Versuch wie bei a). Vergleiche die Ergebnisse von a) und b) und formuliere ein Ergebnis.

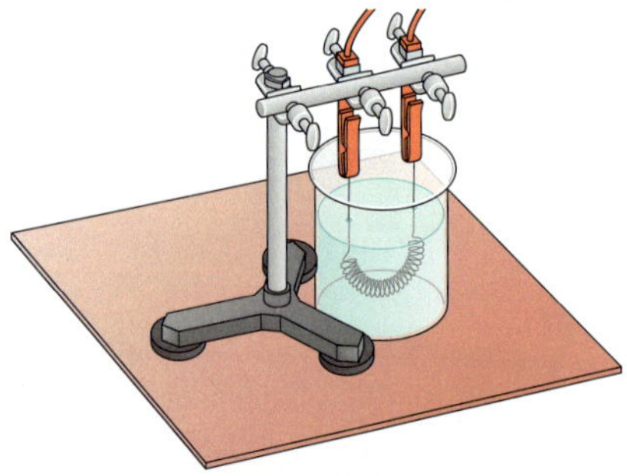

03 Zu Versuch V3

V4 Leitfähigkeit von Wasser

Untersuche, wie unterschiedlich gut Trinkwasser, destilliertes Wasser, Zuckerwasser und Salzwasser den Strom leiten. Plane dazu einen Versuch. Erstelle einen Schaltplan und eine Zeichnung für den genauen Aufbau. Beschreibe die Vorgehensweise. Führe dann den Versuch durch und stelle die Ergebnisse übersichtlich zusammen.

Material A ▸ Widerstand und Kennlinie

A1 Bei einem Festwiderstand wurde bei einer Spannung von 4,0 V eine Stromstärke von 1,2 mA gemessen.
a) Berechne den Widerstandswert.
b) Berechne die Spannung, bei der die Stromstärke 10 mA beträgt.
c) Berechne die Stromstärke bei einer Spannung von 24 V.

A2 Bei den Schaltungen unten aus zwei baugleichen Lampen wird an der markierten Stelle ein besonders dünner Draht eingesetzt. Erläutere, wie sich dabei die Helligkeiten von L_1 und L_2 ändern.

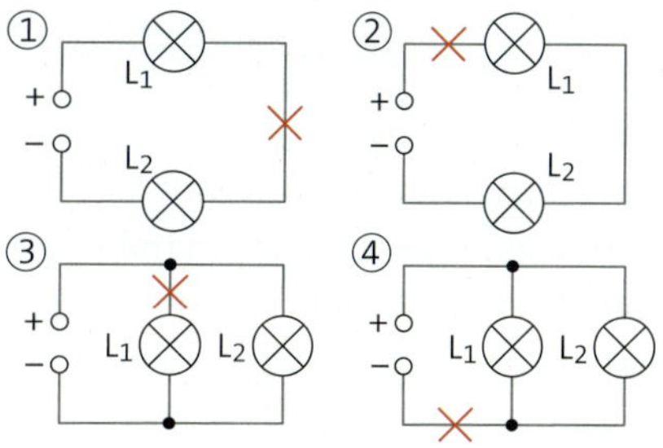

A3 Welche der Schaltungen unten eignen sich für eine Widerstandsmessung? Begründe.

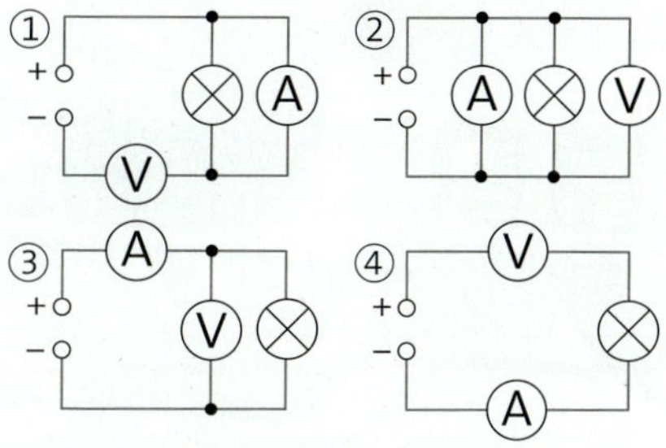

A4 Eine Glühlampe hat die Aufschrift 4 V/0,2 A. Erkläre, was sie bedeutet. Was kann man über den Widerstand der Glühlampe aussagen?

A5 Viktor hat die Stromstärke einer Glühlampe in Abhängigkeit von der Spannung gemessen:

U in V	0	2,0	4,0	6,0	8,0	10,0
I in A	0	1,1	1,8	2,3	2,6	2,8

a) Zeichne die *I(U)*-Kennlinie.
b) Gib die Stromstärke bei einer Spannung von 3,0 V an.
c) Bei welcher Spannung beträgt die Stromstärke 2,5 A?
d) Bestimme für jedes gemessene Wertepaar den Widerstand. Zeichne die *U*(R)-Kennlinie.

A6 Bei einem Versuch mit verschiedenen Materialien wurden *I*(*U*)-Kennlinien gemessen. Skizziere die *U*(*R*)-Kennlinien. Welche Informationen über den Widerstand kann man diesen Kennlinien entnehmen?

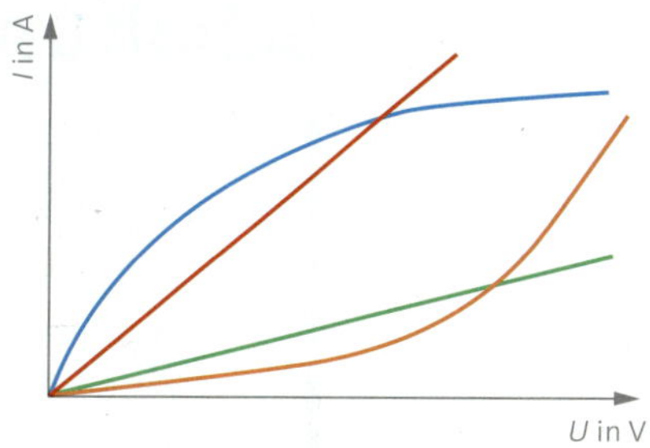

Material B ▸ Widerstand von Drähten

Den Widerstand eines Drahts kann man mit folgender Gleichung berechnen:

$R = \rho \cdot \frac{l}{A}$.

Dabei steht *A* für die Querschnittsfläche in mm^2 und *l* für die Länge des Drahts in m. *ρ* ist eine materialabhängige Konstante, der sogenannte **spezifische Widerstand.**

Material	ρ in $\Omega \cdot \frac{mm^2}{m}$
Silber	0,016
Kupfer	0,017
Aluminium	0,028
Eisen, Stahl	0,1 – 0,5
Konstantan	0,49

B1 Beschreibe in Worten, wie sich der Widerstand eines Drahts bei Verdopplung (Verdreifachung) der Länge bzw. bei Verdopplung (Verdreifachung) der Querschnittsfläche ändert.

B2 Eine Heckenschere (230 V/1,7 A) ist an ein 50-m-Verlängerungskabel angeschlossen. Berechne den Widerstand des Kabels (Kupfer, Querschnittsfläche $A = 1{,}5\ mm^2$) und vergleiche mit dem Widerstand der Heckenschere.
Erkläre, wie sich der Widerstand des Kabels auf den Betrieb der Heckenschere auswirkt.

B3 Eine Glühlampe (6 V/5 A) soll mit dem 50-m-Kabel aus Aufgabe B2 an ein Netzgerät angeschlossen werden. Berechne, welche Spannung man einstellen muss, damit die Lampe leuchtet.

B4 **a)** Berechne für die in der Tabelle aufgeführten Materialien, wie lang ein Draht mit einer Querschnittsfläche von 2,5 mm^2 sein muss, damit sein Widerstand exakt 1 Ω beträgt.
b) Stelle die Ergebnisse in einem Säulendiagramm dar.
c) Woran erkennt man an diesem Diagramm die guten und die weniger guten Leiter?

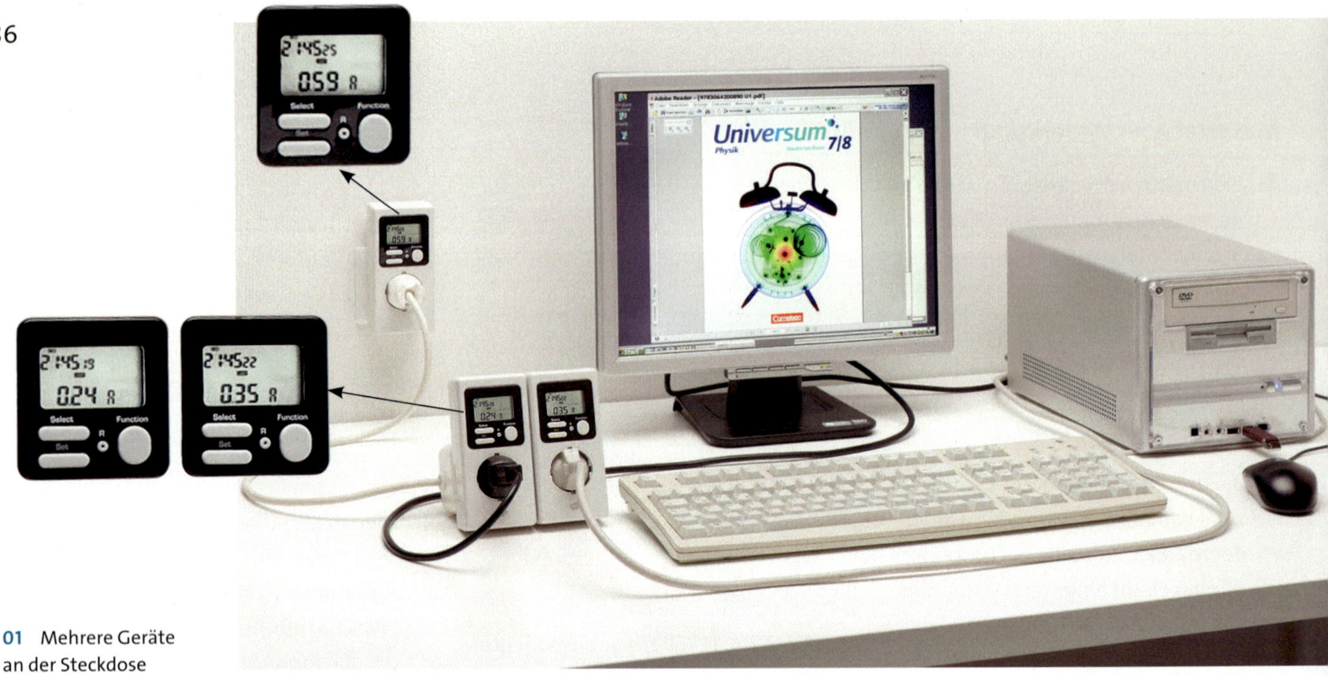

01 Mehrere Geräte an der Steckdose

Schaltung von Widerständen

An Arbeitsplätzen und im Haushalt sind Computer, Monitor und andere Geräte häufig über eine Mehrfachsteckdose mit dem elektrischen Stromnetz im Haus verbunden. Wie teilen sich die elektrischen Ströme auf und wie fließen sie wieder zusammen?

MESSEN DIE MESSGERÄTE ZWEI STRÖME? · An den Stromstärkemessgeräten im ▸ Bild 01 kannst du ablesen, dass die elektrische Stromstärke in der Zuleitung zur Mehrfachsteckdose größer ist, als die elektrischen Stromstärken in den Leitungen aus der Mehrfachsteckdose in die Geräte. Allerdings ist die Summe der Stromstärken zu den Geräten genauso groß wie die Stromstärke zur Mehrfachsteckdose. Offenbar teilt sich der Strom an Knotenpunkten wie der Mehrfachsteckdose so auf, dass nichts verloren geht oder hinzukommt. Im Stromkreis müssen die Ströme auch wieder zurück zur Steckdose fließen. Bleibt auch dann die Stromstärke in der Summe erhalten?

Um zu verstehen, wie der Strom sich aufteilt und wie er wieder zusammenfließt, führen wir einen Modellversuch durch. Du weißt, dass die Geräte im Haushalt parallel zueinander geschaltet sind. Auch die Schaltung im ▸ Bild 01 ist eine Parallelschaltung. Man kann jeweils einen Stecker aus der Mehrfachsteckdose ziehen, ohne dass dabei das andere Gerät ausgeht. Wir bauen deshalb eine Parallelschaltung mit einer Batterie und zwei unterschiedlichen Glühlampen auf und messen an verschiedenen Stellen die Stromstärken (▸ Bild 02).

STRÖME TEILEN SICH AUF · Wir beginnen mit dem Ablesen der Stromstärkemessgeräte in der Nähe des Minuspols der Batterie. Dort messen wir eine Stromstärke von $I_0 = 250$ mA. Nach der Abzweigung (dem Knoten) messen wir die Stärke des Stroms, der zur linken Glühlampe L_1 fließt, zu $I_1 = 100$ mA. Die Stärke des Stroms, der zur rechten Glühlampe L_2 fließt, bestimmen wir zu $I_2 = 150$ mA. Wir erkennen leicht, dass gilt:

$$I_0 = I_1 + I_2.$$

STRÖME FLIESSEN ZUSAMMEN · Nachdem die Ströme durch die Glühlampen geflossen sind, treffen sie in dem zweiten Knoten wieder aufeinander. Wir messen die Stärke I_3 des Stroms im Stromkreis hinter dem Knoten und stellen fest, dass wiederum gilt:

$I_3 = I_1 + I_2$.

Da offensichtlich $I_0 = I_3$ gilt, geben wir beiden Stromstärken den gleichen Namen I_{ges} für die Gesamtstromstärke. Es gilt also:

$I_{ges} = I_1 + I_2$.

VIELE STRÖME AN EINEM KNOTEN · Manchmal treffen wie im ▸ Bild 02 mehrere Kabel an einem Knoten zusammen, sodass es also mehrere Ströme gibt, die zu dem Knoten hin und von dem Knoten weg fließen. Den Zusammenhang zwischen den Stromstärken an einem solchen Knoten beschreibt man folgendermaßen:

Die Gesamtstromstärke der Ströme, die zu einem Knoten hin fließen, ist genauso groß, wie die Gesamtstromstärke der Ströme, die von diesem Knoten weg fließen.

TEILEN SICH DIE SPANNUNGEN AUCH AUF? · Da jedes Haushaltsgerät unabhängig davon funktioniert, ob es an einer Wandsteckdose oder einer Mehrfachsteckdose angeschlossen ist, muss an dem Gerät jeweils die gleiche elektrische Spannung anliegen. Demnach teilt sich die Spannung an den Knoten nicht auf, sondern sie bleibt gleich. Ein Modellversuch bestätigt dies:
Dazu entfernen wir aus dem bekannten Versuchsaufbau die Messgeräte für die Stromstärke und messen die Spannung jeweils direkt am Netzgerät und an den beiden Glühlampen. Offensichtlich war unsere Vermutung richtig. Die Spannungen teilen sich nicht auf. Es gilt:

$U_{ges} = U_1 = U_2$,

oder allgemein formuliert:

Im verzweigten Stromkreis (Parallelschaltung) ist die Spannung an den parallel geschalteten Geräten gleich.

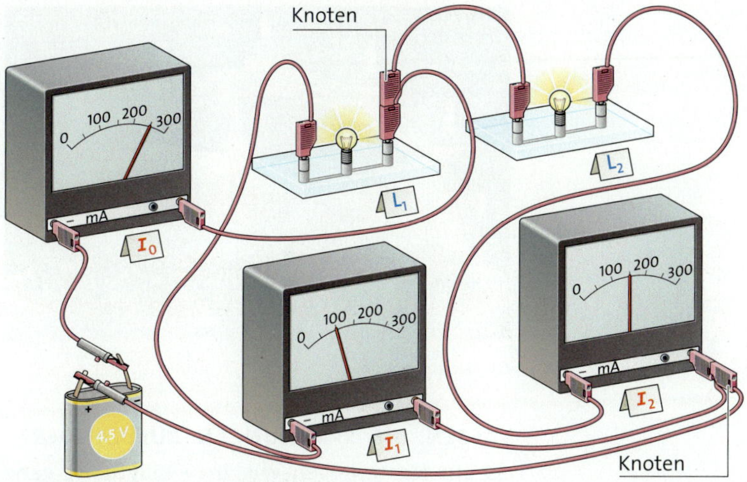

02 Modellversuch zur Parallelschaltung

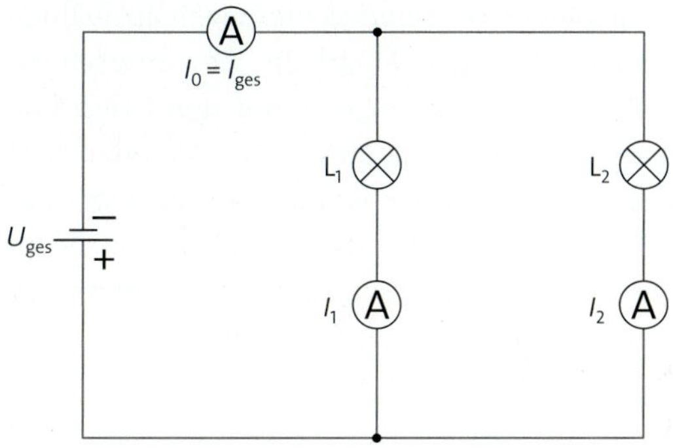

03 Schaltskizze zum Modellversuch (▸ Bild 02)

1 Fertige eine Schaltskizze zur Spannungsmessung analog zu ▸ Bild 03 an.

2 Drei Kabel (1, 2 und 3) führen zu einem Knoten hin und zwei führen von dem Knoten weg (4 und 5). In der ▸ Tabelle 04 sind die Stromstärken in den Kabeln angegeben. Übertrage die Tabelle in dein Heft und füge die fehlenden Werte ein.

	I_1 in A	I_2 in A	I_3 in A	I_4 in A	I_5 in A
a)	0,4	0,2		1,2	0,6
b)	3,0	2,0	1,5		4,7
c)	0,07		0,06	1,20	0,05
d)	12	15	33	45	

04 Stromstärken

01 Lichterbogen

PASSEN DIE SPANNUNGEN ZUEINANDER? · So ein Lichterbogen wie im ▸ Bild 01 ist ganz hübsch – gerade zur Weihnachtszeit. Manchmal geht aber ein Lämpchen kaputt. Wenn du eine Ersatzlampe für einen Lichterbogen auswählen möchtest, dann werden dir die unterschiedlichen Spannungsangaben auf den Lämpchen auffallen. Sie lauten 16 V, 23 V, 34 V oder 46 V. Alle diese Lämpchen werden am Hausnetz mit 230 V betrieben. Wie ist das möglich? Um das zu verstehen, sehen wir uns an, wie die Lampen in dem Lichterbogen geschaltet sind und führen einen Modellversuch durch.

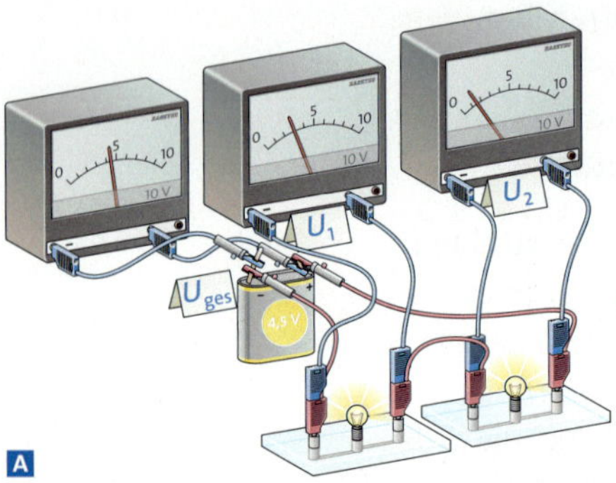

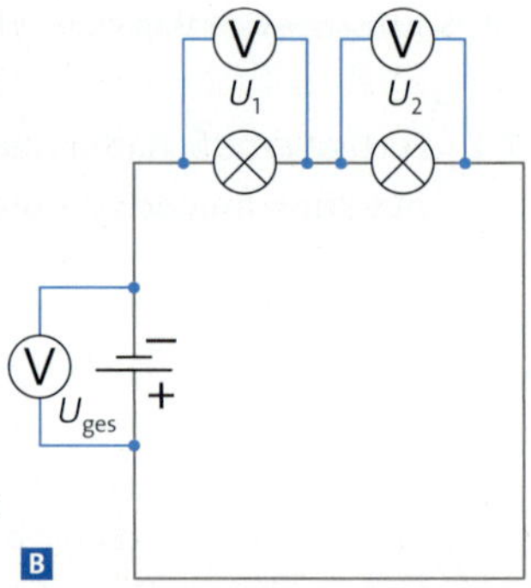

02 **A** Modellversuch zum Lichterbogen, **B** Schaltskizze

	Parallelschaltung	Reihenschaltung
Spannung ...	... teilt sich nicht auf: $U_{ges} = U_1 = U_2 = U_3 = ...$	... teilt sich auf: $U_{ges} = U_1 + U_2 + U_3 + ...$
Stromstärke ...	... teilt sich auf: $I_{ges} = I_1 + I_2 + I_3 + ...$	... teilt sich nicht auf: $I_{ges} = I_1 = I_2 = I_3 = ...$

03 Übersicht über die Regeln bei Parallel- und Reihenschaltung

SPANNUNG BEI EINER REIHENSCHALTUNG · Die Lampen des Lichterbogens sind in Reihe geschaltet. Also schließen wir zwei in Reihe geschaltete Glühlampen an ein Netzgerät an (▸ Bild 02 A). Wir messen die Spannungen am Netzgerät, $U_{ges} = 4{,}5$ V, und bei jeder Lampe, $U_1 = 3{,}0$ V und $U_2 = 1{,}5$ V. Wir erkennen auf einen Blick, dass sich die Teilspannungen zur Gesamtspannung addieren:

$$U_{ges} = U_1 + U_2.$$

Allgemein formuliert man den Zusammenhang folgendermaßen:

Im unverzweigten Stromkreis (Reihenschaltung) ist die Gesamtspannung genauso groß wie die Summe der Teilspannungen.

STROMSTÄRKE BEI EINER REIHENSCHALTUNG · Bei einer Reihenschaltung gibt es keine Knoten, an denen sich die Ströme aufteilen. Deshalb muss die Stromstärke durch jede Lampe gleich groß sein. Zur Überprüfung entfernen wir die Spannungsmessgeräte aus dem Modellversuch und messen stattdessen die Stromstärken. Wie erwartet stellen wir fest:

$$I_{ges} = I_1 = I_2.$$

Auch dieser Zusammenhang zwischen den Stromstärken lässt sich verallgemeinern:

Im unverzweigten Stromkreis (Reihenschaltung) ist die Stromstärke an jeder Stelle des Stromkreises gleich groß.

1 Wie viele Lampen sind jeweils in einem Lichterbogen eingebaut, wenn eine einzelne Lampe mit einer Spannung von 16 V, 23 V bzw. 46 V betrieben werden soll?

2 In einigen Ländern beträgt die Netzspannung im Haus 110 V. Erläutere, wie viele der Lampen aus Aufgabe 1 jeweils in einem Lichterbogen in Reihe geschaltet sind.

SPANNUNGSTEILER · Manchmal muss man die Spannung ganz genau einstellen können, auch wenn die Ausgangsspannung fest ist. Dies gelingt mit einem sogenannten **Potenziometer** (▸ Bild 04). Ein Potenziometer hat drei Anschlüsse. Wir schließen die beiden äußeren Anschlüsse an die Pole eines 12 V-Akkus an (▸ Bild 05). Zwischen dem mittleren Anschluss und dem Minuspol schließen wir ein Spannungsmessgerät an. Durch Verstellen des Dreh- oder Schiebeknopfes können wir die Spannung U_1 zwischen 0 V und 12 V einstellen. Wie funktioniert ein solches Potenziometer?

Ein Potenziometer besteht im Wesentlichen aus einem langen dünnen Draht, der auf einen Ring oder auf ein Rohr gewickelt ist. Die Drahtenden stellen die beiden äußeren Anschlüsse dar. Der mittlere Anschluss ist mit einem Gleitkontakt verbunden, der entlang des gewickelten Drahts verschoben werden kann.

In einem Modellversuch schließen wir die Enden eines dünnen Drahts an den Akku an (▸ Bild 06). Als Gleitkontakt nehmen wir eine verschiebbare Klemme. Dadurch wird der Draht in zwei Abschnitte unterteilt. Jeder Abschnitt hat einen bestimmten Widerstand, der von der Länge des Drahtabschnitts abhängt. Wir können uns das Potenziometer daher als eine Reihenschaltung von zwei Widerständen R_1 und R_2 vorstellen (▸ Bild 7). Dadurch wird die Spannung U_{ges} des Akkus in die zwei Teilspannungen U_1 und U_2 aufgeteilt. Eine solche Schaltung nennt man auch **Spannungsteilerschaltung.**

Da die Stromstärke entlang des Drahts konstant ist, gilt:

$$I = \frac{U_1}{R_1} = \frac{U_{ges}}{R}.$$

Dabei ist R der Widerstand des ganzen Drahts. Daraus folgt:

$$\frac{U_1}{U_{ges}} = \frac{R_1}{R}.$$

Durch Verschieben des Gleitkontakts kann das Verhältnis $\frac{R_1}{R}$ geändert werden. Dadurch ändert sich auch das Verhältnis $\frac{U_1}{U_{ges}}$.

Ist z.B. $R_1 = \frac{1}{4}R$, dann ist auch $U_1 = \frac{1}{4}U_{ges}$.

3 Durch Verschieben des Gleitkontakts am Schiebepotenziometer kann man die Spannung zwischen dem unteren und dem mittleren Anschluss verändern (▸ Bild 05).

a) Formuliere dazu einen Je-desto-Satz.

b) Skizziere in einem Diagramm die Abhängigkeit dieser Spannung von der Position des Gleitkontakts.

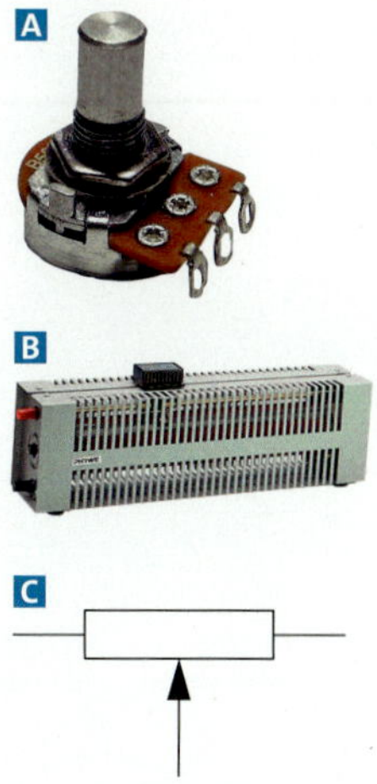

04 Potenziometer: **A** Drehpotenziometer, **B** Schiebepotenziometer, **C** Schaltsymbol

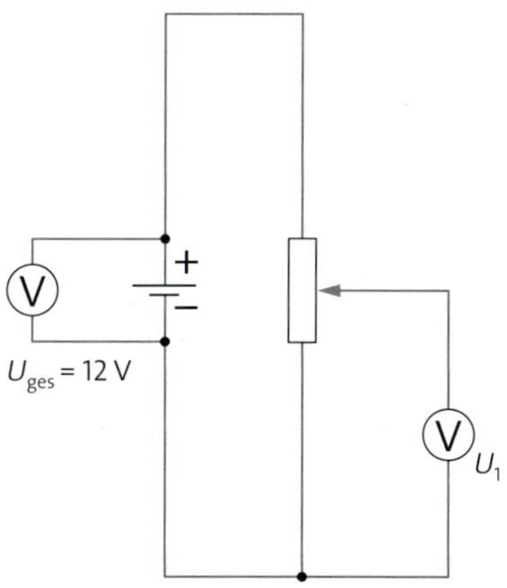

05 Mit einem Potenziometer kann man die Spannung U_1 verändern.

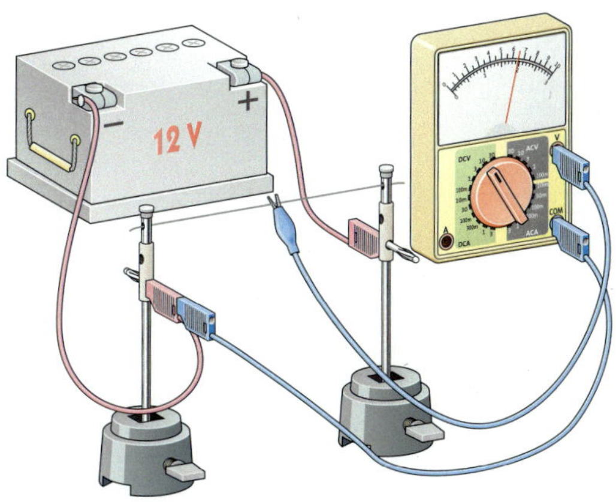

06 Ein Potenziometer besteht im Wesentlichen aus einem langen dünnen Draht mit Gleitkontakt.

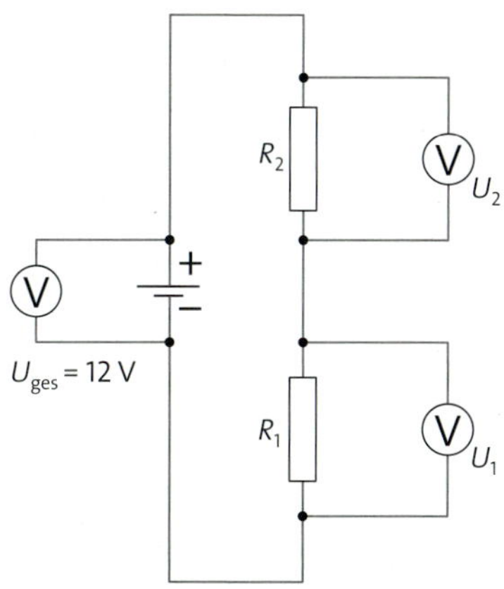

07 Ein Potenziometer als Spannungsteilerschaltung

BLICKPUNKT

Widerstand als Geräteschutz

Was macht man, wenn man z. B. eine Glühlampe mit der Aufschrift 4 V/0,1 A mit einem 6-V-Akku betreiben muss? Wenn man die Lampe direkt an den Akku anschließt, dann ist die Spannung zu hoch.

Man benötigt daher eine Schaltung, bei der die Spannung an der Lampe kleiner ist als die Spannung der elektrischen Quelle. Hier hilft eine Reihenschaltung aus der Lampe und einem geeigneten Widerstand weiter (▸ Bild 01). Bei der Reihenschaltung gilt:

$$U_{ges} = U_1 + U_2.$$

Dabei soll die Spannung U_2 an der Lampe 4 V betragen, also gilt für die Spannung U_1 am Widerstand:

$$U_1 = U_{ges} - U_2 = 6\,V - 4\,V = 2\,V.$$

Nun muss man nur noch den Widerstandswert R passend wählen. Da die Stromstärke 0,1 A betragen soll, ergibt sich für R also:

$$R = \frac{U_1}{I} = \frac{2\,V}{0{,}1\,A} = 20\,\Omega.$$

Man verwendet diese Schaltung häufig zum Schutz eines elektrischen Geräts. Den schützenden Widerstand, der vor oder auch hinter das Gerät geschaltet wird, nennt man **Vorwiderstand.**

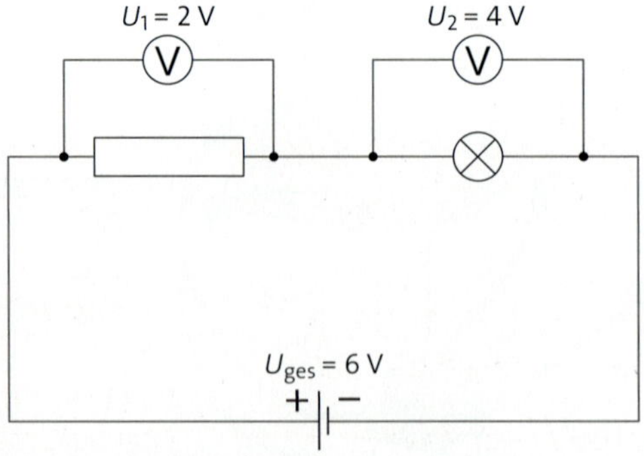

01 Mit einem Vorwiderstand kann man eine 4-V-Lampe an einem 6-V-Akku betreiben.

Vorwiderstand bei Leuchtdioden

Wenn die Stromstärke bei einer Leuchtdiode zu groß ist, dann wird sie heiß und dadurch bald zerstört. Damit dies nicht geschieht, schaltet man einen Vorwiderstand in Reihe zur LED (▸ Bild 02). Bei LEDs gibt man statt der Spannung die Stromstärke an, mit der die LED betrieben werden soll.

Wir berechnen den Wert des Widerstands, den man braucht, um verschiedene LEDs mit einer Stromstärke von 20 mA an einer Spannung von 3 V betreiben zu können. An den Kennlinien der LEDs im ▸ Bild 03 können wir die Spannungen ablesen, die zur gewünschten Stromstärke von 20 mA gehören. Bei der roten LED beträgt die Spannung $U_2 = 2{,}0\,V$, d. h.:

$$U_1 = U_{ges} - U_2 = 3\,V - 2\,V = 1\,V.$$

Damit berechnet sich der Vorwiderstand für die rote LED zu:

$$R = \frac{U_1}{I} = \frac{1\,V}{0{,}02\,A} = 50\,\Omega.$$

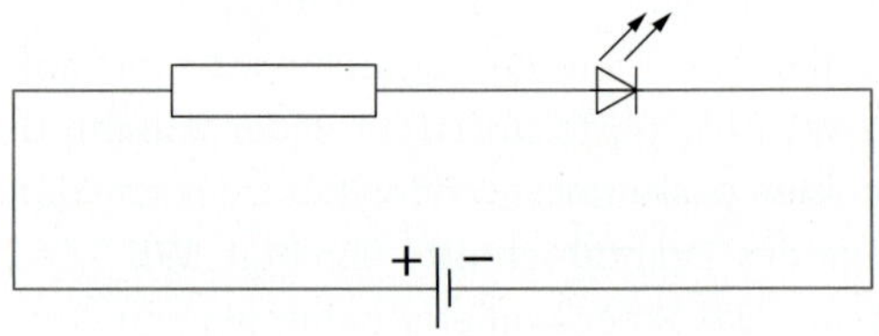

02 Betrieb einer LED mit einem Vorwiderstand

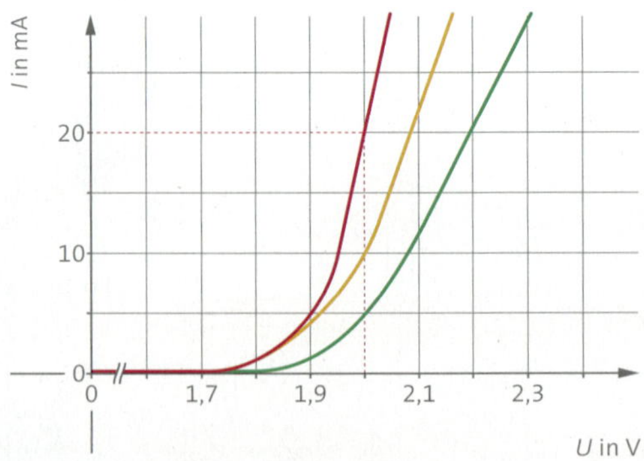

03 Kennlinien einer roten, gelben, grünen LED. Beachte: Die Rechtsachse beginnt nicht bei 0 V.

Material A ▸ Gemischte Schaltungen

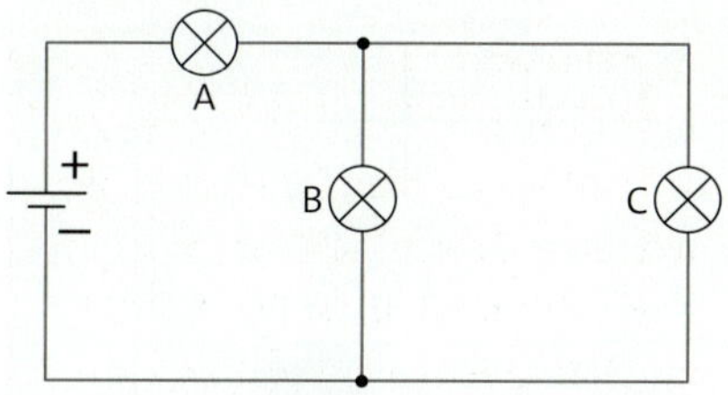

A1 **a)** Vergleiche die Helligkeiten der baugleichen Lampen in der abgebildeten Schaltung. Erkläre.
b) In der Schaltung wird die Lampe C heraus gedreht. Beschreibe, was mit der Helligkeit der anderen Lampen passiert und erkläre.

A2 Fertige jeweils eine Schaltskizze zu einer Schaltung mit vier baugleichen Widerständen an. Dabei sollen die jeweils angegebenen Bedingungen erfüllt sein.
a) Die Stromstärke durch R_1 soll dreimal so groß sein wie durch die anderen Widerstände.
b) Die Stromstärke durch jeweils zwei Widerstände soll gleich groß sein, aber bei keinem so groß wie I_{ges}.
c) Vergleiche die beiden Schaltungen bezüglich der Teilstromstärken.

A3 Elena und Sascha experimentieren mit blauen Lampen (6 V/0,1 A), roten Lampen (3 V/0,1 A) und einem 12-V-Akku.
a) Sie wollen eine Schaltung mit vier blauen Lampen aufbauen. Zeichne dazu einen Schaltplan.
Zeichne ein Stromstärkemessgerät zur Messung der Gesamtstromstärke ein. Notiere, was das Gerät anzeigt.
b) Nun wollen sie eine Schaltung mit blauen und roten Lampen aufbauen. Zeichne dazu drei verschiedene Schaltpläne.

Material B ▸ Verschachtelte Schaltung

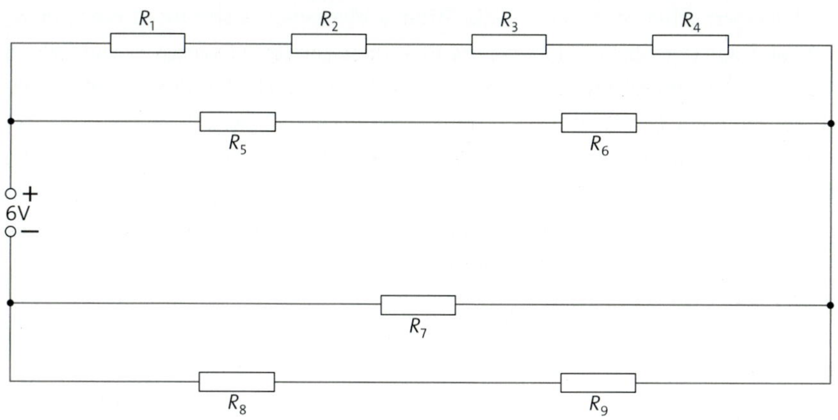

04 Schaltskizze

B1 Übertrage die Schaltskizze im ▸ Bild 04 in dein Heft.

B2 **a)** Die Widerstände haben alle den gleichen Widerstandswert. Die Spannung der elektrischen Quelle beträgt $U_{ges} = 6$ V, die Gesamtstromstärke ist $I_{ges} = 3$ A. Am Widerstand R_1 gilt: $U_1 = 1$ V und $I_1 = 1$ A. Gib die Stärken der Ströme an, die durch die einzelnen Widerstände fließen.
b) Notiere die Spannungen, die jeweils an den Widerständen anliegen.

Material C ▸ Schaltung einer 12-V-LED-Beleuchtung

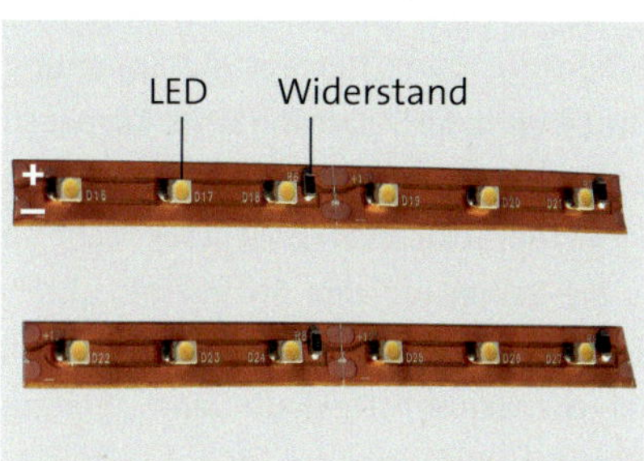

05 LED-Beleuchtung

Bei einer 12-V-LED Beleuchtung mit 60 LEDs sind immer drei LEDs mit einem Widerstand in Reihe geschaltet (▸ Bild 05). Eine einzelne LED wird mit einer Spannung von 3,2 V betrieben.

C1 Erläutere den Zweck des Widerstandbauteils in der Reihenschaltung.

C2 Fertige einen Ausschnitt aus der Schaltskizze an. Es sollen sechs LEDs gezeichnet werden.

C3 Die Beleuchtung soll mit einer Spannung von 24 V betrieben werden. Erläutere, wie die LEDs geschaltet sein müssen, damit eine solche Nutzung möglich ist.

BLICKPUNKT

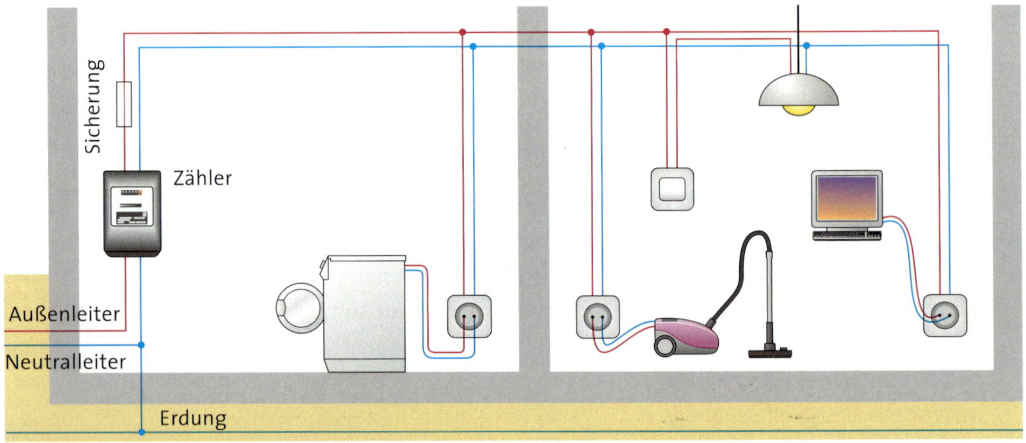

01 Stark vereinfachte Darstellung einer Elektroinstallation

Elektroinstallation im Haus

Die Elektroinstallation muss fehlerfrei sein, damit niemand durch den elektrischen Strom gefährdet wird. ▸ Bild 01 zeigt das Prinzip. Von außen führen zwei Leitungen in die Wohnung, der **Außenleiter** und der **Neutralleiter.** Der Neutralleiter ist durch eine elektrische Leitung mit dem Erdboden verbunden. Eine solche Verbindung nennt man **Erdung.**

Zwischen Neutralleiter und Erdboden gibt es keine nennenswerte elektrische Spannung. Zwischen Außenleiter und Neutralleiter beträgt die Spannung 230 V. In den Außenleiter sind der Zähler und eine Sicherung eingebaut. Die Steckdosen und elektrischen Geräte sind in einer Parallelschaltung an Außen- und Neutralleiter angeschlossen.

Aufgabe der Sicherung · Wenn die Stromstärke zu groß ist, dann können die Leitungen wegen der Wärmewirkung heiß werden und einen Brand verursachen. Eine mögliche Ursache für zu große Stromstärken kann Überlastung sein, z. B. wenn zu viele Geräte eingeschaltet sind. Eine andere Ursache ist ein Kurzschluss zwischen Außen- und Neutralleiter. Ein Kurzschluss kann eintreten, wenn z. B. ein Kabel beschädigt wird.

Die Sicherung unterbricht den Stromkreis, wenn die Stromstärke einen bestimmten Wert, meistens 16 A, überschreitet. Dadurch verhindert sie einen Kabelbrand durch Überlastung oder Kurzschluss. Wenn die Sicherung den Stromkreis unterbrochen hat, dann muss man zuerst die Ursache beseitigen, z. B. die Anzahl der eingeschalteten Geräte verringern, bevor man die Sicherung wieder einschaltet.

Gefahr für Personen · Der menschliche Körper stellt auch einen Widerstand für den elektrischen Strom dar. Wenn jemand zwei Stellen berührt, zwischen denen eine Spannung besteht, dann fließt elektrische Ladung durch seinen Körper. Ist die Spannung kleiner als 24 V, dann ist die Stromstärke meistens sehr gering und ungefährlich. Wenn die Person aber z. B. die beiden Buchsen der Steckdose berührt, dann beträgt die Spannung 230 V. Dadurch wird die Stromstärke im Körper so groß, dass die Person ernsthaft verletzt oder gar getötet wird. Die Stromstärke ist aber nicht so groß, dass die Sicherung den Stromkreis unterbricht. Die Sicherung schützt zwar Leitungen, aber nicht Menschen! Deshalb sind weitere Schutzmaßnahmen notwendig.

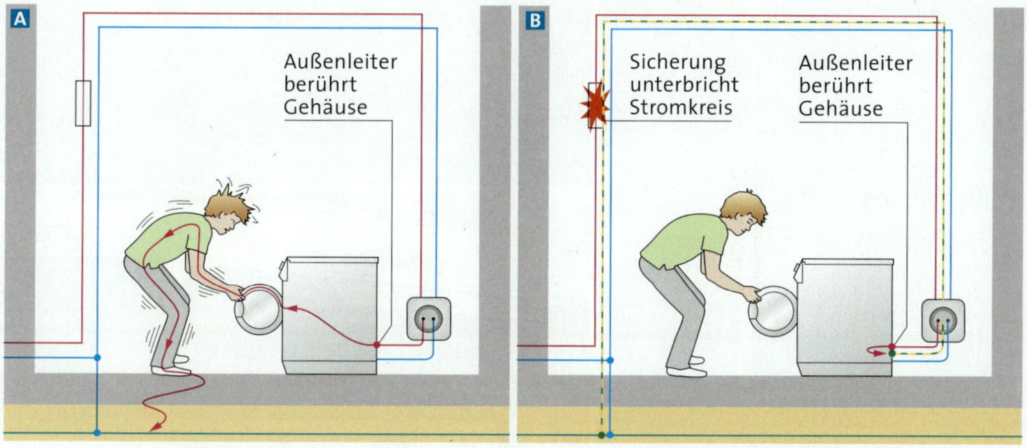

02 **A** Stromschlag durch beschädigte Isolierung des Außenleiters, **B** Mit Schutzleiter passiert das nicht.

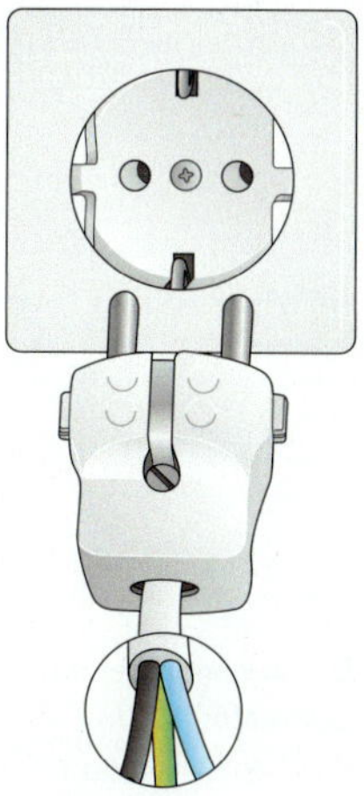

03 Kabel mit Schutzleiter, Schukostecker und Steckdose

Schutz des Menschen · Eine Gefährdung kann von defekten Geräten, z. B. einer Waschmaschine, ausgehen. Es kann vorkommen, dass die Isolierung des Außenleiters beschädigt ist und der Außenleiter das metallische Gehäuse der Waschmaschine berührt (▸ Bild 02 A). Dann liegt eine Spannung von 230 V zwischen Gehäuse und Erde. Wenn nun eine Person das Gehäuse der Waschmaschine mit der Hand berührt, dann beträgt die Spannung zwischen Hand und Füßen auch 230 V! Dadurch kommt es zu einem gefährlichen Strom durch den menschlichen Körper, besonders dann, wenn die Person barfuß auf nassem Boden steht.

Um sich vor dieser Gefahr zu schützen, hat man eine dritte Leitung in die Stromkabel eingebaut, den Schutzleiter (Farbe: grün-gelb). Der Schutzleiter ist eine Leitung zwischen der Erdung und dem Gehäuse der Waschmaschine (▸ Bild 02 B). Wegen dieser Verbindung beträgt die Spannung zwischen Erdung und Gehäuse immer 0 V. Wenn jetzt ein schadhafter Außenleiter das Gehäuse berührt, dann entsteht ein Kurzschluss und die Sicherung unterbricht den Stromkreis. Wenn nun jemand die Waschmaschine berührt, dann besteht keine Gefahr mehr. Geräte mit Metallgehäuse haben deshalb Kabel mit drei Leitungen: Außenleiter, Neutralleiter und Schutzleiter (▸ Bild 03).

Zum Anschluss an die Steckdose benötigt man einen **Schutzkontaktstecker** (kurz: Schukostecker). Dieser hat zwei Metallstreifen, entsprechend hat die Steckdose zwei Metallklammern. Über diese Klammern wird der Schutzkontakt, also die Verbindung zwischen Metallgehäuse und Erdung hergestellt. Geräte mit einem Kunststoffgehäuse benötigen keinen Schutzleiter, da über das isolierende Kunststoffgehäuse keine gefährliche Verbindung zum Außenleiter möglich ist. Sie haben den einfachen Eurostecker.

Im Bad ist die Gefahr besonders groß, dass durch Wasser eine Verbindung zwischen einer Person und dem Außenleiter entsteht. In solch einem Fall kann ein **Fehlerstromschutzschalter** (kurz: FI-Schalter) einen Stromschlag verhindern. Er vergleicht die Stromstärken in Außenleiter und Neutralleiter. Falls die Stromstärken nicht gleich sind, unterbricht der FI-Schalter den Stromkreis. So verhindert er, dass der Strom einen anderen Weg als den über den Neutralleiter nimmt, z. B. über eine Person, die auf nassem Boden steht.

Achtung!
Auch Schutzleiter und FI-Schutzschalter bieten keine hundertprozentige Sicherheit! Vermeide deshalb unbedingt den Kontakt mit elektrischen Anschlüssen!

01 **A** Windräder mit Generator,
B Fotovoltaikanlage mit vielen Solarzellen,
C Bus mit Brennstoffzellen und Elektroantrieb.

Elektrische Energiequellen

Ein Stromkreis kann ohne elektrische Energiequelle nicht funktionieren. Es gibt viele Arten von Energiequellen: Die Windkraftanlage hat einen Generator, die Fotovoltaikanlage hat Solarzellen und der Bus im Bild oben hat Brennstoffzellen. – Wie kann man die vielfältigen Energiequellen beschreiben?

QUELLEN UND GERÄTE · Elektrische Energiequellen sind Energiewandler. Sie geben die Energie, die sie erhalten, durch den elektrischen Strom ab. Sie unterscheiden sich aber durch die Art und Weise, wie sie ihre Energie erhalten: Der Generator erhält die Energie durch die Drehbewegung, die Solarzelle durch das Licht und die Brennstoffzelle durch die Gase Wasserstoff und Sauerstoff.
Elektrische Geräte sind ebenfalls Energiewandler. Im Gegensatz zu den elektrischen Energiequellen erhalten sie die Energie durch den elektrischen Strom und geben sie auf eine andere Art wieder ab; der Elektromotor z.B. durch die Drehbewegung.

UMKEHRBAR ODER NICHT? · Im Generator läuft also genau der umgekehrte Vorgang ab wie im Elektromotor. Gibt es auch zu den anderen elektrischen Energiequellen jeweils ein entsprechendes Gerät, das genau das Umgekehrte macht?

Die Umkehrung der Solarzelle kennst du schon. Es ist die Leuchtdiode (LED). Auch bei der Brennstoffzelle gibt es ein solches Gerät. Es ist die Knallgaszelle. Für Generator und Elektromotor kann man sogar ein und dasselbe Bauteil verwenden. Meistens hat man aber für die Energiequelle und das zugehörige Gerät unterschiedliche Bauweisen.

Es gibt aber auch Vorgänge in Geräten, die sich nicht umkehren lassen. Ein Wasserkocher zum Beispiel erhält seine Energie durch den elektrischen Strom und gibt sie in Form von Wärme an das Wasser ab. Dieser Vorgang lässt sich nicht ohne Weiteres umkehren.

ANTRIEB INNERHALB DER QUELLE · Außerhalb der elektrischen Energiequelle treibt die elektrische Spannung die Elektronen vom Minuspol durch das elektrische Gerät zum Pluspol. Das weißt du schon. Die Ladung muss aber auch durch die Energiequelle fließen. Dazu muss sie vom Pluspol zum Minuspol „gepumpt" werden. Um zu verstehen, wie das prinzipiell funktioniert, betrachten wir einige Beispiele.

MOTOR UND GENERATOR · Ein Elektromotor besteht im Wesentlichen aus einem feststehenden Dauermagneten und einer drehbar gelagerten Wicklung aus Draht. Wenn Ladung durch die Drahtwicklung fließt, dann wird die Drahtwicklung zu einem Elektromagneten. Weil sich gleichnamige magnetische Pole abstoßen und ungleichnamige Pole anziehen, dreht sich der Elektromagnet im Magnetfeld des feststehenden Dauermagneten.
Ein Generator funktioniert genau umgekehrt: Die Drahtwicklung wird im Magnetfeld des Dauermagneten gedreht. Dadurch werden die Elektronen durch die Drahtwicklung gepumpt – und zwar vom Plus- zum Minuspol. Dort entsteht dann ein Elektronenüberschuss.

LEUCHTDIODE UND SOLARZELLE · In einer Solarzelle wird die eintreffende Lichtenergie genutzt, um Ladungen zu trennen und so eine Spannung aufzubauen. Innerhalb der Leuchtdiode kommt es hingegen zu einem vielfachen Ladungsausgleich. Die dabei frei werdende Energie wird in Form von Licht abgegeben.

03 Energieübertragungskette aus Solarzelle, Knallgaszelle, Brennstoffzelle und Motor

KNALLGAS- UND BRENNSTOFFZELLE · Wenn Ladung durch eine Knallgaszelle fließt, dann wird Wasser in seine chemischen Bestandteile Wasserstoff und Sauerstoff zersetzt.
Eine Brennstoffzelle funktioniert genau umgekehrt: Aus Wasserstoff und Sauerstoff wird durch eine chemische Reaktion wieder Wasser. Diese chemische Reaktion pumpt die Ladung vom Minuspol zum Pluspol.

In einer elektrischen Energiequelle wird positive Ladung zum Pluspol und negative Ladung zum Minuspol gepumpt. Dazu muss ihr Energie zugeführt werden. Diese Energie gibt sie durch den elektrischen Strom wieder ab.

Solarzelle, Knallgaszelle, Brennstoffzelle und Motor lassen sich zu einer Energieübertragungskette aneinander hängen (▸ Bild 03). Das Energieflussdiagramm zeigt ▸ Bild 02. Mit dargestellt sind die Wege der elektrischen Ladung und der Gase Wasserstoff und Sauerstoff.

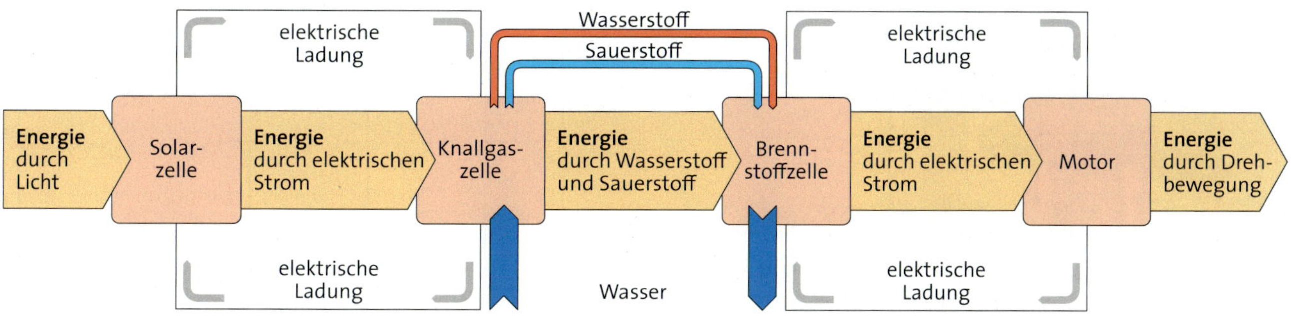

02 Schematische Darstellung der Energieübertragungskette zu ▸ Bild 03 (ohne Umwandlungs und Übertragungs-„Verluste")

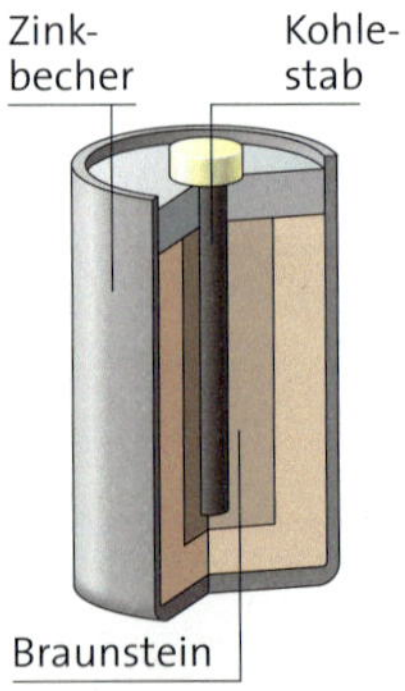

01 Aufbau einer Zink-Kohle-Batterie

Statt Akkumulator sagt man kurz Akku.

DIE BATTERIE · Eine Batterie gibt ebenfalls Energie durch den elektrischen Strom ab. Aber woher nimmt die Batterie die Energie? Die Antwort ist einfach: Die Energie steckt schon in der Batterie. ▸ Bild 01 zeigt den Aufbau einer Zink-Kohle-Batterie. In Zink und Braunstein steckt Energie. Ähnlich wie in einer Brennstoffzelle finden in der Batterie chemische Reaktionen statt. Diese Reaktionen setzen am Zinkbecher, dem Minuspol, Elektronen frei und pumpen sie durch den Stromkreis zum Pluspol, dem Kohlestab, wo sie vom Braunstein aufgenommen werden. Eine Batterie ist sozusagen ein Energiespeicher und ein Energiewandler in einem. Wenn die Batterie keine Energie mehr enthält, dann kann sie auch keine Elektronen mehr vom Minuspol zum Pluspol pumpen. Man sagt, die Batterie ist „leer".

DER AKKUMULATOR · Ein Akku ist im Prinzip eine Batterie. Er hat den Vorteil, dass man ihn wieder mit Energie aufladen kann, wenn er nicht mehr genügend Energie enthält. Zum Aufladen muss man dem Akku Energie durch den elektrischen Strom zuführen. Die Energie ist dann im Akku gespeichert. Beim Entladen gibt er die Energie durch den elektrischen Strom wieder ab.

SCHALTUNG VON ENERGIEQUELLEN · Wenn man eine 4,5-V-Flachbatterie öffnet, dann erkennt man, dass sie aus drei einzelnen Batterien aufgebaut ist (▸ Bild 02 A). Wozu ist das gut?

Bei einer einzelnen Batterie beträgt die Spannung 1,5 V. Dieser Wert ergibt sich durch die beiden Stoffe Zink und Braunstein. Auch wenn man eine größere Batterie baut, ergibt sich dennoch nur eine Spannung von 1,5 V. Für viele Anwendungen ist diese Spannung zu klein. Um eine größere Spannung zu erhalten, schaltet man mehrere Batterien in Reihe.

Bei einer 4,5-V-Batterie sind insgesamt drei Batterien in Reihe geschaltet (▸ Bild 02 B). Die Lampe leuchtet hier heller als in der Schaltung mit einer einzelnen Batterie. Die Gesamtspannung muss also größer geworden sein. Eine Messung der Spannung ergibt 4,5 V. Somit addieren sich die einzelnen Spannungen in der Reihenschaltung. Alle einzelnen Batterien tragen zum Antrieb der Elektronen bei.

Man kann Batterien auch parallel schalten (▸ Bild 03). Die Spannung ändert sich dabei nicht. Dennoch kann diese Schaltung manchmal nützlich sein: Drei Batterien können zusammen pro Sekunde mehr Elektronen durch den Stromkreis pumpen und damit mehr Energie übertragen als eine einzelne Batterie. Dies ist besonders wichtig, wenn das angeschlossene Gerät eine sehr große Stromstärke benötigt.

1 Welche Spannungen kann man durch Kombination einer 4,5-V- und einer 1,5-V-Batterie erhalten? Zeichne die Schaltpläne.

2 Begründe, dass die Batterien in ▸ Bild 03 auf keinen Fall mit unterschiedlicher Polung eingesetzt werden dürfen.

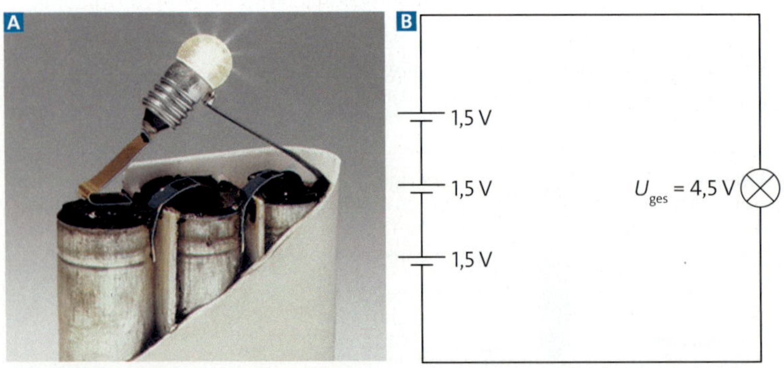

02 Reihenschaltung von Batterien: **A** Aufbau einer 4,5-V-Batterie, **B** Schaltplan

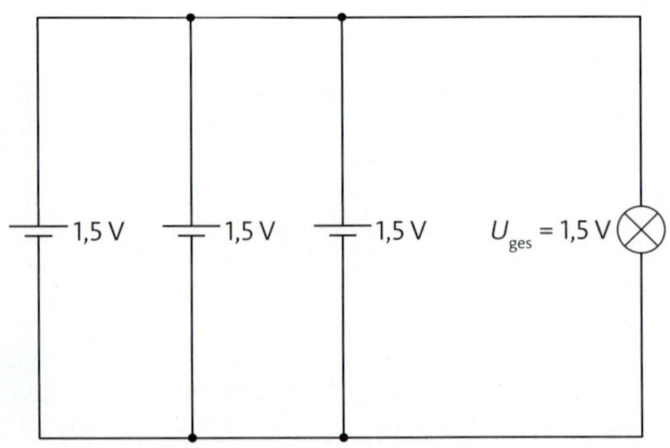

03 Parallelschaltung von drei Batterien

VERSUCHE ▸ Elektrische Energiequellen erzeugen eine Spannung ...

V1 ... durch Bewegung

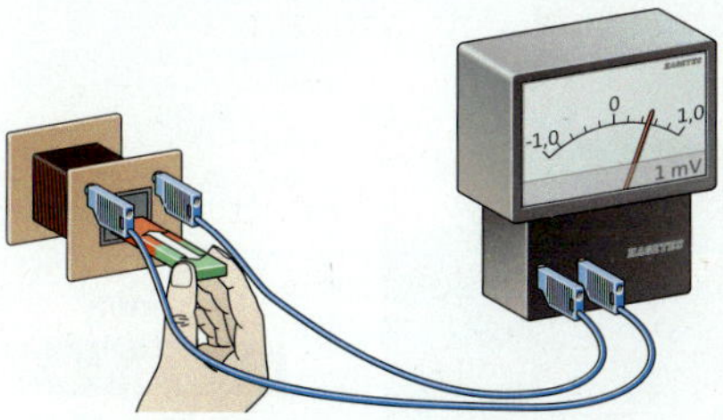

Erkunde das Prinzip, nach dem der Generator funktioniert.

Material:

Stabmagnet, Drahtwicklung (Spule), empfindliches Spannungsmessgerät mit Mittenstellung

Durchführung:

a) Schließe die Spule an das Spannungsmessgerät an. Bewege den Magneten ruckartig in die Spule hinein und wieder heraus. Notiere deine Beobachtungen.

b) Untersuche, ob der Effekt auch dann eintritt, wenn der Magnet in Ruhe bleibt und stattdessen die Spule bewegt wird.

V2 ... durch Licht

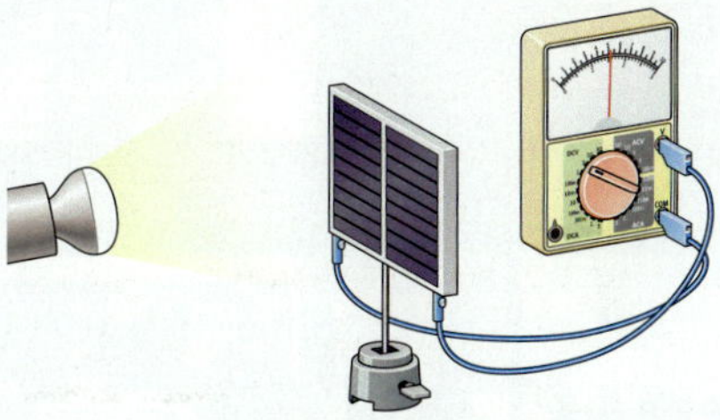

Untersuche die Spannung einer beleuchteten Solarzelle.

Material:

Solarzellen, Spannungsmessgerät, Lampe

Durchführung:

a) Schließe die Solarzelle an das Spannungsmessgerät an. Miss die Spannung zwischen den Anschlüssen der beleuchteten Solarzelle.

b) Untersuche, ob und wie die Spannung von der Entfernung zur Lampe und damit von der Lichtintensität abhängt.

c) Miss die Spannung für drei in Reihe (parallel) geschaltete Solarzellen. Was passiert jeweils, wenn man eine Solarzelle zudeckt? Erkläre.

V3 ... durch Stoffumwandlung

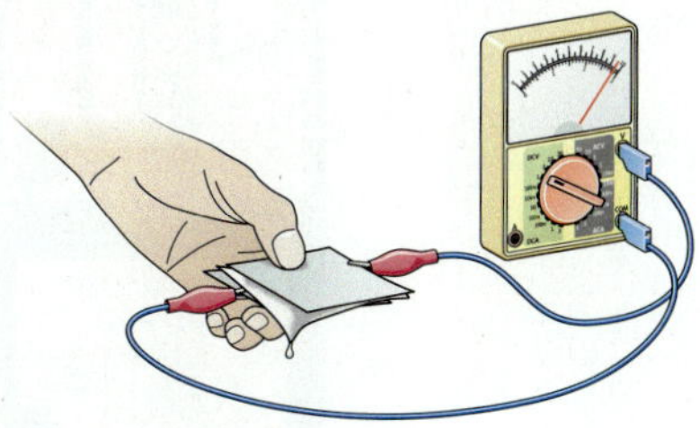

Erkunde das Prinzip, nach dem die Batterie funktioniert.

Material:

Zinkblech, Kupferblech, Löschpapier o. ä. saugfähiges Papier, Zitronensaft, Spannungsmessgerät

Durchführung:

a) Tauche das Löschpapier in Zitronensaft. Lege das Kupferblech, das Löschpapier und das Zinkblech so übereinander, dass sich die Bleche nicht berühren. Schließe das Kupferblech an den Plusanschluss und das Zinkblech an den Minusanschluss des Spannungsmessgeräts an. Presse die Anordnung zusammen und miss die Spannung.

b) Warte einige Zeit und beschreibe wie sich die Bleche verändern.

Material A ▸ Schaltung von elektrischen Energiequellen

A1 Die Spannung der Batterien beträgt jeweils 1,5 V. Gib an, ob die Lampe (3 V/0,1 A) normal, schwach oder gar nicht leuchtet.

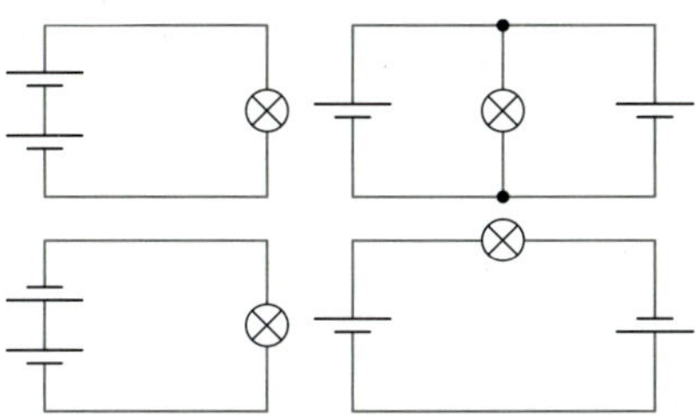

A2 Fünf Zink-Kohle-Batterien sind in Reihe geschaltet. Zwischen welchen Anschlüssen kann man eine Lampe mit der Nennspannung von 4,5 V anschließen?

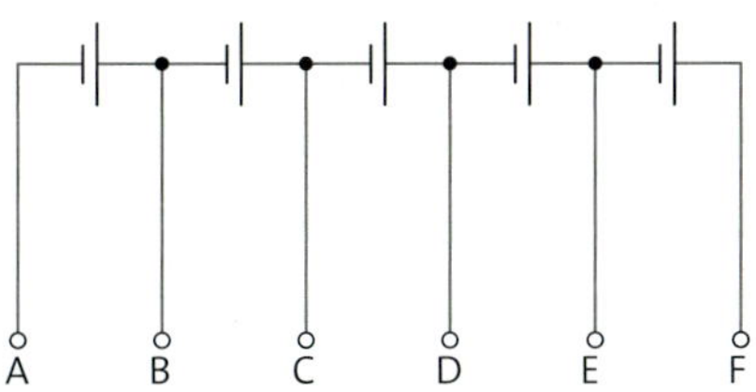

A3 Ein Bleiakku mit einer Spannung von 12 V soll mithilfe von Solarzellen geladen werden. Es stehen Solarzellen mit jeweils einer Spannung von 0,5 V dafür zur Verfügung.
Überlege dir, wie viele Solarzellen man mindestens benötigt und wie man sie schalten muss. Fertige dazu eine Skizze an.

01 **A** Elektrische Beleuchtung eines Hauses, **B** „Stromzähler“

Elektrische Energie und Leistung

Alle elektrischen Geräte im Haushalt benötigen zum Betrieb ständig Energie. Diese wird durch den elektrischen Strom zugeführt. Von welchen Größen hängt die übertragene Energiemenge pro Sekunde ab?

WELCHE GRÖSSEN SPIELEN EINE ROLLE? · Zur Untersuchung dieser Frage verwenden wir einen einfachen Stromkreis mit einem Generator und einer Lampe (▸ Bild 02). In den Stromkreis sind noch je ein Messgerät für die Stromstärke und die Spannung eingebaut. Um die Lampe zum Leuchten zu bringen, müssen wir mit großer Kraft am Generator kurbeln. Je schneller wir kurbeln, desto heller leuchtet die Lampe. Gleichzeitig nehmen sowohl die Spannung als auch die Stromstärke zu.

Die Beobachtung können wir einfach erklären: Wenn am Generator gedreht wird, dann wird dem Stromkreis Energie zugeführt. An den Anschlüssen des Generators entsteht eine elektrische Spannung. Diese bewirkt einen elektrischen Strom im Stromkreis. Durch den elektrischen Strom wird die Energie zur Lampe übertragen.

Je schneller und kräftiger wir am Generator drehen, desto größer ist die Energie, die in der Zeit t vom Generator zur Glühlampe übertragen wird. Sie entspricht der elektrischen Arbeit W.
Die elektrische Leistung ist genauso definiert wie die mechanische Leistung (siehe S. 98):

$$P = \frac{W}{t}.$$

Die Einheit dieser Größe ist ein Watt (1 W), wobei gilt: $1\,\text{W} = 1\,\frac{\text{J}}{\text{s}}$.

> Die elektrische Leistung P gibt an, wie viel Energie pro Zeit elektrisch übertragen wird.
> Es gilt:
> $$P = \frac{W}{t}.$$
> Dabei steht W für die elektrische Arbeit.
> Die Einheit der Leistung ist ein Watt (1 W).

Wenn wir schneller an der Kurbel drehen, also die Leistung erhöhen, dann steigen gleichzeitig die Spannung und die Stromstärke an. Deshalb vermuten wir, dass die Leistung etwas mit der Spannung und der Stromstärke zu tun hat. Um dies genauer zu untersuchen, führen wir zwei weitere Versuche durch.

LEISTUNG UND STROMSTÄRKE · Wir untersuchen zuerst, wie die Leistung von der Stromstärke abhängt. Dazu verwenden wir eine Parallelschaltung aus drei baugleichen Lampen (2,5 V/1,0 A) wie im (▸ Bild 03). Wichtig ist bei diesem Versuch, dass die Spannung, die beim Kurbeln am Generator erzeugt wird, immer gleich gehalten wird, hier sind das 2,5 V.

Zuerst ist nur eine Lampe angeschlossen. Bei einer Spannung von 2,5 V leuchtet sie hell. Wir lesen die Stromstärke 1 A ab. Wenn wir eine zweite Lampe hinzuschalten, dann müssen wir mit größerer Kraft kurbeln, damit die Spannung von 2,5 V eingehalten wird. Die Stromstärke beträgt nun 2 A. Bei drei Lampen müssen wir mit noch größerer Kraft kurbeln. Die Stromstärke beträgt dann 3 A.

Es ist einleuchtend, dass die Leistung bei zwei Lampen doppelt so groß und bei drei Lampen dreimal so groß ist wie bei einer Lampe. Aus den Messergebnissen (▸ Tabelle 05) folgt: Bei konstant gehaltener Spannung ist die Leistung proportional zur Stromstärke.

LEISTUNG UND SPANNUNG · Zur Untersuchung des Zusammenhangs von Leistung und Spannung verwenden wir eine Reihenschaltung aus den drei Lampen (▸ Bild 04). Wir schließen wieder zuerst nur eine, dann zwei, und dann drei Lampen an. Wir achten beim Kurbeln darauf, dass die Stromstärke immer 1,0 A beträgt und lesen jeweils die Spannung ab. Sie beträgt bei einer Lampe 2,5 V, bei zwei Lampen 5,0 V und bei drei Lampen 7,5 V. Je mehr Lampen in Reihe geschaltet sind, desto schneller muss man kurbeln.

Wieder gilt, dass die Leistung bei zwei Lampen doppelt und bei drei Lampen dreimal so groß ist wie bei einer Lampe. Folglich ist bei konstanter Stromstärke die Leistung proportional zur Spannung (▸ Tabelle 06).

EINE GLEICHUNG FÜR DIE LEISTUNG · Die beiden Versuche zeigen:

1. Bei konstanter Spannung gilt: $P \sim I$.
2. Bei konstanter Stromstärke gilt: $P \sim U$.

Beide Proportionalitäten kann man in diesem Fall zu einer Gleichung zusammenfassen:

$P = U \cdot I$.

Die Einheit der Leistung ist ein Watt, also gilt $1\,\mathrm{W} = 1\,\mathrm{V} \cdot 1\,\mathrm{A}$.

Im elektrischen Stromkreis wird die pro Zeit übertragene Energie durch die Leistung P angegeben. Es gilt:
$P = U \cdot I$.

1 Eine Lampe erfordert eine Leistung von 75 W. Sie wird an einer Spannung von 230 V betrieben. Berechne die Stromstärke.

Parallelschaltung		
n	U	I
1	2,5 V	1,0 A
2	2,5 V	2,0 A
3	2,5 V	3,0 A

05 n: Anzahl der Lampen. Bei der Parallelschaltung ist $P \sim I$.

Reihenschaltung		
n	I	U
1	1,0 A	2,5 V
2	1,0 A	5,0 V
3	1,0 A	7,5 V

06 n: Anzahl der Lampen. Bei der Reihenschaltung ist $P \sim U$.

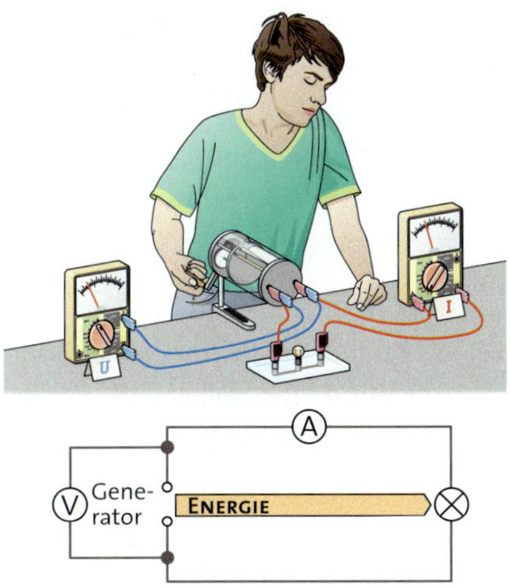

02 Einfacher Stromkreis

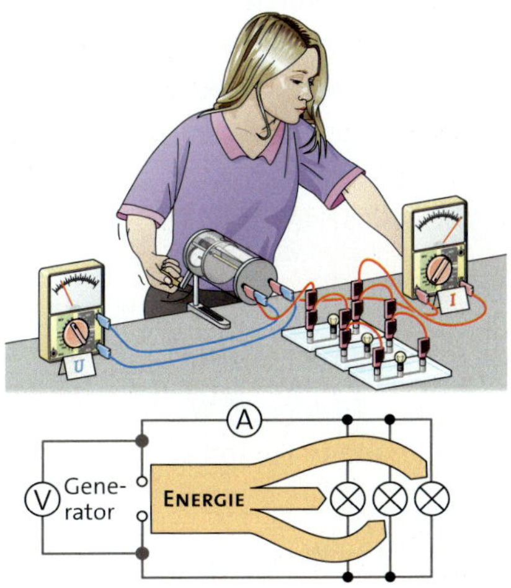

03 Parallelschaltung

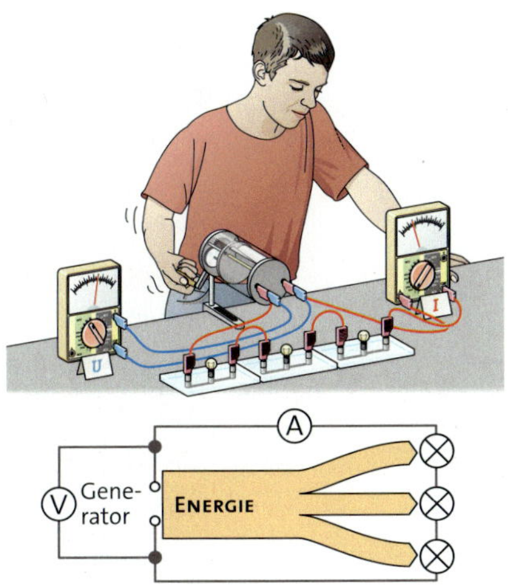

04 Reihenschaltung

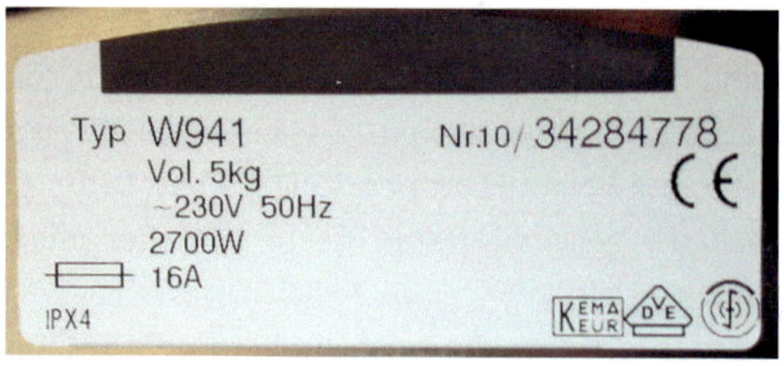

01 Typenschild mit Leistungsangabe

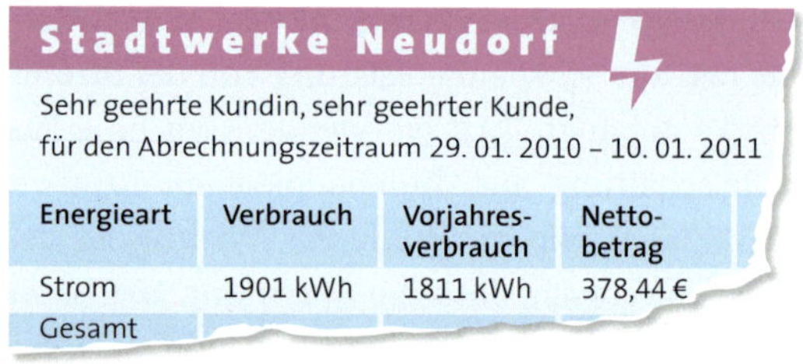

Stadtwerke Neudorf

Sehr geehrte Kundin, sehr geehrter Kunde,
für den Abrechnungszeitraum 29. 01. 2010 – 10. 01. 2011

Energieart	Verbrauch	Vorjahresverbrauch	Nettobetrag
Strom	1901 kWh	1811 kWh	378,44 €
Gesamt			

02 Auszug aus einer Stromrechnung

LEISTUNGSANGABE BEI GERÄTEN · Wie viel Energie wird für den Betrieb eines Elektrogeräts benötigt? Dies hängt zum einen davon ab, wie lange das Gerät betrieben wird, also von der Zeitspanne t. Zum anderen hängt es davon ab, wie viel Energie das Gerät pro Zeit benötigt, also von der Leistung P des Geräts. Für die benötigte Energie E gilt mit $P = U \cdot I$:

$$E = P \cdot t = U \cdot I \cdot t.$$

Die Leistung ist meistens auf dem Typenschild eines Elektrogeräts aufgedruckt (▸ Bild 01). ▸ Tabelle 04 zeigt typische Werte für einige Haushaltsgeräte. Geräte mit großer Leistung sollte man nur bei Bedarf einsetzen.

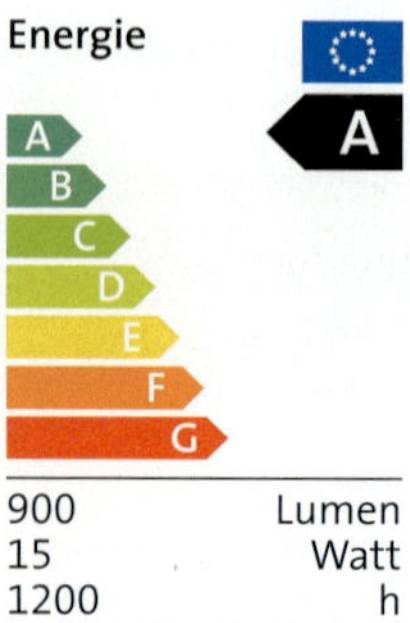

03 Energieeffizienz-Klasse einer Energiesparlampe

ENERGIEEFFIZIENZ-KLASSEN · Elektrische Geräte sollten die zugeführte Energie möglichst gut nutzen. ▸ Tabelle 04 zeigt, dass es für viele Zwecke mehr oder weniger sparsame Geräte gibt. Die Energieeffizienz-Klasse gibt an, wie sparsam ein bestimmter Gerätetyp mit Energie umgeht. Bei der Neuanschaffung von Haushaltsgeräten sollte man darauf achten, Geräte mit der günstigsten Energieeffizienz-Klasse (A bzw. A^{+++} bei Kühl- und Gefriergeräten) zu kaufen.

Gerät	Aufgenommene Leistung
Glühlampe	40 W bis 75 W
Energiesparlampe	10 W bis 20 W
Laptop	50 W bis 70 W
Desktop-PC	400 W bis 800 W
Fernseher (LCD)	30 W bis 275 W
Fernseher (Plasma)	130 W bis 430 W

04 Leistungsangaben für Haushaltsgeräte

DIE KILOWATTSTUNDE · In einer „Stromrechnung" wird die elektrisch übertragene Energie in der Einheit Kilowattstunde (1 kWh) abgerechnet. Was bedeutet sie?
Ein Kilowatt (1 kW) ist eine Einheit für die Leistung P. Eine Stunde (1 h) ist eine Einheit für eine Zeitspanne t. Also gilt:

$$\begin{aligned} 1\,\text{kWh} &= 1\,\text{kW} \cdot 1\,\text{h} \\ &= 1000\,\text{W} \cdot 3600\,\text{s} \\ &= 3\,600\,000\,\text{W} \cdot \text{s} \\ &= 3\,600\,000\,\tfrac{\text{J}}{\text{s}} \cdot \text{s} \\ &= 3\,600\,000\,\text{J}. \end{aligned}$$

Folglich ist eine Kilowattstunde eine Einheit für die Energie E. Man verwendet sie hauptsächlich für die elektrisch übertragene Energie. Mit einer Kilowattstunde kann man ein Gerät mit einer Leistung von 1 kW eine Stunde lang betreiben, ein Gerät mit 100 W zehn Stunden, ein Gerät mit 10 W hundert Stunden usw.

1 **a)** Eine Spielekonsole hat eine Leistung von 150 W. Berechne die benötigte Energie für zehn Stunden Betrieb. Gib das Ergebnis in kJ und in kWh an.
b) Im Stand-by-Betrieb beträgt die Leistung der Konsole 1 W. Berechne die jährlich benötigte Energie für den Stand-by-Betrieb.

2 Eine 60-W-Glühlampe und eine 15-W-Energiesparlampe sind etwa gleich hell.
a) Berechne, wie lange man die Lampen mit 1 kWh jeweils betreiben kann.
b) Berechne die jeweils benötigte Energie bei einer angenommenen jährlichen Leuchtdauer von 1500 Stunden.

VERSUCHE ▸ Leistung und Wirkungsgrad

V1 Energiebedarf von Geräten

Mit einem Energie-/Leistungsmessgerät kannst du den Energiebedarf und die Leistung von Haushaltsgeräten messen.

Material:

Energie-/Leistungsmessgerät, Haushaltsgeräte

Durchführung:

a) Auf den meisten Haushaltsgeräten stehen Leistungsangaben. Untersuche für einige ausgewählte Geräte, ob diese Angaben korrekt sind.

b) Viele Geräte haben verschiedene Einstellungen (z. B. Föhn oder Handrührgerät). Untersuche, welchen Einfluss diese auf die Leistung haben.

c) Durch den Stand-by-Betrieb von Geräten wird unnötig Energie „verbraucht“. Miss für ein Gerät deiner Wahl die Leistung im Stand-by-Betrieb und im normalen Betrieb.

d) Der Energiebedarf einer Waschmaschine hängt vom Waschprogramm ab. Miss den Energiebedarf für einige Programme.

V2 Wirkungsgrad eines Motors

Führe den Versuch mit einem Partner durch. In diesem Versuch sollst du den Wirkungsgrad eines Elektromotors bestimmen. Lasse einen Motor verschiedene Körper anheben und bestimme sowohl die elektrische Energie E_{ein}, die vom Motor aufgebracht werden muss, als auch die anschließend nutzbare Energie E_{nutz}. Der Wirkungsgrad ist gleich dem Quotienten $\frac{E_{nutz}}{E_{ein}}$.

Material:

Elektromotor (z. B. Dynamot), Stativmaterial, verschiedene Massestücke (z. B. 0,25 kg, 0,5 kg, 1,0 kg), stabile Unterlage, Netzgerät, Vielfachmessgeräte, Stoppuhr, Maßband, Schnur, Kabel

Durchführung:

a) Baue den Versuch wie im ▸ Bild gezeigt auf. Stelle am Netzgerät eine geeignete Spannung ein (z. B. 5,0 V beim Dynamot). Hänge das Massestück mit 0,5 kg an die Schnur. Betätige den Schalter und lies die Werte von Stromstärke und Spannung ab. Stoppe die Zeit, die der Motor zum Anheben des Massestücks um z. B. 1,5 m benötigt.

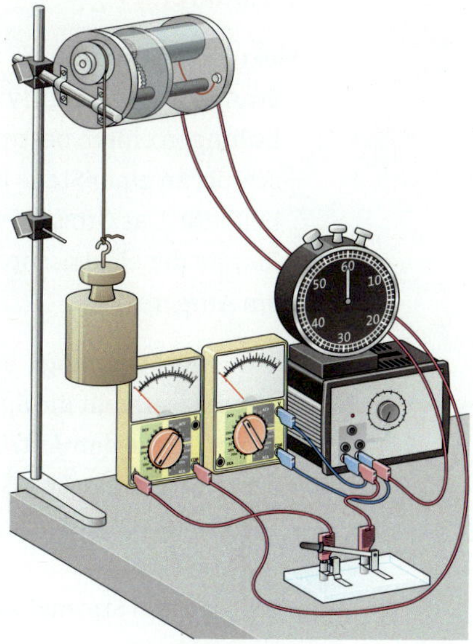

Vorsicht: Motor rechtzeitig ausschalten und Massestück festhalten!

Wiederhole die Messung dreimal.

b) Berechne aus den gemittelten Messwerten die Nutzleistung, die Eingangsleistung und den Wirkungsgrad.

c) Wiederhole den Versuch für verschiedene Massestücke und bestimme jeweils den Wirkungsgrad. Erstelle ein Diagramm für den Wirkungsgrad in Abhängigkeit von der Masse.

Material A ▸ Leistung, Spannung und Stromstärke

A1 Ein Toaster hat eine Leistung von 900 W und wird an der Steckdose (230 V) betrieben. Berechne die Stromstärke und den Widerstand.

A2 Zwei Glühlampen haben die Aufschrift 6 V/5 A bzw. 12 V/35 W. Welche der Lampen hat im Betrieb die größere Leistung, welche die größere Stromstärke?

A3 Herr Brauns Wasserkocher hat eine Leistung von 2400 W. Um einen Liter kaltes Wasser zum Kochen zu bringen, dauert es 2 min 45 s.

a) Berechne die aufgenommene Energie in J und in kWh.

b) Herr Braun möchte Energie „sparen“ und überlegt sich, seinen Kocher durch einen mit einer Leistung von 1800 W zu ersetzen. Nimm Stellung.

A4 Auf dem Akku eines Smartphones stehen folgende Angaben: 800 mAh; 3,7 V. Kläre die Bedeutung dieser Angaben und bestimme die im Akku gespeicherte Energie.

Größen des elektrischen Stromkreises

Elektrische Stromstärke: Die elektrische Stromstärke gibt an, wie viel elektrische Ladung in einem bestimmten Zeitabschnitt an einer Stelle im Stromkreis vorbeifließt. Das Größensymbol ist I. Die Einheit der elektrischen Stromstärke ist ein Ampere (1 A).

Elektrische Spannung: Im elektrischen Stromkreis stellt die Spannung einer elektrischen Quelle den Antrieb für den elektrischen Strom dar. Das Größensymbol ist U. Die Einheit der elektrischen Spannung ist ein Volt (1 V).
Bei gleichen Stromstärken gilt: Je größer die elektrische Spannung der elektrischen Quelle ist, desto mehr Energie wird von der Quelle zum Gerät übertragen.

Stromrichtung: In einem Stromkreis fließt die elektrische Ladung vom Pluspol der Quelle zum Minuspol der Quelle. Da die Elektronen negative elektrische Ladung tragen, fließen sie vom Minuspol zum Pluspol.

Elektrischer Widerstand: Der elektrische Widerstand gibt an, wie stark ein Gerät oder ein Gegenstand den elektrischen Strom hemmt.
Bei gleicher Spannung gilt: Je größer der Widerstand ist, desto kleiner ist die Stromstärke im gesamten Stromkreis.
Das Größensymbol ist R.
Die Einheit für den elektrischen Widerstand ist ein Ohm (1 Ω).
Im Stromkreis gilt: $R = \frac{U}{I}$.

OHM'sches Gesetz: Bei konstanter Temperatur sind Stromstärke und Spannung proportional zueinander.

Kennlinie: Aus der Kennlinie eines Leiters lässt sich ablesen, wie sich sein Widerstand mit zunehmender Spannung ändert.

Die Kennlinie von Konstantandraht ist eine Ursprungsgerade. Sein Widerstand ist über einen großen Temperaturbereich konstant.

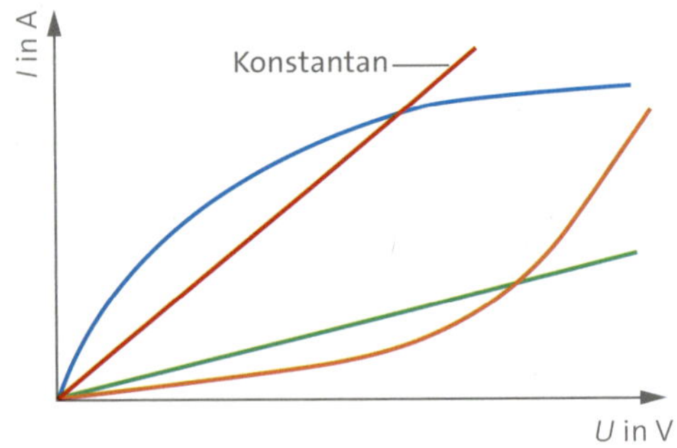

Spezifischer Widerstand: Der spezifische Widerstand ρ ist eine Materialkonstante. Für einen Draht der Länge l und der Querschnittsfläche A gilt das **Widerstandsgesetz:**

$R = \rho \cdot \frac{l}{A}$.

Die Einheit des spezifischen Widerstands ist $1\,\Omega \cdot \frac{\text{mm}^2}{\text{m}}$.

Gesetze des elektrischen Stromkreises

Verzweigter Stromkreis – Parallelschaltung: Die Gesamtstromstärke der Ströme, die zu einem Knoten hin fließen, ist genauso groß wie die Gesamtstromstärke der Ströme, die von diesem Knoten weg fließen. Im verzweigten Stromkreis ist die Spannung an den parallel geschalteten Geräten gleich.

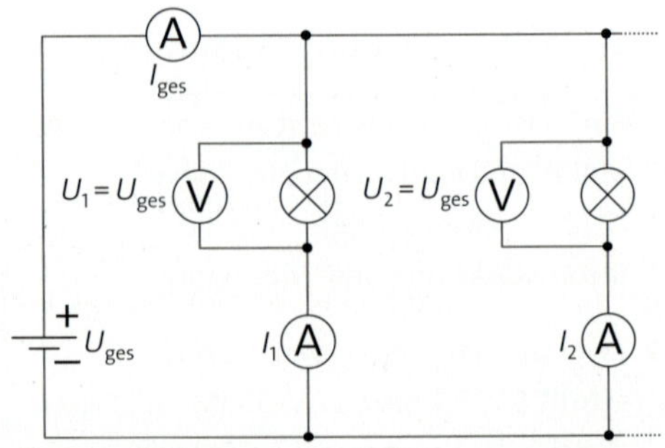

$I_{ges} = I_1 + I_2 + \ldots$
$U_{ges} = U_1 = U_2 = \ldots$

Unverzweigter Stromkreis – Reihenschaltung:
Im unverzweigten Stromkreis ist die Stromstärke an jeder Stelle des Stromkreises gleich groß.
Im unverzweigten Stromkreis ist die Gesamtspannung genauso groß wie die Summe der Teilspannungen.

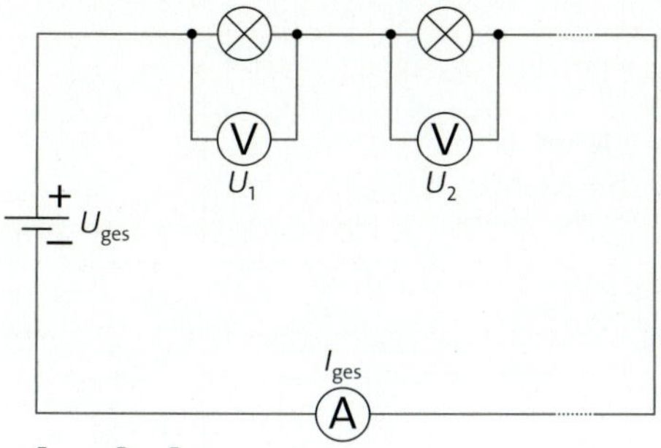

$I_{ges} = I_1 = I_2 = \ldots$
$U_{ges} = U_1 + U_2 + \ldots$

Schaltung von elektrischen Quellen: Elektrische Quelle und elektrisches Gerät müssen zusammenpassen, das heißt, die Spannungsangaben müssen möglichst übereinstimmen. Elektrische Quellen können in Reihe oder parallel geschaltet werden. In der Reihenschaltung addieren sich die Spannungen, in der Parallelschaltung ändert sich die Spannung nicht.

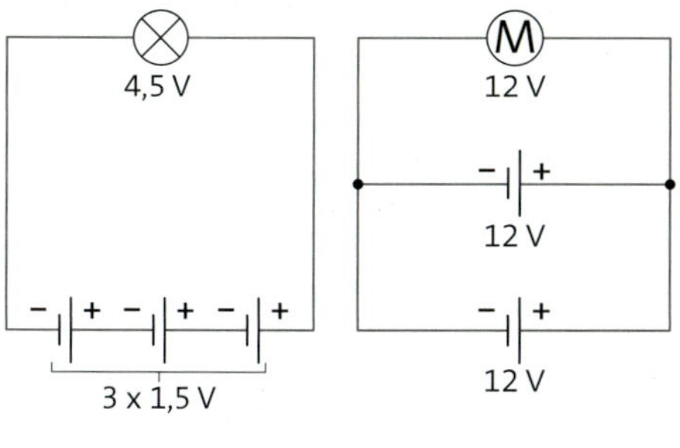

Elektrische Leistung: Die elektrische Leistung *P* gibt an, wie viel Energie pro Zeit elektrisch übertragen wird:

$P = \frac{W}{t}$.

Dabei steht *W* für die elektrische Arbeit. Die Einheit der Leistung ist ein Watt (1 W). In einem Stromkreis gilt $P = U \cdot I$.

Überprüfe dich selbst:

Kann ich ...

... die Begriffe elektrische Stromstärke und elektrische Spannung erläutern? (S. 172 f., 176 f.)

... mit Vielfachmessgeräten Stromstärken und Spannungen messen? (S. 174, 178)

... den Begriff des elektrischen Widerstands erklären und den Zusammenhang mit Spannung und Stromstärke beschreiben? (S. 180 f.)

... mit Stromstärke, Spannung und Widerstand rechnen? (S. 184 f.)

... Kennlinien aufnehmen und deuten? (S. 181 ff.)

... den Begriff spezifischer Widerstand erläutern? (S. 182)

... den elektrischen Widerstand für einen Leiter aus einem bestimmten Material berechnen? (S. 182)

... die Regeln für Spannungen und Stromstärken in verzweigten und unverzweigten Stromkreisen erläutern? (S. 186 ff.)

... die Funktionsweise eines Vorwiderstands erläutern? (S. 190)

... die elektrischen Größen Stromstärke, Spannung und Widerstand mithilfe des Wasserstromkreis-Modells erklären? (S. 172, 177, 181)

... Stromkreise analysieren, planen und aufbauen? (S. 175, 179, 184 f., 190 f.)

... mit Stromstärke, Spannung und Widerstand rechnen? (S. 175, 179, 184 f., 190 f.)

... mit Stromstärke, Spannung und Leistung rechnen? (S. 198 ff.)

Physikalische Größen

Größe	Symbol	Einheit	Gleichung
Arbeit	W	$1\,J = 1\,N \cdot m$	$W = F \cdot s$
Dichte	ρ	$1\,\frac{g}{cm^3} = 1000\,\frac{kg}{m^3}$	$\rho = \frac{m}{V}$
Elektrische Leistung	P	$1\,W = 1\,V \cdot A$	$P = U \cdot I$
Elektrische Stromstärke	I	$1\,A$	$I = \frac{U}{R}$
Elektrische Spannung	U	$1\,V$	$U = R \cdot I$
Elektrischer Widerstand	R	$1\,\Omega$	$R = \frac{U}{I}$
Spezifischer Widerstand	ρ	$1\,\Omega \cdot \frac{mm^2}{m}$	$R = \rho \cdot \frac{l}{A}$
Energie Potenzielle Energie	E	$1\,J = 1\,N \cdot m$ $1\,W \cdot h = 3{,}6\,MJ$	$E = m \cdot g \cdot h$
Federkonstante	D	$1\,\frac{N}{m}$	$D = \frac{F}{s}$
Geschwindigkeit	v	$1\,\frac{m}{s}$	$v = \frac{s}{t}$ $v = \frac{\Delta s}{\Delta t}$
Kraft Gewichtskraft	F F	$1\,N$	$F = m \cdot g$
Länge, Strecke	l, s	$1\,m$	
Leistung Mechanische Leistung	P P	$1\,\frac{J}{s} = 1\,W$	$P = \frac{\Delta E}{\Delta t}$ $P = F \cdot v$
Masse	m	$1\,kg$	$m = \rho \cdot V$
Ortsfaktor	g	$1\,\frac{N}{kg}$	$g = 9{,}8\,\frac{N}{kg}$
Temperatur	ϑ T	$1\,°C$ $1\,K$	$0\,°C = 273{,}15\,K$
Volumen	V	$1\,m^3$ $1\,\ell = 1000\,cm^3$	
Wärme	Q	$1\,J$	$Q = c \cdot m \cdot \Delta T$
Spezifische Wärmekapazität	c	$1\,\frac{J}{kg \cdot K}$	
Wirkungsgrad	η		$\eta = \frac{\Delta E_{nutz}}{\Delta E_{zugeführt}}$
Zeit	t	$1\,s$	

Vorsilben für dezimale Vielfache und Teile von Einheiten

Vorsilbe	Deka (da)	Hekto (h)	Kilo (k)	Mega (M)	Giga (G)
Zahlenwert	10	100	1000	1 000 000	1 000 000 000
Potenz	10^1	10^2	10^3	10^6	10^9

Vorsilbe	Dezi (d)	Zenti (c)	Milli (m)	Mikro (µ)	Nano (n)
Zahlenwert	0,1	0,01	0,001	0,000 001	0,000 000 001
Potenz	10^{-1}	10^{-2}	10^{-3}	10^{-6}	10^{-9}

Dichte von Festkörpern, Flüssigkeiten und Gasen

Feste Körper	$\frac{g}{cm^3}$	Flüssigkeiten	$\frac{g}{cm^3}$	Gase	$\frac{g}{cm^3}$
Aluminium	2,70	Benzol	0,8790	Ammoniak	0,0007710
Blei	11,34	Diethylether	0,7160	Chlor	0,0032100
Eisen	7,86	Ethanol	0,7910	Helium	0,0001780
Jenaer Glas	2,50	Glycerin	1,2600	Kohlenstoffdioxid	0,0019800
Gold	19,30	Petroleum	0,8500	Luft	0,0012930
Kupfer	8,93	Quecksilber	13,5500	Sauerstoff	0,0014300
Platin	21,40	Wasser	0,9986	Stickstoff	0,0012500
Silber	10,51	Spiritus (95 %)	0,812	Wasserdampf (100 °C)	0,0006000
Wolfram	19,30	Pflanzenöl	0,920	Wasserstoff	0,0000899
Zink	7,14				

Flüssigkeiten: 18 °C; Gase: 0 °C und 1013 hPa

Heizwert (Endprodukte gasförmig bei Normaldruck auf 20 °C abgekühlt)

Stoff	$\frac{MJ}{kg}$	Stoff	$\frac{MJ}{kg}$	Stoff	$\frac{MJ}{kg}$
Anthrazit	32,3	Benzin	44 bis 53	Acetylen	48,2
Braunkohle (roh)	7,6 bis 11,6	Brennspiritus	40	Erdgas	38,2
Holz frisch/trocken	10,0/15,5	Dieselkraftstoff	41 bis 44	Kohlenstoffmonoxid	10,1
Hüttenkoks	29,0	Erdöl	42 bis 48	Methan	50,0
Torf (trocken)	15,5	Ethanol	27	Propan	46,5
Trockenspiritus	19,0	Heizöl	43	Steinkohlegas	36,0
Steinkohle	32,5	Methanol	20	Wasserstoff	120,0

Spezifischer Widerstand (bei 18 °C)

Stoff	$\Omega \cdot \frac{mm^2}{m}$	Stoff	$\Omega \cdot \frac{mm^2}{m}$	Stoff	$\Omega \cdot \frac{mm^2}{m}$
Silber	0,016	Kohle	50 bis 100	Polystyrol	$5 \cdot 10^{18}$
Kupfer	0,017	Germanium	900	Glas	10^{18} bis 10^{19}
Aluminium	0,028	Silicium	1200	Porzellan	10^{19} bis 10^{20}
Wolfram	0,049	Meerwasser	200 000	Glimmer	10^{19} bis 10^{21}
Nickel	0,07	Wasser, destilliert	10^{10}	Hartgummi	10^{19} bis 10^{21}
Messing (66% Cu, 34% Zn)	0,08	Schiefer	10^{12}	Siegellack	10^{22}
Eisen	0,1 bis 0,5	Marmor	10^{13} bis 10^{14}	Paraffin	10^{20} bis 10^{22}
Konstantan	0,50	Pressspan	10^{14}	Bernstein	$> 10^{22}$

A

B

C

D

E

F

G

H

I

J

K

Hugh Turvey/GUSTOIMAGES, London: *Titel* – 123RF/Can Balcioglu: *114.1*; Inmagine GmbH/Aleksandr Markin: *120.1*; nui7711: 37.3 – ADAC/Reiner Pohl: 57A – Andreas Basler: *102.1* – Andreas Berheide: *27.7* – akg-images/Science Photo Library: *71.4* – ArTo: *70.1* u. l. – Bislin, C., Sargans, Schweiz: *24.1* – Bornebusch, Jan: *191.5* – bpk-images: *38.1* – Busch & Müller KG/Meinerzhagen: *154.2* – Carmesin, Dr. Hans-Otto, Stade: *61.3* – Christian Schwier: *172.1 l.* – Cloer Germany GmbH & Co. KG: *77.5* – Colorbox/Henrik Sorensen: *76.1*; Olekcii Mach: *173.3* – Conatex-Didactic, Neunkirchen: 1*83.4* A – Conrad Electronic SE: *189.4 A* – Cornelsen Verlag GmbH: *99.3, 101.3, 161.4-5 A, 167.4 A, 196.2, 200.1* – Daimler AG: *65.1, 194.1 C* – ddpimages/Klaus-DietmarGabbert: *134.3* – Deutsches Museum, München: *33*.u., *64.1* – digitalstock/M. Dietrich: *141.8*; O. Dippold: *142.3*; M. Kretschmar: *143.7*; M. Kruettgen: *13.4 A*; B. Leitneer: *70.1*u. r.; Uwe Moser: *172.1* r.; M. Rirokus: *145.V3*; M. Ruta: *26.2*; M. Spannring: *72.2*; B. Türk: *21.6* – DLR/EUMETSAT: *131.6* – Dometic WAECO International GmbH: *119.5* – Döring, V., Hohen Neuendorf: 3*1.4, 77.4, 164.2, 26.3* – Hagedorn, Dr. Andreas, Hannover: *92.1* – Eilks, I., Bremen: *117.3* – EPCOS AG, München: *183.4 C* – F1online/Bjorn Svensson/AGE: *74.1*; hollyfotoflash/ Westend61: *112.1* – Fabian, Michael J., Hannover: *14.1 A-B, 29.4A-B, 30.1, 31.5, 32.3 A, 93.6, 95.3 A-B, 95 A, 99.2, 118.3, 131.4-5, 142.2A-B, 142.4A-B, 144.1 A, 146.1B-2B, 146.2 A, 147.3-4, 150.2-3, 151.8-9, 152.2, 152.3 A-C, 152.4, 154.4, 156.2-3, I575A-B, 158.1 A-8, 176.1, 195.3* – Fabritz, Moers: 164.1 – Forschungszentrum Karlsruhe: *36.2* – Fotoember: *90.1* – Fotolia/Alexandre Zveiger: *198.1A*; chriss73: *126.1*; coquette18: *128.1*; fl0ri0604: *28.1 C*; hansl2: *198.1 B*; Henry-Martin Klemt: *194.1 B*; Mallivan: *32.1* u.; Mila Supynska: *121.3*; seventyfour: *116.2*; soniccc: *162.1* – Frank Gaertner/www.franky242.net: *16.1* – Freizeitpark-Welt/Daniel Speer/Bochum: *60.1* – Gaa, Markus, Fotodesign, Heidelberg: *17.3, 19.3, 23. o., 27.6 A-B, 44.1, 47. l., r., 49.3-4, 52.1, 52.3, 55.4, 56.1, 63.3, 64.2, 65.1, 82.1, 89.3, 96.1, 108.1, 121.4, 122.1-3, 123.6, 123.7 A-B, 124.2, 180.1,186.1* – Gebr. Märklin & Cie. GmbH: *28 C* – Glow Images: *25.2 A, 39.3*; Gabriela Medina/Blend Images LLC: *124.1* – Grichting, Marcel, Naters (CH): *76.2* – Heide-Park Resort, Soltau: *80.1* – imago/Westend61: *63.6* – Kasper, Dr. Lutz, Freiburg: *12.2 A-C, 32.2 A-B* – Kast, Detlef/rund-ums-rad.info, Rutesheim-Perouse: *63.5* – Kienle, Dr. Reiner, Forchtenberg: *140.1-2, 183.4 F* – Kretschmer, Jan: *111.3* – Krobath GmbH & Co. KG, Feldbach: *19. A1 A-D* – LD Systeme AG & Co. KG: *141.9* – Mahler, Fotograf, Berlin: *15.4* – mauritius images: *73.4 r.*, Alamy: 1*4.3, 17.4, 73.4 m., 133.3, 154*.1; alamy stock photo/Roger: *151.7*; Bridge: *12.1*; ErristP. Widmann: *71.2*; Photo Researchers: *26.1*; Quickimage: *73.5*; SELF: *25.3*; Sporting Pictures: *62.11*.; STOCK4B: *102.2* – Mediagram/ DutchScenery: *32.1 o.* – Menzel, Tom, Röhlsdorf: *79. A1* – Miele & Cie. KG, Gütersloh: *150.1* – NASA: *3 l., 11, 58.1 r., 60.2, 82.2, 127.4* – Nordson Deutschland GmbH: *160.1* – PantherMedia/Dariusz Kuzminski: *132.1 l.*; stefanschurr: *100.2* – Pardall, Julian, Heidelberg: *28.3* – PEARL GmbH: *52.2* – Phywe Systeme GmbH: *183.4 8, 189.4 B* – picture-alliance: *55.5*, augenklick/GE: *51.4*; dpa: *20.1 B, 34.1, 71.3, 94.2, 100.1, 116.1, 126.2, 135.4, 172.1 m.*; Gladys Chai von der Laage: *28.A*, Sven Simon: *9. u. 50.1, 62.1 r*; ZB: *16.2, 20.1 A, 56.2, 188.1* – Okapia/NAS/Spencer Grant: *13.4 B* – Pitopia/Robert Marggraff, 2007: *37.5* – Polinna, Christian, Berlin: *37.4* – Poseidon: *30.2* – Rager, Bruno, Esslingen: *159.4, 163.3 A-B* – Shutterstock/Alexander Pekour: *115.5*; antoniodiaz: *98.1*; Daumiu: *117.4*; David Crockett: *3.1, 43*; demarcomedia: *5 l., 139*; GOLFX: *4.l, 69*; Gencho Petkov: *72.1*; hamurishi: *48.2*; Igor Zh: *9. o.*; kravka: *46.2*; leoks: *130.1*; Lightspring: *19 A*2; mandygodbehear: *58.1 l.*; Mattoff: *194.1 A*; Mikael Hjerpe: *132.1 r.*; MJTH: *25.4 A*; Monkey Business Images: *70.1 o. l., 70.1 o. r.*; Nina Buday: *146.1*; Otmar Smit: *128.2* – Pikoso.kz: *54.1* – Siemens AG: *5. r., 171* – Sperl, Thomas: *53. A1* – Swiss Science Center Technorama, Winterthur, www.technorama.ch: *156.1, 167.4 B* – SZ Photo/Rue des Archives/PVDE: *39.2* – Topic Media: *81.5* – TubeAmpDoctor, Worms: *183.4 D* – Valentyn Volkov: *4 r., 107* – VARTA Consumer Batteries GmbH & Co. KGaA: *73.4 l., 141.5-7* – Vollmer, M./Möllmann, K,-P./FH Brandenburg: *93.5* – Vetten Krane und Service, Neuss: *152.1* – VISUM/ Aufwind-Luftbilder: *84.1* – Volkswagen AG: *28. B* – Warren Goldswain: *123.5* – xpb.cc limited/Thorsten Jerg, Germersheim: *85.3, 93.4.*